量の推移

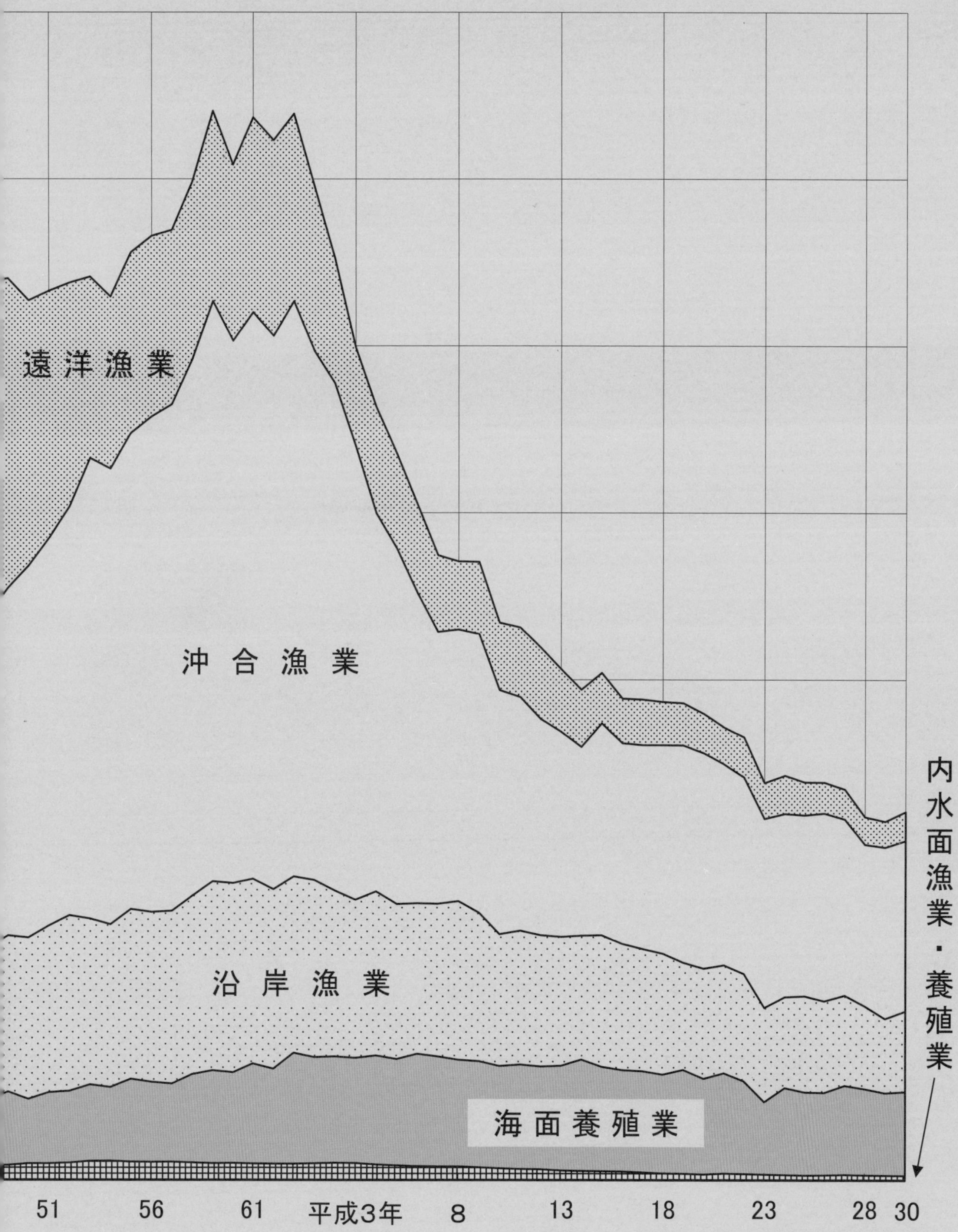

平成３０年

漁業・養殖業生産統計年報
（併載：漁業産出額）

大臣官房統計部

令 和 2 年 11 月

農林水産省

目　　次

○漁業・養殖業生産統計

〔海面養殖業の部〕

〔内水面漁業・養殖業の部〕

〔漁業・養殖業水域別生産統計（平成29年）の部〕

○漁業産出額

Ⅰ　推計結果の概要

Ⅱ　統計表

〔総 括 表〕

〔年次別〕

〔大海区都道府県別〕

○参 考 表

[付] 調査票

漁業・養殖業生産統計

利用者のために

利　用　者　の　た　め　に

1　調査の目的

海面漁業生産統計調査及び内水面漁業生産統計調査は、我が国の海面漁業、海面養殖業、内水面漁業及び内水面養殖業の生産に関する実態を明らかにし、水産基本計画における水産物の自給率目標の策定並びに資源の保存及び管理を行うための特定海洋生物資源ごとの漁獲可能量(TAC)の設定等の水産行政に係る資料を整備することを目的としている。

2　調査の根拠

海面漁業生産統計調査は、統計法（平成19年法律第53号）第９条第１項に基づく総務大臣の承認を受けて実施した基幹統計調査である。

また、内水面漁業生産統計調査は、同法第19条第１項に基づく総務大臣の承認を受けて実施した一般統計調査である。

3　調査の種類

種類は、次のとおりである。

- 海面漁業生産統計調査
  - 稼働量調査
  - 海面漁業漁獲統計調査
  - 海面養殖業収獲統計調査
- 内水面漁業生産統計調査
  - 内水面漁業漁獲統計調査
  - 内水面養殖業収獲統計調査
  - ３湖沼漁業生産統計調査

4　調査機構

海面漁業生産統計調査は農林水産省大臣官房統計部及び地方組織を通じて実施し、内水面漁業生産統計調査は農林水産省大臣官房統計部及び地方組織並びに農林水産省が委託した民間事業者（以下「委託事業者」という。）を通じて実施した。

5　調査期間

期間は、平成30年１月１日から12月31日までの１年間である。

なお、遠洋漁業等で年を越えて操業した場合は、港に入港した日の属する年に含めて調査を行った。

また、水域別生産統計の対象期間は、平成29年１月１日から12月31日までの１年間である。

6　調査の対象

(1)　稼働量調査、海面漁業漁獲統計調査及び海面養殖業収獲統計調査

これらの調査は、海面に沿う市区町村及びそれ以外の市町村で区域内に相当数の海面漁業経営体及び水揚機関が在するもの（昭和31年７月17日農林省告示第427号（漁業法第86条第１項に基づき同項の農林水産大臣の指定する市町村を指定する件）で指定する市町村）の区域内にある海面漁業経営体及び水揚機関を対象として行った。

また、外国の法人等に用船された漁船のうち、漁獲物が内国貨物扱いされるものは調査対象とした。

(2)　内水面漁業漁獲統計調査

この調査は、平成30年については、漁業権の設定等が行われている全ての河川及び湖沼を管轄する内水面漁業協同組合並びにこれらの河川及び湖沼で内水面漁業を営む漁業経営体（内水面漁業協同組合に属するものを除く。）を対象とした。ただし、前年比較を行うため、平成30年においても、平成29年の調査対象である112河川及び21湖沼の漁獲量を掲載した。

なお、平成29年における漁業権の設定等が行われている年間漁獲量50トン以上の河川・湖沼及び国の施策上調査が必要な河川・湖沼として農林水産省大臣官房統計部長が指定した河川・湖沼（112河川・21湖沼）を管轄する内水面漁業協同組合並びにこれらの河川及び湖沼で内水面漁業を営む経営体（内水面漁業協同組合に属するものを除く。）を対象とした。

ただし、湖沼のうち、３湖沼の内水面漁業は(4)による。

(3)　内水面養殖業収獲統計調査

この調査は、全国のます類、あゆ、こい及びうなぎを養殖する全ての内水面養殖業経営体を対象として行った。

なお、３湖沼の内水面養殖業は(4)による。

(4)　３湖沼漁業生産統計調査

この調査は、３湖沼（琵琶湖、霞ヶ浦及び北浦）の水揚機関並びに内水面漁業経営体及び養殖業経営体等（水揚機関においてそれらの漁獲量又は収獲量を把握できるものを除く。）を対象とした。

なお、本調査結果については、内水面漁業漁獲統計調査及び内水面養殖業収獲統計調査結果の該当県（琵琶湖は滋賀県、霞ヶ浦及び北浦は茨城県）に含めて統計表章した。

7　調査区数・調査対象者数

(1)	稼働量調査	：稼働量調査区	614
(2)	海面漁業漁獲統計調査	：海面漁業調査区（水揚機関）	1,641
		：海面漁業調査区（一括調査）	440
		：往復郵送調査対象者数	214
(3)	海面養殖業収獲統計調査	：海面養殖業調査区（水揚機関）	827
		：海面養殖業調査区（一括調査）	134
		：往復郵送調査対象者数	636
(4)	内水面漁業漁獲統計調査	：調査対象者数	1,254
(5)	内水面養殖業収獲統計調査	：調査対象者数	1,456
(6)	３湖沼漁業生産統計調査	：調査対象者数	140

8　調査事項

(1)　稼働量調査

この調査の調査事項は、次に掲げるとおりである。

ア　漁業経営体名

イ　漁業経営体住所

ウ　漁船名

エ　漁船トン数

オ　漁業種類（沿岸まぐろはえ縄、沿岸かつお一本釣、ひき縄釣及び大型定置網）

カ　操業水域（日本周辺水域）

キ　出漁日数

(2)　海面漁業漁獲統計調査

この調査の調査事項は、次に掲げるとおりである。

ア　海面漁業漁獲統計調査票（水揚機関用・漁業経営体用）

(ｱ)　漁業種類名

(ｲ)　操業水域

(ｳ)　魚種別漁獲量

イ　海面漁業漁獲統計調査票（一括調査用）

(ｱ)　漁労体数

(ｲ)　１漁労体当たり平均出漁日数

(ｳ)　１漁労体１日当たり平均漁獲量

(3)　海面養殖業収獲統計調査

この調査の調査事項は、次に掲げるとおりである。

ア　海面養殖業収獲統計調査票（水揚機関用・漁業経営体用）

(ｱ)　養殖魚種別収獲量

(ｲ)　年間種苗販売量

(ｳ)　年間投餌量（水揚機関のみ）

イ　海面養殖業収獲統計調査票（一括調査用）

(ｱ)　総施設面積

(ｲ)　１施設当たり平均面積

(ｳ)　１施設当たり平均収獲量

(4)　内水面漁業漁獲統計調査

この調査の調査事項は、次に掲げるとおりである。

ア　魚種別漁獲量

イ　天然産種苗採捕量

(5)　内水面養殖業収獲統計調査

この調査の調査事項は、次に掲げるとおりである。

ア　魚種別収獲量（食用に限る。）

イ　魚種別種苗販売量

(6)　3湖沼漁業生産統計調査

この調査の調査事項は、次に掲げるとおりである。

ア　漁業種類別魚種別漁獲量

イ　天然産種苗採捕量

ウ　養殖魚種別収獲量

エ　魚種別種苗販売量

9　調査方法

(1)　稼働量調査

この調査は、海面漁業経営体のうち、かつお・まぐろ類に係る漁業種類であって漁獲成績報告書等が利用できない沿岸まぐろはえ縄、沿岸かつお一本釣、ひき縄釣又は大型定置網を営んだ海面漁業経営体について、毎月、統計調査員が海面漁業経営体又は水揚機関を代表する者に対する面接調査の方法で行った。

(2)　海面漁業漁獲統計調査

この調査は、原則年1回（稼働量調査対象漁業種類により漁獲されたかつお・まぐろ類は、原則年2回）とし、次に掲げる方法により行った。

ア　水揚機関

統計調査員が、次のいずれかの方法により、水揚機関を代表する者に対し調査を行った。

(ア)　水揚機関用調査票又は電磁的記録媒体を配布し、回収する自計調査の方法

(イ)　面接調査の方法

(ウ)　水揚機関の事務所の電子計算機又は紙に出力された記録を閲覧し調査票に転記する他計調査の方法

イ　漁業経営体

アの方法で漁獲量を把握できない海面漁業経営体については、次の(ア)又は(イ)の方法で行った。

(ア)　一括調査

統計調査員が水揚機関若しくは海面漁業経営体を代表する者に一括調査用調査票を配布し、回収する自計調査の方法又は統計調査員による面接調査の方法

(イ)　往復郵送調査

地方組織の長が海面漁業経営体を代表する者に対し海面漁業漁獲統計調査票を郵送で配布し、回収する自計調査の方法

ウ　漁獲成績報告書等を利用できる漁業種類を営む海面漁業経営体については、ア又はイの調査方法に代えて、漁獲成績報告書等による取りまとめを行った。

(3)　海面養殖業収獲統計調査

この調査は、原則年1回（のり類及びかき類にあっては、原則年2回）とし、次に掲げる方法により行った。

ア　水揚機関

統計調査員が、次のいずれかの方法により、水揚機関を代表する者に対し調査を行った。

(ア)　水揚機関用調査票又は電磁的記録媒体を配布し、回収する自計調査の方法

(イ)　面接調査の方法

(ｳ) 水揚機関の事務所の電子計算機又は紙に出力された記録を閲覧し調査票に転記する他計調査の方法

イ 漁業経営体

アの方法で収獲量等を把握できない海面漁業経営体については、次の(ｱ)又は(ｲ)の方法で行った。

(ｱ) 一括調査

統計調査員が水揚機関若しくは海面漁業経営体を代表する者に一括調査用調査票を配布し、回収する自計調査の方法又は統計調査員による面接調査の方法

(ｲ) 往復郵送調査

地方組織の長が海面漁業経営体を代表する者に対し海面養殖業収獲統計調査票を郵送で配布し、回収する自計調査の方法

ウ 漁獲成績報告書等を利用できる漁業種類を営む海面漁業経営体については、ア又はイの調査方法に代えて、漁獲成績報告書等による取りまとめを行った。

(4) 内水面漁業漁獲統計調査及び内水面養殖業収獲統計調査

この調査は、委託事業者が内水面漁業協同組合、漁業経営体又は養殖業経営体等に対し郵送、ＦＡＸ、オンライン又は委託事業者が任命した調査員により調査票を配布し、回収する自計調査の方法で行った。

(5) ３湖沼漁業生産統計調査

この調査は、調査対象が調査票の配布及び回収方法を自由に選択できることとし、調査実施前に、委託事業者が各報告者に確認を行い、次に掲げる方法により行った。

ア 調査対象者が自計調査を選択した場合

(ｱ) 委託事業者が郵送により調査票を配布し、郵送又は統計調査員が回収する方法

(ｲ) オンライン調査による方法

イ 調査対象者が他計調査を選択した場合

民間事業者が任命した統計調査員による面接調査の方法

10 集計方法

(1) 集計の実施系統

この調査の集計は、農林水産省大臣官房統計部及び地方組織において行った。

(2) 集計方法

この調査の集計は、水揚機関等の調査結果の積み上げにより行った。

(3) 計上方法

ア 稼働量調査、海面漁業漁獲統計調査及び海面養殖業収獲統計調査

これらの調査結果は、海面漁業経営体の所在地に計上した。

なお、かき類養殖及びのり類養殖の収獲量については、暦年のほか養殖年度についても取りまとめて計上した。

イ 内水面漁業漁獲統計調査

この調査結果は、原則として漁業経営体が漁獲した河川及び湖沼ごとに計上した。

ウ　内水面養殖業収獲統計調査

この調査結果は、養殖業経営体の事務所の所在地に計上した。

エ　３湖沼漁業生産統計調査

この調査結果は、漁業経営体が漁獲又は養殖業経営体が収獲した３湖沼にそれぞれ計上した。

オ　漁業・養殖業水域別生産統計

この調査結果は、国立研究開発法人水産研究・教育機構国際水産資源研究所及び東北区水産研究所が把握する漁業種類の漁獲量データを参考にして国際連合食糧農業機関（ＦＡＯ）が定める水域区分別に組み替えたものである。

なお、遠洋漁業等で年を越えて操業した場合は、港に入港した日の属する年に含めて調査を行った。したがって、ＦＡＯ統計に掲載されている数値とは異なる（ＦＡＯ統計では、かつお・まぐろ等について、漁獲成績報告書等に基づいた数値を利用し、漁獲した日の属する年に計上されている。）。

注：　アからエまでの調査において、調査報告のなかった調査対象者の数値については、調査結果に計上していない。

11　目標精度

この調査は全数調査のため、目標精度は設定していない。

12　用語の定義及び約束

(1)　稼働量調査

ア　漁労体数

漁労体とは、海面漁業経営体が海面漁業を営むための漁労作業の単位をいい、１漁労体を１（か）統と数える。

漁労体数は、漁労体が操業した漁業種類ごとに、調査期間を通じて計上し、具体的な計上方法は以下のとおりである。

(ｱ)　漁船漁業

１隻の漁船を使用して漁労作業を行う場合は、当該漁船を１漁労体として計上した。

(ｲ)　大型定置網

定置漁業権１件を１漁労体とした。

イ　出漁日数

漁獲の有無にかかわらず、漁船が漁労作業を目的として航海した日数をいい、日帰り操業の場合及び夕方出港し翌朝入港の場合はいずれも１日として数え、１航海が２夜以上にわたる場合は出港日から入港日まで積算した日数とした。

(2)　海面漁業漁獲統計調査

ア　海面漁業

海面（サロマ湖、能取湖、風蓮湖、温根沼、厚岸湖、加茂湖、浜名湖及び中海を含む。）において水産動植物を採捕する事業（くじら及びいるか以外の海獣を猟獲する事業を除く。）をいう。

イ　遠洋漁業

遠洋底びき網漁業、以西底びき網漁業、大中型１そうまき網遠洋かつお・まぐろまき網漁業、太平洋底刺し網等漁業、遠洋まぐろはえ縄漁業、大西洋等はえ縄等漁業、遠洋かつお一本釣漁業及び遠洋いか釣漁業（各漁業の定義は、それぞれ本調査の漁業種類分類の定義（15の(2)のアを参照）に定めるところによる。ウ及びエにおいても同じ。）をいう。

ウ　沖合漁業

沖合底びき網１そうびき漁業、沖合底びき網２そうびき漁業、小型底びき網漁業、大中型１そうまき網近海かつお・まぐろまき網漁業、大中型１そうまき網その他のまき網漁業、大中型２そうまき網漁業、中･小型まき網漁業、さけ・ます流し網漁業、かじき等流し網漁業、さんま棒受網漁業、近海まぐろはえ縄漁業、沿岸まぐろはえ縄漁業、東シナ海はえ縄漁業、近海かつお一本釣漁業、沿岸かつお一本釣漁業、近海いか釣漁業、沿岸いか釣漁業、日本海べにずわいがに漁業及びずわいがに漁業をいう。

エ　沿岸漁業

船びき網漁業、その他の刺網漁業（遠洋漁業に属するものを除く。）、大型定置網漁業、さけ定置網漁業、小型定置網漁業、その他の網漁業、その他のはえ縄漁業（遠洋漁業又は沖合漁業に属するものを除く。）、ひき縄釣漁業、その他の釣漁業、採貝・採藻漁業及びその他の漁業（遠洋漁業又は沖合漁業に属するものを除く。）をいう。

なお、海面漁業の部門別（遠洋漁業、沖合漁業及び沿岸漁業）の漁獲量は、平成19年から漁船のトン数階層別の漁獲量の調査を実施しないこととしたため、平成19年から平成22年までの数値は推計値であり、平成23年以降の調査については「イ　遠洋漁業」、「ウ　沖合漁業」及び「エ　沿岸漁業」に属する漁業種類ごとの漁獲量（太平洋底刺し網等漁業、大西洋等はえ縄等漁業、東シナ海はえ縄漁業、日本海べにずわいがに漁業及びずわいがに漁業の内訳については、水産庁から提供を受けたもの）を積み上げたものである。

オ　漁業経営体

利潤又は生活の資を得るために海面漁業を営む世帯又は事業所をいう。

カ　水揚機関

生産物の陸揚地に生産物の売買取引を目的とする市場を開設している者及び生産物の陸揚地に所在する漁業協同組合、会社等の事業所で生産物の陸揚げをした者から生産物を譲り受け、又はその販売の委託を受けるものをいう。

キ　漁獲量

漁労作業により得られた水産動植物の採捕時の原形重量をいい、乗組員の船内食用、自家用（食用又は贈答用）、自家加工用、販売活餌等を含む。ただし、次のものは除外した。

なお、単位は、原則としてトンで計上した。

(ｱ)　操業中に丸のまま海中に投棄したもの

(ｲ)　沈没により滅失したもの

(ｳ)　自家用の漁業用餌料（たい釣のためのえび類、敷網等のためのあみ類等）として採捕したもの

(ｴ)　自家用の養殖用種苗として採捕したもの

(ｵ)　自家用肥料に供するために採捕したもの（主として海藻類、かしぱん、ひとで類等）

なお、船内で加工された塩蔵品、冷凍品、缶詰等はその漁獲物を採捕時の原形重量に換算した。

(ｶ)　官公庁、学校、試験研究機関等による水産動植物の採捕

調査、訓練、試験研究等を目的として、官公庁、学校、試験研究機関等が行う水産

動植物の採捕の事業のうち、生産物の販売を伴わないもの

(3) 海面養殖業収獲統計調査

ア 海面養殖業

海面又は陸上に設けられた施設において、海水を使用して水産動植物を集約的に育成し、収獲する事業をいう。

なお、海面養殖業には、海面において、魚類を除く水産動植物の採苗を行う事業を含み、次のものは除外した。

(ア) 蓄養

価格維持又は収獲時若しくは購入時と販売時の価格差による収益をあげることを目的として、水産動物をいけす等に収容し、育成は行わず一定期間生存させておく行為

(イ) 増殖事業

天然における水産動植物の繁殖、資源の増大を目的として、水産動植物の種苗採取、ふ化放流等を行う事業

(ウ) 釣堀

水産動物をいけす等に収容し、利用者から料金を徴収して釣等を行わせるサービス業。ただし、釣堀を営むために業者自らが水産動物類の養殖を行っている場合は、釣堀に供するまでの段階を養殖業として扱う。

(エ) 官公庁、学校、試験研究機関等による水産動植物の養殖

調査、訓練、試験研究等を目的として、官公庁、学校、試験研究機関等が行う水産動植物の養殖の事業のうち、生産物の販売を伴わないもの

イ 漁業経営体

利潤又は生活の資を得るために海面養殖業を営む世帯又は事業所をいう。

なお、真珠養殖における経営体とは、母貝仕立て（挿核準備）、挿核施術から施術後の貝の養成、管理を一貫して行うものをいう。

ウ 施設面積

海面養殖業を営むために築堤等で区切った海面の面積又は海面に敷設した施設の面積（養殖施設の投影面積の合計）をいう。

エ 水揚機関

(2)のカに同じ。

オ 養殖収獲量等の計上方法

(ア) 魚類養殖及び水産動物類養殖

a 養殖収獲量

収獲した量（種苗養殖による収獲を除く。）をトン単位で計上した。

b 投餌量

養殖のために投与した餌料の量をいい、トン単位で計上した（種苗養殖のために投与した餌料は含めない。）。

なお、投餌量は養殖合計及びその内訳としてぶり類及びまだいを調査した。

(イ) かき類

殻付き重量をトン単位で計上した。

なお、平成23年までは殻付き重量及びむき身重量を表章していたが、平成24年から殻付き重量のみを表章することとした。

また、計上期間は暦年（１月から12月まで）、養殖年度（７月から翌年６月まで）及び半期（１月から６月まで、７月から12月まで及び翌年１月から６月まで）とした。ただし、翌年１月から６月までは概数である。

(ウ) ほたてがい及びその他の貝類養殖

殻付き重量をトン単位で計上した。

(エ) のり類

板のり及びばらのりの干重量を生重量換算したものにその他（生重量）を加え、トン単位で計上した。

また、計上期間は暦年（１月から12月まで）、養殖年度（７月から翌年６月まで）及び半期（１月から６月まで、７月から12月まで及び翌年１月から６月まで）とし、板のりは1,000枚単位で、ばらのり及びその他はトン単位で計上した。ただし、翌年１月から６月までは概数である。

(オ) こんぶ類養殖、わかめ類養殖及びその他の海藻類養殖

生重量をトン単位で計上した。

なお、干製品で調査したものは生重量に換算した。

(カ) 真珠養殖

収獲された真珠のうち、販売に供し得ないくず玉を除き、次の区分によりキログラム単位で計上した。

a 真円真珠	大玉	直径	(8.0mm以上)
	中玉	直径	(6.0mm以上8.0mm未満)
	小玉	直径	(5.0mm以上6.0mm未満)
	厘玉	直径	(5.0mm未満)
b 半円真珠	(スリー・クォーターサイズを含む。)		

カ 種苗養殖

種苗養殖とは、次の種苗養殖（自家用を除く。）をいう。

(ア) ぶり類種苗養殖　(イ) まだい種苗養殖　(ウ) ひらめ種苗養殖
(エ) 真珠母貝養殖　(オ) ほたてがい種苗養殖　(カ) かき類種苗養殖
(キ) くるまえび種苗養殖　(ク) わかめ類種苗養殖　(ケ) のり類種苗養殖

キ 種苗販売量

カのうち、養殖用、増殖用等として販売した量をいう。

ぶり類種苗、まだい種苗、ひらめ種苗及びくるまえび種苗は、1,000尾単位で計上した。

真珠母貝は、トン単位で計上した。

ほたてがい種苗は、1,000粒単位で計上した。

かき類種苗は、1,000連単位で計上した（１連は貝がら60個）。

わかめ類種苗は、種縄又は種糸の長さを1,000m単位で計上した。

のり類種苗は、網ひびは全国標準規格として18.2m×1.5mを１枚に換算し1,000枚単位で、貝がらは1,000個単位で計上した。

(4) 内水面漁業漁獲統計調査

ア 内水面漁業

公共の用に供する水面のうち内水面において、水産動植物を採捕する事業をいう。

イ 内水面漁業経営体

内水面漁業を営む世帯又は事業所をいう。

ウ　漁獲量

利潤又は生活の資を得るために生産物の販売を目的として内水面漁業により採捕された水産動植物の採捕時の原形重量をいい、自家消費を含むが、投棄した数量及び農家等が肥料用に採捕した藻類等の数量は販売しない限り除外した。

なお、単位はトンで計上した。

(5)　内水面養殖業収獲統計調査

ア　内水面養殖業

一定区画の内水面又は陸上において、淡水を使用して水産動植物（種苗を含む。）を集約的に育成し、収獲する事業をいう。ただし、(3)のアの(ア)から(エ)までに掲げるもの及び次に掲げるものは除外した。

(ア)　水田養魚

水田（当該調査年に全く水田として利用しないで専ら養殖池として利用したものを除く。）又は稲を植える前若しくは刈り取った後の空田を利用して養魚を行う事業

(イ)　観賞魚

錦ごいその他の観賞魚の育成を行う事業

(ウ)　内水面においてかん水を用いる養殖業

内水面においてかん水（海水等の塩分を含んだ水をいう。）を用いる養殖業。ただし、あゆの種苗をかん水を用いて生産し販売を行った場合は、調査の対象とし、種苗販売量に含めた。

イ　内水面養殖業経営体

内水面養殖業を営む世帯又は事業所をいう。

ウ　収獲量

内水面養殖業により食用を目的に収獲した数量をいい、自家用（食用）を含む。

養殖収獲量は、収獲時の原形重量により計上し、種苗販売量は含めない。

なお、単位はトンで計上した。

エ　種苗販売量

増殖用（放流を含む。）又は養殖用の種苗生産（中間育成を除く。）を目的として、内水面漁業により採取された卵又は養殖された稚魚のうち販売された数量をいう。

稚魚は1,000尾単位で、卵は1,000粒単位で計上した。

(6)　漁業・養殖業水域別生産統計

国際連合食糧農業機関（ＦＡＯ）が定める世界水域区分図は16の(6)に掲載している。

13　利用上の注意

(1)　調査対象の変更

内水面漁業生産統計調査の調査対象河川及び湖沼については、平成20年は106河川24湖沼、平成21年から平成25年までは108河川24湖沼、平成26年以降は112河川24湖沼を調査対象とした。

なお、平成18年から内水面漁業の調査範囲を販売を目的として漁獲された量のみとし、遊漁者（レクリエーションを主な目的として水産動植物を採捕するもの）による採捕量は含めていない。

(2)　捕鯨業による鯨類は漁獲量に含めておらず、単位は頭で計上している。

(3)　単位及び記号の表示

ア　単位

表示単位未満を四捨五入したため、合計値と内訳の計が一致しない場合がある。

イ　記号

この報告書に使用した記号は、次のとおりである。

「０」：単位に満たないもの（例：漁獲量0.4トン→０トンなど）
「－」：事実のないもの
「…」：事実不詳又は調査を欠くもの
「ｘ」：　個人又は法人その他の団体に関する秘密を保護するため、統計数値を公表しないもの
「△」：負数又は減少したもの

(4)　秘匿措置について

統計調査結果について、調査対象者数が２以下の場合には、個人又は法人その他の団体に関する調査結果の秘密保護の観点から当該結果を「ｘ」表示とする秘匿措置を施している。

なお、全体（計）からの差引きにより、秘匿措置を講じた当該結果が推定できる場合には、本来秘匿措置を施す必要のない箇所についても「ｘ」表示としている。

(5)　この統計表に掲載された数値を他に掲載する場合は、「漁業・養殖業生産統計」（農林水産省）による旨を記載してください。

(6)　東日本大震災の影響

平成23年の海面漁業・養殖業の生産量については、東日本大震災の影響により、岩手県、宮城県及び福島県においてデータを消失した調査対象者があり、消失したデータは含まない数値である。

また、東京電力ホールディングス株式会社福島第一原子力発電所事故の影響を受けた区域において、同事故の影響により出荷制限又出荷自粛の措置がとられたものについては、生産量に含めていない。

(7)　本統計の累年データについては、農林水産省ホームページ中の統計情報に掲載している分野別分類「水産業」の「海面漁業生産統計調査」及び「内水面漁業生産統計調査」で御覧いただけます。

海面漁業生産統計調査

【 https://www.maff.go.jp/j/tokei/kouhyou/kaimen_gyosei/index.html 】

内水面漁業生産統計調査

【 https://www.maff.go.jp/j/tokei/kouhyou/naisui_gyosei/index.html 】

14　お問合せ先

農林水産省 大臣官房統計部
生産流通消費統計課　漁業生産統計班
電　話：（代表）　03－3502－8111　内線 3687
（直通）　03－3502－8094
ＦＡＸ：　03－5511－8771

※　本調査に関する御意見・御要望は、上記問合せ先のほか、農林水産省ホームページでも受け付けております。
【 https://www.contactus.maff.go.jp/j/form/tokei/kikaku/160815.html 】

15　参考事項

(1) 大海区区分図

漁業の実態を地域別に明らかにするとともに、地域間の比較を容易にするため、海況、気象等の自然条件、水産資源の状況等を勘案して定めた区分（水域区分ではなく地域区分）をいう。

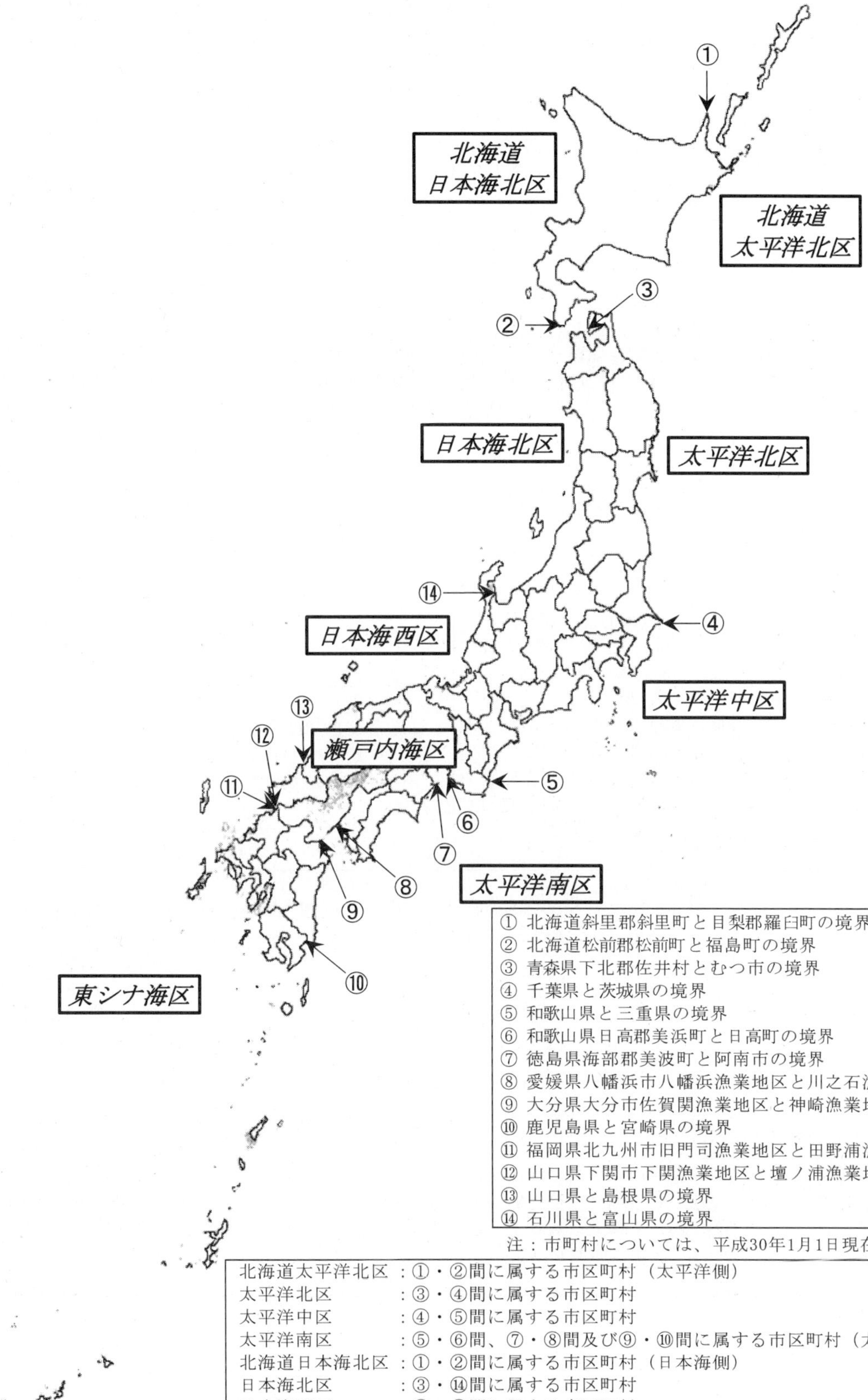

① 北海道斜里郡斜里町と目梨郡羅臼町の境界
② 北海道松前郡松前町と福島町の境界
③ 青森県下北郡佐井村とむつ市の境界
④ 千葉県と茨城県の境界
⑤ 和歌山県と三重県の境界
⑥ 和歌山県日高郡美浜町と日高町の境界
⑦ 徳島県海部郡美波町と阿南市の境界
⑧ 愛媛県八幡浜市八幡浜漁業地区と川之石漁業地区の境界
⑨ 大分県大分市佐賀関漁業地区と神崎漁業地区の境界
⑩ 鹿児島県と宮崎県の境界
⑪ 福岡県北九州市旧門司漁業地区と田野浦漁業地区の境界
⑫ 山口県下関市下関漁業地区と壇ノ浦漁業地区の境界
⑬ 山口県と島根県の境界
⑭ 石川県と富山県の境界

注：市町村については、平成30年1月1日現在である。

北海道太平洋北区	：①・②間に属する市区町村（太平洋側）
太平洋北区	：③・④間に属する市区町村
太平洋中区	：④・⑤間に属する市区町村
太平洋南区	：⑤・⑥間、⑦・⑧間及び⑨・⑩間に属する市区町村（太平洋側）
北海道日本海北区	：①・②間に属する市区町村（日本海側）
日本海北区	：③・⑭間に属する市区町村
日本海西区	：⑬・⑭間に属する市区町村
東シナ海区	：⑩・⑪間及び⑫・⑬間に属する市区町村（東シナ海側）並びに沖縄県
瀬戸内海区	：⑥・⑫間、⑦・⑧間及び⑨・⑪間に属する市区町村（瀬戸内海側）

(2) 海面漁業漁獲統計調査に用いる分類の定義

ア 漁業種類分類の定義

<table>
<tr><th colspan="4">漁業種類名</th><th colspan="2">定義</th><th>内容例示</th></tr>
<tr><td rowspan="6">網漁業</td><td rowspan="5">底びき網</td><td colspan="2">遠洋底びき網</td><td colspan="2">北緯10度20秒の線以北、次に掲げる線から成る線以西の太平洋の海域以外の海域において総トン数 15 トン以上の動力漁船により底びき網を使用して行う漁業（指定漁業）
イ　北緯25度17秒以北の東経152度59分46秒の線
ロ　北緯25度17秒東経152度59分46秒の点から北緯25度15秒　東経128度29分53秒の点に至る直線
ハ　北緯25度15秒東経128度29分53秒の点から北緯25度15秒　東経120度59分55秒の点に至る直線
ニ　北緯25度15秒以南の東経120度59分55秒の線</td><td></td></tr>
<tr><td colspan="2">以西底びき網</td><td colspan="2">北緯10度20秒の線以北、次に掲げる線から成る線以西の太平洋の海域において総トン数 15 トン以上の動力漁船により底びき網を使用して行う漁業（指定漁業）
イ　北緯33度9分27秒以北の東経127度59分52秒の線
ロ　北緯33度9分27秒東経127度59分52秒の点から北緯33度　9分27秒東経128度29分52秒の点に至る直線
ハ　北緯33度9分27秒東経128度29分52秒の点から北緯25度15秒東経128度29分53秒の点に至る直線
ニ　遠洋底びき網のハ及びニの線</td><td></td></tr>
<tr><td rowspan="2">沖合底びき網</td><td>1そうびき</td><td rowspan="2">北緯25度15秒東経128度29分53秒の点から北緯25度17秒東経152度59分46秒の点に至る直線以北、以西底びき網のイ、ロ及びハから成る線以東、東経152度59分46秒の線以西の太平洋の海域において総トン数15トン以上の動力漁船により底びき網を使用して行う漁業（指定漁業）</td><td>1そうびきで行うもの</td><td rowspan="2"></td></tr>
<tr><td>2そうびき</td><td>2そうびきで行うもの</td></tr>
<tr><td colspan="2">小型底びき網</td><td colspan="2">総トン数 15 トン未満の動力漁船により底びき網を使用して行う漁業（法定知事許可漁業）</td><td>かけまわし、2そうびき、板びき網、えびこぎ網、戦車こぎ網、けた網（貝、えび等）、まんが、打瀬網（帆、潮）</td></tr>
<tr><td colspan="3">船びき網</td><td colspan="2">海底以外の中層若しくは表層をえい網する網具（ひき回し網）又は停止した船（いかりで固定するほか、潮帆又はエンジンを使用して対地速度をほぼゼロにしたものを含む。）にひき寄せる網具（ひき寄せ網）を使用して行う漁業（瀬戸内海において総トン数5トン以上の動力漁船を使用して行うものは、法定知事許可漁業）</td><td>ぱっち網、2そうびき、船びき網、浮きひき網、吾智（＝ごち）網、船びき網（錨（＝いかり）どめ）</td></tr>
</table>

漁業種類名					定義		内容例示
網漁業（続き）	まき網	大中型まき網	1そうまき	遠洋かつお・まぐろ	総トン数40トン（北海道恵山岬灯台から青森県尻屋崎灯台に至る直線の中心点を通る正東の線以南、同中心点から尻屋崎灯台に至る直線のうち同中心点から同直線と青森県の最大高潮時海岸線との最初の交点までの部分、同交点から最大高潮時海岸線を千葉県野島崎灯台正南の線と同海岸線との交点に至る線及び同点正南の線から成る線以東の太平洋の海域にあっては、総トン数15トン）以上の動力漁船によりまき網を使用して行う漁業（指定漁業）	1そうまきでかつお・まぐろ類をとることを目的として、遠洋（太平洋中央海区（東経179度59分43秒以西の北緯20度21秒の線、北緯20度21秒以北、北緯40度16秒以南の東経179度59分43秒の線及び東経179度59分43秒以東の北緯40度16秒の線から成る線以南の太平洋の海域（南シナ海の海域を除く。））又はインド洋海区（南緯19度59分35秒以北（ただし、東経95度4秒から東経119度59分56秒の間の海域については、南緯9度59分36秒以北）のインド洋の海域）で操業するもの	
				近海かつお・まぐろ		1そうまきでかつお・まぐろ類をとることを目的として、大中型遠洋かつお・まぐろまき網に係る海域以外で操業するもの	
				その他		1そうまきでかつお・まぐろ類以外をとることを目的とするもの	
			2そうまき			2そうまきで行うもの	
		中・小型まき網			指定漁業以外のまき網（総トン数5トン以上40トン未満の船舶により行う漁業は、法定知事許可漁業）		縫い切り網、しばり網、瀬びき網
	刺網	さけ・ます流し網			流し網を使用してさけ又はますをとることを目的とする漁業（総トン数30トン以上の動力漁船により行うものは指定漁業、30トン未満の動力漁船により行うものは法定知事許可漁業）		
		かじき等流し網			総トン数10トン以上の動力漁船により流し網を使用してかじき、かつお又はまぐろをとることを目的とする漁業（東経127度59分52秒の線以西の日本海及び東シナ海の海域において行うものは特定大臣許可漁業、それ以外のものは届出漁業（知事許可等を要するものもある。））		
		その他の刺網			流し網又は刺網を使用して行う漁業でさけ・ます流し網及びかじき等流し網以外のもの（太平洋の公海（我が国又は外国の排他的経済水域を除く。）において動力漁船により行うものは、特定大臣許可漁業）		中層刺網、底刺網、浮き刺網、流し網、まき刺網、こぎ刺網、太平洋底刺し網、日ロ民間操業による刺網漁業
	敷網	さんま棒受網			棒受網を使用してさんまをとることを目的とする漁業（北緯34度54分6秒の線以北、東経139度53分18秒の線以東の太平洋の海域（オホーツク海及び日本海の海域を除く。）において総トン数10トン以上の動力漁船により行うものは、指定漁業）		
	定置網	大型定置網			漁具を定置して営む漁業であって、身網の設置される場所の最深部が最高潮時において水深27メートル（沖縄県にあっては、15メートル）以上であるもの（瀬戸内海におけるます網漁業並びに陸奥湾（青森県焼山崎から同県明神崎灯台に至る直線及び陸岸によって囲まれた海面をいう。）における落とし網漁業及びます網漁業を除く。）		
		さけ定置網			漁具を定置して営む漁業であって、身網の設置される場所の最深部が最高潮時において水深27メートル以上であるものであり、北海道においてさけを主たる漁獲物とするもの		
		小型定置網			定置網であって大型定置網及びさけ定置網以外のもの		ます網、つぼ網、角建網

ア　漁業種類分類の定義（続き）

漁業種類名				定義	内容例示
網漁業（続き）	その他の網漁業			網漁業であって底びき網、船びき網、まき網、刺網、敷網及び定置網以外のもの	
				○　陸岸にひき寄せる網具を使用して行う漁業	地びき網
				○　敷網を使用して行う漁業であってさんま棒受網以外のもの	張り網、四つ手網、棒受網（あじ、さば等）、込ませ網、あんこう網、（沖縄式）追込み網
				○　その他	建干し網、建切り網、たもすくい（さば）、すくい網、投網
釣漁業	はえ縄	まぐろはえ縄	遠洋まぐろはえ縄	総トン数 120 トン（昭和 57 年 7 月 17 日以前に建造され、又は建造に着手されたものにあっては、80 トン。以下釣漁業の項において同じ。）以上の動力漁船により、浮きはえ縄を使用してまぐろ、かじき又はさめをとることを目的とする漁業（指定漁業）	
			近海まぐろはえ縄	総トン数 10 トン（我が国の排他的経済水域、領海及び内水並びに我が国の排他的経済水域によって囲まれた海域から成る海域（東京都小笠原村南鳥島に係る排他的経済水域及び領海を除く。）にあっては、総トン数 20 トン）以上 120 トン未満の動力漁船により、浮きはえ縄を使用してまぐろ、かじき又はさめをとることを目的とする漁業（指定漁業）	
			沿岸まぐろはえ縄	浮きはえ縄を使用してまぐろ、かじき又はさめをとることを目的とする漁業であって遠洋まぐろはえ縄及び近海まぐろはえ縄以外のもの（我が国の排他的経済水域、領海及び内水並びに我が国の排他的経済水域によって囲まれた海域から成る海域（東京都小笠原村南鳥島に係る排他的経済水域及び領海並びに北海道稚内市宗谷岬突端を通る経線以西、長崎県長崎市野母崎突端を通る緯線以北の日本海の海域を除く。）において総トン数 10 トン以上 20 トン未満の動力漁船により行うものは、届出漁業（知事許可等を要するものもある。））	
		その他のはえ縄		はえ縄を使用して行うまぐろはえ縄以外の漁業（東シナ海の海域において総トン数 10 トン以上の動力漁船により行うもの、大西洋又はインド洋の海域において動力漁船により行うもの及び太平洋の公海（我が国又は外国の排他的経済水域を除く。）において動力漁船により行うものは、特定大臣許可漁業）	まぐろ類以外の魚を目的とする浮きはえ縄、底はえ縄、立てはえ縄（立て縄釣は、「その他の釣」）、ふぐはえ縄
	はえ縄以外の釣	かつお一本釣	遠洋かつお一本釣	総トン数 120 トン以上の動力漁船により、釣りによってかつお又はまぐろをとることを目的とする漁業（指定漁業）	
			近海かつお一本釣	総トン数 10 トン（我が国の排他的経済水域、領海及び内水並びに我が国の排他的経済水域によって囲まれた海域から成る海域（東京都小笠原村南鳥島に係る排他的経済水域及び領海を除く。）にあっては、総トン数 20 トン）以上 120 トン未満の動力漁船により、釣りによってかつお又はまぐろをとることを目的とする漁業（指定漁業）	
			沿岸かつお一本釣	釣りによってかつお又はまぐろをとることを目的とする漁業であって遠洋かつお一本釣及び近海かつお一本釣以外のもの	小釣及び五目釣は、「その他の釣」
		いか釣	遠洋いか釣	総トン数 200 トン以上の動力漁船により釣りによっていかをとることを目的とする漁業（指定漁業）（ただし、北緯 20 度の線以北、東経 169 度 59 分 44 秒の線以西の太平洋の海域（ベーリング海、オホーツク海、日本海、黄海、東シナ海及び南シナ海の海域を含む。）において釣りによっていかをとることを目的として官公庁、学校、試験研究機関等が行うものは、「近海いか釣」に含める。）	海外いか釣（ニュージーランド、ペルー海域等）
			近海いか釣	総トン数30 トン以上200 トン未満の動力漁船により釣りによっていかをとることを目的とする漁業（指定漁業）	

漁業種類名				定義	内容例示
釣漁業（続き）	はえ縄以外の釣（続き）	いか釣（続き）	沿岸いか釣	釣りによっていかをとることを目的とする漁業であって遠洋いか釣及び近海いか釣以外のもの（総トン数５トン以上30トン未満の動力漁船により行うものは、届出漁業（知事許可等を要するものもある。））	
		ひき縄釣		ひき縄を使用して行う漁業（かつお又はまぐろをとることを主たる目的とするものを含む。）	ひき縄、ひき縄釣、ひき釣、けんけん
		その他の釣		はえ縄以外の釣漁業であってかつお一本釣、いか釣及びひき縄釣以外のもの	手釣、竿釣、一本釣、立て縄釣、たる流し釣飼付け漁業、鳥付きこぎ釣漁業、小釣、五目釣、釣具によりさばをとることを目的とする漁業
捕鯨業	小型捕鯨			動力漁船によりもりづつを使用してみんくくじら又は歯くじら（まっこうくじらを除く。）をとる漁業（指定漁業）	
その他	採貝・採藻			○　小型底びき網、潜水器漁業等以外の貝をとることを目的とする漁業 ○　潜水器漁業等以外の海藻をとることを目的とする漁業	貝かご、貝突き漁業、見突き漁、腰まき、大まき、貝はさみ漁
	その他の漁業			前記以外の全ての漁業 ○　潜水器を使用して行う漁業	潜水器漁業、簡易潜水器漁業
				○　針に引っかけてとるもの	文鎮こぎ、空釣縄、たこいさり
				○　捕鯨以外のほこ、もり等で突き刺してとるもの	突きん棒、貝を除く見突き
				○　かぎ、鎌等で引っかけてとるもの	たこかぎ、うなぎ鎌
				○　採藻以外のはさむ、ねじる等の方法によりとるもの	うなぎはさみ
				○　えり漁業	すだて、羽瀬
				○　うけ、筒、箱又はかごを使用してとるもの（採貝を除く。次に掲げる海域以外の日本海の海域においてかごを使用してべにずわいがにをとることを目的とするものは指定漁業、総トン数10トン以上の動力漁船によりかごを使用してずわいがにをとることを目的とするもの及び大西洋又はインド洋の海域において動力漁船によりかごを使用して行うものは特定大臣許可漁業） イ　北緯41度20分９秒の線以北の我が国の排他的経済水域、領海及び内水 ロ　北緯41度20分９秒の線以南、次に掲げる線から成る線以東の日本海の海域 (イ)　北緯41度20分９秒東経137度59分48秒の点から北緯40度30分９秒東経137度59分48秒の点に至る直線 (ロ)　北緯40度30分９秒東経137度59分48秒の点から北緯37度30分10秒東経134度59分50秒の点に至る直線 (ハ)　北緯37度30分10秒東経134度59分50秒の点から北緯37度30分10秒東経133度59分50秒の点に至る直線 (ニ)　北緯37度30分10秒以南の東経133度59分50秒の線	たこつぼ、かにかご、あなご筒
				○　木、竹、わら等を海中に敷設してとるもの	柴浸け、いか巣びき、さんま手づかみ（釣具、ひき縄等を使用する場合は、該当する漁業種類に分類する。）

イ　魚種分類の定義

魚種分類			定義等（標準和名＜通称・地方名＞）
魚類	まぐろ類	くろまぐろ	くろまぐろ＜ほんまぐろ＞、めじ、よこわ
		みなみまぐろ	みなみまぐろ＜いんどまぐろ＞
		びんなが	びんなが＜びんちょう、とんぼ＞
		めばち	めばち＜だるま＞
		きはだ	きはだ＜きめじ＞
		その他のまぐろ類	こしなが〔前記以外のまぐろ属及び分類不能のまぐろ属〕（いそまぐろは、その他の魚類）
	かじき類	まかじき	まかじき
		めかじき	めかじき
		くろかじき類	くろかじき＜くろかわ＞、しろかじき＜しろかわ＞、〔くろかじき属〕
		その他のかじき類	ばしょうかじき、ふうらいかじき〔前記以外のまかじき科〕
	かつお類	かつお	かつお
		そうだがつお類	ひらそうだ、まるそうだ〔そうだがつお属〕
	さめ類		よしきりざめ、あぶらつのざめ、ほしざめ、しろざめ等（さかたざめは、その他の魚類）
	さけ・ます類	さけ類	さけ＜しろざけ＞、べにざけ＜べにます＞、ぎんざけ、ますのすけ＜キングサーモン＞
		ます類	からふとます＜せっぱり＞、さくらます＜ままず、おおめます＞
	このしろ		このしろ＜こはだ＞
	にしん		にしん
	いわし類	まいわし	まいわし
		うるめいわし	うるめいわし
		かたくちいわし	かたくちいわし＜せぐろ＞
		しらす	いわし類の稚仔（＝ちし）魚であって、35mm以下程度のもの（混獲されたいわし類以外の稚仔魚を含む。）
	あじ類	まあじ	まあじ
		むろあじ類	むろあじ、まるあじ、おあかむろ、もろ、くさやむろ〔むろあじ属〕
	さば類		まさば＜ひらさば＞、ごまさば＜まるさば＞〔さば属〕
	さんま		さんま
	ぶり類		ぶり＜はまち、わかし、いなだ、わらさ、つばす、ふくらぎ＞、ひらまさ、かんぱち〔ぶり属〕

注：　〔　〕は、綱、目、科、属を示し、当該綱、目、科、属に含まれる全ての魚種を含む。種名で示したものは、当該魚種に限る。

魚　種　分　類			定　義　等（標準和名＜通称・地方名＞）
魚類（続き）	ひらめ・かれい類	ひらめ	ひらめ
		かれい類	ひらめを除くかれい目の魚（まがれい、さめがれい、やなぎむしがれい、あかがれい、まこがれい、あぶらがれい、そうはちがれい、めいたがれい、いしがれい、こがねがれい、おひょう、ひれぐろ（なめたがれい）、うしのした類等）
	たら類	まだら	まだら
		すけとうだら	すけとうだら＜すけそう＞
	ほっけ		ほっけ〔ほっけ属〕
	きちじ		きちじ＜きんき、きんきん＞〔きちじ属〕
	はたはた		はたはた
	にぎす類		にぎす、かごしまにぎす
	あなご類		まあなご、くろあなご〔くろあなご属〕
	たちうお		たちうお
	たい類	まだい	まだい
		ちだい・きだい	ちだい＜はなだい、ちこだい＞、きだい＜れんこだい＞〔ちだい属、きだい属〕
		くろだい・へだい	くろだい＜ちぬ、かいず＞、きちぬ＜きびれ＞、へだい〔くろだい属、へだい属〕
	いさき		いさき（しまいさき、やがたいさき等は、その他の魚類）
	さわら類		さわら、うしさわら＜おきさわら＞、よこしまさわら、かますさわら〔さわら属、かますさわら属〕 （バラクーダ（遠洋底びき網のおきさわら）は、その他の魚類）
	すずき類		すずき＜せいご、ふっこ＞、ひらすずき〔すずき属〕
	いかなご		いかなご＜こうなご、めろうど＞
	あまだい類		しろあまだい、あかあまだい＜ぐじ＞、きあまだい〔あまだい属〕
	ふぐ類		とらふぐ、まふぐ、からす、ひがんふぐ、しょうさいふぐ、さばふぐ〔とらふぐ属、さばふぐ属〕
	その他の魚類		前記のいずれにも分類されない魚類（めぬけ類、にべ・ぐち類、えそ類、いぼだい、はも、えい類、しいら類、とびうお類、ぼら類、ほうぼう類、あんこう類、きんめだい類、こち類、さより類、おにおこぜ類、めばる類、きす類、はぎ類、かながしら類等）
えび類	いせえび		いせえび
	くるまえび		くるまえび
	その他のえび類		前記のいずれにも分類されないえび類（ほっこくあかえび、こうらいえび＜大正えび＞、ぼたんえび等）

イ　魚種分類の定義（続き）

魚種分類		定義等（標準和名＜通称・地方名＞）
かに類	ずわいがに	ずわいがに＜まつばがに、えちぜんがに＞（まるずわいがには、その他のかに類）
	べにずわいがに	べにずわいがに
	がざみ類	がざみ、ひらつめがに、たいわんがざみ、じゃのめがざみ〔わたりがに科〕
	その他のかに類	前記のいずれにも分類されないかに類（たらばがに、けがに、はなさきがに、まるずわいがに、いばらがに、あさひがに、あぶらがに等）
おきあみ類		なんきょくおきあみを除くおきあみ類〔おきあみ属〕
貝類	あわび類	くろあわび、えぞあわび、まだか、めがい（とこぶしは、その他の貝類）
	さざえ	さざえ
	あさり類	あさり、ひめあさり〔あさり属〕
	ほたてがい	ほたてがい
	その他の貝類	前記以外のいずれにも分類されない貝類（はまぐり類、うばがい（ほっきがい）、さるぼう（もがい）、つぶ、ばい、たいらぎ、ばかがい、とりがい、あかがい、いたやがい、とこぶし等）
いか類	するめいか	するめいか
	あかいか	あかいか＜むらさきいか、ばかいか＞（けんさきいかは、その他のいか類）、あめりかおおあかいか
	その他のいか類	前記のいずれにも分類されないいか類（こういか類（こういか、しりやけいか、かみなりいか、こぶしめ〔こういか科〕＜もんごういか＞）、やりいか、けんさきいか、そでいか、あおりいか、ほたるいか、ニュージーランドするめいか、まついか等）
たこ類		まだこ、みずだこ、いいだこ〔まだこ科〕
うに類		ばふんうに、えぞばふんうに、むらさきうに、きたむらさきうに、あかうに〔うに綱〕
海産ほ乳類		いるか類及びくじら類（捕鯨業により捕獲されたものを除く。）
その他の水産動物類		前記のいずれにも分類されない水産動物類（なまこ類（まなまこ、くろなまこ〔なまこ綱〕）、なんきょくおきあみ、しゃこ、さんご、餌むし等）
海藻類	こんぶ類	まこんぶ、ながこんぶ、みついしこんぶ、りしりこんぶ〔こんぶ属〕
	その他の海藻類	前記のいずれにも分類されない海藻類（わかめ類（わかめ、ひろめ、あおわかめ〔わかめ属〕）、ひじき、てんぐさ類（まくさ、ひらくさ、おにくさ、ゆいきり＜とりのあし＞〔てんぐさ科〕）、ふのり類、あまのり類、とさかのり、おごのり、あらめ、かじめ等）

(3)　海面養殖業収獲統計調査に用いる分類の定義

ア　養殖方法分類の定義

養　殖　方　法	定　　　義	内　容　例　示
築堤式	入江、湾等の海面を堤防で区切って養殖を行うもの	魚類、くるまえび等の養殖に用いられる。
網仕切式	入江、湾等の海面を網で仕切るか又は一定の海面を網で囲んで養殖を行うもの	魚類、くるまえび等の養殖に用いられる。
小割式	海面にいけす網、いけす箱等を浮かべるか又は中層に懸垂して養殖を行うもの	魚類、たこ類等の養殖に用いられる。
いかだ式	いかだに種苗を付着させた貝がら、ロープ等を直接垂下するもの及び種苗を入れたかご又は網袋を垂下して養殖を行うもの	かき類、ほたてがい、あわび類、わかめ類等の養殖に用いられる。 なお、わかめ類養殖等でみられる３～４ｍの間隔で浮き竹をロープでつないだものも、いかだ式に含める。
垂下式	海底に丸太、竹等の杭を立て、これに木、竹等を渡し、種苗を付着させた貝がら、ロープ等を直接垂下するもの及び種苗を入れたかご又は網袋を垂下して養殖を行うもの	かき類、ほたてがい等の養殖に用いられる。
はえ縄式	樽、合成樹脂製浮子等を使用して、海面に縄を張り、これに種苗を付着させた貝がら、ロープ等を直接垂下するもの及び種苗を入れたかご又は網袋を垂下して養殖を行うもの	かき類、ほたてがい、真珠、わかめ類等の養殖に用いられる。
地まき式	海底に種苗をまいて養殖を行うもの	かき類養殖に用いられる。
網ひび式	網ひびに種苗を付着させて養殖を行うもので、支柱式と浮き流し式がある。	のり類養殖に用いられる。
支柱式	海底に支柱を立て、これに網ひびを所定の高さに張り養殖を行うもの	
浮き流し式	海面に浮かせた枠に網ひびを張り養殖を行うもの	地方により「ベタ流し」、「沖流し」とも呼ばれる。 なお、「浮上いかだ式」を含む。
そだひび式	そだ（＝切り取った竹や木の枝）に種苗を付着させて養殖を行うもの	かき類養殖に用いられる。
コンクリート水槽式	陸上のコンクリート水槽に、動力で海水を揚水し、曝気（＝ばっき）装置を設け、海水の流れを図り養殖を行うもの	魚類、くるまえび等の養殖に用いられる。
その他	前記以外の養殖方法で行うもの	

イ　養殖魚種分類の定義

養殖魚種			定義等（標準和名）
魚類	ぎんざけ		ぎんざけ
	ぶり類	ぶり	ぶり
		かんぱち	かんぱち
		その他のぶり類	前記のいずれにも分類されないぶり類（ひらまさ等）
	まあじ		まあじ
	しまあじ		しまあじ
	まだい		まだい
	ひらめ		ひらめ
	ふぐ類		とらふぐ、まふぐ〔とらふぐ属〕
	くろまぐろ		くろまぐろ
	その他の魚類		前記のいずれにも分類されない魚類（ちだい、くろだい、かわはぎ等）
貝類	ほたてがい		ほたてがい
	かき類		まがき、いたぼがき、すみのえがき〔いたぼがき科〕
	その他の貝類		前記のいずれにも分類されない貝類（いたやがい、ひおうぎがい等）
くるまえび			くるまえび
ほや類			まぼや、あかぼや
その他の水産動物類			前記のいずれにも分類されない水産動物類（がざみ類、うに類、いせえび、餌むし等）
海藻類	こんぶ類		まこんぶ、ながこんぶ、みついしこんぶ、りしりこんぶ〔こんぶ属〕
	わかめ類		わかめ、ひろめ
	のり類		すさびのり、あさくさのり〔あまのり属〕、ひとえぐさ〔あおさ属〕、すじあおのり〔あおのり属〕
	もずく類		もずく、おきなわもずく、ふともずく
	その他の海藻類		前記のいずれにも分類されない海藻類（まつも等）
真珠			真珠（海水産の真珠母貝により生産されるもの）
種苗	ぶり類種苗		ふ化の翌年の５月 31 日までのもののうちもじゃこを除いたもの及びふ化の翌年の６月１日からその翌年の５月31日までのもの
	まだい種苗	稚魚	天然種苗並びに人工的に採卵し、ふ化させ、及び飼育した人工種苗
		１・２年魚	ふ化の翌年の５月 31 日までのもののうち稚魚を除いたもの及びふ化の翌年の６月１日からその翌年の５月31日までのもの

養殖魚種			定義等（標準和名）
種苗（続き）	ひらめ種苗		ひらめ種苗
	真珠母貝		あこやがい、まべがい、くろちょうがい等
	ほたてがい種苗		ほたてがい種苗
	かき類種苗		かき類種苗
	くるまえび種苗		くるまえび種苗
	わかめ類種苗		わかめ類種苗
	のり類種苗	網ひび	のりの殻胞子を付着させた網（種網）
		貝がら	のりの果胞子が貝がらに穿入（＝せんにゅう）し、糸状体となったもの

ウ　のり類の製品形態区分

製品形態区分		内容例示
板のり	くろのり	あさくさのり、すざびのり、うっぷるいのり等（以下「くろのり」という。）を板のりにしたもので、あおのりが混じっていないもの
	まぜのり	くろのりにあおのり（「あおさ」及び「ひとえぐさ」をいう。）以下同じ。）が混ざっているものを板のりにしたもの
	あおのり	あおのりを板のりにしたもの
ばらのり（干重量）		つくだに等の加工用とするため乾燥した「のり」で板のりとしないもの。一般にあおのりが多く用いられている。
その他（生重量）		前記のいずれにも区分されないもの

(4) 内水面漁業生産統計調査に用いる分類の定義

ア　内水面漁業魚種分類

魚種分類			該当する魚種名等
魚類	さけ・ます類	さけ類	しろざけ（「ときしらず」、「あきざけ」と称する地方もある。）、ぎんざけ、ますのすけ等
		からふとます	からふとます（「せっぱります」と称する地方もある。）
		さくらます	さくらます（「ます」、「ほんます」、「まます」と称する地方もある。）
		その他のさけ・ます類	ひめます（べにざけの陸封性）、にじます、ブラウントラウト、やまめ（さくらますの陸封性、「やまべ」と称する地方もある。）、いわな、おしょろこま、かわます、ごぎ、えぞいわな、びわます（あまご）、いわめ、いとう等
	わかさぎ		わかさぎ
	あゆ		あゆ
	しらうお		しらうお
	こい		こい
	ふな		ふな（きんぶな、ぎんぶな、げんごろうぶな、かわちぶな等）
	うぐい・おいかわ		うぐい、まるた、おいかわ（「やまべ」、「はや」、「はえ」と称する地方もある。）
	うなぎ		うなぎ
	はぜ類		まはぜ、ひめはぜ、うろはぜ、ちちぶはぜ、じゃこはぜ、あしじろはぜ、ごくらくはぜ、どんこ、かわあなご、いさざ、しろうお、よしのぼり、びりんご、ちちぶ、うきごり等
	その他の魚類		上記以外の魚類（どじょう、ふくどじょう、あじめどじょう、しまどじょう、ぼら、めなだ、かじか、なまず、もろこ、にごい、ししゃも、らいぎょ、そうぎょ等）
貝類	しじみ		やまとしじみ、ましじみ、せたしじみ等
	その他の貝類		しじみ以外の貝類
その他の水産動物類	えび類		すじえび、てながえび、ぬかえび等（ざりがにを除く。）
	その他の水産動物類		上記以外の水産動物類（さざあみ、やつめうなぎ、かに、藻類等）

イ　内水面養殖業魚種分類

魚種分類			該当する魚種名等
魚類	ます類	にじます	にじます、ドナルドソン
		その他のます類	やまめ、あまご、いわな等
	あゆ		あゆ
	こい		こい
	うなぎ		うなぎ

ウ　３湖沼漁業魚種分類

(ア)　琵琶湖

魚種分類			該当する魚種名等
魚類	わかさぎ		わかさぎ
	ます		びわます
	こあゆ		こあゆ（ひうお（こあゆの稚魚）を含む。）
	こい		こい
	ふな	にごろぶな	にごろぶな
		その他	にごろぶな以外のふな
	うぐい・おいかわ		うぐい・おいかわ
	うなぎ		うなぎ
	はぜ類	いさざ	いさざ（はぜ類）
		その他	いさざいがいのはぜ類
	もろこ類	にごろぶな	もろこ（ほんもろこ）
		その他	もろこ（ほんもろこ）以外のもろこ類（すごもろこ、でめもろこ等を含む。）
	はす		はす
	その他の魚類		前記以外のいずれにも分類されない魚種
貝類	しじみ		せたしじみ
	その他の貝類		前記以外のいずれにも分類されない貝類
その他の水産動物類	えび類		いさざ（はぜ類）
	その他の水産動物類		前記以外のいずれにも分類されない水産動物類

(イ)　霞ヶ浦及び北浦

魚種分類		該当する魚種名等
魚類	わかさぎ	わかさぎ
	しらうお	しらうお
	こい	こい
	ふな	ふな
	うなぎ	うなぎ
	はぜ類	まはぜ、ひめはぜ
	ぼら類	ぼら、めなだ
	その他の魚類	前記以外のいずれにも分類されない魚種（たなご類、さより、どじょう類、すずき、ひがい、れんぎょ、そうぎょ、らいぎょ、ブラックバス等）
貝類	しじみ	やまとしじみ
	その他の貝類	前記以外のいずれにも分類されない貝類（からすがい（たんがい）、いけちょうがい）
その他の水産動物類	えび類	すじえび、てながえび
	その他の水産動物類	前記以外のいずれにも分類されない水産動物類

エ　３湖沼漁業種類分類

(ｱ)　琵琶湖

漁業種類分類	定　　　　　義
底びき網	小型動力船で底びき網又は貝けた網を使用して行う漁業（沖びき網、貝びき網等）
敷網	四方形の敷網又はさで網を使用して行う漁業（四つ手網、追いさで網（あゆをとることを目的として、さで網を使用し鵜竿（＝うざお）等で威嚇して魚を追い込む漁業））
刺網	刺網を使用して行う漁業（荒目小糸網、細目小糸網）
定置網	第２種共同漁業権により定められた一定の場所に漁網を定置して、あるいは竹す又は網でえりを設置して行う漁業（落とし網、えり）及び河川を横断して杭を打ち竹すでやなを敷設して川をせき止めて魚をとる漁業（やな）
採貝	手がき漁具を使用して貝をとる漁業
かご類	竹で編んだ円筒形の巣かごや網で編んだもんどり及びたつべ（竹で編んだかご）を使用する漁業
あゆ沖すくい	小型動力漁船で船首にすくい網を固定し、あゆをすくいとることを目的とする漁業
投網	人力によって網を投げて魚をとる漁業
その他の漁業	上記以外の漁業

(ｲ)　霞ヶ浦及び北浦

漁業種類分類	定　　　　　義
底びき網	底びき網を使用して行う漁業（わかさぎ・しらうおびき網、帆びき網、いさざごろびき網）
刺網	刺網を使用して行う漁業
定置網	漁具を定置して行う漁業
採貝	貝類をとることを目的とする漁業
その他の漁業	上記以外の漁業

オ　３湖沼養殖業魚種分類

魚種分類			該当する魚種名等
食用	さけ・ます類	にじます	にじます
		その他のさけ・ます類	にじます以外のさけ・ます類
	あゆ		あゆ
	こい		こい
	うなぎ		うなぎ
	その他		前記のいずれにも分類されない魚類
真珠			真珠（淡水産の真珠母貝により生産されるもの）
種苗	卵	ます類	ます類の卵
	稚魚	ます類	ます類の稚魚
		あゆ	あゆの稚魚
		こい	こいの稚魚
	その他の種苗		前記のいずれにも分類されない種苗

(5)　内水面漁業・養殖業の調査対象河川・湖沼一覧（主要112河川24湖沼）

調査対象河川	都道府県名						
		47 北上川	岩手	76 木曽川	長野	105 筑後川	福岡
1 知来別川	北海道		宮城		岐阜		佐賀
2 頓別川	北海道	48 大川	宮城		愛知		熊本
3 北見幌別川	北海道	49 小泉川	宮城		三重		大分
4 徳志別川	北海道	50 鳴瀬川	宮城	77 長良川	岐阜	106 菊池川	熊本
5 幌内川	北海道	51 阿武隈川	宮城		三重	107 緑川	熊本
6 渚滑川	北海道		福島	78 揖斐川	岐阜	108 球磨川	熊本
7 網走川	北海道	52 雄物川	秋田		三重	109 大分川	大分
8 止別川	北海道	53 月光川	山形	79 矢作川	長野	110 大野川	大分
9 斜里川	北海道	54 最上川	山形		岐阜	111 一ッ瀬川	宮崎
10 奥蘂別川	北海道	55 赤川	山形		愛知	112 大淀川	熊本
11 常呂川	北海道	56 阿賀野川	福島	80 安倍川・藁科川	静岡		宮崎
12 伊茶仁川	北海道		新潟	81 豊川	愛知		鹿児島
13 標津川	北海道	57 久慈川	福島	82 宮川	三重	**調査対象湖沼**	**都道府県名**
14 西別川	北海道		茨城	83 淀川	三重		
15 風蓮川	北海道	58 請戸川	福島		滋賀	1 能取湖	北海道
16 別当賀川	北海道	59 熊川	福島		京都	2 網走湖	北海道
17 釧路川	北海道	60 木戸川	福島		大阪	3 阿寒湖	北海道
18 十勝川	北海道	61 夏井川	福島		奈良	4 十三湖	青森
19 静内川	北海道	62 那珂川	茨城	84 熊野川	三重	5 小川原湖	青森
20 沙流川	北海道		栃木		奈良	6 十和田湖	青森
21 白老川	北海道	63 利根川	茨城		和歌山		秋田
22 敷生川	北海道		栃木	85 由良川	京都	7 八郎湖	秋田
23 遊楽部川	北海道		群馬	86 円山川	兵庫	8 猪苗代湖	福島
24 天塩川	北海道		埼玉	87 揖保川	兵庫	9 涸沼	茨城
25 石狩川	北海道		千葉	88 紀の川	奈良	10 ※霞ヶ浦	茨城
26 後志利別川	北海道	64 荒川	埼玉		和歌山	11 ※北浦	茨城
27 高瀬川	青森		東京	89 有田川	和歌山	（外浪逆浦を含む）	
28 奥入瀬川	青森	65 江戸川	埼玉	90 日高川	和歌山	12 中禅寺湖	栃木
29 馬淵川	青森		千葉	91 千代川	鳥取	13 印旛沼	千葉
	岩手		東京	92 日野川	鳥取	14 手賀沼	千葉
30 新井田川	青森	66 多摩川	東京	93 江の川	島根	15 芦ノ湖	神奈川
	岩手		神奈川		広島	16 山中湖	山梨
31 野辺地川	青森		山梨	94 高津川	島根	17 河口湖	山梨
32 岩木川	青森	67 相模川	神奈川	95 吉井川	岡山	18 西湖	山梨
33 有家川	岩手		山梨	96 高梁川	岡山	19 諏訪湖	長野
34 久慈川	岩手	68 三面川	新潟		広島	20 ※琵琶湖	滋賀
35 安家川	岩手	69 信濃川	新潟	97 番川	岡山	21 東郷池	鳥取
36 小本川	岩手		長野	98 太田川	広島	22 宍道湖	島根
37 摂待川	岩手	70 黒部川	富山	99 錦川	山口	23 神西湖	島根
38 田代川	岩手	71 神通川	富山	100 吉野川	徳島	24 児島湖	岡山
39 閉伊川	岩手		岐阜		愛媛		
40 津軽石川	岩手	72 庄川	富山		高知	※3湖沼調査の対象湖沼	
41 織笠川	岩手		岐阜	101 勝浦川	徳島		
42 大槌川	岩手	73 手取川	石川	102 仁淀川	愛媛		
43 片岸川	岩手	74 九頭竜川	福井		高知		
44 吉浜川	岩手		岐阜	103 肱川	愛媛		
45 盛川	岩手	75 天竜川	長野	104 四万十川	愛媛		
46 気仙川	岩手		静岡		高知		
			愛知				

(6) 漁業・養殖業水域別生産統計の世界水域区分図

図中の○付数字は、国際連合食糧農業機関（ＦＡＯ）の水域区分番号である。

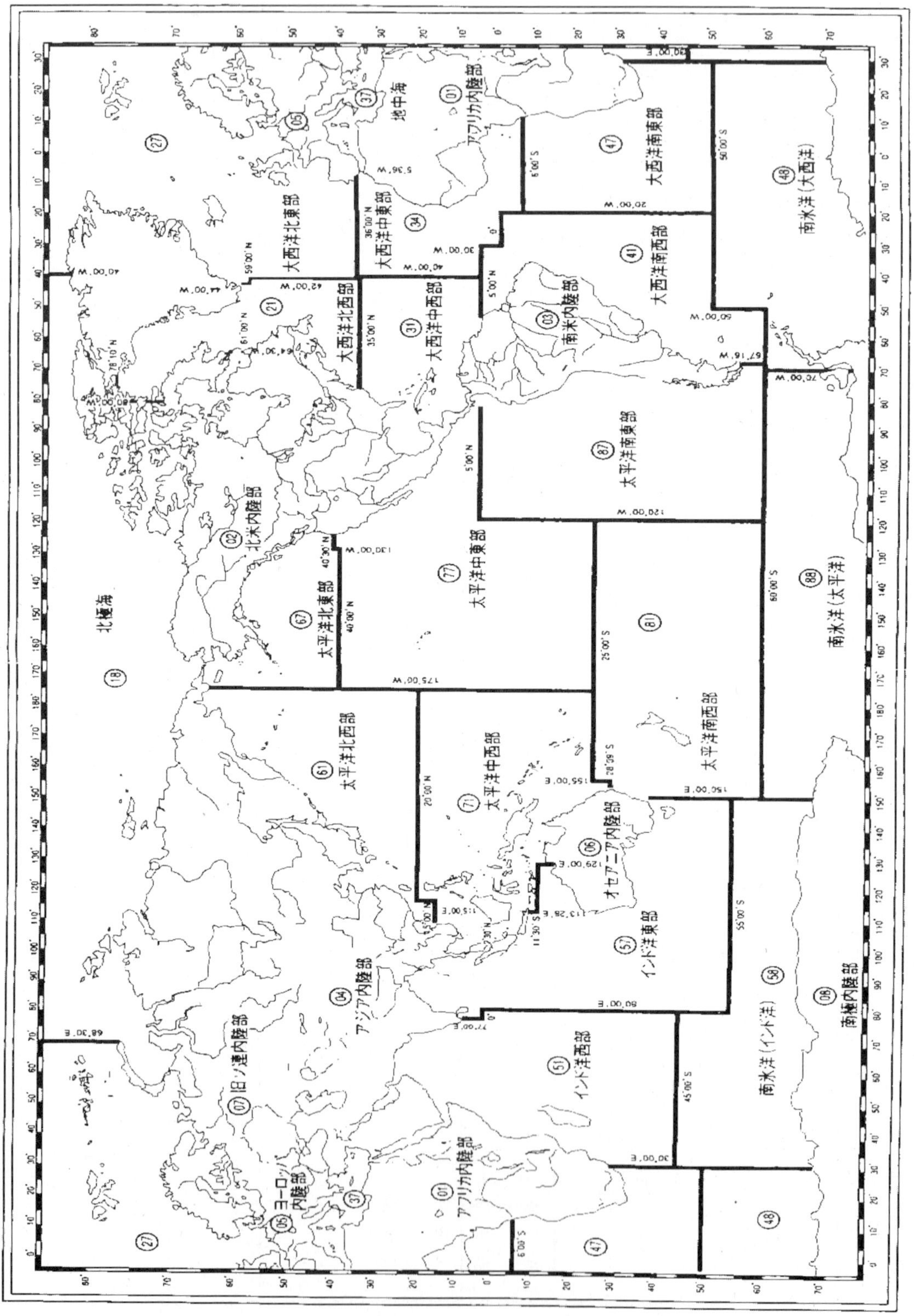

I　調　査　結　果　の　概　要

1　漁業・養殖業生産量

平成30年の我が国の漁業・養殖業の生産量は442万1,133 tで、前年に比べ11万5,004 t（2.7%）増加した。

このうち、海面漁業の漁獲量は335万9,456 tで、前年に比べ10万1,436 t（3.1%）増加した。

これを部門別にみると、遠洋漁業は34万9,388 tで、前年に比べ3万5,654 t（11.4%）増加、沖合漁業は204万1,678 tで、前年に比べ9,801 t（0.5%）減少、沿岸漁業は96万8,390 tで、前年に比べ7万5,583 t（8.5%）増加した。

また、海面養殖業の収獲量は100万4,871 tで、前年に比べ1万8,815 t（1.9%）増加した。

内水面漁業・養殖業の生産量は5万6,806 tで、前年に比べ5,248 t（8.5%）減少した。

図1　漁業・養殖業生産量の推移

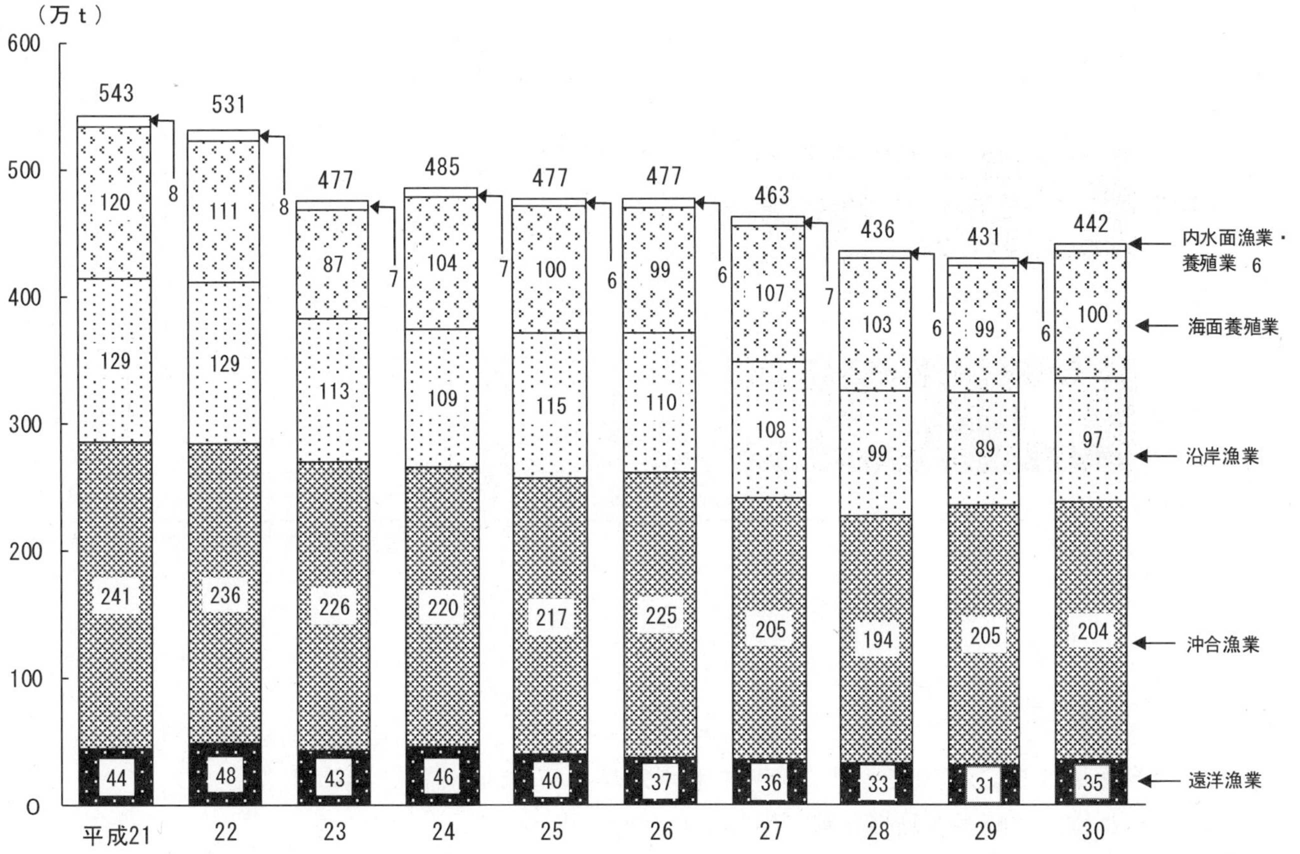

注：表示単位で四捨五入しているため、合計値と内訳が一致しない場合がある（以下同じ。）。

2　海面漁業

海面漁業の漁獲量は 335 万 9,456 t で、前年に比べ 10 万 1,436 t （3.1%）増加した。

東日本大震災で漁船や漁港施設に甚大な被害を受けた岩手県の漁獲量は 9 万 87 t であり、前年に比べて 1 万 4,295 t （18.9%）増加、宮城県の漁獲量は 18 万 4,738 t であり、前年に比べて 2 万 6,410 t （16.7%）増加した。

また、福島県の漁獲量は 5 万 33 t であり、前年に比べて 2,813 t （5.3%）減少した。

主要魚種別漁獲量

海面漁業の魚種のうち、漁獲量が前年に比べて増加した主な魚種は、ほたてがい、さんま、かつお、さば類、まいわしであり、減少した主な魚種は、かたくちいわし、まあじ、ぶり類、うるめいわし、すけとうだらであった。

この結果、海面漁業の漁獲量に占める主要魚種の割合は、さば類が 16.1%、まいわしが 15.5%、ほたてがいが 9.1%、かつおが 7.4%、さんまが 3.8%、すけとうだらが 3.8%、まあじが 3.5%、かたくちいわしが 3.3%、ぶり類が 3.0%、さけ類が 2.5%となった。

図２　海面漁業主要魚種別漁獲量

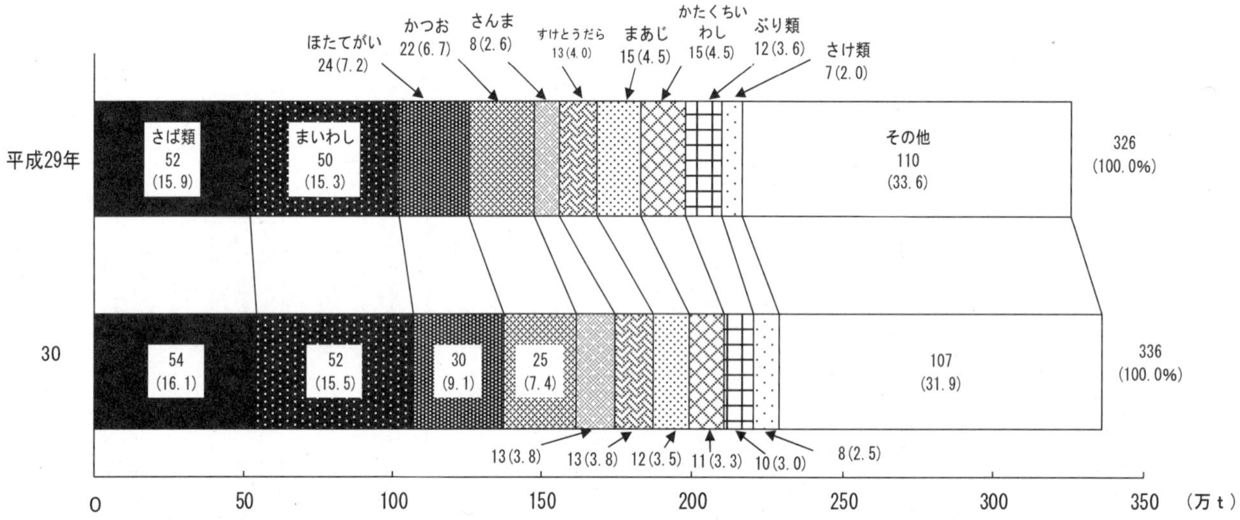

(1)　さば類

漁獲量は 54 万 1,975 t で、前年に比べ 2 万 4,373 t （4.7%）増加した。

これは、宮崎県、島根県等で増加したためである。

(2)　まいわし

漁獲量は 52 万 2,376 t で、前年に比べ 2 万 2,361 t （4.5%）増加した。

これは、石川県、宮城県等で増加したためである。

(3)　ほたてがい

漁獲量は 30 万 4,767 t で、前年に比べ 6 万 8,815 t （29.2%）増加した。

これは、漁獲量のほとんどを占める北海道で増加したためである。

(4)　かつお

漁獲量は24万7,716ｔで、前年に比べ２万8,739ｔ（13.1％）増加した。

これは、静岡県、宮城県等で増加したためである。

(5)　さんま

漁獲量は12万8,929ｔで、前年に比べて４万5,126ｔ（53.8％）増加した。

これは、北海道等で増加したためである。

(6)　すけとうだら

漁獲量は12万7,497ｔで、前年に比べ1,772ｔ（1.4％）減少した。

これは、岩手県等で減少したためである。

(7)　まあじ

漁獲量は11万7,751ｔで、前年に比べ２万7,464ｔ（18.9％）減少した。

これは、長崎県等で減少したためである。

(8)　かたくちいわし

漁獲量は11万1,226ｔで、前年に比べ３万4,489ｔ（23.7％）減少した。

これは、大阪府、三重県等で減少したためである。

(9)　ぶり類

漁獲量は９万9,933ｔで、前年に比べ１万7,828ｔ（15.1％）減少した。

これは、長崎県、島根県等で減少したためである。

(10)　さけ類

漁獲量は８万3,952ｔで、前年に比べて１万5,347ｔ（22.4％）増加した。

これは、北海道等で増加したためである。

図３　海面漁業主要魚種別漁獲量の推移
（上位１位～５位）

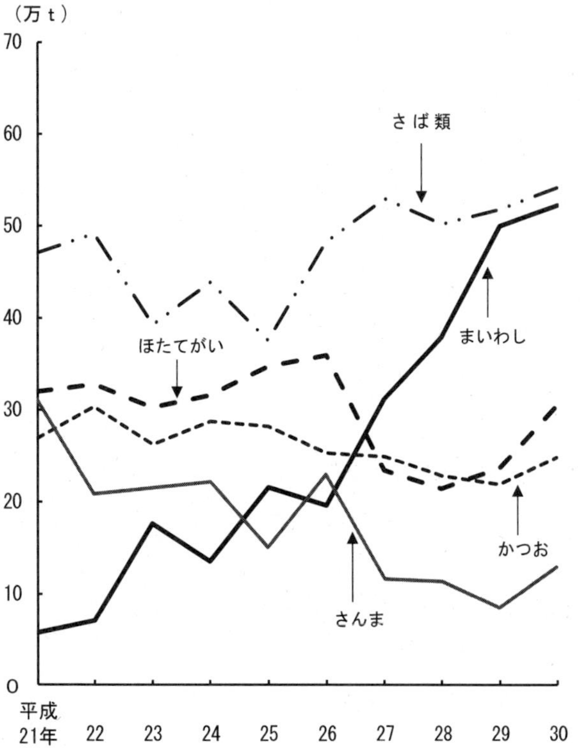

図４　海面漁業主要魚種別漁獲量の推移
（上位６位～10位）

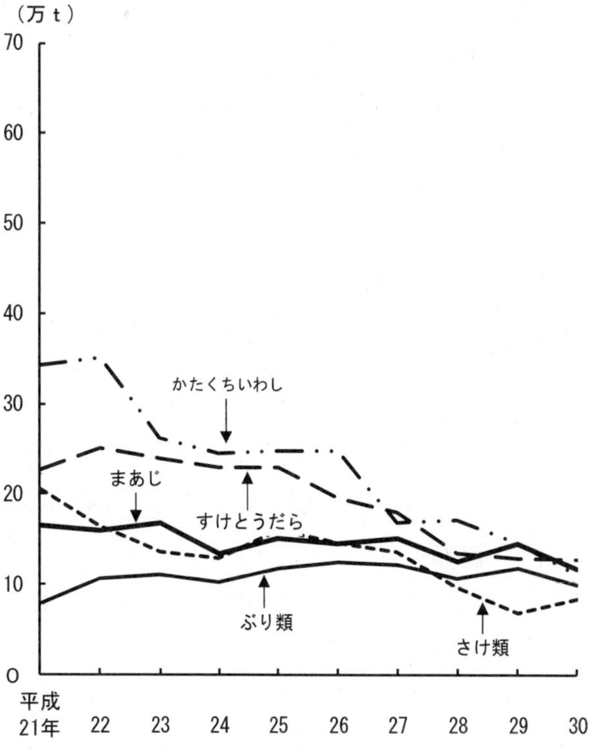

３　海面養殖業

海面養殖業の収獲量は100万4,871ｔで、前年に比べ１万8,815ｔ（1.9%）増加した。

これは、ほたてがい等が増加したためである。

東日本大震災の影響で養殖施設に甚大な被害を受けた岩手県の収獲量は３万 6,502ｔ、宮城県の収獲量は８万1,173ｔであり、岩手県は前年に比べて937ｔ（2.5%）減少し、宮城県は前年に比べて１万245ｔ（11.2%）減少した。

海面養殖業の魚種のうち、収獲量が前年に比べて増加した主な魚種は、ほたてがい、かき類、こんぶ類であり、減少した主な魚種は、のり類、まだい等であった。

この結果、海面養殖業の収獲量に占める主要魚種の割合は、のり類が 28.2%、かき類が 17.6%、ほたてがいが17.3%、ぶり類が13.8%、まだいが6.0%、わかめ類が5.1%となった。

図５　海面養殖業主要魚種別収獲量

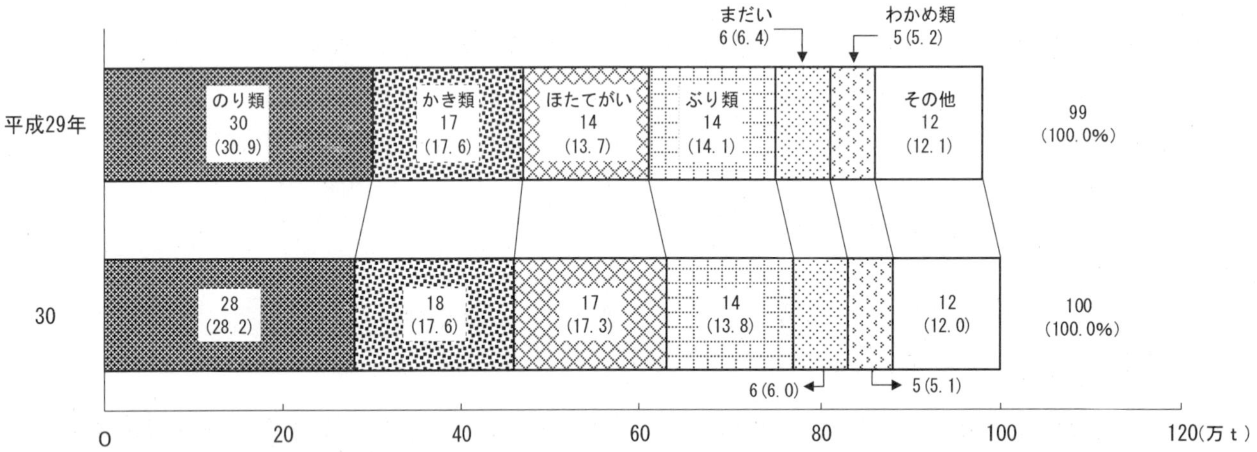

(1)　魚類

収獲量は24万9,491ｔで、前年に比べ1,858ｔ（0.8%）増加した。

ア　ぶり類

収獲量は13万8,229ｔで、前年に比べ770ｔ（0.6%）減少した。

これは、熊本県等で減少したためである。

イ　まだい

収獲量は６万736ｔで、前年に比べ2,114ｔ（3.4%）減少した。

これは、熊本県で減少したためである。

ウ　ぎんざけ

収獲量は１万8,053ｔで、前年に比べ2,405ｔ（15.4%）増加した。

これは、宮城県等で増加したためである。

(2)　貝類

収獲量は35万1,104ｔで、前年に比べ４万1,667ｔ（13.5%）増加した。

ア　ほたてがい

収獲量は17万3,959ｔで、前年に比べ３万8,869ｔ（28.8%）増加した。

これは、北海道等で増加したためである。

イ　かき類

収獲量は17万6,698ｔで、前年に比べ2,798ｔ（1.6%）増加した。

これは、岡山県、宮城県等で増加したためである。

図６　海面養殖業魚種別収獲量の推移（魚類）

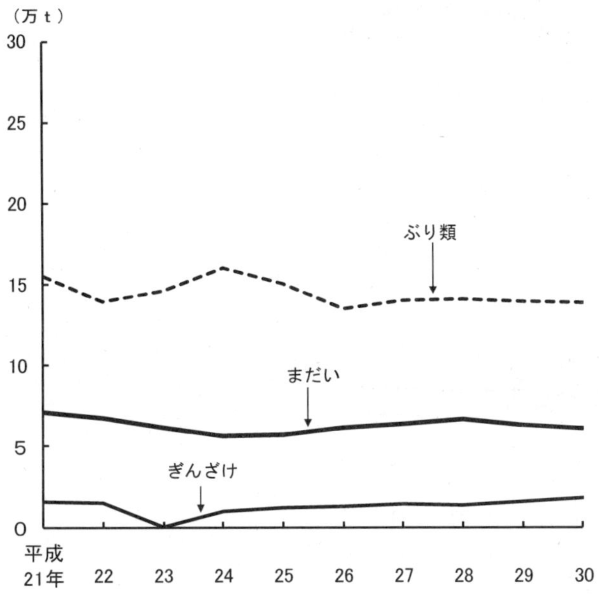

図７　海面養殖業魚種別収獲量の推移（貝類）

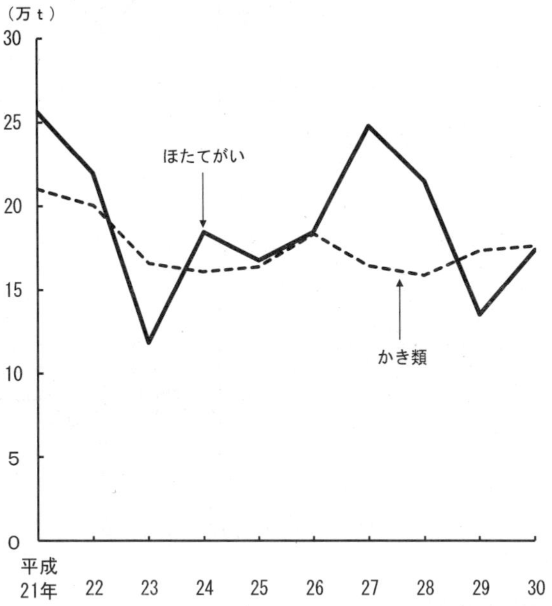

(3)　**海藻類**

収獲量は39万647ｔで、前年に比べ1万7,188ｔ（4.2%）減少した。

ア　のり類（生重量）

収獲量は28万3,688ｔで、前年に比べ2万620ｔ（6.8%）減少した。

これは、熊本県、福岡県等で減少したためである。

イ　わかめ類

収獲量は5万775ｔで、前年に比べ339ｔ（0.7%）減少した。

これは、宮城県等で減少したためである。

ウ　こんぶ類

収獲量は3万3,532ｔで、前年に比べ1,069ｔ（3.3%）増加した。

これは、岩手県、北海道で増加したためである。

図８　海面養殖業魚種別収獲量の推移（海藻類）

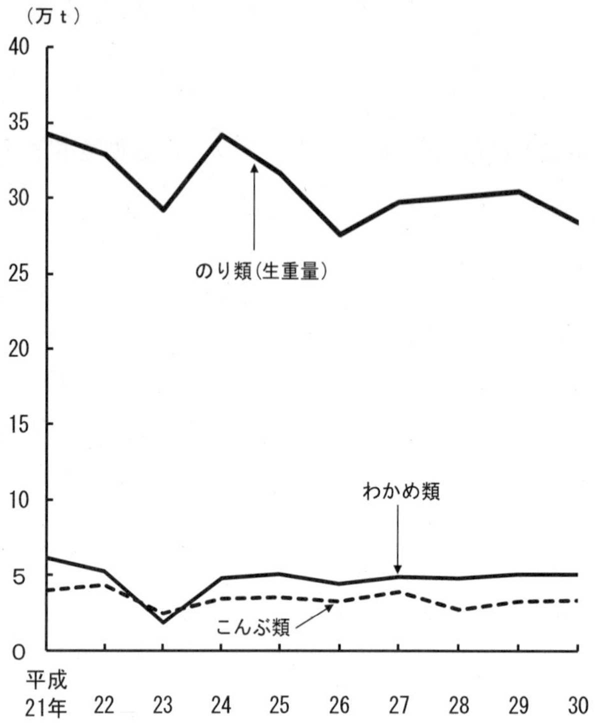

4　内水面漁業

内水面漁業（全国の主要 112 河川及び 24 湖沼）の漁獲量は２万 6,957 t で、前年に比べ 1,742 t （6.9%）増加した。

(1)　河川・湖沼別漁獲量

河川における漁獲量は１万 988 t で、前年に比べ 1,176 t （12.0%）増加した。

また、湖沼における漁獲量は１万 5,969 t で、前年に比べ 566 t （3.7%）増加した。

(2)　主要魚種別漁獲量

ア　しじみ

漁獲量は 9,646 t で、前年に比べ 222 t （2.2%）減少した。

イ　さけ類

漁獲量は 6,696 t で、前年に比べ 894 t （15.4%）増加した。

これは、北海道等で増加したためである。

ウ　あゆ

漁獲量は 2,140 t で、前年に比べ 28 t （1.3%）減少した。

エ　わかさぎ

漁獲量は 1,146 t で、前年に比べ 203 t （21.5%）増加した。

これは、秋田県等で増加したためである。

オ　しらうお

漁獲量は 462 t で、前年に比べ 99 t （17.6%）減少した。

これは、青森県等で減少したためである。

図９　内水面漁業主要魚種別漁獲量

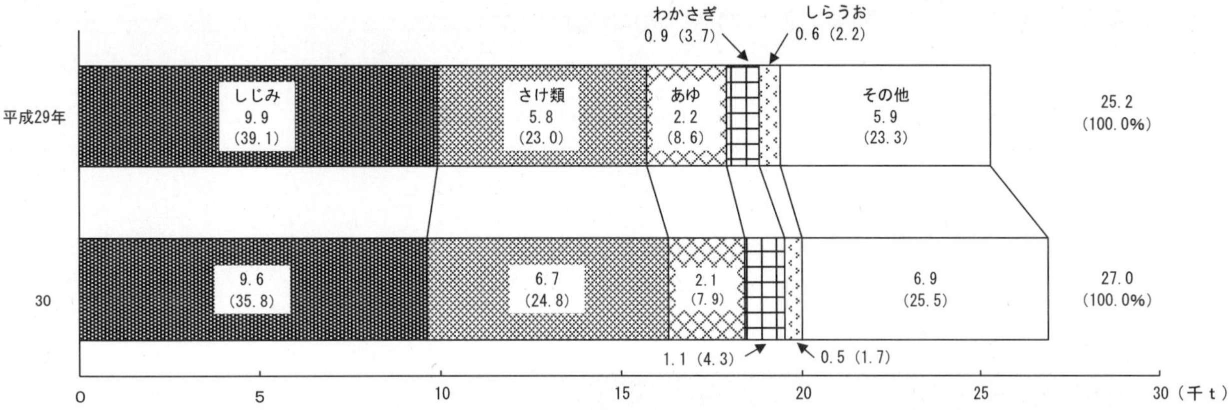

図10　内水面漁業主要魚種別漁獲量の推移

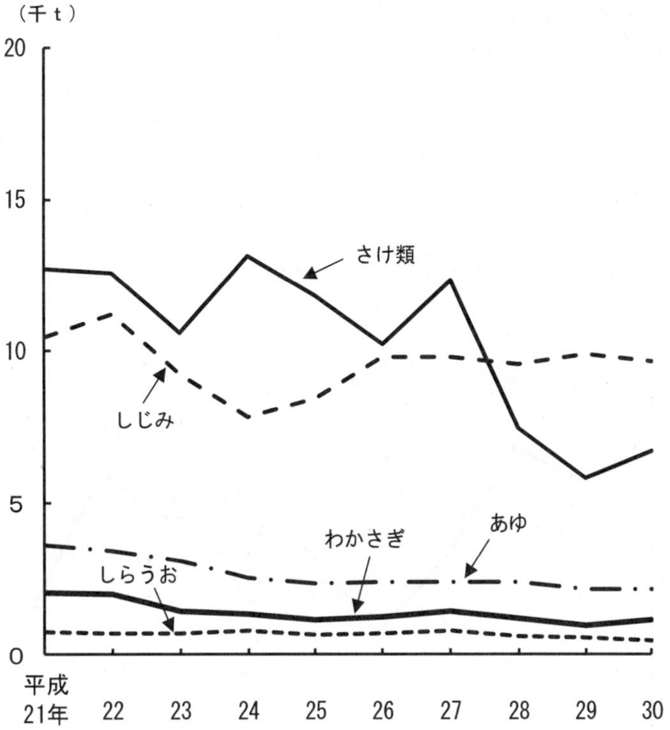

5　内水面養殖業

内水面養殖業の収獲量は２万 9,849 t で、前年に比べ 6,990 t （19.0%）減少した。

(1)　うなぎ

収獲量は１万 5,111 t で、前年に比べ 5,868 t （28.0%）減少した。

これは、愛知県、鹿児島県等で減少したためである。

(2)　あゆ

収獲量は 4,310 t で、前年に比べ 743 t （14.7%）減少した。

これは、岐阜県、和歌山県等で減少したためである。

(3)　にじます

収獲量は4,732ｔで、前年に比べ１ｔ（0.0%）増加した。

(4)　こい

収獲量は2,932ｔで、前年に比べ83ｔ（2.8%）減少した。

図11　内水面養殖業主要魚種別収獲量

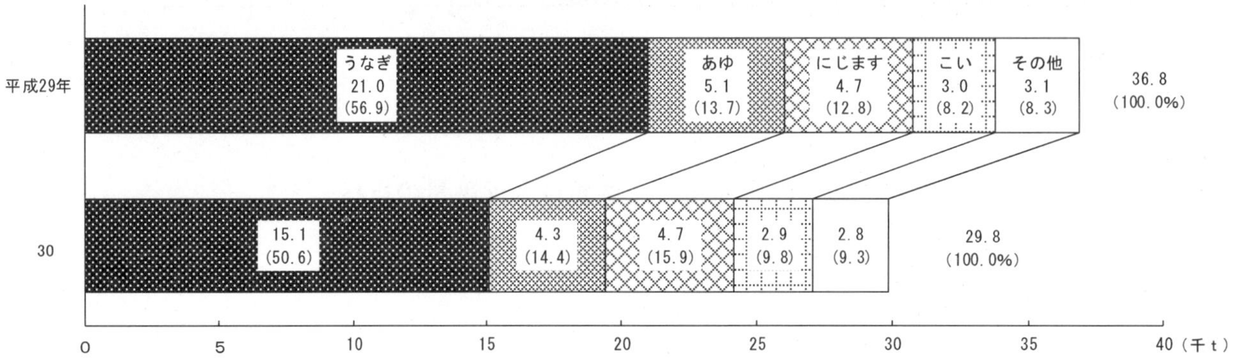

図12　内水面養殖業主要魚種別収獲量の推移

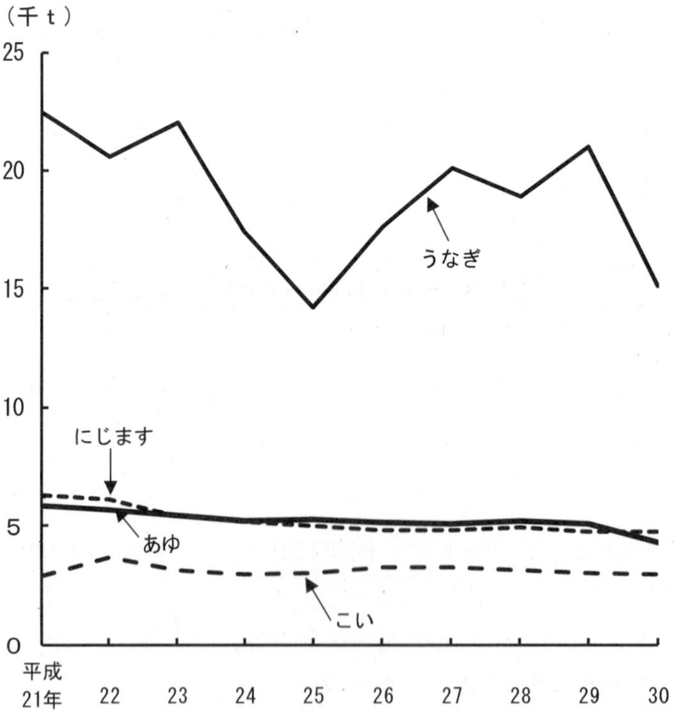

II　統計表

〔総括表〕

漁業・養殖業部門別生産量

年次		総生産量	海面				
			計	漁業			
				小計	遠洋	沖合	沿岸
生産量		t	t	t	t	t	t
平成20年	(1)	5,592,327	5,519,687	4,373,337	473,845	2,580,892	1,318,601
21	(2)	5,432,011	5,349,447	4,147,374	442,917	2,411,008	1,293,449
22	(3)	5,312,687	5,233,440	4,122,102	480,074	2,356,340	1,285,688
23	(4)	4,765,972	4,692,819	3,824,099	430,788	2,264,265	1,129,046
24	(5)	4,853,093	4,786,267	3,746,763	458,334	2,198,085	1,090,345
25	(6)	4,773,695	4,712,564	3,715,467	395,767	2,169,126	1,150,574
26	(7)	4,765,353	4,700,879	3,713,240	368,785	2,246,251	1,098,203
27	(8)	4,630,706	4,561,453	3,492,436	358,173	2,053,190	1,081,073
28	(9)	4,359,240	4,296,105	3,263,568	333,861	1,936,115	993,593
29	(10)	4,306,129	4,244,076	3,258,020	313,734	2,051,479	892,807
30	**(11)**	**4,421,133**	**4,364,327**	**3,359,456**	**349,388**	**2,041,678**	**968,390**
対前年増減率(%)							
平成20年	(12)	△ 2.2	△ 2.1	△ 0.5	△ 6.3	△ 0.9	2.4
21	(13)	△ 2.9	△ 3.1	△ 5.2	△ 6.5	△ 6.6	△ 1.9
22	(14)	△ 2.2	△ 2.2	△ 0.6	8.4	△ 2.3	△ 0.6
23	(15)	△ 10.3	△ 10.3	△ 7.2	△ 10.3	△ 3.9	△ 12.2
24	(16)	1.8	2.0	△ 2.0	6.4	△ 2.9	△ 3.4
25	(17)	△ 1.6	△ 1.5	△ 0.8	△ 13.7	△ 1.3	5.5
26	(18)	△ 0.2	△ 0.2	△ 0.1	△ 6.8	3.6	△ 4.6
27	(19)	△ 2.8	△ 3.0	△ 5.9	△ 2.9	△ 8.6	△ 1.6
28	(20)	△ 5.9	△ 5.8	△ 6.6	△ 6.8	△ 5.7	△ 8.1
29	(21)	△ 1.2	△ 1.2	△ 0.2	△ 6.0	6.0	△ 10.1
30	**(22)**	**2.7**	**2.8**	**3.1**	**11.4**	**△ 0.5**	**8.5**
構成比(%)							
平成20年	(23)	100.0	98.7	78.2	8.5	46.2	23.6
21	(24)	100.0	98.5	76.3	8.2	44.4	23.8
22	(25)	100.0	98.5	77.6	9.0	44.4	24.2
23	(26)	100.0	98.5	80.2	9.0	47.5	23.7
24	(27)	100.0	98.6	77.2	9.4	45.3	22.5
25	(28)	100.0	98.7	77.8	8.3	45.4	24.1
26	(29)	100.0	98.6	77.9	7.7	47.1	23.0
27	(30)	100.0	98.5	75.4	7.7	44.3	23.3
28	(31)	100.0	98.6	74.9	7.7	44.4	22.8
29	(32)	100.0	98.6	75.7	7.3	47.6	20.7
30	**(33)**	**100.0**	**98.7**	**76.0**	**7.9**	**46.2**	**21.9**

注： 部門別設定基準については、「利用者のために」12の(2)参照。
1) は、「利用者のために」13の(1)参照。
2) は、調査捕鯨による捕獲頭数を含んでいない。
内水面漁業漁獲量は、平成20年は主要106河川24湖沼、平成21年～25年までは主要108河川24湖沼、平成26年～30年までは主要112河川24湖沼の値である。
平成23年の海面漁業・養殖業の生産量については、東日本大震災の影響により、岩手県、宮城県及び福島県においてデータを消失した調査対象があり、消失したデータは含まない数値である。

養殖業	内水面 計	内水面 1) 漁業	内水面 1) 養殖業	捕鯨業 2)捕獲実頭数	
t	t	t	t	頭	
1,146,350	72,639	32,627	40,012	84	(1)
1,202,072	82,565	41,638	40,927	89	(2)
1,111,338	79,247	39,844	39,403	77	(3)
868,720	73,153	34,260	38,893	61	(4)
1,039,504	66,826	32,869	33,957	87	(5)
997,097	61,131	30,635	30,496	73	(6)
987,639	64,474	30,603	33,871	76	(7)
1,069,017	69,253	32,917	36,336	77	(8)
1,032,537	63,135	27,937	35,198	66	(9)
986,056	62,054	25,215	36,839	30	(10)
1,004,871	**56,806**	**26,957**	**29,849**	**55**	(11)
△ 7.7	△ 10.3	△ 16.4	△ 4.6	△ 18.4	(12)
4.9	13.7	27.6	2.3	6.0	(13)
△ 7.5	△ 4.0	△ 4.3	△ 3.7	△ 13.5	(14)
△ 21.8	△ 7.7	△ 14.0	△ 1.3	△ 20.8	(15)
19.7	△ 8.6	△ 4.1	△ 12.7	42.6	(16)
△ 4.1	△ 8.5	△ 6.8	△ 10.2	△ 16.1	(17)
△ 0.9	5.5	△ 0.1	11.1	4.1	(18)
8.2	7.4	7.6	7.3	1.3	(19)
△ 3.4	△ 8.8	△ 15.1	△ 3.1	△ 14.3	(20)
△ 4.5	△ 1.7	△ 9.7	4.7	△ 54.5	(21)
1.9	**△ 8.5**	**6.9**	**△ 19.0**	**83.3**	(22)
20.5	1.3	0.6	0.7	…	(23)
22.1	1.5	0.8	0.8	…	(24)
20.9	1.5	0.7	0.7	…	(25)
18.2	1.5	0.7	0.8	…	(26)
21.4	1.4	0.7	0.7	…	(27)
20.9	1.3	0.6	0.6	…	(28)
20.7	1.4	0.6	0.7	…	(29)
23.1	1.5	0.7	0.8	…	(30)
23.7	1.4	0.6	0.8	…	(31)
22.9	1.4	0.6	0.9	…	(32)
22.7	**1.3**	**0.6**	**0.7**	**…**	(33)

〔海面漁業の部〕

1 全国統計

(1) 年次別統計（平成20年～30年）

ア 漁業種類別漁獲量

年次		計	網						
			底びき網					船びき網	大
			遠洋底びき網	以西底びき網	沖合底びき網		小型底びき網		1
					1そうびき	2そうびき			遠洋かつお・まぐろまき網
平成 20年	(1)	4, 373, 337	77, 965	8, 327	371, 873	32, 347	457, 389	255, 363	188, 923
21	(2)	4, 147, 374	49, 314	6, 727	332, 048	29, 415	453, 040	191, 467	207, 184
22	(3)	4, 122, 102	69, 384	5, 467	306, 948	39, 608	456, 474	240, 720	209, 912
23	(4)	3, 824, 099	52, 549	5, 815	284, 972	30, 489	423, 550	178, 136	184, 210
24	(5)	3, 746, 763	52, 194	5, 061	271, 200	36, 589	428, 354	195, 869	221, 134
25	(6)	3, 715, 467	30, 071	3, 846	273, 519	35, 342	455, 882	213, 354	193, 802
26	(7)	3, 713, 240	18, 558	3, 341	235, 867	30, 273	455, 797	211, 113	192, 402
27	(8)	3, 492, 436	11, 731	3, 841	220, 452	26, 912	328, 320	206, 507	190, 239
28	(9)	3, 263, 568	9, 990	3, 610	189, 684	22, 826	301, 620	206, 790	185, 087
29	(10)	3, 258, 020	9, 466	x	188, 871	18, 627	317, 378	177, 002	175, 647
30	**(11)**	**3, 359, 456**	**8, 078**	**x**	**196, 407**	**18, 211**	**382, 688**	**170, 902**	**205, 783**

年次		網漁業（続き）				釣			
		定置網			その他の網漁業	はえ縄			
						まぐろはえ縄			その他のはえ縄
		大型定置網	さけ定置網	小型定置網		遠洋まぐろはえ縄	近海まぐろはえ縄	沿岸まぐろはえ縄	
平成 20年	(1)	263, 422	126, 295	141, 652	56, 328	121, 862	49, 736	7, 705	34, 981
21	(2)	243, 179	160, 378	134, 454	41, 000	99, 606	52, 219	8, 159	32, 349
22	(3)	260, 089	146, 608	130, 383	48, 134	111, 620	51, 281	6, 527	30, 506
23	(4)	210, 970	139, 989	121, 732	41, 148	105, 843	42, 042	5, 463	27, 639
24	(5)	203, 403	123, 112	103, 596	42, 034	108, 183	46, 700	5, 881	27, 276
25	(6)	236, 109	142, 488	95, 326	45, 898	98, 893	42, 354	6, 258	28, 439
26	(7)	233, 631	117, 365	84, 558	35, 464	93, 791	44, 229	4, 775	28, 775
27	(8)	241, 169	116, 638	80, 563	36, 750	93, 757	47, 373	5, 532	29, 092
28	(9)	211, 674	88, 560	83, 048	46, 323	78, 982	42, 100	5, 093	26, 306
29	(10)	194, 236	59, 076	73, 005	49, 595	73, 672	42, 757	5, 403	23, 969
30	**(11)**	**235, 124**	**76, 510**	**90, 160**	**47, 512**	**74, 247**	**38, 426**	**4, 427**	**21, 896**

年次		その他	
		採貝・採藻	その他の漁業
平成 20年	(1)	150, 560	91, 899
21	(2)	143, 956	91, 373
22	(3)	133, 754	85, 600
23	(4)	126, 258	76, 253
24	(5)	134, 152	73, 235
25	(6)	116, 250	73, 687
26	(7)	125, 027	x
27	(8)	125, 298	69, 150
28	(9)	109, 262	70, 191
29	(10)	97, 001	66, 519
30	**(11)**	**104, 728**	**65, 755**

注：平成23年は、東日本大震災の影響により、岩手県、宮城県及び福島県においてデータを消失した調査対象があり、消失したデータは含まない数値である。

単位:t

漁						業		
ま き 網				刺 網			敷 網	
中型まき網			中・小型まき網	さけ・ます流し網	かじき等流し網	その他の刺網	さんま棒受網	
そうまき		2そうまき網						
近海かつお・まぐろまき網	その他のまき網							
68,960	509,147	55,409	419,526	10,981	7,138	165,084	346,990	(1)
33,719	491,160	72,413	414,757	8,436	5,305	192,509	306,610	(2)
46,627	546,813	59,238	410,874	10,397	5,006	181,020	205,798	(3)
32,534	489,749	61,522	469,707	7,268	2,298	165,041	213,953	(4)
39,864	483,347	56,158	427,500	7,944	3,664	147,960	218,900	(5)
40,097	493,628	54,300	426,672	6,960	3,819	161,625	149,066	(6)
43,347	565,133	42,410	429,430	7,948	4,064	153,332	228,294	(7)
40,038	626,669	28,012	470,996	x	4,083	143,420	116,040	(8)
26,837	618,493	39,827	461,027	x	3,870	119,107	114,027	(9)
33,910	746,180	37,936	464,150	1,273	4,140	121,339	84,040	(10)
22,954	**669,872**	**52,492**	**426,726**	**813**	**4,052**	**123,659**	**128,947**	(11)

漁					業			
はえ縄以外の釣								
かつお一本釣			いか釣			ひき縄釣	その他の釣	
遠洋かつお一本釣	近海かつお一本釣	沿岸かつお一本釣	遠洋いか釣	近海いか釣	沿岸いか釣			
59,586	46,691	11,320	17,182	55,515	89,844	27,352	45,985	(1)
53,646	40,669	11,094	26,441	56,609	91,418	22,915	43,805	(2)
65,376	42,974	10,384	18,314	41,614	82,336	22,613	39,704	(3)
67,889	39,143	12,002	12,223	44,612	93,270	18,174	37,657	(4)
62,673	36,288	12,712	5,537	35,865	77,079	18,096	35,204	(5)
65,344	41,034	15,913	1,229	34,982	79,308	16,242	33,729	(6)
57,614	31,472	11,085	x	32,189	69,557	15,573	33,256	(7)
54,817	31,733	10,746	x	26,854	56,440	15,284	31,311	(8)
51,734	29,464	11,080	x	24,152	35,149	13,401	31,636	(9)
47,860	28,530	12,774	x	22,541	34,341	12,724	29,183	(10)
54,808	**30,333**	**16,166**	**x**	**14,657**	**27,467**	**13,663**	**27,730**	(11)

1 全国統計（続き）
（1） 年次別統計（平成20年～30年）（続き）
イ 魚種別漁獲量

年次		合計	魚							
			計	まぐろ類						
				小計	くろまぐろ	みなみまぐろ	びんなが	めばち	きはだ	その他のまぐろ類
平成20年	(1)	4,373,337	3,366,536	216,885	21,006	3,209	52,513	62,750	75,831	1,576
21	(2)	4,147,374	3,172,934	207,436	17,524	2,357	65,034	56,971	64,412	1,138
22	(3)	4,122,102	3,165,325	208,059	10,361	2,852	52,853	54,911	86,117	965
23	(4)	3,824,099	2,919,758	201,203	15,492	2,678	59,317	53,764	69,037	915
24	(5)	3,746,763	2,903,524	208,172	8,635	2,953	75,496	54,342	66,007	739
25	(6)	3,715,467	2,854,031	188,036	8,570	2,747	70,110	51,157	54,539	913
26	(7)	3,713,240	2,871,402	189,705	11,272	3,539	61,503	55,209	57,438	744
27	(8)	3,492,436	2,809,906	189,972	7,628	4,353	52,440	53,222	71,274	1,053
28	(9)	3,263,568	2,686,086	168,475	9,750	4,605	42,809	39,363	70,872	1,076
29	(10)	3,258,020	2,690,005	169,149	9,786	4,072	46,220	38,683	69,453	936
30	**(11)**	**3,359,456**	**2,738,782**	**165,185**	**7,884**	**5,293**	**42,369**	**36,581**	**72,216**	**842**

年次		魚								
		さけ・ます類			このしろ	にしん	いわし			
		小計	さけ類	ます類			小計	まいわし	うるめいわし	かたくちいわし
平成20年	(1)	180,311	167,497	12,813	7,448	3,461	497,854	34,857	48,255	344,989
21	(2)	224,204	205,742	18,462	6,737	3,374	509,967	57,429	53,642	341,934
22	(3)	179,530	164,616	14,915	6,585	3,208	542,234	70,159	49,549	350,683
23	(4)	147,570	136,638	10,932	6,888	3,705	570,118	175,781	84,659	261,594
24	(5)	134,404	128,502	5,902	6,260	4,479	526,513	135,236	80,657	244,738
25	(6)	169,858	160,902	8,956	6,548	4,510	610,940	215,004	89,350	247,427
26	(7)	151,320	146,641	4,678	5,239	4,608	579,160	195,726	74,851	248,069
27	(8)	139,972	135,876	4,096	4,047	4,732	642,365	311,054	97,794	168,745
28	(9)	111,849	96,360	15,489	4,283	7,686	710,367	378,142	97,871	171,173
29	(10)	71,857	68,605	3,252	5,434	9,316	768,556	500,015	71,971	145,715
30	**(11)**	**95,473**	**83,952**	**11,521**	**4,923**	**12,386**	**738,925**	**522,376**	**54,815**	**111,226**

年次		魚								
		ひらめ・かれい類（続き）	たら類			ほっけ	きちじ	はたはた	にぎす類	あなご類
		かれい類	小計	まだら	すけとうだら					
平成20年	(1)	55,846	250,717	39,679	211,038	169,807	1,187	14,959	4,921	6,339
21	(2)	51,097	274,919	47,659	227,261	119,325	1,462	9,752	4,357	5,959
22	(3)	49,032	305,772	54,606	251,166	84,497	1,185	8,822	4,027	5,371
23	(4)	48,818	286,177	47,257	238,920	62,583	1,089	7,604	3,490	4,374
24	(5)	46,824	280,580	50,757	229,823	68,762	1,262	8,828	3,743	4,609
25	(6)	45,857	292,813	63,236	229,577	52,718	1,045	7,030	3,176	4,503
26	(7)	44,346	252,026	57,106	194,920	28,447	986	6,553	2,968	4,011
27	(8)	41,078	230,226	49,877	180,349	17,183	1,104	8,722	3,252	3,854
28	(9)	43,236	178,247	44,011	134,236	17,393	1,043	7,256	3,098	3,606
29	(10)	47,301	173,539	44,269	129,269	17,777	1,022	6,458	2,832	3,422
30	**(11)**	**41,250**	**178,161**	**50,664**	**127,497**	**33,669**	**1,158**	**4,716**	**2,761**	**3,489**

注：平成23年は、東日本大震災の影響により、岩手県、宮城県及び福島県においてデータを消失した調査対象があり、消失したデータは含まない数値である。

単位:t

類									
かじき類					かつお類			さめ類	
小計	まかじき	めかじき	くろかじき類	その他のかじき類	小計	かつお	そうだがつお類		
19,275	3,112	10,226	4,610	1,327	335,877	307,832	28,044	37,437	(1)
16,235	2,309	8,517	4,119	1,290	293,644	268,525	25,119	37,818	(2)
18,448	2,825	8,854	5,027	1,741	331,417	302,851	28,567	38,209	(3)
16,516	2,859	7,951	4,494	1,212	281,844	262,135	19,708	28,339	(4)
16,993	3,186	8,646	3,907	1,255	314,971	287,777	27,195	34,718	(5)
15,701	2,763	7,958	3,858	1,122	300,441	281,735	18,706	29,716	(6)
14,884	2,057	8,313	3,334	1,180	266,141	253,027	13,114	33,298	(7)
14,954	2,224	8,632	3,238	860	264,255	248,314	15,941	33,349	(8)
14,479	1,963	8,309	3,372	836	240,051	227,946	12,106	30,950	(9)
13,100	1,764	7,815	2,806	714	226,865	218,977	7,888	32,374	(10)
12,303	**1,704**	**7,515**	**2,492**	**592**	**259,833**	**247,716**	**12,117**	**31,828**	(11)

類（続き）									
類	あじ類			さば類	さんま	ぶり類	ひらめ・かれい類		
しらす	小計	まあじ	むろあじ類				小計	ひらめ	
69,754	207,033	172,322	34,711	520,326	354,727	75,964	63,346	7,500	(1)
56,962	192,122	165,166	26,956	470,904	310,744	78,334	58,315	7,218	(2)
71,843	184,505	159,440	25,065	491,813	207,488	106,890	56,733	7,701	(3)
48,084	193,474	168,417	25,057	392,506	215,353	110,917	55,471	6,653	(4)
65,882	158,009	134,014	23,994	438,269	221,470	101,842	52,881	6,057	(5)
59,160	175,090	150,884	24,206	374,954	149,853	117,175	53,366	7,509	(6)
60,515	162,248	145,767	16,481	481,783	228,647	125,153	52,257	7,911	(7)
64,772	166,544	151,706	14,837	529,977	116,243	122,641	48,984	7,906	(8)
63,180	152,524	125,419	27,105	502,651	113,828	106,756	50,280	7,043	(9)
50,855	164,731	145,215	19,515	517,602	83,803	117,761	54,385	7,084	(10)
50,509	**135,142**	**117,751**	**17,392**	**541,975**	**128,929**	**99,933**	**47,814**	**6,564**	(11)

類（続き）									
たちうお	たい類				いさき	さわら類	すずき類	いかなご	
	小計	まだい	ちだい・きだい	くろだい・へだい					
16,399	26,254	15,723	6,823	3,708	4,775	15,718	10,251	62,116	(1)
11,891	25,900	15,743	6,620	3,537	4,986	13,925	8,950	32,753	(2)
10,081	24,963	14,965	6,531	3,467	3,826	14,241	8,968	70,757	(3)
9,734	27,938	17,330	7,030	3,578	4,323	12,720	8,412	44,748	(4)
9,125	25,803	15,399	6,894	3,510	4,184	12,864	8,518	36,589	(5)
8,388	23,403	14,155	6,122	3,126	4,496	16,486	7,801	38,212	(6)
8,253	25,349	14,640	7,585	3,124	3,736	18,522	8,065	33,813	(7)
6,953	24,872	14,978	6,713	3,181	4,149	19,867	7,157	29,219	(8)
7,188	24,526	15,151	6,413	2,963	3,938	20,134	7,429	20,586	(9)
6,331	24,764	15,343	6,272	3,149	3,796	15,201	6,626	12,180	(10)
6,493	**25,323**	**16,075**	**6,278**	**2,969**	**3,988**	**15,924**	**5,901**	**14,786**	(11)

1 全国統計（続き）
(1) 年次別統計（平成20年～30年）（続き）
イ 魚種別漁獲量（続き）

年次	魚類（続き）			えび類				か	
	あまだい類	ふぐ類	その他の魚類	計	いせえび	くるまえび	その他のえび類	計	ずわいがに
平成 20年 (1)	1, 392	5, 207	256, 550	22, 472	1, 401	726	20, 345	33, 245	5, 308
21 (2)	1, 421	4, 184	243, 317	19, 957	1, 335	584	18, 038	32, 184	4, 717
22 (3)	1, 267	4, 954	241, 475	18, 569	1, 193	551	16, 825	31, 717	4, 809
23 (4)	1, 223	6, 286	215, 152	19, 425	1, 120	558	17, 746	30, 144	4, 439
24 (5)	1, 226	5, 803	212, 644	16, 009	1, 215	492	14, 302	29, 770	4, 353
25 (6)	1, 094	4, 841	191, 839	17, 303	1, 186	440	15, 677	29, 509	4, 181
26 (7)	1, 131	4, 828	178, 269	16, 253	1, 297	377	14, 579	29, 633	4, 348
27 (8)	1, 132	4, 885	169, 295	15, 862	1, 199	334	14, 329	28, 774	4, 412
28 (9)	1, 226	4, 979	171, 258	16, 717	1, 119	354	15, 244	28, 359	4, 153
29 (10)	1, 177	4, 420	175, 527	16, 703	1, 075	322	15, 306	25, 738	3, 995
30 (11)	**1, 140**	**4, 947**	**161, 677**	**14, 645**	**1, 187**	**355**	**13, 103**	**24, 088**	**4, 165**

年次	貝類（続き）	いか類				たこ類	うに類	海産ほ乳類	その他の水産動物類
	その他の貝類	計	するめいか	あかいか	その他のいか類				
平成 20年 (1)	42, 032	289, 962	217, 472	24, 393	48, 097	48, 821	10, 867	1, 154	53, 028
21 (2)	40, 141	295, 837	218, 658	35, 993	41, 186	45, 723	11, 061	1, 404	33, 343
22 (3)	44, 341	266, 701	199, 832	22, 326	44, 544	41, 667	10, 218	932	42, 084
23 (4)	39, 648	298, 379	242, 262	14, 489	41, 628	35, 186	7, 881	562	42, 901
24 (5)	37, 839	215, 556	168, 207	5, 454	41, 895	33, 640	8, 251	481	34, 881
25 (6)	36, 810	227, 681	180, 089	3, 607	43, 985	33, 700	8, 210	620	19, 237
26 (7)	34, 008	209, 820	172, 688	3, 274	33, 858	34, 573	8, 053	622	14, 543
27 (8)	36, 509	167, 122	128, 838	2, 923	35, 361	32, 568	8, 562	582	16, 707
28 (9)	35, 626	109, 968	70, 197	3, 589	36, 182	36, 975	7, 944	509	14, 095
29 (10)	33, 914	103, 414	63, 734	4, 334	35, 346	35, 473	7, 612	567	10, 800
30 (11)	**31, 562**	**83, 591**	**47, 712**	**4, 952**	**30, 927**	**36, 161**	**7, 629**	**344**	**11, 234**

単位:t

に	類		おきあみ類	貝		類			
べにずわいがに	がざみ類	その他の かに類		計	あわび類	さざえ	あさり類	ほたてがい	
20,228	2,802	4,907	41,563	401,021	1,687	7,880	39,217	310,205	(1)
20,312	2,319	4,836	29,984	400,845	1,855	7,556	31,655	319,638	(2)
19,227	2,665	5,017	40,502	407,155	1,461	7,082	27,185	327,087	(3)
18,135	2,680	4,889	3,168	378,916	1,259	6,227	28,793	302,990	(4)
17,782	2,750	4,884	18,855	387,282	1,266	5,490	27,300	315,387	(5)
17,389	2,783	5,156	26,234	414,444	1,395	5,650	23,049	347,541	(6)
17,605	2,325	5,356	16,705	420,035	1,363	6,234	19,449	358,982	(7)
16,899	2,120	5,343	26,662	291,605	1,302	6,098	13,810	233,885	(8)
16,093	2,160	5,952	16,500	265,693	1,136	6,253	8,967	213,710	(9)
15,149	2,232	4,361	13,756	283,985	964	6,083	7,072	235,952	(10)
14,093	**2,211**	**3,619**	**13,698**	350,385	909	5,411	7,736	**304,767**	(11)

海	藻	類	
計	こんぶ類	その他の 海藻類	
104,668	73,244	31,424	(1)
104,103	80,115	23,988	(2)
97,231	74,052	23,179	(3)
87,779	61,339	26,440	(4)
98,513	73,068	25,446	(5)
84,498	56,944	27,554	(6)
91,600	66,752	24,849	(7)
94,084	71,619	22,465	(8)
80,721	58,041	22,680	(9)
69,969	45,506	24,463	(10)
78,899	**55,877**	**23,022**	(11)

1 全国統計（続き）
(1) 年次別統計（平成20年～30年）（続き）
ウ 主要漁業種類・魚種別漁獲量
(ア) 遠洋底びき網

単位：t

年次		計	かれい類	まだら	すけとうだら	ほっけ	いか類
平成20年	(1)	77,965	1,270	25	5,273	0	1,013
21	(2)	49,314	－	21	5,302	0	276
22	(3)	69,384	18	25	6,929	－	549
23	(4)	52,549	－	－	－	－	922
24	(5)	52,194	0	9	4,263	0	649
25	(6)	30,071	4	13	9,621	－	1,711
26	(7)	18,558	1	6	2,096	1	754
27	(8)	11,731	－	1	79	－	689
28	(9)	9,990	2,029	－	－	－	－
29	(10)	9,466	2,157	－	－	－	－
30	**(11)**	**8,078**	**1,819**	**－**	**－**	**－**	**－**

(ウ) 沖合底びき網１そうびき

年次		計	さめ類	にしん	ひらめ・かれい類	まだら	すけとうだら	ほっけ	きちじ	はたはた
平成20年	(1)	371,873	580	1,055	13,921	12,678	132,223	116,438	664	7,675
21	(2)	332,048	814	822	13,449	16,183	120,101	73,142	664	3,160
22	(3)	306,948	563	939	12,352	19,887	132,071	45,572	627	3,165
23	(4)	284,972	595	963	12,668	18,076	141,895	37,153	436	2,711
24	(5)	271,200	630	571	10,731	17,560	150,202	37,732	565	4,786
25	(6)	273,519	504	1,423	12,421	26,474	138,253	32,495	434	3,375
26	(7)	235,867	544	1,591	12,638	22,128	122,219	15,919	412	3,183
27	(8)	220,452	473	900	11,743	20,988	118,152	8,482	532	4,826
28	(9)	189,684	686	2,785	12,401	20,135	91,778	6,567	464	4,483
29	(10)	188,871	504	5,300	13,493	21,759	83,470	4,826	437	4,564
30	**(11)**	**196,407**	**392**	**3,912**	**11,432**	**23,202**	**83,133**	**13,229**	**527**	**2,708**

(エ) 沖合底びき網２そうびき

年次		計	まあじ	ひらめ・かれい類	まだら	すけとうだら	にぎす類	あなご類
平成20年	(1)	32,347	180	3,998	4,011	9,273	255	525
21	(2)	29,415	144	3,547	7,518	2,523	164	481
22	(3)	39,608	239	3,145	11,251	9,520	165	624
23	(4)	30,489	187	3,081	6,397	2,847	220	546
24	(5)	36,589	113	2,922	9,361	8,868	151	469
25	(6)	35,342	138	2,564	9,767	8,444	107	602
26	(7)	30,273	123	2,198	7,102	6,350	101	379
27	(8)	26,912	200	2,067	4,629	5,544	126	384
28	(9)	22,826	245	1,955	2,738	5,150	100	347
29	(10)	18,627	249	1,924	1,117	3,739	53	423
30	**(11)**	**18,211**	**202**	**1,666**	**2,625**	**1,057**	**53**	**435**

注：平成23年は、東日本大震災の影響により、岩手県、宮城県及び福島県においてデータを消失した調査対象があり、消失したデータは含まない数値である（以下統計表(ヘ)まで同じ。）。

(イ) 以西底びき網

単位：t

計	まあじ	ひらめ・かれい類	あなご類	たちうお	まだい	ちだい・きだい	あまだい類	いか類	
8,327	192	248	18	25	412	1,619	32	689	(1)
6,727	168	208	29	27	296	1,233	75	831	(2)
5,467	224	160	14	8	331	1,278	19	609	(3)
5,815	238	193	12	17	442	1,653	22	448	(4)
5,061	122	173	9	40	488	1,470	18	391	(5)
3,846	90	76	11	23	264	1,026	20	284	(6)
3,341	81	63	2	18	215	1,056	7	248	(7)
3,841	110	66	1	29	266	1,269	9	361	(8)
3,610	64	68	1	10	226	1,305	8	262	(9)
x	x	x	x	x	x	x	x	x	(10)
x	**x**	**x**	**x**	**x**	**x**	**x**	**x**	**x**	(11)

単位：t

にぎす類	あなご類	いかなご	えび類	ずわいがに	その他のかに類	するめいか	その他のいか類	たこ類	
2,406	442	14,718	1,893	3,806	336	25,155	7,886	3,831	(1)
2,138	544	14,198	1,688	3,288	297	37,842	5,553	2,795	(2)
2,128	517	21,970	1,597	3,352	272	30,954	5,753	3,121	(3)
1,783	268	6,390	1,518	3,122	155	35,085	4,710	1,668	(4)
1,943	113	2,983	1,291	2,976	96	17,384	6,407	1,107	(5)
1,604	210	6,869	1,329	2,734	74	22,934	8,263	1,095	(6)
1,546	208	430	1,552	2,745	75	29,586	6,743	1,068	(7)
1,508	323	6,216	1,900	2,791	111	21,682	5,740	1,184	(8)
1,525	359	3,310	2,124	3,009	156	9,771	7,336	1,309	(9)
1,465	545	3,929	1,911	2,957	147	9,045	8,772	1,378	(10)
1,469	**483**	**7,568**	**1,871**	**3,124**	**116**	**7,464**	**7,481**	**1,471**	(11)

単位：t

たちうお	まだい	ちだい・きだい	するめいか	その他のいか類	たこ類	
183	443	908	6,775	680	290	(1)
49	424	1,116	7,534	676	176	(2)
63	517	1,253	6,372	959	163	(3)
41	738	1,441	8,423	1,206	101	(4)
37	717	1,638	5,806	858	99	(5)
46	718	1,304	5,651	597	163	(6)
25	585	1,597	6,167	590	123	(7)
27	576	1,432	5,663	672	164	(8)
23	672	1,071	3,674	625	158	(9)
66	640	976	2,304	585	131	(10)
37	**548**	**927**	**2,651**	**1,022**	**89**	(11)

1 全国統計（続き）
(1) 年次別統計（平成20年～30年）（続き）
ウ 主要漁業種類・魚種別漁獲量（続き）
(ｵ) 小型底びき網

年次	計	まあじ	ひらめ・かれい類	まだら	すけとうだら	はたはた	にぎす類	あなご類	たちうお	たい類
平成20年 (1)	457, 389	1, 395	16, 332	2, 244	1, 217	3, 313	2, 126	2, 152	4, 366	5, 173
21 (2)	453, 040	1, 193	14, 679	2, 726	1, 377	3, 408	1, 964	1, 795	3, 552	5, 004
22 (3)	456, 474	1, 033	14, 198	2, 500	1, 748	2, 970	1, 650	1, 825	3, 301	5, 361
23 (4)	423, 550	856	13, 330	2, 050	872	2, 578	1, 423	1, 481	3, 306	5, 663
24 (5)	428, 354	837	12, 166	1, 753	479	2, 376	1, 571	1, 595	3, 022	5, 246
25 (6)	455, 882	753	12, 299	2, 214	528	1, 687	1, 412	1, 349	2, 509	5, 136
26 (7)	455, 797	675	11, 917	2, 022	572	1, 408	1, 266	1, 212	2, 511	4, 954
27 (8)	328, 320	586	11, 435	2, 075	254	1, 912	1, 548	1, 119	2, 064	4, 921
28 (9)	301, 620	591	10, 539	2, 000	198	1, 357	1, 412	979	2, 301	5, 032
29 (10)	317, 378	689	9, 840	1, 632	267	1, 093	1, 274	776	1, 883	5, 189
30 (11)	**382, 688**	**711**	**9, 488**	**1, 719**	**300**	**1, 010**	**1, 199**	**797**	**1, 728**	**5, 339**

(ｶ) 船びき網

年次	計	まいわし	うるめいわし	かたくちいわし	しらす	まあじ	さば類
平成20年 (1)	255, 363	1, 468	97	89, 226	68, 414	331	152
21 (2)	191, 467	284	30	76, 100	54, 914	296	100
22 (3)	240, 720	1, 906	213	71, 188	69, 842	339	184
23 (4)	178, 136	3, 076	228	68, 125	47, 099	322	71
24 (5)	195, 869	1, 144	153	65, 027	64, 629	272	109
25 (6)	213, 354	913	86	86, 449	58, 261	275	70
26 (7)	211, 113	8, 026	106	84, 241	59, 379	236	201
27 (8)	206, 507	16, 636	67	65, 437	63, 785	299	112
28 (9)	206, 790	29, 692	72	69, 696	61, 890	312	117
29 (10)	177, 002	42, 864	39	52, 380	50, 057	233	132
30 (11)	**170, 902**	**43, 210**	**25**	**46, 853**	**49, 574**	**137**	**26**

(ｷ) 大中型まき網1そうまき遠洋かつお・まぐろまき網

単位：t

年次	計	くろまぐろ	びんなが	めばち	きはだ	かつお	そうだがつお類
平成20年 (1)	188, 923	−	−	5, 875	30, 885	152, 091	−
21 (2)	207, 184	−	28	4, 939	31, 312	170, 794	−
22 (3)	209, 912	−	14	3, 361	44, 344	162, 159	22
23 (4)	184, 210	−	21	3, 630	30, 864	149, 568	85
24 (5)	221, 134	−	30	4, 119	29, 625	187, 180	49
25 (6)	193, 802	−	1	3, 364	23, 413	166, 934	3
26 (7)	192, 402	−	0	4, 317	34, 692	152, 902	25
27 (8)	190, 239	−	0	4, 792	43, 365	141, 879	12
28 (9)	185, 087	−	4	3, 945	37, 556	143, 325	9
29 (10)	175, 647	−	11	3, 629	41, 303	130, 585	20
30 (11)	**205, 783**	**−**	**3**	**4, 781**	**41, 005**	**159, 916**	**3**

単位：t

すずき類	ふぐ類	えび類	かに類	あさり類	ほたてがい	いか類	たこ類	
3,691	1,168	12,573	2,550	14,935	309,299	9,779	8,862	(1)
2,924	1,024	11,105	2,182	13,584	319,109	8,520	6,454	(2)
2,842	1,159	9,798	2,589	12,492	326,564	7,990	5,964	(3)
2,816	1,051	10,575	2,638	11,467	302,518	7,354	4,496	(4)
3,060	1,169	8,285	2,552	11,816	315,135	7,792	4,067	(5)
2,779	979	8,140	2,401	10,276	347,215	7,592	4,583	(6)
2,641	921	7,950	2,020	5,718	358,610	7,127	3,918	(7)
2,456	868	7,668	1,865	4,040	233,200	6,443	3,508	(8)
2,565	821	7,642	1,585	1,010	213,084	6,838	3,187	(9)
2,108	1,121	7,708	1,434	327	235,381	6,696	2,780	(10)
2,113	**1,182**	**6,661**	**1,425**	**107**	**304,345**	**4,999**	**2,135**	(11)

単位：t

たちうお	たい類	いかなご	えび類	おきあみ類	いか類	
667	5,334	35,712	1,983	41,444	866	(1)
551	5,224	14,095	1,449	29,977	771	(2)
560	4,657	41,018	1,696	39,866	524	(3)
639	5,577	36,528	2,224	3,142	852	(4)
464	5,086	30,139	1,560	18,351	442	(5)
573	4,731	25,671	1,637	25,836	426	(6)
432	5,158	28,206	1,244	16,369	328	(7)
321	5,686	16,979	1,367	26,655	405	(8)
222	5,803	12,336	1,670	16,500	264	(9)
203	5,888	2,034	1,215	13,755	244	(10)
292	**6,243**	**3,173**	**854**	**13,697**	**201**	(11)

(ｸ) 大中型まき網１そうまき近海かつお・まぐろまき網

単位：t

計	くろまぐろ	びんなが	めばち	きはだ	かつお	そうだがつお類	
68,960	3,413	824	387	4,878	58,758	3	(1)
33,719	2,503	2,036	364	2,612	25,609	11	(2)
46,627	883	291	442	2,825	41,727	6	(3)
32,534	1,766	441	806	4,085	23,211	121	(4)
39,864	897	3,852	854	5,829	24,643	151	(5)
40,097	1,340	1,847	638	3,439	29,253	194	(6)
43,347	1,442	1,897	928	1,611	34,148	69	(7)
40,038	1,422	1,068	361	2,594	33,210	36	(8)
26,837	3,126	3,672	94	7,166	11,484	50	(9)
33,910	3,167	1,221	412	3,212	23,914	9	(10)
22,954	**2,512**	**3,034**	**359**	**7,198**	**8,286**	**18**	(11)

1　全国統計（続き）
(1)　年次別統計（平成20年～30年）（続き）
ウ　主要漁業種類・魚種別漁獲量（続き）
(ケ)　大中型まき網１そうまきその他のまき網

年　次	計	くろまぐろ	まいわし	うるめいわし	かたくちいわし	まあじ	むろあじ類	さば類	ぶり類
平成20年 (1)	509,147	4,038	9,238	11,004	35,399	64,274	10,758	332,385	16,259
21 (2)	491,160	4,324	23,632	7,135	40,860	55,414	8,449	301,882	19,100
22 (3)	546,813	2,497	41,178	6,488	53,462	68,519	7,255	294,469	36,979
23 (4)	489,749	6,076	65,569	10,265	41,075	77,103	6,960	207,244	36,445
24 (5)	483,347	1,465	67,021	11,265	7,838	54,217	7,554	275,770	26,609
25 (6)	493,628	1,180	110,034	15,888	8,931	53,981	5,006	232,036	37,502
26 (7)	565,133	3,940	100,409	9,577	14,539	52,710	1,914	321,112	33,363
27 (8)	626,669	1,563	101,190	13,812	3,677	73,958	2,478	369,598	34,839
28 (9)	618,493	1,440	173,230	14,890	3,956	49,357	4,588	333,253	25,058
29 (10)	746,180	1,015	273,755	11,511	3,059	56,760	2,587	352,872	29,396
30 (11)	**669,872**	**995**	**258,244**	**4,697**	**2,118**	**40,884**	**1,565**	**329,467**	**24,187**

(サ)　中・小型まき網

年　次	計	まぐろ類	かつお	そうだがつお類	このしろ	まいわし	うるめいわし	かたくちいわし	まあじ
平成20年 (1)	419,526	456	76	5,932	4,388	18,040	29,543	138,912	62,509
21 (2)	414,757	111	87	4,696	3,784	18,052	36,217	113,775	69,414
22 (3)	410,874	95	28	3,709	3,476	17,025	32,094	116,545	55,648
23 (4)	469,707	106	87	2,371	3,490	63,676	63,942	97,284	55,093
24 (5)	427,500	27	58	3,259	3,456	47,120	60,419	98,009	50,885
25 (6)	426,672	61	21	1,008	4,006	58,681	65,272	89,159	67,805
26 (7)	429,430	19	87	1,179	2,475	41,611	55,947	97,175	67,156
27 (8)	470,996	461	18	1,318	1,713	135,841	75,169	76,149	48,268
28 (9)	461,027	459	62	809	1,933	110,291	72,958	80,350	49,374
29 (10)	464,150	421	467	390	2,900	105,482	52,610	71,669	63,495
30 (11)	**426,726**	**152**	**57**	**755**	**2,352**	**76,615**	**43,632**	**50,061**	**53,549**

(シ)　さけ・ます流し網

単位：t

年　次	計	さけ類	ます類
平成20年 (1)	10,981	8,429	2,552
21 (2)	8,436	6,087	2,349
22 (3)	10,397	7,714	2,683
23 (4)	7,268	5,280	1,988
24 (5)	7,944	5,983	1,960
25 (6)	6,960	5,233	1,728
26 (7)	7,948	6,701	1,247
27 (8)	x	x	x
28 (9)	x	x	x
29 (10)	1,273	387	886
30 (11)	**813**	**185**	**628**

(ス)　かじき等流し網

単位：t

年　次	計	まぐろ類	かじき類	かつお類	さめ類
平成20年 (1)	7,138	1,684	1,984	328	2,137
21 (2)	5,305	216	1,564	318	2,481
22 (3)	5,006	131	1,504	305	2,446
23 (4)	2,298	77	643	109	1,250
24 (5)	3,664	148	1,038	112	2,153
25 (6)	3,819	99	660	107	2,693
26 (7)	4,064	150	453	118	3,167
27 (8)	4,083	179	594	121	2,984
28 (9)	3,870	52	638	118	2,566
29 (10)	4,140	124	547	60	3,056
30 (11)	**4,052**	**109**	**513**	**88**	**3,255**

(コ) 大中型まき網２そうまき網

単位：t　　単位：t

さわら類	いか類	計	まいわし	うるめいわし	かたくちいわし	まあじ	さば類	ぶり類	
1,038	3,679	55,409	203	108	40,847	901	6,258	4,541	(1)
333	12,757	72,413	9,702	22	54,691	872	2,997	2,167	(2)
923	13,548	59,238	5,077	210	41,443	3,395	3,501	1,920	(3)
985	13,673	61,522	27,920	22	25,046	987	3,597	1,626	(4)
1,343	14,051	56,158	9,117	61	37,911	1,164	3,001	3,191	(5)
2,121	6,992	54,300	13,247	177	34,601	1,082	1,360	3,146	(6)
1,781	10,856	42,410	9,804	39	20,707	1,472	721	7,146	(7)
470	8,652	28,012	7,519	125	2,202	1,816	9,286	6,255	(8)
785	3,585	39,827	10,508	377	1,318	2,149	19,979	3,777	(9)
283	2,439	37,936	25,225	165	673	2,216	3,751	3,454	(10)
278	**1,096**	**52,492**	**40,553**	**97**	**632**	**1,172**	**3,820**	**5,691**	(11)

単位：t

むろあじ類	さば類	ぶり類	ほっけ	たい類	すずき類	いか類	
18,365	100,330	14,201	455	557	1,159	2,067	(1)
15,044	110,590	16,636	1,200	818	963	1,611	(2)
14,097	121,822	20,671	1,830	633	1,295	1,706	(3)
13,255	130,103	15,485	786	593	1,263	2,552	(4)
12,520	106,968	16,359	519	693	1,115	1,248	(5)
15,276	85,356	16,109	350	291	1,060	1,820	(6)
11,219	102,161	25,138	104	430	1,070	1,887	(7)
9,369	83,199	17,973	649	475	877	2,236	(8)
18,306	84,951	20,786	743	569	724	787	(9)
14,411	110,847	18,393	66	778	654	895	(10)
14,250	**150,087**	**13,196**	**1,373**	**920**	**435**	**915**	(11)

(セ) その他の刺網

単位：t

計	ぶり類	ひらめ・かれい類	まだら	すけとうだら	ほっけ	かに類	貝類	いか類	
165,084	4,330	21,473	14,717	49,574	15,925	2,796	2,167	4,467	(1)
192,509	3,736	20,268	15,175	79,514	17,217	2,117	2,027	2,946	(2)
181,020	3,626	20,573	14,737	71,149	16,778	1,960	2,062	3,435	(3)
165,041	3,385	20,177	14,394	61,028	14,360	2,121	1,932	4,801	(4)
147,960	3,200	20,114	15,422	49,990	11,887	1,986	1,729	3,056	(5)
161,625	2,898	19,433	15,025	62,765	12,119	2,064	1,851	4,507	(6)
153,332	3,695	18,999	15,048	59,463	7,713	2,010	2,034	3,480	(7)
143,420	4,865	17,267	11,203	52,367	5,851	1,882	2,115	2,830	(8)
119,107	2,966	17,517	9,920	33,362	7,065	1,773	2,184	1,298	(9)
121,339	2,671	18,861	11,473	38,495	7,108	1,770	2,095	1,173	(10)
123,659	**2,292**	**17,177**	**15,209**	**36,710**	**6,917**	**1,721**	**1,819**	**1,365**	(11)

1 全国統計（続き）

(1) 年次別統計（平成20年～30年）（続き）

ウ 主要漁業種類・魚種別漁獲量（続き）

(ソ) さんま棒受網　(タ) 大型定置網

単位：t

年次		(ソ) さんま棒受網 計	さんま	(タ) 大型定置網 計	くろまぐろ	そうだがつお類	さけ類	まいわし	うるめいわし	かたくちいわし
平成20年	(1)	346,990	346,990	263,422	2,141	9,442	26,730	3,047	1,973	28,000
21	(2)	306,610	306,609	243,179	2,036	10,550	29,573	3,532	2,537	46,452
22	(3)	205,798	205,798	260,089	1,468	15,805	19,069	2,899	1,720	57,145
23	(4)	213,953	213,942	210,970	1,499	9,869	10,928	11,843	2,269	21,347
24	(5)	218,900	218,654	203,403	1,735	16,033	8,547	8,670	1,522	28,584
25	(6)	149,066	148,398	236,109	1,260	9,837	15,953	25,258	1,292	20,219
26	(7)	228,294	227,287	233,631	1,631	4,656	17,260	31,786	2,125	24,997
27	(8)	116,040	115,748	241,169	1,141	7,693	10,910	43,333	1,803	13,701
28	(9)	114,027	113,728	211,674	1,078	6,461	9,129	39,572	2,106	9,272
29	(10)	84,040	83,574	194,236	2,024	3,368	7,643	32,460	1,790	11,499
30	**(11)**	**128,947**	**128,422**	**235,124**	**602**	**4,914**	**9,236**	**79,691**	**1,335**	**5,335**

(チ) さけ定置網　(ツ) 小型定置網

単位：t

年次		(チ) さけ定置網 計	さけ類	ます類	ほっけ	いか類	(ツ) 小型定置網 計	さけ類	ます類
平成20年	(1)	126,295	114,285	450	5,179	2,959	141,652	13,138	8,986
21	(2)	160,378	147,576	626	7,724	885	134,454	16,369	14,766
22	(3)	146,608	122,827	613	7,246	10,183	130,383	10,884	10,568
23	(4)	139,989	109,868	453	2,456	16,473	121,732	7,857	7,771
24	(5)	123,112	101,817	507	2,918	8,773	103,596	9,635	3,014
25	(6)	142,488	124,101	980	1,298	10,203	95,326	12,080	4,651
26	(7)	117,365	107,865	671	1,419	2,244	84,558	11,491	2,203
27	(8)	116,638	107,763	262	526	2,136	80,563	12,547	3,193
28	(9)	88,560	77,739	2,493	970	331	83,048	6,742	11,266
29	(10)	59,076	51,150	347	284	157	73,005	7,286	1,780
30	**(11)**	**76,510**	**63,996**	**2,411**	**1,742**	**161**	**90,160**	**8,293**	**7,668**

(テ) 遠洋まぐろはえ縄

年次		計	くろまぐろ	みなみまぐろ	びんなが	めばち
平成20年	(1)	121,862	4,335	3,209	12,989	44,722
21	(2)	99,606	2,645	2,357	9,725	39,945
22	(3)	111,620	1,471	2,852	12,040	41,503
23	(4)	105,843	1,392	2,678	13,403	38,167
24	(5)	108,183	1,397	2,953	16,084	38,590
25	(6)	98,893	1,649	2,747	16,050	37,395
26	(7)	93,791	1,310	3,539	11,028	38,299
27	(8)	93,757	1,683	4,353	9,384	38,638
28	(9)	78,982	1,782	4,605	8,430	26,854
29	(10)	73,672	1,110	4,072	6,821	25,456
30	**(11)**	**74,247**	**2,090**	**5,293**	**8,371**	**22,556**

単位：t

まあじ	むろあじ類	さば類	さんま	ぶり類	すけとうだら	たい類	さわら類	いか類	
25, 991	2, 110	55, 177	5, 067	22, 224	363	2, 167	7, 680	43, 454	(1)
23, 608	1, 329	37, 258	1, 677	23, 190	4, 785	1, 991	6, 799	27, 042	(2)
17, 754	1, 292	49, 963	910	30, 395	10, 302	2, 027	6, 402	19, 234	(3)
20, 492	2, 050	27, 913	417	39, 439	6, 967	2, 330	5, 651	22, 849	(4)
15, 941	1, 821	32, 123	2, 291	36, 347	211	1, 758	5, 340	17, 561	(5)
16, 004	1, 820	39, 015	1, 079	42, 270	2, 588	1, 663	7, 625	21, 689	(6)
13, 968	1, 634	38, 803	825	39, 367	883	1, 775	8, 105	21, 042	(7)
16, 822	1, 218	50, 099	362	42, 725	309	1, 852	10, 154	14, 380	(8)
13, 945	1, 244	44, 877	59	37, 736	12	1, 726	11, 588	7, 974	(9)
12, 522	1, 150	33, 724	181	46, 868	292	1, 792	7, 452	8, 133	(10)
11, 819	**779**	**40, 112**	**293**	**39, 777**	**112**	**1, 745**	**7, 738**	**8, 474**	(11)

単位：t

まいわし	かたくちいわし	まあじ	さば類	ぶり類	ひらめ・かれい類	ほっけ	いか類	
1, 667	5, 430	10, 110	3, 683	5, 022	3, 599	27, 954	15, 016	(1)
873	5, 477	7, 743	1, 802	4, 944	3, 329	17, 827	11, 285	(2)
994	4, 553	6, 606	3, 318	4, 403	3, 520	11, 037	19, 748	(3)
1, 848	2, 775	7, 377	3, 363	4, 489	3, 233	6, 467	27, 097	(4)
1, 326	3, 085	5, 448	3, 544	5, 350	3, 809	14, 720	10, 992	(5)
3, 420	3, 358	5, 847	2, 444	4, 703	3, 768	5, 797	17, 506	(6)
2, 118	2, 734	4, 907	3, 619	6, 072	3, 629	2, 820	14, 929	(7)
2, 944	2, 365	5, 884	4, 545	6, 429	3, 341	1, 394	9, 628	(8)
5, 440	2, 758	5, 712	4, 272	5, 695	2, 968	1, 793	4, 790	(9)
3, 274	2, 020	5, 411	2, 964	7, 486	3, 842	5, 394	3, 480	(10)
7, 468	**1, 657**	**6, 093**	**3, 326**	**5, 127**	**3, 346**	**7, 510**	**3, 237**	(11)

単位：t

きはだ	まかじき	めかじき	くろかじき類	その他のかじき類	さめ類	
25, 388	859	5, 585	2, 733	916	17, 531	(1)
17, 765	576	4, 334	2, 378	767	15, 557	(2)
22, 435	795	5, 438	3, 140	895	17, 373	(3)
18, 831	1, 294	5, 675	2, 482	856	17, 047	(4)
17, 405	1, 207	5, 916	2, 180	872	17, 576	(5)
15, 832	888	5, 004	1, 995	842	12, 914	(6)
11, 988	801	5, 263	1, 827	841	15, 388	(7)
12, 667	588	5, 519	1, 977	635	15, 308	(8)
11, 803	483	4, 718	1, 916	542	14, 818	(9)
11, 871	413	4, 632	1, 646	383	14, 836	(10)
11, 159	**399**	**4, 080**	**1, 384**	**337**	**15, 853**	(11)

1 全国統計（続き）
(1) 年次別統計（平成20年～30年）（続き）
ウ 主要漁業種類・魚種別漁獲量（続き）
(ト) 近海まぐろはえ縄

単位：t

年次	計	くろまぐろ	びんなが	めばち	きはだ	まかじき	めかじき	くろかじき類	その他のかじき類	さめ類
平成 20年 (1)	49, 736	569	15, 365	9, 763	5, 898	675	3, 365	1, 426	39	12, 026
21 (2)	52, 219	366	18, 783	8, 785	4, 976	626	2, 894	1, 247	37	13, 567
22 (3)	51, 281	291	18, 538	7, 495	6, 061	798	2, 499	1, 369	308	13, 300
23 (4)	42, 042	270	17, 313	8, 518	5, 178	856	1, 754	1, 476	45	6, 176
24 (5)	46, 700	120	19, 040	8, 154	3, 976	1, 024	1, 880	1, 204	45	10, 501
25 (6)	42, 354	149	16, 550	6, 992	4, 061	1, 116	2, 068	1, 426	52	9, 215
26 (7)	44, 229	167	17, 548	8, 117	3, 033	741	2, 152	1, 133	58	10, 602
27 (8)	47, 373	140	18, 918	8, 041	4, 781	953	2, 245	870	40	11, 026
28 (9)	42, 100	183	15, 038	6, 891	5, 045	836	2, 768	1, 113	26	9, 862
29 (10)	42, 757	265	15, 713	6, 992	4, 755	753	2, 228	888	29	10, 800
30 (11)	**38, 426**	**201**	**11, 959**	**6, 924**	**4, 876**	**640**	**2, 381**	**804**	**26**	**10, 279**

(ニ) 遠洋かつお一本釣

単位：t

年次	計	くろまぐろ	びんなが	めばち	きはだ	かつお	そうだがつお類
平成 20年 (1)	59, 586	12	9, 873	422	628	48, 605	6
21 (2)	53, 646	6	17, 779	379	508	34, 886	41
22 (3)	65, 376	12	15, 737	514	829	48, 179	55
23 (4)	67, 889	24	16, 812	784	889	49, 345	1
24 (5)	62, 673	6	22, 725	1, 071	440	38, 404	1
25 (6)	65, 344	5	21, 205	1, 182	330	42, 581	1
26 (7)	57, 614	-	17, 462	1, 097	255	38, 770	-
27 (8)	54, 817	2	11, 498	191	290	42, 806	-
28 (9)	51, 734	2	8, 655	446	525	42, 050	1
29 (10)	47, 860	-	12, 110	676	533	34, 404	1
30 (11)	**54, 808**	**-**	**9, 401**	**637**	**351**	**44, 238**	**0**

(ヌ) 近海かつお一本釣

年次	計	くろまぐろ	びんなが	めばち
平成 20年 (1)	46, 691	65	9, 152	609
21 (2)	40, 669	47	13, 302	1, 687
22 (3)	42, 974	8	3, 689	784
23 (4)	39, 143	0	8, 844	903
24 (5)	36, 288	31	10, 940	772
25 (6)	41, 034	16	12, 310	818
26 (7)	31, 472	6	11, 890	1, 546
27 (8)	31, 733	4	9, 710	432
28 (9)	29, 464	22	5, 754	590
29 (10)	28, 530	67	8, 753	816
30 (11)	**30, 333**	**7**	**8, 394**	**705**

(ノ) 遠洋いか釣

単位：t

年次	計	するめいか	あかいか	その他のいか類
平成 20年 (1)	17, 182	755	15, 068	1, 359
21 (2)	26, 441	807	24, 873	761
22 (3)	18, 314	500	16, 958	856
23 (4)	12, 223	481	10, 505	1, 237
24 (5)	5, 537	840	2, 908	1, 789
25 (6)	1, 229	534	-	695
26 (7)	x	x	x	x
27 (8)	x	x	x	x
28 (9)	x	x	x	x
29 (10)	x	x	x	x
30 (11)	**x**	**x**	**x**	**x**

(ハ) 近海いか釣

年次	計	するめいか
平成 20年 (1)	55, 515	46, 091
21 (2)	56, 609	45, 260
22 (3)	41, 614	35, 743
23 (4)	44, 612	40, 575
24 (5)	35, 865	33, 206
25 (6)	34, 982	31, 325
26 (7)	32, 189	28, 826
27 (8)	26, 854	23, 861
28 (9)	24, 152	20, 521
29 (10)	22, 541	18, 274
30 (11)	**14, 657**	**10, 144**

(ナ) 沿岸まぐろはえ縄

単位：t

計	くろまぐろ	びんなが	めばち	きはだ	まかじき	めかじき	くろかじき類	その他のかじき類	さめ類	
7, 705	922	2, 056	610	1, 418	161	100	168	40	1, 900	(1)
8, 159	945	2, 642	499	1, 281	171	70	241	10	1, 984	(2)
6, 527	616	1, 689	414	1, 844	191	72	164	19	1, 292	(3)
5, 463	666	1, 824	525	1, 701	212	81	153	20	70	(4)
5, 881	677	1, 847	446	1, 289	200	99	148	24	965	(5)
6, 258	734	1, 520	390	1, 338	242	102	166	18	1, 538	(6)
4, 775	541	1, 168	374	1, 218	230	96	131	28	741	(7)
5, 532	487	1, 212	343	1, 765	248	100	130	33	985	(8)
5, 093	456	896	280	2, 018	201	89	113	34	845	(9)
5, 403	586	1, 229	291	1, 666	223	91	83	33	1, 023	(10)
4, 427	**483**	**889**	**298**	**1, 611**	**240**	**69**	**83**	**30**	**571**	(11)

(ネ) 沿岸かつお一本釣

単位：t　　単位：t

きはだ	かつお	そうだがつお類	計	くろまぐろ	びんなが	めばち	きはだ	かつお	そうだがつお類	
2, 598	33, 860	19	11, 320	575	35	127	1, 101	8, 820	36	(1)
1, 467	23, 237	768	11, 094	226	91	151	1, 494	8, 609	82	(2)
2, 326	35, 009	716	10, 384	268	135	124	1, 693	7, 632	69	(3)
2, 331	26, 766	14	12, 002	307	57	100	1, 815	9, 144	35	(4)
2, 488	21, 550	25	12, 712	140	92	71	1, 994	9, 930	53	(5)
1, 476	26, 257	18	15, 913	54	61	146	2, 182	13, 003	52	(6)
943	16, 733	7	11, 085	5	81	234	1, 662	8, 670	27	(7)
980	20, 362	5	10, 746	7	86	165	1, 710	8, 251	29	(8)
1, 671	20, 387	35	11, 080	88	33	63	1, 554	8, 438	31	(9)
1, 570	16, 812	35	12, 774	21	30	203	1, 456	10, 441	53	(10)
1, 507	**19, 510**	**27**	**16, 166**	**5**	**119**	**156**	**1, 942**	**13, 418**	**37**	(11)

(ヒ) 沿岸いか釣

単位：t　　単位：t

あかいか	その他のいか類	計	するめいか	あかいか	その他のいか類	
9, 230	194	89, 844	77, 856	51	11, 893	(1)
11, 067	282	91, 418	79, 903	20	11, 459	(2)
5, 350	521	82, 336	69, 675	11	12, 595	(3)
3, 920	117	93, 270	80, 787	60	12, 369	(4)
2, 519	139	77, 079	64, 725	20	12, 287	(5)
3, 516	142	79, 308	67, 396	82	11, 784	(6)
3, 262	102	69, 557	61, 370	8	8, 142	(7)
2, 902	92	56, 440	45, 849	12	10, 539	(8)
3, 563	68	35, 149	25, 289	6	9, 812	(9)
4, 163	104	34, 341	25, 248	9	9, 035	(10)
4, 499	**14**	**27, 467**	**18, 493**	**7**	**8, 944**	(11)

1 全国統計（続き）
(1) 年次別統計（平成20年～30年）（続き）
ウ 主要漁業種類・魚種別漁獲量（続き）
(ﾌ) ひき縄釣

年次		計	くろまぐろ	びんなが	めばち	きはだ
平成 20年	(1)	27, 352	3, 005	549	138	2, 436
21	(2)	22, 915	2, 913	410	115	2, 534
22	(3)	22, 613	1, 813	588	157	3, 167
23	(4)	18, 174	2, 409	443	141	2, 497
24	(5)	18, 096	1, 218	610	118	2, 279
25	(6)	16, 242	1, 294	302	116	1, 817
26	(7)	15, 573	1, 411	197	160	1, 523
27	(8)	15, 284	667	239	140	2, 014
28	(9)	13, 401	770	148	87	2, 250
29	(10)	12, 724	741	107	119	1, 877
30	**(11)**	**13, 663**	**414**	**78**	**80**	**1, 738**

(ﾍ) 採貝・採藻

単位：t

年次		計	あわび類	さざえ	あさり類	ほたてがい	その他の貝類	こんぶ類	その他の海藻類
平成 20年	(1)	150, 560	1, 442	5, 652	24, 279	17	15, 333	73, 120	30, 063
21	(2)	143, 956	1, 630	5, 404	18, 065	1	15, 348	80, 036	22, 841
22	(3)	133, 754	1, 244	5, 084	14, 671	3	16, 308	73, 952	21, 929
23	(4)	126, 258	1, 074	4, 552	17, 322	2	16, 108	61, 332	25, 311
24	(5)	134, 152	1, 099	3, 907	15, 483	1	15, 635	73, 027	24, 456
25	(6)	116, 250	1, 238	4, 098	12, 773	2	14, 511	56, 944	26, 168
26	(7)	125, 027	1, 220	4, 523	13, 730	3	14, 438	66, 752	23, 890
27	(8)	125, 298	1, 156	4, 304	9, 771	2	16, 264	71, 619	21, 741
28	(9)	109, 262	1, 012	4, 442	7, 957	11	15, 720	57, 988	21, 676
29	(10)	97, 001	855	4, 392	6, 743	37	15, 339	45, 474	23, 707
30	**(11)**	**104, 728**	**784**	**3, 826**	**7, 628**	**8**	**13, 874**	**55, 814**	**22, 438**

単位：t

かつお	そうだがつお類	ぶり類	たちうお	さわら類	
4, 178	8, 087	739	4, 115	1, 634	(1)
3, 819	6, 382	721	2, 313	1, 752	(2)
4, 729	5, 514	785	1, 879	2, 159	(3)
1, 780	4, 290	963	1, 491	2, 098	(4)
3, 487	4, 124	869	1, 602	1, 926	(5)
2, 514	4, 211	932	1, 320	2, 003	(6)
954	5, 086	915	1, 148	2, 256	(7)
1, 238	5, 199	779	988	2, 308	(8)
1, 642	3, 311	810	1, 047	1, 800	(9)
1, 615	2, 774	811	1, 054	2, 070	(10)
1, 154	**4, 978**	**796**	**745**	**1, 958**	(11)

1　全国統計（続き）
(1)　年次別統計（平成20年～30年）（続き）
（参考）

ア　捕鯨業

年　次		捕鯨船隻数	鯨種別捕獲頭数					
			計	みんくくじら	つちくじら	ごんどうくじら	しゃち	その他
		隻	頭	頭	頭	頭	頭	頭
平成 20年	(1)	5	84	－	64	20	－	－
21	(2)	5	89	－	67	22	－	－
22	(3)	5	77	－	66	10	－	1
23	(4)	5	61	－	61	－	－	－
24	(5)	5	87	－	71	16	－	－
25	(6)	5	73	－	62	10	－	1
26	(7)	5	76	－	70	3	－	3
27	(8)	5	77	－	57	20	－	－
28	(9)	5	66	－	61	5	－	0
29	(10)	5	30	－	28	2	－	－
30	(11)	**5**	**55**	**－**	**53**	**2**	**－**	**－**

注：捕鯨業によって捕獲されたくじらの捕獲頭数（流失鯨を含む。）を掲載した。

ウ　北西太平洋鯨類捕獲調査

年　次	母船隻数（船団）	1) 捕鯨船隻数	乗組員数	鯨種別捕獲頭数				
				計	いわしくじら	にたりくじら	まっこうくじら	みんくくじら
	隻	隻	人	頭	頭	頭	頭	頭
平成 20年	(1)	(6)	(192)	(321)	(100)	(50)	(2)	(169)
21	(1)	(7)	(187)	(313)	(100)	(50)	(1)	(162)
22	(1)	(7)	(195)	(272)	(100)	(50)	(3)	(119)
23	(1)	(7)	(186)	(272)	(95)	(50)	(1)	(126)
24	(1)	(7)	(196)	(319)	(100)	(34)	(3)	(182)
25	(1)	(7)	(196)	(224)	(100)	(28)	(1)	(95)
26	(1)	(7)	(201)	(196)	(90)	(25)	－	(81)
27	(1)	(7)	(208)	(185)	(90)	(25)	－	(70)
28	(1)	(7)	(188)	(152)	(90)	(25)	－	(37)
29	(1)	(8)	(205)	(262)	(134)	－	－	(128)
30	**(1)**	**(8)**	**(259)**	**(304)**	**(134)**	**－**	**－**	**(170)**

注：この統計表の数値は、国際捕鯨委員会（ＩＷＣ）に提出する科学データを得るための調査捕獲の結果であるため、（　）を付した。
　（平成６年から北西太平洋におけるみんくくじらの捕獲調査を実施している。）
　1)は、平成20年～28年は、沿岸での小型捕鯨船４隻、平成29年～30年は、沿岸での小型捕鯨船５隻を含む。
　「－」:捕獲枠のないもの

イ　南極海鯨類捕獲調査

母船隻数（船団）	捕鯨船隻数	乗組員数	鯨種別捕獲頭数					
			計	ながすくじら	いわしくじら	まっこうくじら	くろみんくくじら	
隻	隻	人	頭	頭	頭	頭	頭	
(1)	(3)	(199)	(551)	(0)	-	-	(551)	(1)
(1)	(2)	(195)	(680)	(1)	-	-	(679)	(2)
(1)	(3)	(186)	(507)	(1)	-	-	(506)	(3)
(1)	(3)	(184)	(172)	(2)	-	-	(170)	(4)
(1)	(3)	(164)	(267)	(1)	-	-	(266)	(5)
(1)	(3)	(156)	(103)	(0)	-	-	(103)	(6)
(1)	(3)	(186)	(251)	(0)	-	-	(251)	(7)
-	-	-	-	-	-	-	-	(8)
(1)	(3)	(160)	(333)	-	-	-	(333)	(9)
(1)	(3)	(156)	(333)	-	-	-	(333)	(10)
(1)	**(3)**	**(159)**	**(333)**	**-**	**-**	**-**	**(333)**	(11)

注：この統計表の数値は、国際捕鯨委員会（ＩＷＣ）に提出する科学データを得るための調査捕獲の結果であるため、(　)を付した。
「－」：捕獲枠のないもの
「(０)」：捕獲枠はあるが、捕獲していないもの

1 全国統計（続き）
(2) 漁業種類別・魚種別漁獲量

漁業種類		合計	魚				
			計	まぐろ			
				小計	くろまぐろ	みなみまぐろ	びんなが
計	(1)	**3,359,456**	**2,738,782**	**165,185**	**7,884**	**5,293**	**42,369**
遠洋底びき網	(2)	8,078	8,078	-	-	-	-
以西底びき網	(3)	x	x	x	x	x	x
沖合底びき網 1そうびき	(4)	196,407	174,457	-	-	-	-
2そうびき	(5)	18,211	14,426	-	-	-	-
小型底びき網	(6)	382,688	45,464	0	-	-	-
船びき網	(7)	170,902	156,089	-	-	-	-
大中型 1そうまき遠洋かつお・まぐろまき網	(8)	205,783	205,783	45,788	-	-	3
1そうまき近海かつお・まぐろまき網	(9)	22,954	22,949	13,103	2,512	-	3,034
1そうまきその他のまき網	(10)	669,872	668,775	1,010	995	-	-
2そうまき網	(11)	52,492	52,398	0	0	-	-
中・小型まき網	(12)	426,726	425,810	152	1	-	2
さけ・ます流し網	(13)	813	813	-	-	-	-
かじき等流し網	(14)	4,052	4,052	109	67	-	35
その他の刺網	(15)	123,659	112,918	1	1	-	0
さんま棒受網	(16)	128,947	128,947	-	-	-	-
定置網 大型定置網	(17)	235,124	226,435	734	602	-	10
さけ定置網	(18)	76,510	76,229	0	0	-	-
小型定置網	(19)	90,160	86,129	142	86	-	3
その他の網漁業	(20)	47,512	44,289	0	0	-	-
まぐろはえ縄 遠洋まぐろはえ縄	(21)	74,247	74,247	49,469	2,090	5,293	8,371
近海まぐろはえ縄	(22)	38,426	38,426	23,960	201	-	11,959
沿岸まぐろはえ縄	(23)	4,427	4,424	3,329	483	-	889
その他のはえ縄	(24)	21,896	16,199	105	45	-	30
かつお一本釣 遠洋かつお一本釣	(25)	54,808	54,808	10,389	-	-	9,401
近海かつお一本釣	(26)	30,333	30,333	10,616	7	-	8,394
沿岸かつお一本釣	(27)	16,166	16,166	2,428	5	-	119
いか釣 遠洋いか釣	(28)	x	x	x	x	x	x
近海いか釣	(29)	14,657	-	-	-	-	-
沿岸いか釣	(30)	27,467	22	1	0	-	-
ひき縄釣	(31)	13,663	13,638	2,767	414	-	78
その他の釣	(32)	27,730	27,066	1,080	373	-	40
採貝・採藻	(33)	104,728	14	-	-	-	-
その他の漁業	(34)	65,755	5,913	0	0	-	-

単位：t

類								
ろ類			かじき類					
めばち	きはだ	その他のまぐろ類	小計	まかじき	めかじき	くろかじき類	その他のかじき類	
36,581	72,216	842	12,303	1,704	7,515	2,492	592	(1)
−	−	−	−	−	−	−	−	(2)
x	x	x	x	x	x	x	x	(3)
−	−	−	0	0	−	−	−	(4)
−	−	−	0	−	0	−	−	(5)
0	−	−	0	0	0	−	0	(6)
−	−	−	0	−	−	−	0	(7)
4,781	41,005	−	−	−	−	−	−	(8)
359	7,198	−	−	−	−	−	−	(9)
−	15	−	−	−	−	−	−	(10)
−	0	−	−	−	−	−	−	(11)
−	144	5	1	0	0	0	1	(12)
−	−	−	−	−	−	−	−	(13)
1	6	−	513	278	230	5	0	(14)
−	0	0	34	0	0	0	34	(15)
−	−	−	−	−	−	−	−	(16)
0	61	61	171	28	5	25	113	(17)
−	−	−	−	−	−	−	−	(18)
0	16	37	28	3	0	1	23	(19)
−	0	−	0	−	−	−	0	(20)
22,556	11,159	−	6,200	399	4,080	1,384	337	(21)
6,924	4,876	−	3,851	640	2,381	804	26	(22)
298	1,611	48	422	240	69	83	30	(23)
15	15	0	32	28	2	1	0	(24)
637	351	−	−	−	−	−	−	(25)
705	1,507	3	−	−	−	−	−	(26)
156	1,942	206	3	0	1	1	−	(27)
x	x	x	x	x	x	x	x	(28)
−	−	−	−	−	−	−	−	(29)
1	−	0	9	0	8	0	0	(30)
80	1,738	457	221	25	19	168	8	(31)
68	572	26	275	11	240	6	19	(32)
−	−	−	−	−	−	−	−	(33)
−	−	−	543	52	480	11	0	(34)

1 全国統計（続き）
(2) 漁業種類別・魚種別漁獲量（続き）

漁業種類		魚					
		かつお類			さめ類	さけ・ます	
		小計	かつお	そうだがつお類		小計	さけ類
計	(1)	259,833	247,716	12,117	31,828	95,473	83,952
遠洋底びき網	(2)	-	-	-	3	-	-
以西底びき網	(3)	x	x	x	x	x	x
沖合底びき網 1そうびき	(4)	-	-	-	392	0	0
2そうびき	(5)	-	-	-	36	-	-
小型底びき網	(6)	0	0	0	241	6	6
船びき網	(7)	2	2	0	38	0	0
大中型 1そうまき遠洋かつお・まぐろまき網	(8)	159,919	159,916	3	-	-	-
1そうまき近海かつお・まぐろまき網	(9)	8,304	8,286	18	-	-	-
1そうまきその他のまき網	(10)	680	334	346	-	-	-
2そうまき網	(11)	0	0	0	-	-	-
中・小型まき網	(12)	812	57	755	33	0	0
さけ・ます流し網	(13)	-	-	-	-	813	185
かじき等流し網	(14)	88	87	1	3,255	-	-
その他の刺網	(15)	7	4	3	337	1,632	1,437
さんま棒受網	(16)	-	-	-	-	-	-
定置網 大型定置網	(17)	5,316	402	4,914	127	9,492	9,236
さけ定置網	(18)	0	0	0	48	66,407	63,996
小型定置網	(19)	776	92	684	24	15,961	8,293
その他の網漁業	(20)	323	1	322	1	709	697
まぐろはえ縄 遠洋まぐろはえ縄	(21)	74	74	-	15,853	-	-
近海まぐろはえ縄	(22)	5	5	-	10,279	-	-
沿岸まぐろはえ縄	(23)	6	6	-	571	-	-
その他のはえ縄	(24)	3	3	0	550	127	100
かつお一本釣 遠洋かつお一本釣	(25)	44,238	44,238	0	-	-	-
近海かつお一本釣	(26)	19,536	19,510	27	-	-	-
沿岸かつお一本釣	(27)	13,455	13,418	37	-	-	-
いか釣 遠洋いか釣	(28)	x	x	x	x	x	x
近海いか釣	(29)	-	-	-	-	-	-
沿岸いか釣	(30)	0	0	0	-	-	-
ひき縄釣	(31)	6,132	1,154	4,978	1	34	-
その他の釣	(32)	155	127	28	33	289	0
採貝・採藻	(33)	-	-	-	-	-	-
その他の漁業	(34)	1	0	1	2	1	1

単位：t

類（続き）								
類	このしろ	にしん	い　わ　し　類					
ます類			小　計	まいわし	うるめいわし	かたくちいわし	しらす	
11,521	**4,923**	**12,386**	**738,925**	**522,376**	**54,815**	**111,226**	**50,509**	(1)
－	－	－	－	－	－	－	－	(2)
x	x	x	x	x	x	x	x	(3)
0	0	3,912	1	1	－	0	－	(4)
－	－	0	－	－	－	－	－	(5)
0	143	55	41	33	0	7	0	(6)
－	84	－	139,661	43,210	25	46,853	49,574	(7)
－	－	－	－	－	－	－	－	(8)
－	－	－	17	－	17	－	－	(9)
－	－	－	265,059	258,244	4,697	2,118	－	(10)
－	－	－	41,283	40,553	97	632	－	(11)
－	2,352	－	170,455	76,615	43,632	50,061	148	(12)
628	－	－	－	－	－	－	－	(13)
－	－	－	－	－	－	－	－	(14)
195	711	3,470	39	31	0	7	－	(15)
－	－	－	526	526	－	－	－	(16)
256	62	60	86,363	79,691	1,335	5,335	2	(17)
2,411	－	405	175	24	0	150	－	(18)
7,668	554	4,428	9,361	7,468	235	1,657	2	(19)
12	1,014	5	25,346	15,513	4,645	4,404	784	(20)
－	－	－	－	－	－	－	－	(21)
－	－	－	－	－	－	－	－	(22)
－	－	－	－	－	－	－	－	(23)
27	－	－	0	－	－	－	0	(24)
－	－	－	－	－	－	－	－	(25)
－	－	－	－	－	－	－	－	(26)
－	0	－	－	－	－	－	－	(27)
x	x	x	x	x	x	x	x	(28)
－	－	－	－	－	－	－	－	(29)
－	－	－	－	－	－	－	－	(30)
34	－	－	－	－	－	－	－	(31)
289	3	0	136	6	130	0	－	(32)
－	－	－	－	－	－	－	－	(33)
0	0	50	463	459	2	1	－	(34)

1 全国統計（続き）
(2) 漁業種類別・魚種別漁獲量（続き）

漁業種類		魚					
		あじ類			さば類	さんま	ぶり類
		小計	まあじ	むろあじ類			
計	(1)	**135,142**	**117,751**	**17,392**	**541,975**	**128,929**	**99,933**
遠洋底びき網	(2)	−	−	−	−	−	−
以西底びき網	(3)	x	x	x	x	x	x
沖合底びき網 1そうびき	(4)	170	170	−	6	−	1
2そうびき	(5)	203	202	0	2	−	0
小型底びき網	(6)	862	711	151	295	−	70
船びき網	(7)	163	137	26	26	0	62
大中型 1そうまき遠洋かつお・まぐろまき網	(8)	−	−	−	−	−	−
1そうまき近海かつお・まぐろまき網	(9)	475	475	−	1,012	−	1
1そうまきその他のまき網	(10)	42,449	40,884	1,565	329,467	−	24,187
2そうまき網	(11)	1,172	1,172	−	3,820	−	5,691
中・小型まき網	(12)	67,799	53,549	14,250	150,087	0	13,196
さけ・ます流し網	(13)	−	−	−	−	−	−
かじき等流し網	(14)	−	−	−	−	1	0
その他の刺網	(15)	477	424	53	464	2	2,292
さんま棒受網	(16)	−	−	−	−	128,422	−
定置網 大型定置網	(17)	12,598	11,819	779	40,112	293	39,777
さけ定置網	(18)	1	1	−	2,150	1	2,584
小型定置網	(19)	6,330	6,093	237	3,326	37	5,127
その他の網漁業	(20)	535	333	201	9,646	175	557
まぐろはえ縄 遠洋まぐろはえ縄	(21)	−	−	−	−	−	−
近海まぐろはえ縄	(22)	−	−	−	−	−	−
沿岸まぐろはえ縄	(23)	−	−	−	−	−	0
その他のはえ縄	(24)	11	10	0	28	−	1,434
かつお一本釣 遠洋かつお一本釣	(25)	−	−	−	−	−	0
近海かつお一本釣	(26)	−	−	−	−	−	0
沿岸かつお一本釣	(27)	0	0	0	−	−	13
いか釣 遠洋いか釣	(28)	x	x	x	x	x	x
近海いか釣	(29)	−	−	−	−	−	−
沿岸いか釣	(30)	0	0	−	0	−	0
ひき縄釣	(31)	13	11	2	125	−	796
その他の釣	(32)	1,810	1,685	125	1,404	0	4,128
採貝・採藻	(33)	−	−	−	−	−	−
その他の漁業	(34)	10	10	0	5	−	18

単位：t

類（続き）									
ひらめ・かれい類			たら類			ほっけ	きちじ	はたはた	
小計	ひらめ	かれい類	小計	まだら	すけとうだら				
47,814	6,564	41,250	178,161	50,664	127,497	33,669	1,158	4,716	(1)
1,819	-	1,819	-	-	-	-	-	-	(2)
x	x	x	x	x	x	x	x	x	(3)
11,432	545	10,886	106,335	23,202	83,133	13,229	527	2,708	(4)
1,666	169	1,497	3,682	2,625	1,057	0	124	3	(5)
9,488	1,431	8,057	2,019	1,719	300	244	66	1,010	(6)
147	33	114	50	48	2	5	-	2	(7)
-	-	-	-	-	-	-	-	-	(8)
-	-	-	-	-	-	-	-	-	(9)
0	0	-	-	-	-	-	-	-	(10)
0	0	0	-	-	-	-	-	-	(11)
4	3	0	-	-	-	1,373	-	-	(12)
-	-	-	-	-	-	-	-	-	(13)
-	-	-	-	-	-	-	-	-	(14)
17,177	2,215	14,962	51,919	15,209	36,710	6,917	333	115	(15)
-	-	-	-	-	-	-	-	-	(16)
457	375	82	555	443	112	1,760	-	1	(17)
1,106	103	1,003	387	120	267	1,742	-	0	(18)
3,346	1,078	2,268	7,304	2,570	4,734	7,510	-	876	(19)
10	7	3	6	6	0	781	-	-	(20)
-	-	-	-	-	-	-	-	-	(21)
-	-	-	-	-	-	-	-	-	(22)
-	-	-	-	-	-	-	-	-	(23)
342	26	316	5,462	4,293	1,170	36	101	-	(24)
-	-	-	-	-	-	-	-	-	(25)
-	-	-	-	-	-	-	-	-	(26)
-	-	-	-	-	-	-	-	-	(27)
x	x	x	x	x	x	x	x	x	(28)
-	-	-	-	-	-	-	-	-	(29)
0	0	0	1	1	-	-	-	-	(30)
134	133	0	0	0	-	2	-	-	(31)
484	415	69	311	299	11	26	2	0	(32)
0	0	0	0	0	-	-	-	-	(33)
141	18	123	130	128	2	43	5	-	(34)

1　全国統計（続き）
(2)　漁業種類別・魚種別漁獲量（続き）

漁業種類		魚					
		にぎす類	あなご類	たちうお	たい		
					小計	まだい	ちだい・きだい
計	(1)	2,761	3,489	6,493	25,323	16,075	6,278
遠洋底びき網	(2)	-	-	-	-	-	-
以西底びき網	(3)	x	x	x	x	x	x
沖合底びき網　1そうびき	(4)	1,469	483	7	457	200	239
2そうびき	(5)	53	435	37	1,476	548	927
小型底びき網	(6)	1,199	797	1,728	5,339	3,366	975
船びき網	(7)	29	3	292	6,243	4,996	1,051
大中型　1そうまき遠洋かつお・まぐろまき網	(8)	-	-	-	-	-	-
1そうまき近海かつお・まぐろまき網	(9)	-	-	-	-	-	-
1そうまきその他のまき網	(10)	-	-	653	19	19	0
2そうまき網	(11)	-	-	59	246	15	230
中・小型まき網	(12)	9	0	413	920	744	105
さけ・ます流し網	(13)	-	-	-	-	-	-
かじき等流し網	(14)	-	-	-	0	0	-
その他の刺網	(15)	1	39	157	2,349	1,399	391
さんま棒受網	(16)	-	-	-	-	-	-
定置網　大型定置網	(17)	0	9	804	1,745	1,214	160
さけ定置網	(18)	-	0	-	0	0	-
小型定置網	(19)	0	14	379	1,499	1,027	37
その他の網漁業	(20)	1	1	8	72	58	1
まぐろはえ縄　遠洋まぐろはえ縄	(21)	-	-	-	-	-	-
近海まぐろはえ縄	(22)	-	-	-	-	-	-
沿岸まぐろはえ縄	(23)	-	-	-	-	-	-
その他のはえ縄	(24)	0	121	283	1,119	548	532
かつお一本釣　遠洋かつお一本釣	(25)	-	-	-	-	-	-
近海かつお一本釣	(26)	-	-	-	-	-	-
沿岸かつお一本釣	(27)	-	-	-	0	0	-
いか釣　遠洋いか釣	(28)	x	x	x	x	x	x
近海いか釣	(29)	-	-	-	-	-	-
沿岸いか釣	(30)	-	-	0	1	0	1
ひき縄釣	(31)	-	0	745	7	6	0
その他の釣	(32)	0	17	898	2,129	1,649	229
採貝・採藻	(33)	-	0	-	0	0	-
その他の漁業	(34)	-	1,571	1	56	33	5

単位：t

類（続き）								
類 くろだい・へだい	いさき	さわら類	すずき類	いかなご	あまだい類	ふぐ類	その他の魚類	
2,969	**3,988**	**15,924**	**5,901**	**14,786**	**1,140**	**4,947**	**161,677**	(1)
－	－	－	－	－	－	－	6,257	(2)
x	x	x	x	x	x	x	x	(3)
19	－	1	55	7,568	22	82	25,598	(4)
－	0	26	5	0	84	346	6,250	(5)
998	38	114	2,113	6	120	1,182	18,288	(6)
196	296	109	129	3,173	18	58	5,497	(7)
－	－	－	－	－	－	－	76	(8)
－	－	3	－	－	－	－	34	(9)
－	－	278	4	－	－	0	4,968	(10)
－	0	87	10	－	－	0	31	(11)
71	679	723	435	－	0	34	16,333	(12)
－	－	－	－	－	－	－	－	(13)
－	－	0	1	－	－	－	86	(14)
559	503	2,461	1,047	0	273	84	20,079	(15)
－	－	－	－	－	－	－	－	(16)
370	789	7,738	670	108	2	1,154	15,537	(17)
0	－	0	0	0	－	220	1,002	(18)
435	369	996	872	197	1	797	15,873	(19)
13	5	106	65	3,734	1	74	1,115	(20)
－	－	2	－	－	－	－	2,649	(21)
－	－	4	－	－	－	－	327	(22)
－	－	8	－	－	－	－	88	(23)
38	13	322	71	－	539	577	4,925	(24)
－	－	－	－	－	－	－	181	(25)
－	－	0	－	－	－	－	180	(26)
－	－	1	－	－	－	－	266	(27)
x	x	x	x	x	x	x	x	(28)
－	－	－	－	－	－	－	－	(29)
－	0	0	－	－	0	3	6	(30)
1	1	1,958	41	－	0	1	657	(31)
251	1,287	963	371	0	72	147	11,045	(32)
－	－	－	－	－	－	－	13	(33)
19	7	10	13	0	1	185	2,657	(34)

1 全国統計（続き）
(2) 漁業種類別・魚種別漁獲量（続き）

漁業種類			えび類				か	
			計	いせえび	くるまえび	その他のえび類	計	ずわいがに
計		(1)	14,645	1,187	355	13,103	24,088	4,165
遠洋底びき網		(2)	-	-	-	-	-	-
以西底びき網		(3)	x	x	x	x	x	x
沖合底びき網	1そうびき	(4)	1,871	0	0	1,871	3,249	3,124
	2そうびき	(5)	20	-	-	20	1	-
小型底びき網		(6)	6,661	6	276	6,378	1,425	678
船びき網		(7)	854	10	3	841	19	5
大中型	1そうまき遠洋かつお・まぐろまき網	(8)	-	-	-	-	-	-
	1そうまき近海かつお・まぐろまき網	(9)	-	-	-	-	-	-
	1そうまきその他のまき網	(10)	-	-	-	-	-	-
	2そうまき網	(11)	-	-	-	-	-	-
中・小型まき網		(12)	2	-	0	1	-	-
さけ・ます流し網		(13)	-	-	-	-	-	-
かじき等流し網		(14)	-	-	-	-	-	-
その他の刺網		(15)	1,364	1,128	68	168	1,721	184
さんま棒受網		(16)	-	-	-	-	-	-
定置網	大型定置網	(17)	4	0	0	3	22	-
	さけ定置網	(18)	-	-	-	-	19	-
	小型定置網	(19)	28	3	5	20	50	-
その他の網漁業		(20)	2,194	0	0	2,194	21	-
まぐろはえ縄	遠洋まぐろはえ縄	(21)	-	-	-	-	-	-
	近海まぐろはえ縄	(22)	-	-	-	-	-	-
	沿岸まぐろはえ縄	(23)	-	-	-	-	-	-
その他のはえ縄		(24)	0	0	-	0	3	-
かつお一本釣	遠洋かつお一本釣	(25)	-	-	-	-	-	-
	近海かつお一本釣	(26)	-	-	-	-	-	-
	沿岸かつお一本釣	(27)	-	-	-	-	-	-
いか釣	遠洋いか釣	(28)	x	x	x	x	x	x
	近海いか釣	(29)	-	-	-	-	-	-
	沿岸いか釣	(30)	-	-	-	-	-	-
ひき縄釣		(31)	-	-	-	-	-	-
その他の釣		(32)	1	1	0	0	0	-
採貝・採藻		(33)	16	1	0	16	0	-
その他の漁業		(34)	1,620	39	2	1,579	17,555	173

単位：t

に類			おきあみ類	貝類						
べにずわいがに	がざみ類	その他のかに類		計	あわび類	さざえ	あさり類	ほたてがい	その他の貝類	
14,093	**2,211**	**3,619**	**13,698**	**350,385**	**909**	**5,411**	**7,736**	**304,767**	**31,562**	(1)
−	−	−	−	−	−	−	−	−	−	(2)
x	x	x	x	x	x	x	x	x	x	(3)
7	2	116	−	248	−	−	−	−	248	(4)
0	−	1	−	1	−	−	−	−	1	(5)
3	573	171	−	317,582	0	5	107	304,345	13,125	(6)
−	6	8	13,697	14	−	−	−	−	14	(7)
−	−	−	−	−	−	−	−	−	−	(8)
−	−	−	−	−	−	−	−	−	−	(9)
−	−	−	−	−	−	−	−	−	−	(10)
−	−	−	−	−	−	−	−	−	−	(11)
−	−	−	−	0	−	−	−	−	0	(12)
−	−	−	−	−	−	−	−	−	−	(13)
−	−	−	−	−	−	−	−	−	−	(14)
20	816	700	−	1,819	6	939	−	17	857	(15)
−	−	−	−	−	−	−	−	−	−	(16)
−	22	0	−	0	−	0	−	−	0	(17)
−	5	14	−	0	−	−	−	−	0	(18)
−	37	13	0	20	0	0	−	−	20	(19)
−	20	1	−	0	0	0	−	−	−	(20)
−	−	−	−	−	−	−	−	−	−	(21)
−	−	−	−	−	−	−	−	−	−	(22)
−	−	−	−	−	−	−	−	−	−	(23)
−	0	3	−	0	0	0	−	−	0	(24)
−	−	−	−	−	−	−	−	−	−	(25)
−	−	−	−	−	−	−	−	−	−	(26)
−	−	−	−	−	−	−	−	−	−	(27)
x	x	x	x	x	x	x	x	x	x	(28)
−	−	−	−	−	−	−	−	−	−	(29)
−	−	−	−	−	−	−	−	−	−	(30)
−	−	−	−	−	−	−	−	−	−	(31)
−	0	0	−	0	0	0	−	−	−	(32)
−	0	0	−	26,121	784	3,826	7,628	8	13,874	(33)
14,063	730	2,589	−	4,579	119	639	0	397	3,424	(34)

1　全国統計（続き）
(2)　漁業種類別・魚種別漁獲量（続き）

漁業種類		いか類 計	いか類 するめいか	いか類 あかいか	いか類 その他のいか類	たこ類
計	(1)	83,591	47,712	4,952	30,927	36,161
遠洋底びき網	(2)	－	－	－	－	－
以西底びき網	(3)	x	x	x	x	x
沖合底びき網 1そうびき	(4)	14,945	7,464	0	7,481	1,471
沖合底びき網 2そうびき	(5)	3,673	2,651	－	1,022	89
小型底びき網	(6)	4,999	403	93	4,502	2,135
船びき網	(7)	201	4	0	197	23
大中型 1そうまき遠洋かつお･まぐろまき網	(8)	－	－	－	－	－
大中型 1そうまき近海かつお･まぐろまき網	(9)	5	5	－	－	－
大中型 1そうまきその他のまき網	(10)	1,096	1,096	－	－	－
大中型 2そうまき網	(11)	94	94	－	0	－
中・小型まき網	(12)	915	562	0	352	0
さけ・ます流し網	(13)	－	－	－	－	－
かじき等流し網	(14)	－	－	－	－	－
その他の刺網	(15)	1,365	549	2	815	1,343
さんま棒受網	(16)	－	－	－	－	－
定置網 大型定置網	(17)	8,474	5,281	11	3,182	44
定置網 さけ定置網	(18)	161	139	0	21	101
定置網 小型定置網	(19)	3,237	461	8	2,767	679
その他の網漁業	(20)	646	57	－	589	4
まぐろはえ縄 遠洋まぐろはえ縄	(21)	－	－	－	－	－
まぐろはえ縄 近海まぐろはえ縄	(22)	－	－	－	－	－
まぐろはえ縄 沿岸まぐろはえ縄	(23)	4	－	－	4	－
その他のはえ縄	(24)	0	－	－	0	5,693
かつお一本釣 遠洋かつお一本釣	(25)	－	－	－	－	－
かつお一本釣 近海かつお一本釣	(26)	－	－	－	－	－
かつお一本釣 沿岸かつお一本釣	(27)	－	－	－	－	－
いか釣 遠洋いか釣	(28)	x	x	x	x	x
いか釣 近海いか釣	(29)	14,657	10,144	4,499	14	－
いか釣 沿岸いか釣	(30)	27,445	18,493	7	8,944	－
ひき縄釣	(31)	25	0	－	25	0
その他の釣	(32)	78	4	－	74	584
採貝・採藻	(33)	0	－	－	0	89
その他の漁業	(34)	808	1	0	807	23,906

単位：t

うに類	海産ほ乳類	その他の水産動物類	海藻類			
			計	こんぶ類	その他の海藻類	
7,629	344	11,234	78,899	55,877	23,022	(1)
−	−	−	−	−	−	(2)
x	x	x	x	x	x	(3)
−	−	166	−	−	−	(4)
−	−	−	−	−	−	(5)
202	−	4,219	2	−	2	(6)
0	−	4	−	−	−	(7)
−	−	−	−	−	−	(8)
−	−	−	−	−	−	(9)
−	−	−	−	−	−	(10)
−	−	−	−	−	−	(11)
−	−	−	−	−	−	(12)
−	−	−	−	−	−	(13)
−	−	−	−	−	−	(14)
2	−	3,127	0	−	0	(15)
−	−	−	−	−	−	(16)
−	144	0	−	−	−	(17)
−	−	0	−	−	−	(18)
0	8	10	0	−	0	(19)
0	−	357	−	−	−	(20)
−	−	−	−	−	−	(21)
−	−	−	−	−	−	(22)
−	−	−	−	−	−	(23)
−	−	0	−	−	−	(24)
−	−	−	−	−	−	(25)
−	−	−	−	−	−	(26)
−	−	−	−	−	−	(27)
x	x	x	x	x	x	(28)
−	−	−	−	−	−	(29)
−	−	−	−	−	−	(30)
−	−	−	−	−	−	(31)
−	−	1	−	−	−	(32)
63	−	174	78,251	55,814	22,438	(33)
7,363	192	3,174	646	63	583	(34)

2 大海区都道府県振興局別統計
(1) 漁業種類別漁獲量

都道府県・大海区・振興局		計	網			
			底びき			
					沖合底びき網	
			遠洋底びき網	以西底びき網	1そうびき	2そうびき
全国	**(1)**	**3,359,456**	**8,078**	**x**	**196,407**	**18,211**
北海道	(2)	876,625	x	-	146,963	-
青森	(3)	90,344	x	-	7,300	-
岩手	(4)	90,087	-	-	x	8,308
宮城	(5)	184,738	x	-	16,465	-
秋田	(6)	6,193	-	-	1,012	-
山形	(7)	3,937	-	-	x	-
福島	(8)	50,033	-	-	x	-
茨城	(9)	259,031	-	-	1,644	-
千葉	(10)	132,726	-	-	831	-
東京	(11)	46,849	-	-	-	-
神奈川	(12)	32,606	-	-	x	-
新潟	(13)	29,323	-	-	x	-
富山	(14)	41,575	-	-	-	-
石川	(15)	62,071	-	-	1,602	-
福井	(16)	11,317	-	-	1,441	-
静岡	(17)	195,346	-	-	x	-
愛知	(18)	61,727	-	-	1,316	-
三重	(19)	131,881	-	-	x	-
京都	(20)	11,049	-	-	234	-
大阪	(21)	8,581	-	-	-	-
兵庫	(22)	40,096	-	-	8,333	-
和歌山	(23)	15,197	-	-	-	-
鳥取	(24)	83,104	-	-	5,885	-
島根	(25)	113,094	-	-	350	5,158
岡山	(26)	3,149	-	-	-	-
広島	(27)	15,660	-	-	-	-
山口	(28)	25,539	-	-	-	3,600
徳島	(29)	9,952	-	-	-	x
香川	(30)	18,917	-	-	-	-
愛媛	(31)	75,487	-	-	-	x
高知	(32)	73,243	-	-	x	x
福岡	(33)	29,196	-	-	-	-
佐賀	(34)	8,404	-	-	-	-
長崎	(35)	290,591	-	x	x	-
熊本	(36)	17,831	-	x	-	-
大分	(37)	31,562	-	-	-	-
宮崎	(38)	103,281	-	-	-	-
鹿児島	(39)	63,560	-	-	-	-
沖縄	(40)	15,555	-	-	-	-
北海道太平洋北区	(41)	394,218	-	-	59,591	-
太平洋北区	(42)	661,496	x	-	26,653	8,308
太平洋中区	(43)	601,136	-	-	2,284	-
太平洋南区	(44)	267,214	-	-	x	1,145
北海道日本海北区	(45)	482,407	x	-	87,371	-
日本海北区	(46)	93,765	-	-	2,096	-
日本海西区	(47)	292,073	-	-	17,845	5,158
東シナ海区	(48)	442,722	-	x	x	3,600
瀬戸内海区	(49)	124,426	-	-	-	-
宗谷	(50)	210,130	x	-	30,482	-
オホーツク	(51)	223,480	-	-	46,609	-
根室	(52)	148,986	-	-	-	-
釧路	(53)	92,774	-	-	39,436	-
十勝	(54)	12,846	-	-	x	-
日高	(55)	52,403	-	-	x	-
胆振	(56)	33,300	-	-	x	-
渡島	(57)	56,352	-	-	-	-
留萌	(58)	10,286	-	-	-	-
石狩	(59)	3,405	-	-	-	-
後志	(60)	28,889	-	-	10,281	-
檜山	(61)	3,772	-	-	-	-
青森（太北）	(62)	77,607	x	-	6,489	-
（日北）	(63)	12,737	-	-	811	-
兵庫（日西）	(64)	11,437	-	-	8,333	-
（瀬戸）	(65)	28,659	-	-	-	-
和歌山（太南）	(66)	9,311	-	-	-	-
（瀬戸）	(67)	5,886	-	-	-	-
山口（東シ）	(68)	18,889	-	-	-	3,600
（瀬戸）	(69)	6,650	-	-	-	-
徳島（太南）	(70)	3,575	-	-	-	x
（瀬戸）	(71)	6,378	-	-	-	-
愛媛（太南）	(72)	53,210	-	-	-	x
（瀬戸）	(73)	22,276	-	-	-	-
福岡（東シ）	(74)	27,892	-	-	-	-
（瀬戸）	(75)	1,303	-	-	-	-
大分（太南）	(76)	24,594	-	-	-	-
（瀬戸）	(77)	6,967	-	-	-	-

単位：t

漁		業					
網	船びき網	まき網					
小型底びき網		大中型まき網				中・小型まき網	
		1そうまき			2そうまき網		
		遠洋かつお・まぐろまき網	近海かつお・まぐろまき網	その他の1そうまき網			
382, 688	**170, 902**	**205, 783**	**22, 954**	**669, 872**	**52, 492**	**426, 726**	(1)
314, 325	0	−	−	−	−	x	(2)
1, 881	0	−	x	x	x	−	(3)
5	11, 380	−	−	−	−	−	(4)
3, 609	2, 505	27, 941	2, 734	x	−	−	(5)
318	42	−	−	−	−	−	(6)
1, 379	126	−	−	−	−	−	(7)
412	1, 601	−	x	33, 633	−	−	(8)
1, 677	4, 072	−	−	245, 912	−	−	(9)
3, 165	25	−	−	36, 573	x	20, 878	(10)
−	−	x	−	−	−	x	(11)
649	366	x	−	−	−	685	(12)
2, 449	581	x	−	−	−	−	(13)
726	4	−	−	−	−	−	(14)
4, 002	189	−	x	x	−	14, 965	(15)
1, 804	x	−	−	−	−	−	(16)
235	6, 259	77, 986	x	x	−	6, 975	(17)
7, 089	38, 928	−	−	−	−	x	(18)
1, 410	23, 621	x	x	x	−	55, 446	(19)
312	x	−	−	−	−	−	(20)
982	3, 120	−	−	−	−	4, 104	(21)
6, 735	11, 582	−	−	−	−	6, 351	(22)
2, 278	1, 596	−	−	−	−	6, 149	(23)
201	68	x	−	x	−	122	(24)
4, 167	357	−	−	x	−	78, 792	(25)
1, 723	454	−	−	−	−	−	(26)
x	12, 310	−	−	−	−	x	(27)
2, 777	2, 949	−	−	−	−	4, 856	(28)
1, 719	2, 739	−	−	−	−	−	(29)
2, 645	11, 764	−	−	−	−	−	(30)
7, 381	10, 841	−	x	30, 186	−	16, 589	(31)
x	2, 607	−	−	−	−	x	(32)
1, 179	3, 628	−	x	x	−	4, 362	(33)
444	760	−	−	−	−	−	(34)
614	4, 649	x	673	124, 125	−	105, 984	(35)
965	1, 537	−	−	−	−	3, 820	(36)
1, 437	3, 821	−	−	x	−	12, 227	(37)
633	2, 195	−	−	x	−	45, 193	(38)
454	4, 220	−	−	−	−	24, 455	(39)
−	−	−	−	−	−	−	(40)
43, 745	x	−	−	−	−	−	(41)
6, 780	19, 558	27, 941	9, 705	321, 200	x	−	(42)
12, 547	69, 200	134, 971	10, 342	97, 356	x	84, 976	(43)
1, 603	6, 828	−	x	x	−	91, 143	(44)
270, 580	x	−	−	−	−	x	(45)
5, 677	753	x	−	−	−	−	(46)
10, 485	617	x	x	71, 244	−	93, 879	(47)
4, 126	15, 350	x	x	x	−	143, 476	(48)
27, 144	58, 596	−	−	−	−	x	(49)
147, 527	−	−	−	−	−	x	(50)
120, 987	x	−	−	−	−	−	(51)
37, 999	x	−	−	−	−	−	(52)
1, 641	−	−	−	−	−	−	(53)
896	−	−	−	−	−	−	(54)
537	−	−	−	−	−	−	(55)
2, 033	−	−	−	−	−	−	(56)
648	−	−	−	−	−	−	(57)
1, 857	−	−	−	−	−	−	(58)
81	−	−	−	−	−	−	(59)
98	−	−	−	−	−	−	(60)
22	−	−	−	−	−	−	(61)
1, 077	0	−	x	x	x	−	(62)
804	−	−	−	−	−	−	(63)
−	−	−	−	−	−	−	(64)
6, 735	11, 582	−	−	−	−	6, 351	(65)
x	385	−	−	−	−	x	(66)
x	1, 212	−	−	−	−	x	(67)
1, 061	593	−	−	−	−	4, 856	(68)
1, 716	2, 356	−	−	−	−	−	(69)
−	−	−	−	−	−	−	(70)
1, 719	2, 739	−	−	−	−	−	(71)
509	359	−	x	30, 186	−	16, 589	(72)
6, 872	10, 483	−	−	−	−	−	(73)
588	3, 591	−	x	x	−	4, 362	(74)
592	37	−	−	−	−	−	(75)
319	1, 282	−	−	x	−	12, 227	(76)
1, 117	2, 539	−	−	−	−	−	(77)

2 大海区都道府県振興局別統計（続き）
(1) 漁業種類別漁獲量（続き）

都道府県・大海区・振興局	網		漁		業
	刺網			敷網	定
	さけ・ます流し網	かじき等流し網	その他の刺網	さんま棒受網	大型定置網
全国 (1)	**813**	**4,052**	**123,659**	**128,947**	**235,124**
北海道 (2)	813	1,880	85,891	61,039	19,496
青森 (3)	-	-	2,710	x	3,531
岩手 (4)	-	x	625	15,902	36,323
宮城 (5)	-	1,656	3,241	17,837	44,287
秋田 (6)	-	-	587	-	1,225
山形 (7)	-	-	137	-	x
福島 (8)	-	-	294	7,615	-
茨城 (9)	-	-	238	x	x
千葉 (10)	-	x	1,253	3,577	6,168
東京 (11)	-	-	405	x	-
神奈川 (12)	-	-	433	-	6,509
新潟 (13)	-	-	1,487	-	3,862
富山 (14)	-	-	418	10,907	21,771
石川 (15)	-	-	1,259	-	26,919
福井 (16)	-	-	202	-	5,868
静岡 (17)	-	-	322	x	4,462
愛知 (18)	-	-	668	-	-
三重 (19)	-	-	1,114	1,001	7,776
京都 (20)	-	-	92	-	9,290
大阪 (21)	-	-	231	-	-
兵庫 (22)	-	-	1,122	-	x
和歌山 (23)	-	-	299	x	1,938
鳥取 (24)	-	-	1,521	-	-
島根 (25)	-	-	543	-	x
岡山 (26)	-	-	350	-	-
広島 (27)	-	-	682	-	-
山口 (28)	-	-	1,865	-	1,322
徳島 (29)	-	-	270	-	x
香川 (30)	-	-	1,066	-	x
愛媛 (31)	-	-	1,698	-	-
高知 (32)	-	-	102	-	12,148
福岡 (33)	-	-	2,986	-	-
佐賀 (34)	-	-	2,019	-	x
長崎 (35)	-	191	3,416	x	6,214
熊本 (36)	-	-	995	-	x
大分 (37)	-	-	1,033	-	x
宮崎 (38)	-	-	477	-	3,527
鹿児島 (39)	-	-	1,442	-	4,402
沖縄 (40)	-	-	164	-	133
北海道太平洋北区 (41)	813	x	64,956	59,039	18,641
太平洋北区 (42)	-	x	6,056	46,328	83,637
太平洋中区 (43)	-	x	4,195	7,014	24,915
太平洋南区 (44)	-	-	1,464	x	18,026
北海道日本海北区 (45)	-	x	20,935	2,000	856
日本海北区 (46)	-	-	3,682	10,907	28,102
日本海西区 (47)	-	-	3,625	-	47,404
東シナ海区 (48)	-	191	11,904	x	12,817
瀬戸内海区 (49)	-	-	6,843	-	726
宗谷 (50)	-	-	8,100	x	-
オホーツク (51)	-	-	1,204	x	-
根室 (52)	418	x	22,153	39,927	-
釧路 (53)	204	-	3,180	12,566	-
十勝 (54)	x	202	402	1,808	-
日高 (55)	34	1,401	12,761	3,055	-
胆振 (56)	x	x	12,070	x	-
渡島 (57)	-	x	14,829	x	18,641
留萌 (58)	-	-	1,752	-	-
石狩 (59)	-	-	2,142	-	-
後志 (60)	-	-	7,069	-	856
檜山 (61)	-	-	229	-	-
青森（太北） (62)	-	-	1,658	x	x
（日北） (63)	-	-	1,052	-	x
兵庫（日西） (64)	-	-	6	-	x
（瀬戸） (65)	-	-	1,116	-	-
和歌山（太南） (66)	-	-	231	x	x
（瀬戸） (67)	-	-	68	-	x
山口（東シ） (68)	-	-	1,095	-	1,322
（瀬戸） (69)	-	-	770	-	-
徳島（太南） (70)	-	-	150	-	x
（瀬戸） (71)	-	-	120	-	-
愛媛（太南） (72)	-	-	221	-	-
（瀬戸） (73)	-	-	1,477	-	-
福岡（東シ） (74)	-	-	2,773	-	-
（瀬戸） (75)	-	-	213	-	-
大分（太南） (76)	-	-	283	-	x
（瀬戸） (77)	-	-	750	-	-

単位：t

（続き）			釣漁業				
置網		その他の網漁業	はえ縄				
さけ定置網	小型定置網		まぐろはえ縄			その他のはえ縄	
			遠洋まぐろはえ縄	近海まぐろはえ縄	沿岸まぐろはえ縄		
76,510	**90,160**	**47,512**	**74,247**	**38,426**	**4,427**	**21,896**	(1)
76,510	39,772	17,063	x	–	59	9,332	(2)
–	10,549	397	2,406	–	207	797	(3)
–	2,339	1,521	5,550	x	537	2,233	(4)
–	6,022	1,150	18,761	9,211	61	233	(5)
–	1,283	–	–	–	–	262	(6)
–	426	x	x	–	–	144	(7)
–	–	–	2,559	–	–	3	(8)
–	–	–	x	–	–	87	(9)
–	792	1,390	x	x	237	90	(10)
–	26	99	3,185	–	41	446	(11)
–	1,076	198	5,273	–	–	301	(12)
–	1,027	x	–	–	–	x	(13)
–	1,346	325	5,026	–	–	x	(14)
–	1,485	36	–	–	–	403	(15)
–	727	x	–	–	–	116	(16)
–	627	7,846	7,514	–	–	30	(17)
–	209	–	–	–	–	27	(18)
–	1,170	30	4,074	1,228	x	69	(19)
–	584	x	–	–	–	36	(20)
–	63	–	–	–	–	–	(21)
–	674	x	x	–	x	115	(22)
–	386	359	–	294	38	216	(23)
–	422	128	–	–	–	x	(24)
–	1,520	26	x	–	–	63	(25)
–	269	112	–	–	–	1	(26)
–	260	x	–	–	–	34	(27)
–	814	2,295	x	–	–	567	(28)
–	898	13	–	x	x	520	(29)
–	652	1,819	x	–	–	7	(30)
–	292	215	x	–	–	360	(31)
–	809	23	4,364	9,787	154	x	(32)
–	708	95	x	–	–	594	(33)
–	760	2,849	–	–	–	x	(34)
–	6,088	1,730	x	–	x	2,922	(35)
–	758	4,764	–	–	–	652	(36)
–	2,177	–	x	2,267	–	335	(37)
–	1,411	x	803	7,255	1,664	222	(38)
–	1,688	2,778	13,940	x	x	219	(39)
–	47	x	x	6,767	1,274	110	(40)
33,955	17,933	14,333	x	–	35	6,870	(41)
–	13,788	x	x	x	668	3,252	(42)
–	3,899	9,563	x	x	x	962	(43)
–	4,807	x	5,177	20,499	1,943	825	(44)
42,556	21,840	2,729	–	–	24	2,463	(45)
–	9,205	666	x	–	136	541	(46)
–	4,739	205	x	–	–	623	(47)
–	10,567	14,491	13,991	x	1,304	5,250	(48)
–	3,381	2,204	x	x	x	1,111	(49)
4,838	1,210	1,939	–	–	–	586	(50)
33,232	16,708	–	–	–	–	144	(51)
12,788	8,843	4,957	–	–	–	2,635	(52)
2,030	1,040	7,881	–	–	–	1,980	(53)
2,016	36	x	–	–	–	x	(54)
11,278	257	x	–	–	–	1,269	(55)
3,257	1,828	–	–	–	–	x	(56)
2,593	6,116	x	x	–	59	722	(57)
1,057	428	x	–	–	–	642	(58)
902	51	–	–	–	–	21	(59)
2,317	2,721	633	–	–	–	696	(60)
203	534	10	–	–	–	339	(61)
–	5,427	x	2,406	–	71	695	(62)
–	5,122	x	–	–	136	102	(63)
–	–	–	x	–	–	x	(64)
–	674	x	–	–	x	x	(65)
–	276	358	–	x	x	147	(66)
–	109	1	–	x	x	69	(67)
–	650	2,241	x	–	–	474	(68)
–	164	54	–	–	–	93	(69)
–	277	13	–	x	x	86	(70)
–	621	0	–	–	–	434	(71)
–	33	183	x	–	–	186	(72)
–	260	32	–	–	–	173	(73)
–	576	x	x	–	–	x	(74)
–	132	x	–	–	–	x	(75)
–	2,000	–	x	2,267	–	x	(76)
–	177	–	–	–	–	x	(77)

2 大海区都道府県振興局別統計（続き）
(1) 漁業種類別漁獲量（続き）

都道府県・大海区・振興局		釣漁業				
		はえ縄以外の釣				
		かつお一本釣			いか	
		遠洋かつお一本釣	近海かつお一本釣	沿岸かつお一本釣	遠洋いか釣	近海いか釣
全国	(1)	**54,808**	**30,333**	**16,166**	**x**	**14,657**
北海道	(2)	-	-	-	-	2,175
青森	(3)	-	-	-	x	6,486
岩手	(4)	-	-	-	-	x
宮城	(5)	8,686	-	-	-	-
秋田	(6)	-	-	-	-	-
山形	(7)	-	-	-	-	657
福島	(8)	-	-	-	-	-
茨城	(9)	x	-	-	-	-
千葉	(10)	-	-	-	-	x
東京	(11)	-	-	-	-	-
神奈川	(12)	x	x	x	x	x
新潟	(13)	-	-	-	-	x
富山	(14)	-	-	-	-	x
石川	(15)	-	-	-	-	3,817
福井	(16)	-	-	-	-	-
静岡	(17)	19,637	x	x	-	-
愛知	(18)	x	-	-	-	-
三重	(19)	7,803	4,259	1,329	-	-
京都	(20)	-	-	-	-	-
大阪	(21)	-	-	-	-	-
兵庫	(22)	-	-	-	-	x
和歌山	(23)	-	-	x	-	-
鳥取	(24)	-	-	-	-	x
島根	(25)	-	-	-	-	x
岡山	(26)	-	-	-	-	-
広島	(27)	-	-	-	-	-
山口	(28)	-	-	-	-	-
徳島	(29)	-	-	x	-	-
香川	(30)	-	-	-	-	-
愛媛	(31)	-	-	x	-	-
高知	(32)	5,206	6,194	11,385	-	-
福岡	(33)	-	-	-	-	x
佐賀	(34)	-	-	-	-	-
長崎	(35)	-	-	-	-	-
熊本	(36)	-	-	-	-	-
大分	(37)	-	-	-	-	-
宮崎	(38)	3,712	19,375	483	-	-
鹿児島	(39)	x	-	748	-	-
沖縄	(40)	-	-	513	-	-
北海道太平洋北区	(41)	-	-	-	-	1,583
太平洋北区	(42)	x	-	-	x	x
太平洋中区	(43)	28,996	4,764	1,440	x	x
太平洋南区	(44)	8,918	25,569	13,465	-	-
北海道日本海北区	(45)	-	-	-	-	592
日本海北区	(46)	-	-	-	-	836
日本海西区	(47)	-	-	-	-	4,551
東シナ海区	(48)	x	-	1,261	-	x
瀬戸内海区	(49)	-	-	-	-	-
宗谷	(50)	-	-	-	-	-
オホーツク	(51)	-	-	-	-	-
根室	(52)	-	-	-	-	x
釧路	(53)	-	-	-	-	-
十勝	(54)	-	-	-	-	-
日高	(55)	-	-	-	-	-
胆振	(56)	-	-	-	-	-
渡島	(57)	-	-	-	-	1,525
留萌	(58)	-	-	-	-	-
石狩	(59)	-	-	-	-	-
後志	(60)	-	-	-	-	x
檜山	(61)	-	-	-	-	-
青森（太北）	(62)	-	-	-	x	6,486
（日北）	(63)	-	-	-	-	-
兵庫（日西）	(64)	-	-	-	-	x
（瀬戸）	(65)	-	-	-	-	-
和歌山（太南）	(66)	-	-	x	-	-
（瀬戸）	(67)	-	-	-	-	-
山口（東シ）	(68)	-	-	-	-	-
（瀬戸）	(69)	-	-	-	-	-
徳島（太南）	(70)	-	-	x	-	-
（瀬戸）	(71)	-	-	-	-	-
愛媛（太南）	(72)	-	-	x	-	-
（瀬戸）	(73)	-	-	-	-	-
福岡（東シ）	(74)	-	-	-	-	x
（瀬戸）	(75)	-	-	-	-	-
大分（太南）	(76)	-	-	-	-	-
（瀬戸）	(77)	-	-	-	-	-

単位：t

（続き）			その他		
釣					
沿岸いか釣	ひき縄釣	その他の釣	採貝・採藻	その他の漁業	
27,467	13,663	27,730	104,728	65,755	(1)
8,291	127	668	60,073	29,173	(2)
5,535	103	1,083	3,405	2,221	(3)
454	−	16	950	2,557	(4)
150	−	14	493	2,723	(5)
5	18	216	261	965	(6)
192	−	36	189	488	(7)
−	7	76	15	234	(8)
−	54	82	24	340	(9)
7	322	1,981	3,558	424	(10)
121	281	2,049	103	508	(11)
32	x	353	582	333	(12)
237	61	204	871	2,472	(13)
83	3	31	212	543	(14)
479	−	312	775	1,293	(15)
560	1	111	273	205	(16)
37	171	1,730	1,560	153	(17)
−	x	680	9,546	2,264	(18)
30	427	467	2,193	330	(19)
62	11	71	254	94	(20)
−	6	13	3	60	(21)
449	378	328	669	2,688	(22)
28	314	436	631	155	(23)
1,499	143	92	408	2,803	(24)
739	60	852	1,285	2,336	(25)
−	2	37	2	198	(26)
−	148	427	516	313	(27)
672	x	1,023	1,610	1,045	(28)
4	119	341	627	96	(29)
−	17	58	21	478	(30)
7	23	1,921	1,890	544	(31)
25	5,284	2,016	148	45	(32)
323	835	879	4,353	2,135	(33)
434	70	131	355	118	(34)
4,330	1,363	3,261	2,542	1,888	(35)
63	x	1,029	1,534	1,013	(36)
39	−	1,566	2,043	1,061	(37)
55	621	161	49	68	(38)
297	597	1,820	268	578	(39)
2,229	1,825	1,158	436	818	(40)
4,216	23	506	55,419	10,700	(41)
4,775	153	901	4,579	6,957	(42)
228	1,206	7,261	17,542	4,011	(43)
x	6,319	4,288	2,298	878	(44)
4,075	104	162	4,654	18,473	(45)
1,880	93	857	1,840	5,584	(46)
3,787	216	1,494	3,095	8,707	(47)
8,347	4,847	8,952	10,689	6,672	(48)
x	701	3,309	4,612	3,772	(49)
x	36	2	3,606	7,665	(50)
−	−	−	821	2,917	(51)
389	−	−	14,998	3,538	(52)
x	−	x	21,178	1,538	(53)
134	−	4	1,383	144	(54)
555	−	x	14,327	1,126	(55)
x	−	−	789	1,022	(56)
3,299	25	569	2,816	4,168	(57)
1,311	x	12	23	3,181	(58)
x	x	−	10	197	(59)
1,335	x	1	55	2,499	(60)
1,080	39	74	66	1,176	(61)
4,171	92	713	3,097	1,104	(62)
1,363	11	370	308	1,117	(63)
449	2	55	99	1,978	(64)
−	377	273	570	710	(65)
28	295	188	479	116	(66)
−	19	248	152	38	(67)
672	x	692	1,241	358	(68)
−	109	331	370	688	(69)
4	96	69	254	20	(70)
−	23	272	373	76	(71)
5	23	574	679	125	(72)
1	−	1,347	1,212	418	(73)
323	835	862	4,313	1,900	(74)
−	−	17	40	235	(75)
x	−	1,279	689	503	(76)
x	−	287	1,354	558	(77)

2 大海区都道府県振興局別統計（続き）
(2) 魚種別漁獲量

都道府県・大海区・振興局		合計	魚								
			計	まぐろ類							
				小計	くろまぐろ	みなみまぐろ	びんなが	めばち	きはだ	その他のまぐろ類	小計
全国	**(1)**	**3,359,456**	**2,738,782**	**165,185**	**7,884**	**5,293**	**42,369**	**36,581**	**72,216**	**842**	**12,303**
北海道	(2)	876,625	452,187	111	91	−	17	2	1	−	210
青森	(3)	90,344	64,186	4,668	1,072	139	1,229	1,144	1,085	−	x
岩手	(4)	90,087	71,643	4,332	271	605	748	1,541	1,167	−	571
宮城	(5)	184,738	174,527	19,208	792	1,092	3,970	5,770	7,585	−	3,232
秋田	(6)	6,193	4,603	33	33	−	−	−	0	0	2
山形	(7)	3,937	2,119	15	15	−	−	−	−	−	0
福島	(8)	50,033	49,276	3,213	142	139	1,014	1,260	658	−	468
茨城	(9)	259,031	257,002	454	13	−	302	96	42	0	x
千葉	(10)	132,726	126,126	320	69	−	x	x	x	−	331
東京	(11)	46,849	46,110	10,943	86	−	684	2,422	7,751	−	595
神奈川	(12)	32,606	30,982	5,955	291	−	563	2,236	2,864	−	567
新潟	(13)	29,323	24,769	3,087	101	−	0	x	x	−	1
富山	(14)	41,575	36,338	3,510	393	264	446	1,599	809	0	231
石川	(15)	62,071	53,325	251	251	−	0	−	0	−	x
福井	(16)	11,317	8,504	18	17	−	0	−	0	0	21
静岡	(17)	195,346	192,879	30,597	512	1,026	3,661	4,113	21,284	0	597
愛知	(18)	61,727	45,138	5	−	−	x	x	x	−	0
三重	(19)	131,881	127,364	11,653	392	−	4,821	2,060	4,380	0	636
京都	(20)	11,049	10,125	x	x	−	0	−	0	0	8
大阪	(21)	8,581	8,226	−	−	−	−	−	−	−	−
兵庫	(22)	40,096	29,053	11	4	−	x	x	6	0	1
和歌山	(23)	15,197	13,947	393	11	−	208	35	139	−	21
鳥取	(24)	83,104	75,364	4,013	768	−	x	x	x	−	1
島根	(25)	113,094	107,111	341	252	−	x	73	x	7	26
岡山	(26)	3,149	1,814	−	−	−	−	−	−	−	−
広島	(27)	15,660	14,405	−	−	−	−	−	−	−	−
山口	(28)	25,539	20,197	94	68	−	1	x	x	13	7
徳島	(29)	9,952	8,521	1,003	9	−	709	144	141	−	69
香川	(30)	18,917	17,162	x	−	−	x	x	x	−	x
愛媛	(31)	75,487	69,886	x	105	−	68	x	88	−	x
高知	(32)	73,243	72,854	15,488	305	243	7,782	3,829	3,310	20	1,340
福岡	(33)	29,196	21,071	64	49	−	4	x	x	x	4
佐賀	(34)	8,404	2,780	17	x	−	−	0	x	16	1
長崎	(35)	290,591	279,197	4,907	1,189	−	13	299	3,355	51	166
熊本	(36)	17,831	14,967	9	x	−	0	0	5	x	4
大分	(37)	31,562	27,618	2,111	14	−	1,543	278	276	−	177
宮崎	(38)	103,281	102,865	16,448	88	−	9,761	2,227	4,369	3	1,116
鹿児島	(39)	63,560	61,990	11,838	257	1,786	2,428	3,649	3,706	12	1,020
沖縄	(40)	15,555	12,553	9,758	209	−	2,290	3,185	3,358	716	732
北海道太平洋北区	(41)	394,218	271,243	80	61	−	x	2	x	−	x
太平洋北区	(42)	661,496	609,064	31,598	2,012	1,974	7,263	9,812	10,537	0	4,403
太平洋中区	(43)	601,136	568,599	59,473	1,350	1,026	9,828	10,901	36,366	1	2,726
太平洋南区	(44)	267,214	262,473	35,630	528	243	20,024	6,514	8,299	23	2,717
北海道日本海北区	(45)	482,407	180,944	31	30	−	x	−	x	−	x
日本海北区	(46)	93,765	75,399	6,922	818	264	446	x	x	0	234
日本海西区	(47)	292,073	258,123	4,638	1,302	−	x	x	3,050	7	63
東シナ海区	(48)	442,722	407,508	26,686	1,778	1,786	4,737	7,148	10,427	811	1,934
瀬戸内海区	(49)	124,426	105,429	127	6	−	x	41	x	−	16
宗谷	(50)	210,130	50,618	−	−	−	−	−	−	−	−
オホーツク	(51)	223,480	97,707	−	−	−	−	−	−	−	−
根室	(52)	148,986	89,786	0	0	−	−	−	−	−	−
釧路	(53)	92,774	67,583	−	−	−	−	−	−	−	−
十勝	(54)	12,846	10,338	−	−	−	−	−	−	−	18
日高	(55)	52,403	34,400	20	15	−	5	0	0	−	173
胆振	(56)	33,300	28,371	8	0	−	x	x	−	−	x
渡島	(57)	56,352	41,511	82	75	−	x	x	1	−	x
留萌	(58)	10,286	4,864	−	−	−	−	−	−	−	−
石狩	(59)	3,405	2,937	−	−	−	−	−	−	−	−
後志	(60)	28,889	22,690	1	1	−	−	−	−	−	0
檜山	(61)	3,772	1,381	0	0	−	−	−	−	−	0
青森（太北）	(62)	77,607	56,615	4,391	795	139	1,229	1,144	1,085	−	x
（日北）	(63)	12,737	7,571	277	277	−	−	−	−	−	−
兵庫（日西）	(64)	11,437	3,693	x	x	−	x	x	x	0	x
（瀬戸）	(65)	28,659	25,359	x	x	−	−	−	x	−	x
和歌山（太南）	(66)	9,311	8,497	x	x	−	161	x	114	−	x
（瀬戸）	(67)	5,886	5,450	x	x	−	47	x	24	−	x
山口（東シ）	(68)	18,889	15,588	94	68	−	1	x	x	13	7
（瀬戸）	(69)	6,650	4,609	−	−	−	−	−	−	−	−
徳島（太南）	(70)	3,575	3,204	1,002	x	−	709	x	141	−	69
（瀬戸）	(71)	6,378	5,318	1	x	−	−	x	0	−	0
愛媛（太南）	(72)	53,210	51,904	x	105	−	68	x	88	−	x
（瀬戸）	(73)	22,276	17,982	0	0	−	−	−	−	−	−
福岡（東シ）	(74)	27,892	20,433	64	49	−	4	x	x	x	4
（瀬戸）	(75)	1,303	638	−	−	−	−	−	−	−	−
大分（太南）	(76)	24,594	23,151	2,111	14	−	1,543	278	276	−	177
（瀬戸）	(77)	6,967	4,467	−	−	−	−	−	−	−	−

単位：t

類											
かじき類				かつお類			さめ類	さけ・ます類			
まかじき	めかじき	くろかじき類	その他のかじき類	小計	かつお	そうだがつお類		小計	さけ類	ます類	
1,704	**7,515**	**2,492**	**592**	**259,833**	**247,716**	**12,117**	**31,828**	**95,473**	**83,952**	**11,521**	(1)
91	117	x	x	5	2	3	1,954	78,818	67,707	11,111	(2)
x	x	x	x	2,320	2,315	5	1,352	4,162	3,945	217	(3)
29	397	121	25	269	16	253	1,495	9,042	8,916	126	(4)
145	2,771	272	44	31,443	31,291	152	15,167	2,315	2,305	10	(5)
−	−	−	2	50	0	50	85	578	540	38	(6)
0	−	−	−	0	0	0	24	226	222	3	(7)
44	290	100	33	1,007	1,007	0	60	10	10	−	(8)
x	x	x	x	2,727	2,727	−	64	2	2	0	(9)
242	73	15	1	726	291	435	255	−	−	−	(10)
17	534	41	3	29,291	29,288	2	709	−	−	−	(11)
59	394	106	8	12,695	12,317	378	1,660	x	x	−	(12)
−	−	−	1	12,986	12,894	92	20	285	279	6	(13)
12	109	93	18	1,254	6	1,247	1,241	17	15	2	(14)
x	−	1	x	245	4	240	x	10	6	4	(15)
x	0	x	13	127	2	125	x	5	3	2	(16)
60	338	137	62	81,353	81,042	310	792	−	−	−	(17)
0	−	−	0	4	4	0	5	−	−	−	(18)
64	398	148	26	14,296	14,042	254	658	−	−	−	(19)
−	0	3	5	62	1	61	x	x	x	x	(20)
−	−	−	−	−	−	−	7	−	−	−	(21)
x	x	x	x	0	0	0	9	x	x	x	(22)
9	x	x	1	402	336	66	36	−	−	−	(23)
−	−	−	1	11,164	x	x	0	−	−	−	(24)
5	1	3	17	346	x	x	x	0	0	0	(25)
−	−	−	−	−	−	−	0	−	−	−	(26)
−	−	−	−	−	−	−	2	−	−	−	(27)
x	x	x	5	68	4	64	11	x	x	−	(28)
12	23	33	1	647	612	35	23	−	−	−	(29)
x	x	x	x	−	−	−	1	−	−	−	(30)
x	x	−	x	1,090	993	97	97	−	−	−	(31)
195	746	352	47	23,899	17,926	5,973	2,230	−	−	−	(32)
x	x	x	2	30	17	13	10	−	−	−	(33)
0	−	−	1	7	2	5	4	−	−	−	(34)
123	3	15	25	10,146	9,451	696	78	−	−	−	(35)
−	−	0	4	337	7	330	8	−	−	−	(36)
30	65	82	−	25	13	11	37	−	−	−	(37)
435	452	189	40	14,621	14,297	324	1,452	−	−	−	(38)
67	451	336	165	5,834	5,272	562	2,234	−	−	−	(39)
41	265	395	32	359	354	4	39	−	−	−	(40)
x	x	x	x	x	x	3	1,911	29,893	27,378	2,515	(41)
235	3,539	520	109	37,736	37,326	410	17,918	15,321	15,007	314	(42)
443	1,737	447	99	138,365	136,984	1,381	4,079	x	x	−	(43)
678	1,290	660	89	40,659	34,165	6,494	3,756	−	−	−	(44)
x	x	−	−	x	x	0	43	48,925	40,329	8,596	(45)
12	109	93	20	14,319	12,930	1,390	1,591	1,316	1,226	89	(46)
10	2	11	40	11,944	11,190	754	10	18	11	7	(47)
231	719	749	234	16,780	15,106	1,674	2,382	x	x	−	(48)
3	3	x	x	26	13	12	139	−	−	−	(49)
−	−	−	−	−	−	−	8	5,693	5,425	268	(50)
−	−	−	−	−	−	−	0	40,268	32,096	8,171	(51)
−	−	−	−	−	−	−	72	12,287	11,483	803	(52)
−	−	−	−	−	−	−	13	1,767	1,333	434	(53)
6	12	1	−	0	0	−	184	2,066	1,965	101	(54)
x	101	0	x	x	x	−	1,281	7,900	7,235	665	(55)
x	x	x	x	x	−	x	229	2,899	2,720	180	(56)
x	x	x	x	x	x	x	151	2,987	2,647	340	(57)
−	−	−	−	0	−	0	−	1,040	1,031	9	(58)
−	−	−	−	0	−	0	−	789	781	9	(59)
−	0	−	−	0	−	0	7	880	796	84	(60)
0	−	−	−	−	−	−	9	241	194	47	(61)
x	x	x	x	2,290	2,286	4	1,132	3,953	3,776	177	(62)
−	−	−	−	29	29	0	220	209	170	40	(63)
−	−	x	x	0	0	0	−	x	x	x	(64)
x	x	−	−	−	−	−	9	−	−	−	(65)
x	x	4	x	379	324	56	1	−	−	−	(66)
x	x	x	x	23	13	10	35	−	−	−	(67)
x	x	x	5	68	4	64	9	x	x	−	(68)
−	−	−	−	−	−	−	2	−	−	−	(69)
12	23	33	1	646	611	35	21	−	−	−	(70)
−	0	−	−	0	0	0	1	−	−	−	(71)
x	x	−	x	1,088	993	94	17	−	−	−	(72)
−	−	−	−	2	−	2	80	−	−	−	(73)
x	x	x	2	30	17	13	10	−	−	−	(74)
−	−	−	−	−	−	−	0	−	−	−	(75)
30	65	82	−	25	13	11	35	−	−	−	(76)
−	−	−	−	−	−	−	2	−	−	−	(77)

2 大海区都道府県振興局別統計（続き）
(2) 魚種別漁獲量（続き）

都道府県・大海区・振興局	魚									
	このしろ	にしん	いわし類					あじ類		
			小計	まいわし	うるめいわし	かたくちいわし	しらす	小計	まあじ	むろあじ類
全国 (1)	**4,923**	**12,386**	**738,925**	**522,376**	**54,815**	**111,226**	**50,509**	**135,142**	**117,751**	**17,392**
北海道 (2)	–	12,344	21,009	20,334	1	673	1	35	35	–
青森 (3)	0	12	14,818	14,380	1	438	–	27	27	–
岩手 (4)	0	2	12,235	11,601	44	589	–	103	102	0
宮城 (5)	6	14	38,766	37,924	175	491	176	616	616	0
秋田 (6)	5	0	58	58	0	–	–	348	348	–
山形 (7)	–	–	1	1	–	–	–	57	57	–
福島 (8)	–	–	17,483	16,981	4	–	498	31	31	–
茨城 (9)	x	–	143,142	139,214	131	402	3,395	489	489	0
千葉 (10)	1,424	–	72,416	66,832	252	5,314	18	2,490	2,481	9
東京 (11)	14	–	–	–	–	–	–	85	0	85
神奈川 (12)	290	–	3,218	2,114	92	659	353	665	588	77
新潟 (13)	5	–	122	114	8	0	–	1,156	1,156	0
富山 (14)	20	–	11,928	11,559	33	336	1	1,528	1,523	5
石川 (15)	20	x	25,890	24,634	x	678	x	1,934	1,931	3
福井 (16)	x	–	360	300	3	57	–	439	412	27
静岡 (17)	27	–	29,822	22,638	881	459	5,844	597	439	158
愛知 (18)	110	–	39,317	23,787	24	8,684	6,821	202	189	13
三重 (19)	14	–	52,228	43,798	2,949	4,734	747	2,082	1,996	86
京都 (20)	17	–	5,951	4,257	x	1,687	x	454	425	29
大阪 (21)	404	–	4,425	938	–	550	2,937	120	116	4
兵庫 (22)	39	–	13,760	215	6	4,102	9,437	2,240	507	1,733
和歌山 (23)	x	–	2,302	294	386	25	1,597	2,409	1,487	922
鳥取 (24)	26	12	22,292	22,092	100	46	54	5,409	5,407	2
島根 (25)	40	x	20,972	14,944	5,635	264	129	28,567	28,509	58
岡山 (26)	13	–	336	0	–	0	336	8	6	2
広島 (27)	95	–	12,178	3	0	10,501	1,674	46	31	16
山口 (28)	43	–	4,554	168	34	4,181	171	3,273	3,173	100
徳島 (29)	3	–	2,843	50	37	898	1,858	307	273	34
香川 (30)	57	–	12,399	33	4	11,464	899	206	174	32
愛媛 (31)	30	–	28,649	12,825	2,974	10,065	2,785	5,292	4,611	681
高知 (32)	x	–	9,152	1,108	3,984	1,350	2,711	4,404	3,596	808
福岡 (33)	523	–	101	56	29	16	–	2,765	2,703	62
佐賀 (34)	483	–	574	1	2	534	37	468	450	18
長崎 (35)	124	–	68,728	22,203	16,483	30,013	29	49,267	43,862	5,405
熊本 (36)	838	–	7,956	188	2,746	4,466	556	387	384	2
大分 (37)	27	–	11,378	5,268	1,143	2,635	2,332	2,999	2,669	330
宮崎 (38)	3	–	16,998	1,230	11,661	1,913	2,193	8,121	3,466	4,655
鹿児島 (39)	218	–	10,562	233	4,410	3,004	2,915	5,513	3,483	2,031
沖縄 (40)	–	–	–	–	–	–	–	6	–	6
北海道太平洋北区 (41)	–	3,335	20,957	20,282	1	673	1	35	35	–
太平洋北区 (42)	x	28	225,411	219,091	354	1,896	4,070	1,240	1,240	0
太平洋中区 (43)	1,879	–	197,002	159,169	4,200	19,850	13,783	6,120	5,693	428
太平洋南区 (44)	23	–	55,410	20,746	20,185	7,695	6,784	22,210	15,235	6,975
北海道日本海北区 (45)	–	9,009	52	52	–	–	–	–	–	–
日本海北区 (46)	30	0	13,143	12,742	41	360	1	3,114	3,109	5
日本海西区 (47)	x	13	75,508	66,265	6,324	2,731	188	36,959	36,840	118
東シナ海区 (48)	2,176	–	90,318	22,848	23,705	40,059	3,707	61,559	53,940	7,620
瀬戸内海区 (49)	702	–	61,125	1,182	5	37,963	21,975	3,905	1,659	2,246
宗谷 (50)	–	503	0	0	–	–	–	–	–	–
オホーツク (51)	–	5,709	5	5	–	–	–	–	–	–
根室 (52)	–	2,199	5,112	5,112	–	–	–	–	–	–
釧路 (53)	–	799	8,181	8,180	–	–	1	–	–	–
十勝 (54)	–	23	708	708	–	–	–	–	–	–
日高 (55)	–	80	791	791	–	0	–	–	–	–
胆振 (56)	–	92	1	1	–	0	–	–	–	–
渡島 (57)	–	141	6,165	5,491	1	673	–	35	35	–
留萌 (58)	–	344	–	–	–	–	–	–	–	–
石狩 (59)	–	1,758	5	5	–	–	–	–	–	–
後志 (60)	–	691	39	39	–	–	–	–	–	–
檜山 (61)	–	3	3	3	–	–	–	–	–	–
青森（太北） (62)	–	12	13,785	13,371	1	414	–	1	1	–
（日北） (63)	0	0	1,033	1,009	0	24	–	26	26	–
兵庫（日西） (64)	–	–	42	37	5	0	–	155	155	–
（瀬戸） (65)	39	–	13,717	177	1	4,102	9,437	2,084	351	1,733
和歌山（太南） (66)	x	–	1,082	290	386	19	387	1,516	1,001	514
（瀬戸） (67)	x	–	1,220	5	–	6	1,209	893	486	407
山口（東シ） (68)	10	–	2,397	167	34	2,026	171	3,155	3,059	96
（瀬戸） (69)	33	–	2,156	1	–	2,155	–	119	115	4
徳島（太南） (70)	x	–	133	33	37	63	–	194	180	15
（瀬戸） (71)	x	–	2,710	17	0	835	1,858	113	93	20
愛媛（太南） (72)	–	–	18,886	12,817	2,974	2,628	467	5,027	4,365	662
（瀬戸） (73)	30	–	9,762	8	0	7,437	2,318	265	246	19
福岡（東シ） (74)	502	–	101	56	29	16	–	2,765	2,703	62
（瀬戸） (75)	21	–	0	–	–	0	–	0	0	–
大分（太南） (76)	20	–	9,158	5,268	1,143	1,722	1,025	2,948	2,627	321
（瀬戸） (77)	7	–	2,220	–	–	913	1,307	51	42	9

単位：t

類（続き）											
さば類	さんま	ぶり類	ひらめ・かれい類			たら類			ほっけ	きちじ	
			小計	ひらめ	かれい類	小計	まだら	すけとうだら			
541,975	128,929	99,933	47,814	6,564	41,250	178,161	50,664	127,497	33,669	1,158	(1)
7,008	61,077	8,264	21,932	841	21,091	160,957	37,217	123,740	32,577	522	(2)
18,837	4,091	1,694	1,879	800	1,079	3,318	2,775	543	590	125	(3)
9,199	15,904	7,546	571	98	473	6,177	4,783	1,394	1	290	(4)
16,894	18,078	3,257	4,198	819	3,380	4,508	2,733	1,775	x	148	(5)
55	-	453	374	158	216	639	618	20	212	-	(6)
4	-	114	202	45	157	472	471	1	56	-	(7)
16,368	7,615	161	1,058	397	660	63	62	2	-	3	(8)
104,273	x	1,867	790	344	446	27	27	1	-	70	(9)
28,995	3,636	8,948	426	285	141	0	0	-	-	0	(10)
6	x	34	27	0	27	-	-	-	-	-	(11)
1,778	x	1,099	145	93	52	3	x	x	x	0	(12)
567	x	1,580	887	319	569	624	604	20	126	-	(13)
1,251	10,907	1,040	203	88	115	18	x	x	31	-	(14)
7,162	6	6,440	1,301	54	1,247	712	712	0	74	-	(15)
204	0	1,523	1,071	43	1,028	47	47	-	1	-	(16)
43,245	776	904	46	39	8	-	-	-	-	-	(17)
74	-	74	551	214	337	-	-	-	-	-	(18)
36,385	477	4,646	137	83	54	-	-	-	-	-	(19)
141	1	770	138	16	122	8	8	-	1	-	(20)
115	-	10	198	7	191	-	-	-	-	-	(21)
280	x	258	2,593	127	2,467	106	106	-	0	-	(22)
4,239	x	1,028	55	37	18	-	-	-	-	-	(23)
18,770	-	8,159	1,895	47	1,848	304	304	-	0	-	(24)
34,259	0	9,578	2,983	190	2,793	177	177	-	-	-	(25)
0	-	27	204	30	174	-	-	-	-	-	(26)
24	-	74	156	38	118	-	-	-	-	-	(27)
2,289	0	1,451	869	165	704	x	x	-	-	-	(28)
67	-	518	92	34	58	-	-	-	-	-	(29)
191	-	61	552	79	473	-	-	-	-	-	(30)
21,189	-	2,065	579	155	424	-	-	-	-	-	(31)
5,962	2	4,622	15	12	3	-	-	-	-	-	(32)
6,088	0	2,505	567	247	320	-	-	-	-	-	(33)
92	x	131	25	16	9	-	-	-	-	-	(34)
100,171	3,763	14,113	526	373	153	-	-	-	-	-	(35)
348	x	387	237	153	83	-	-	-	-	-	(36)
5,046	-	1,533	221	51	170	-	-	-	-	-	(37)
35,481	x	1,457	53	20	33	-	-	-	-	-	(38)
14,918	0	1,520	58	48	10	-	-	-	-	-	(39)
-	-	21	-	-	-	-	-	-	-	-	(40)
6,629	59,076	7,034	13,256	180	13,076	107,521	19,333	88,188	4,651	336	(41)
165,382	46,571	13,455	7,902	2,189	5,712	13,056	9,343	3,712	x	636	(42)
110,483	6,596	15,706	1,333	714	619	3	x	x	x	0	(43)
71,233	x	10,474	160	91	69	-	-	-	-	-	(44)
378	2,000	1,229	8,676	661	8,015	53,436	17,883	35,552	27,925	186	(45)
2,067	10,908	4,257	2,261	879	1,382	2,790	x	x	1,006	-	(46)
60,547	x	26,531	8,922	358	8,564	1,355	1,355	0	76	-	(47)
123,900	3,768	19,935	1,897	972	925	0	0	-	-	-	(48)
1,355	-	1,311	3,408	519	2,889	-	-	-	-	-	(49)
0	x	69	1,410	41	1,369	14,433	5,787	8,647	13,394	-	(50)
87	x	339	2,163	-	2,163	32,775	9,003	23,772	4,888	186	(51)
238	39,927	696	4,552	0	4,552	16,035	9,362	6,672	1,126	164	(52)
223	12,566	28	1,532	0	1,532	37,540	5,988	31,552	20	90	(53)
18	1,808	3	182	0	182	4,304	955	3,349	4	2	(54)
1,502	3,055	1,112	2,166	9	2,157	15,698	1,655	14,042	51	16	(55)
141	x	131	2,704	44	2,660	19,584	703	18,880	97	51	(56)
4,507	x	5,068	2,154	137	2,017	14,519	821	13,698	3,759	12	(57)
3	-	20	1,553	133	1,420	546	456	90	131	-	(58)
5	-	85	132	62	70	2	2	-	0	-	(59)
266	-	695	3,280	331	2,949	5,187	2,356	2,831	8,663	-	(60)
17	-	18	104	83	21	334	129	205	444	-	(61)
18,647	x	624	1,285	531	754	2,280	1,739	541	9	125	(62)
190	x	1,069	594	269	325	1,038	1,036	2	581	-	(63)
11	x	61	1,534	8	1,526	106	106	-	0	-	(64)
269	-	197	1,059	119	941	-	-	-	-	-	(65)
3,566	x	897	22	22	0	-	-	-	-	-	(66)
672	-	130	33	15	17	-	-	-	-	-	(67)
2,284	0	1,259	595	136	459	x	x	-	-	-	(68)
5	-	192	274	29	245	-	-	-	-	-	(69)
49	-	276	9	9	0	-	-	-	-	-	(70)
18	-	242	82	25	58	-	-	-	-	-	(71)
21,133	-	1,805	13	8	5	-	-	-	-	-	(72)
56	-	260	565	147	419	-	-	-	-	-	(73)
6,088	0	2,503	456	246	210	-	-	-	-	-	(74)
-	-	2	111	1	110	-	-	-	-	-	(75)
5,043	-	1,417	47	21	27	-	-	-	-	-	(76)
3	-	116	173	30	143	-	-	-	-	-	(77)

2 大海区都道府県振興局別統計（続き）
(2) 魚種別漁獲量（続き）

都道府県・大海区・振興局	魚								
	はたはた	にぎす類	あなご類	たちうお	たい類				いさき
					小計	まだい	ちだい・きだい	くろだい・へだい	
全国 (1)	**4,716**	**2,761**	**3,489**	**6,493**	**25,323**	**16,075**	**6,278**	**2,969**	**3,988**
北海道 (2)	338	－	5	0	4	4	－	0	－
青森 (3)	639	x	x	x	403	393	6	3	－
岩手 (4)	－	－	93	0	63	46	17	0	－
宮城 (5)	x	0	556	105	214	205	9	－	－
秋田 (6)	605	15	0	0	228	210	11	8	－
山形 (7)	183	10	x	x	373	326	44	3	－
福島 (8)	－	0	177	4	36	10	26	－	－
茨城 (9)	－	3	149	47	145	82	60	3	－
千葉 (10)	－	－	124	207	686	336	287	64	147
東京 (11)	－	－	x	－	2	1	0	1	19
神奈川 (12)	x	x	138	244	149	65	22	61	49
新潟 (13)	87	340	x	x	740	565	147	28	0
富山 (14)	5	x	0	x	195	134	26	36	－
石川 (15)	520	888	15	5	663	428	189	46	3
福井 (16)	85	62	46	4	282	126	146	11	4
静岡 (17)	－	x	x	67	152	85	14	53	171
愛知 (18)	－	351	254	66	761	483	－	278	27
三重 (19)	－	x	x	245	359	241	17	101	166
京都 (20)	15	159	4	48	115	58	39	19	14
大阪 (21)	－	－	14	64	243	84	－	160	－
兵庫 (22)	1,181	212	147	301	1,672	1,344	33	295	6
和歌山 (23)	－	－	x	703	469	210	177	82	144
鳥取 (24)	941	141	24	2	191	102	86	3	3
島根 (25)	117	357	618	14	1,748	910	821	17	393
岡山 (26)	－	－	28	1	374	265	－	109	0
広島 (27)	－	－	37	179	661	400	56	205	0
山口 (28)	－	1	167	58	1,395	729	596	70	312
徳島 (29)	－	x	x	351	386	229	50	106	100
香川 (30)	－	－	58	25	650	446	0	203	－
愛媛 (31)	－	x	157	835	1,721	1,436	69	216	127
高知 (32)	－	x	1	94	327	101	125	102	93
福岡 (33)	－	－	196	94	2,618	1,904	506	208	644
佐賀 (34)	－	－	x	16	224	168	43	13	50
長崎 (35)	－	－	412	945	4,522	2,156	2,275	92	1,184
熊本 (36)	－	－	x	495	832	659	95	78	86
大分 (37)	－	－	7	396	637	486	53	99	140
宮崎 (38)	－	－	x	415	192	74	61	58	15
鹿児島 (39)	－	2	2	382	874	575	165	135	93
沖縄 (40)	－	－	－	13	15	－	9	6	－
北海道太平洋北区 (41)	287	－	5	0	2	2	－	0	－
太平洋北区 (42)	x	3	988	156	551	432	115	4	－
太平洋中区 (43)	x	388	546	829	2,108	1,211	339	558	578
太平洋南区 (44)	－	x	x	1,129	1,063	505	292	266	455
北海道日本海北区 (45)	51	－	－	－	1	1	－	0	－
日本海北区 (46)	1,519	x	x	71	1,847	1,539	230	77	0
日本海西区 (47)	2,859	1,820	728	73	3,053	1,660	1,297	96	420
東シナ海区 (48)	－	3	746	1,964	10,008	5,847	3,666	495	2,367
瀬戸内海区 (49)	－	－	457	2,272	6,690	4,878	339	1,473	168
宗谷 (50)	x	－	－	－	－	－	－	－	－
オホーツク (51)	x	－	－	－	－	－	－	－	－
根室 (52)	55	－	1	－	－	－	－	－	－
釧路 (53)	45	－	－	－	－	－	－	－	－
十勝 (54)	96	－	－	－	－	－	－	－	－
日高 (55)	20	－	－	－	0	0	－	0	－
胆振 (56)	54	－	1	－	0	－	－	0	－
渡島 (57)	17	－	4	0	2	2	－	0	－
留萌 (58)	14	－	－	－	0	0	－	－	－
石狩 (59)	8	－	－	－	0	0	－	－	－
後志 (60)	23	－	－	－	1	1	－	0	－
檜山 (61)	－	－	－	－	0	0	－	－	－
青森（太北） (62)	0	－	13	0	93	89	4	1	－
（日北） (63)	639	x	x	x	310	305	2	3	－
兵庫（日西） (64)	1,181	212	22	0	53	36	17	0	4
（瀬戸） (65)	－	－	125	301	1,619	1,308	16	294	2
和歌山（太南） (66)	－	－	－	62	34	16	5	14	76
（瀬戸） (67)	－	－	x	641	435	195	173	68	68
山口（東シ） (68)	－	1	136	22	974	388	573	12	311
（瀬戸） (69)	－	－	31	36	421	341	23	58	1
徳島（太南） (70)	－	x	x	153	74	15	44	14	22
（瀬戸） (71)	－	－	x	198	312	214	7	92	78
愛媛（太南） (72)	－	x	11	166	188	127	43	19	114
（瀬戸） (73)	－	－	146	668	1,533	1,309	26	197	14
福岡（東シ） (74)	－	－	187	91	2,566	1,900	506	159	644
（瀬戸） (75)	－	－	9	2	52	3	－	48	－
大分（太南） (76)	－	－	3	239	247	173	15	59	136
（瀬戸） (77)	－	－	4	157	391	313	38	40	4

単位：t

類（続き）						えび類				
さわら類	すずき類	いかなご	あまだい類	ふぐ類	その他の魚類	計	いせえび	くるまえび	その他のえび類	
15,924	**5,901**	**14,786**	**1,140**	**4,947**	**161,677**	**14,645**	**1,187**	**355**	**13,103**	(1)
5	0	9,664	-	765	34,585	1,410	-	-	1,410	(2)
83	16	68	1	79	4,916	11	-	0	11	(3)
288	9	64	-	59	3,331	0	0	-	0	(4)
88	306	976	-	103	14,326	3	-	0	3	(5)
81	39	-	53	148	540	62	-	0	61	(6)
23	15	-	13	81	244	145	-	0	145	(7)
6	19	1,076	-	7	410	1	1	-	0	(8)
5	58	33	-	43	1,677	49	18	1	29	(9)
260	1,336	-	1	83	3,314	251	235	1	15	(10)
17	125	-	-	0	2,527	31	31	-	0	(11)
129	285	-	9	33	1,870	39	30	1	8	(12)
94	103	-	54	324	1,565	393	-	1	392	(13)
322	45	-	6	99	2,427	683	-	0	682	(14)
1,817	171	-	75	839	4,277	1,002	-	1	1,002	(15)
2,491	100	0	69	128	1,414	486	-	0	486	(16)
75	43	-	16	38	3,554	481	118	3	360	(17)
222	443	-	16	159	2,498	1,137	3	86	1,048	(18)
643	189	-	5	66	2,428	580	311	7	263	(19)
1,244	117	-	18	37	789	7	0	0	7	(20)
81	185	183	-	11	2,165	115	-	1	115	(21)
353	501	1,715	2	48	3,617	1,336	11	9	1,315	(22)
141	19	0	3	99	1,480	192	125	0	67	(23)
989	37	-	1	21	970	139	-	0	139	(24)
1,575	138	-	122	396	4,333	12	-	0	12	(25)
94	79	105	-	37	508	219	-	4	214	(26)
96	103	-	0	23	732	108	-	5	103	(27)
774	141	-	256	247	4,185	440	0	7	433	(28)
239	73	19	12	43	1,718	266	83	5	178	(29)
431	160	819	-	124	1,382	512	-	23	489	(30)
441	198	64	15	131	6,937	951	7	68	876	(31)
169	15	-	10	59	4,803	46	34	0	11	(32)
850	297	-	88	266	3,363	270	0	47	223	(33)
130	44	-	10	16	480	2,145	0	3	2,142	(34)
754	142	-	253	119	18,878	272	41	20	212	(35)
118	142	-	3	67	2,709	89	7	20	61	(36)
188	138	1	7	20	2,530	286	11	37	238	(37)
341	25	-	14	55	6,057	97	56	1	41	(38)
213	44	-	8	74	6,583	360	49	1	311	(39)
54	-	-	-	-	1,557	18	16	-	2	(40)
x	0	284	-	219	15,517	447	-	-	447	(41)
412	401	2,217	0	243	23,418	53	19	1	33	(42)
1,346	2,420	-	46	379	16,191	2,520	729	98	1,693	(43)
652	75	-	53	172	16,410	399	277	17	105	(44)
x	0	9,380	-	546	19,068	963	-	-	963	(45)
578	209	-	127	700	6,017	1,294	-	3	1,292	(46)
8,141	583	0	286	1,426	12,038	2,247	0	1	2,246	(47)
2,753	656	-	618	727	36,330	3,088	113	78	2,898	(48)
2,037	1,556	2,905	9	535	16,688	3,633	50	157	3,426	(49)
-	-	7,929	-	44	5,991	42	-	-	42	(50)
-	-	800	-	347	9,279	24	-	-	24	(51)
-	-	0	-	176	7,148	88	-	-	88	(52)
-	0	-	-	-	4,778	27	-	-	27	(53)
-	0	-	-	0	920	0	-	-	0	(54)
x	0	-	-	0	533	4	-	-	4	(55)
-	0	-	-	1	855	39	-	-	39	(56)
x	0	284	-	43	1,355	293	-	-	293	(57)
0	0	-	-	47	1,167	602	-	-	602	(58)
-	0	-	-	0	152	-	-	-	-	(59)
0	0	650	-	106	2,202	274	-	-	274	(60)
0	0	1	-	1	204	17	-	-	17	(61)
25	9	68	0	32	3,675	0	-	-	0	(62)
58	8	-	1	48	1,241	11	-	0	11	(63)
25	20	-	2	5	255	601	-	-	601	(64)
328	482	1,715	-	43	3,361	736	11	9	715	(65)
87	4	-	1	31	408	121	119	0	2	(66)
54	16	0	2	68	1,072	72	6	0	65	(67)
641	40	-	256	188	3,139	52	-	2	50	(68)
133	101	-	0	59	1,046	387	0	5	382	(69)
12	9	-	7	8	514	58	57	0	0	(70)
227	64	19	5	35	1,204	208	25	5	177	(71)
30	2	-	13	7	3,135	36	1	1	34	(72)
411	196	64	2	124	3,802	915	6	67	841	(73)
843	244	-	88	263	2,984	151	0	31	120	(74)
7	53	-	-	3	379	119	-	16	103	(75)
12	21	-	7	14	1,493	42	10	15	17	(76)
176	117	1	0	7	1,037	243	0	23	221	(77)

2　大海区都道府県振興局別統計（続き）
(2)　魚種別漁獲量（続き）

都道府県・大海区・振興局	かに類					おきあみ類	
	計	ずわいがに	べにずわいがに	がざみ類	その他のかに類		計
全国 (1)	**24,088**	**4,165**	**14,093**	**2,211**	**3,619**	**13,698**	**350,385**
北海道 (2)	5,662	712	2,188	115	2,647	0	317,278
青森 (3)	404	-	227	73	105	-	1,969
岩手 (4)	76	x	x	26	x	11,380	256
宮城 (5)	867	2	13	747	105	2,317	523
秋田 (6)	893	20	866	1	6	-	242
山形 (7)	501	30	461	0	10	-	182
福島 (8)	36	9	0	25	2	-	179
茨城 (9)	37	x	x	30	x	0	489
千葉 (10)	29	x	-	x	8	-	4,535
東京 (11)	349	-	-	0	348	-	84
神奈川 (12)	14	x	-	x	13	-	282
新潟 (13)	2,291	175	2,088	4	23	-	740
富山 (14)	485	29	447	5	5	-	195
石川 (15)	1,370	339	997	1	33	-	553
福井 (16)	558	494	59	0	4	-	261
静岡 (17)	25	-	-	5	19	-	1,276
愛知 (18)	264	-	-	185	79	-	7,952
三重 (19)	24	-	-	15	10	-	1,865
京都 (20)	65	61	-	2	2	-	260
大阪 (21)	29	-	-	28	1	-	31
兵庫 (22)	3,204	1,159	1,965	78	2	-	300
和歌山 (23)	5	-	-	1	4	-	58
鳥取 (24)	3,739	999	2,738	0	1	-	406
島根 (25)	2,174	132	2,039	0	2	-	941
岡山 (26)	88	-	-	73	15	-	185
広島 (27)	39	-	-	30	10	-	222
山口 (28)	70	-	-	66	3	-	1,184
徳島 (29)	6	-	-	4	2	-	124
香川 (30)	75	-	-	58	17	-	244
愛媛 (31)	178	-	-	128	50	-	447
高知 (32)	5	-	-	2	2	-	43
福岡 (33)	219	-	-	219	0	-	3,689
佐賀 (34)	13	-	-	13	0	-	641
長崎 (35)	88	-	-	84	4	-	1,334
熊本 (36)	92	-	-	83	9	-	609
大分 (37)	90	-	-	77	13	-	407
宮崎 (38)	4	-	-	2	2	-	53
鹿児島 (39)	8	-	-	4	4	-	147
沖縄 (40)	12	-	-	7	5	-	198
北海道太平洋北区 (41)	1,519	70	12	62	1,374	0	49,125
太平洋北区 (42)	1,098	11	18	895	173	13,697	2,397
太平洋中区 (43)	704	3	-	224	478	-	15,994
太平洋南区 (44)	27	-	-	10	17	-	512
北海道日本海北区 (45)	4,143	641	2,175	53	1,273	-	268,154
日本海北区 (46)	4,494	254	4,089	17	134	-	2,379
日本海西区 (47)	11,031	3,186	7,798	3	44	-	2,613
東シナ海区 (48)	328	-	-	305	23	-	7,555
瀬戸内海区 (49)	745	-	-	643	103	-	1,658
宗谷 (50)	1,363	153	519	-	692	-	146,887
オホーツク (51)	1,053	481	-	-	571	-	121,037
根室 (52)	762	0	-	-	762	-	38,224
釧路 (53)	222	0	5	-	216	0	3,570
十勝 (54)	135	-	-	-	135	-	1,313
日高 (55)	128	0	7	0	121	-	2,083
胆振 (56)	102	4	-	24	74	-	2,817
渡島 (57)	672	67	500	38	67	-	1,128
留萌 (58)	2	0	-	1	1	-	87
石狩 (59)	11	-	-	6	5	-	35
後志 (60)	725	6	669	46	3	-	56
檜山 (61)	488	-	488	0	-	-	42
青森（太北） (62)	81	-	-	66	14	-	950
（日北） (63)	324	-	227	7	90	-	1,020
兵庫（日西） (64)	3,126	1,159	1,965	0	2	-	192
（瀬戸） (65)	78	-	-	78	0	-	108
和歌山（太南） (66)	4	-	-	1	3	-	47
（瀬戸） (67)	1	-	-	0	1	-	11
山口（東シ） (68)	7	-	-	6	1	-	1,005
（瀬戸） (69)	63	-	-	61	2	-	179
徳島（太南） (70)	1	-	-	0	1	-	56
（瀬戸） (71)	5	-	-	4	1	-	68
愛媛（太南） (72)	5	-	-	4	2	-	31
（瀬戸） (73)	172	-	-	124	48	-	416
福岡（東シ） (74)	108	-	-	108	0	-	3,621
（瀬戸） (75)	111	-	-	111	-	-	68
大分（太南） (76)	8	-	-	1	7	-	281
（瀬戸） (77)	83	-	-	76	7	-	125

単位：t

貝類					いか類				
あわび類	さざえ	あさり類	ほたてがい	その他の貝類	計	するめいか	あかいか	その他のいか類	
909	5,411	7,736	304,767	31,562	83,591	47,712	4,952	30,927	(1)
41	1	1,364	303,573	12,299	14,877	13,900	18	959	(2)
35	17	1	1,194	722	17,931	11,993	4,008	1,930	(3)
168	-	5	-	84	3,900	3,033	200	667	(4)
78	-	45	0	400	4,475	2,017	104	2,354	(5)
13	48	-	-	181	111	64	-	47	(6)
5	71	-	-	105	916	886	-	30	(7)
2	-	15	-	162	243	161	-	82	(8)
14	-	-	-	475	866	382	1	483	(9)
97	301	10	-	4,127	535	209	0	326	(10)
1	12	52	-	19	123	0	-	123	(11)
9	238	17	-	18	640	155	x	x	(12)
17	398	-	-	325	636	486	-	150	(13)
1	11	-	-	183	3,775	2,746	-	1,029	(14)
7	263	1	-	282	5,002	4,740	-	262	(15)
15	70	0	-	176	1,214	551	-	663	(16)
18	253	978	-	27	181	133	-	48	(17)
1	65	2,741	-	5,145	493	53	-	441	(18)
58	464	8	-	1,335	366	237	-	129	(19)
8	112	0	-	140	378	25	-	352	(20)
0	1	-	-	30	69	-	-	69	(21)
18	97	0	-	185	4,316	364	-	3,952	(22)
9	15	-	-	34	254	71	-	183	(23)
14	116	-	-	276	3,216	1,339	x	x	(24)
19	414	0	-	508	2,237	592	-	1,646	(25)
0	2	0	-	183	80	-	-	80	(26)
2	23	51	-	147	106	0	0	106	(27)
39	605	6	-	534	1,750	207	2	1,540	(28)
38	33	3	-	50	397	14	-	383	(29)
1	7	-	-	236	186	0	-	185	(30)
44	306	0	-	97	1,817	295	-	1,522	(31)
0	0	-	-	43	152	52	-	100	(32)
65	206	1,735	-	1,683	1,137	142	-	995	(33)
13	73	2	-	553	516	166	-	350	(34)
40	1,011	168	-	114	7,036	2,508	-	4,528	(35)
4	3	527	-	76	235	20	-	215	(36)
15	168	5	-	219	404	30	-	374	(37)
1	7	-	-	46	217	104	-	113	(38)
1	1	-	-	145	495	35	4	457	(39)
-	-	-	-	198	2,308	-	2	2,306	(40)
9	-	1,363	36,530	11,222	8,966	8,406	18	542	(41)
286	0	65	248	1,798	24,919	16,151	4,313	4,455	(42)
184	1,333	3,806	-	10,671	2,338	787	x	x	(43)
42	178	0	-	292	1,242	559	-	683	(44)
32	1	1	267,043	1,076	5,912	5,494	-	418	(45)
47	545	1	946	839	7,934	5,617	0	2,316	(46)
67	1,029	1	-	1,516	15,808	7,612	x	x	(47)
158	1,843	2,416	-	3,139	13,118	3,078	7	10,033	(48)
85	483	83	-	1,007	3,354	8	0	3,346	(49)
16	-	0	146,675	195	127	121	-	5	(50)
-	-	1	120,368	669	139	120	-	19	(51)
-	-	446	36,131	1,647	1,171	807	0	363	(52)
-	-	916	32	2,622	150	x	-	x	(53)
-	-	-	-	1,313	156	x	-	x	(54)
-	-	-	-	2,083	585	584	-	1	(55)
2	-	0	206	2,609	1,006	1,003	2	2	(56)
8	1	1	161	956	6,715	6,319	16	380	(57)
2	-	-	-	84	1,324	1,310	-	14	(58)
0	-	-	-	35	19	-	-	19	(59)
11	-	-	-	45	2,373	2,339	-	34	(60)
2	-	-	-	40	1,112	1,035	-	78	(61)
24	0	-	248	677	15,436	10,558	4,008	869	(62)
11	17	1	946	44	2,495	1,434	0	1,061	(63)
4	53	-	-	135	3,760	364	-	3,397	(64)
14	43	0	-	50	555	-	-	555	(65)
6	10	-	-	31	90	71	-	19	(66)
3	5	-	-	3	164	0	-	164	(67)
35	549	-	-	420	1,555	207	2	1,346	(68)
4	55	6	-	115	195	-	-	195	(69)
22	11	-	-	23	43	10	-	32	(70)
15	22	3	-	27	354	4	-	350	(71)
3	23	0	-	5	548	295	-	253	(72)
42	283	0	-	91	1,269	0	-	1,269	(73)
65	206	1,718	-	1,632	973	142	-	831	(74)
0	-	17	-	51	165	-	-	165	(75)
10	127	-	-	144	193	27	-	166	(76)
5	42	5	-	74	211	3	-	208	(77)

2 大海区都道府県振興局別統計（続き）
(2) 魚種別漁獲量（続き）

単位：t

都道府県・大海区・振興局	たこ類	うに類	海産ほ乳類	その他の水産動物類	海藻類		
					計	こんぶ類	その他の海藻類
全国 (1)	**36,161**	**7,629**	**344**	**11,234**	**78,899**	**55,877**	**23,022**
北海道 (2)	24,519	4,629	8	2,859	53,194	52,824	370
青森 (3)	1,034	x	x	914	3,306	2,707	599
岩手 (4)	1,135	761	105	127	703	346	357
宮城 (5)	1,151	460	18	161	234	-	234
秋田 (6)	227	-	-	22	33	-	33
山形 (7)	30	0	-	20	23	-	23
福島 (8)	264	1	-	33	-	-	-
茨城 (9)	561	0	-	21	6	-	6
千葉 (10)	257	0	1	188	803	-	803
東京 (11)	1	-	-	13	140	-	140
神奈川 (12)	122	1	-	116	411	-	411
新潟 (13)	176	0	1	114	202	-	202
富山 (14)	38	0	10	12	39	-	39
石川 (15)	259	0	17	234	308	-	308
福井 (16)	151	3	-	90	50	-	50
静岡 (17)	19	0	14	40	432	-	432
愛知 (18)	157	3	-	318	6,265	-	6,265
三重 (19)	133	3	-	167	1,379	-	1,379
京都 (20)	43	x	x	99	65	-	65
大阪 (21)	67	-	-	42	2	-	2
兵庫 (22)	1,061	x	x	219	575	-	575
和歌山 (23)	38	6	102	22	573	-	573
鳥取 (24)	77	23	-	19	122	-	122
島根 (25)	134	25	4	91	364	-	364
岡山 (26)	211	-	-	549	3	-	3
広島 (27)	298	0	-	149	332	-	332
山口 (28)	368	130	1	654	746	-	746
徳島 (29)	105	23	-	58	451	-	451
香川 (30)	638	-	-	95	6	-	6
愛媛 (31)	255	22	-	224	1,708	-	1,708
高知 (32)	8	8	14	5	109	-	109
福岡 (33)	1,031	226	-	776	777	-	777
佐賀 (34)	50	73	-	2,131	54	-	54
長崎 (35)	612	244	11	268	1,529	-	1,529
熊本 (36)	517	162	-	58	1,103	-	1,103
大分 (37)	216	x	x	291	2,221	-	2,221
宮崎 (38)	9	x	x	1	6	-	6
鹿児島 (39)	89	163	14	27	267	-	267
沖縄 (40)	100	0	3	6	357	-	357
北海道太平洋北区 (41)	10,904	2,188	8	1,208	48,610	48,282	327
太平洋北区 (42)	3,937	1,766	128	424	4,012	3,051	962
太平洋中区 (43)	687	6	15	842	9,430	-	9,430
太平洋南区 (44)	83	x	x	100	2,176	-	2,176
北海道日本海北区 (45)	13,615	2,441	-	1,651	4,585	4,542	43
日本海北区 (46)	681	x	x	1,000	534	2	531
日本海西区 (47)	690	53	34	540	934	-	934
東シナ海区 (48)	2,403	987	28	3,228	4,481	-	4,481
瀬戸内海区 (49)	3,163	65	-	2,241	4,138	-	4,138
宗谷 (50)	5,621	1,133	-	784	3,555	3,541	14
オホーツク (51)	2,376	271	-	94	778	778	0
根室 (52)	3,365	588	-	694	14,308	14,285	23
釧路 (53)	2,286	328	-	7	18,602	18,600	2
十勝 (54)	402	19	-	-	484	477	7
日高 (55)	2,169	139	-	63	12,831	12,664	167
胆振 (56)	726	138	-	64	36	29	7
渡島 (57)	2,050	1,095	8	397	2,482	2,361	121
留萌 (58)	2,934	191	-	262	20	19	1
石狩 (59)	209	4	-	179	10	10	0
後志 (60)	2,117	381	-	232	41	30	12
檜山 (61)	263	343	-	82	46	29	16
青森（太北） (62)	825	544	4	82	3,069	2,704	365
（日北） (63)	209	x	x	832	236	2	234
兵庫（日西） (64)	26	x	x	6	25	-	25
（瀬戸） (65)	1,036	24	-	212	550	-	550
和歌山（太南） (66)	5	2	102	11	432	-	432
（瀬戸） (67)	33	4	-	11	141	-	141
山口（東シ） (68)	82	120	1	83	396	-	396
（瀬戸） (69)	286	10	-	570	351	-	351
徳島（太南） (70)	9	15	-	8	182	-	182
（瀬戸） (71)	96	9	-	50	270	-	270
愛媛（太南） (72)	18	7	-	20	640	-	640
（瀬戸） (73)	237	15	-	203	1,068	-	1,068
福岡（東シ） (74)	953	226	-	653	775	-	775
（瀬戸） (75)	78	-	-	122	2	-	2
大分（太南） (76)	32	x	x	54	807	-	807
（瀬戸） (77)	183	4	-	237	1,414	-	1,414

(3)　魚種別漁獲量（さけ・ます類細分類）

単位：t

さけ・ます類細分類						
さけ類				ます類		
べにざけ	しろざけ	ぎんざけ	ますのすけ	からふとます	さくらます	
2	**83,932**	**6**	**12**	**10,112**	**1,409**	(1)
2	67,696	2	7	10,016	1,096	(2)
−	3,945	0	1	42	175	(3)
0	8,911	0	4	54	72	(4)
−	2,302	3	0	−	10	(5)
−	540	−	−	0	38	(6)
−	222	−	−	0	3	(7)
−	10	−	−	−	−	(8)
−	2	−	−	−	0	(9)
−	−	−	−	−	−	(10)
−	−	−	−	−	−	(11)
x	x	x	x	−	−	(12)
−	279	1	−	−	6	(13)
−	15	−	−	−	2	(14)
−	6	−	−	−	4	(15)
−	3	−	−	−	2	(16)
−	−	−	−	−	−	(17)
−	−	−	−	−	−	(18)
−	−	−	−	−	−	(19)
x	x	x	x	x	x	(20)
−	−	−	−	−	−	(21)
x	x	x	x	x	x	(22)
−	−	−	−	−	−	(23)
−	−	−	−	−	−	(24)
−	−	−	−	−	−	(25)
−	−	−	−	−	−	(26)
−	−	−	−	−	−	(27)
x	x	x	x	−	−	(28)
−	−	−	−	−	−	(29)
−	−	−	−	−	−	(30)
−	−	−	−	−	−	(31)
−	−	−	−	−	−	(32)
−	−	−	−	−	−	(33)
−	−	−	−	−	−	(34)
−	−	−	−	−	−	(35)
−	−	−	−	−	−	(36)
−	−	−	−	−	−	(37)
−	−	−	−	−	−	(38)
−	−	−	−	−	−	(39)
−	−	−	−	−	−	(40)
2	27,368	1	7	1,741	774	(41)
0	14,999	3	5	96	218	(42)
x	x	x	x	−	−	(43)
−	−	−	−	−	−	(44)
0	40,328	1	0	8,275	321	(45)
−	1,226	1	0	0	89	(46)
−	11	−	−	−	7	(47)
x	x	x	x	−	−	(48)
−	−	−	−	−	−	(49)
−	5,425	0	0	216	51	(50)
0	32,096	0	0	8,056	115	(51)
2	11,478	1	3	729	75	(52)
0	1,331	0	2	344	89	(53)
0	1,965	0	0	94	7	(54)
0	7,234	0	1	510	156	(55)
0	2,719	0	0	58	121	(56)
0	2,647	0	0	6	334	(57)
−	1,031	−	−	−	9	(58)
−	781	−	−	−	9	(59)
−	796	−	−	0	84	(60)
−	194	−	−	2	45	(61)
−	3,775	0	1	41	136	(62)
−	170	−	0	0	39	(63)
x	x	x	x	x	x	(64)
−	−	−	−	−	−	(65)
−	−	−	−	−	−	(66)
−	−	−	−	−	−	(67)
x	x	x	x	−	−	(68)
−	−	−	−	−	−	(69)
−	−	−	−	−	−	(70)
−	−	−	−	−	−	(71)
−	−	−	−	−	−	(72)
−	−	−	−	−	−	(73)
−	−	−	−	−	−	(74)
−	−	−	−	−	−	(75)
−	−	−	−	−	−	(76)
−	−	−	−	−	−	(77)

2 大海区都道府県振興局別統計（続き）

(4) 特殊魚種別漁獲量

ア 漁業向け活餌販売　　　イ 天然産増養殖向け種苗採捕量

単位：t

都道府県・大海区・振興局		ア 計	まいわし	かたくちいわし	イ 計	ぶり類
全国	(1)	**4,670**	**1,020**	**3,651**	**112**	**102**
北海道	(2)	－	－	－	－	－
青森	(3)	－	－	－	－	－
岩手	(4)	280	－	280	－	－
宮城	(5)	1,136	874	262	－	－
秋田	(6)	－	－	－	－	－
山形	(7)	－	－	－	－	－
福島	(8)	－	－	－	－	－
茨城	(9)	－	－	－	－	－
千葉	(10)	1,077	－	1,077	－	－
東京	(11)	－	－	－	－	－
神奈川	(12)	336	119	218	2	－
新潟	(13)	－	－	－	－	－
富山	(14)	－	－	－	－	－
石川	(15)	－	－	－	－	－
福井	(16)	－	－	－	－	－
静岡	(17)	－	－	－	4	－
愛知	(18)	－	－	－	－	－
三重	(19)	1	－	1	0	－
京都	(20)	－	－	－	－	－
大阪	(21)	－	－	－	0	－
兵庫	(22)	－	－	－	－	－
和歌山	(23)	8	8	－	3	－
鳥取	(24)	－	－	－	－	－
島根	(25)	－	－	－	－	－
岡山	(26)	－	－	－	－	－
広島	(27)	－	－	－	－	－
山口	(28)	－	－	－	－	－
徳島	(29)	－	－	－	13	13
香川	(30)	－	－	－	－	－
愛媛	(31)	11	－	11	0	0
高知	(32)	－	－	－	9	9
福岡	(33)	－	－	－	－	－
佐賀	(34)	－	－	－	－	－
長崎	(35)	507	－	507	0	0
熊本	(36)	－	－	－	5	5
大分	(37)	－	－	－	9	9
宮崎	(38)	－	－	－	32	32
鹿児島	(39)	1,313	19	1,294	34	34
沖縄	(40)	－	－	－	－	－
北海道太平洋北区	(41)	－	－	－	－	－
太平洋北区	(42)	1,417	874	542	－	－
太平洋中区	(43)	1,414	119	1,296	6	－
太平洋南区	(44)	19	8	11	65	63
北海道日本海北区	(45)	－	－	－	－	－
日本海北区	(46)	－	－	－	－	－
日本海西区	(47)	－	－	－	－	－
東シナ海区	(48)	1,821	19	1,801	39	39
瀬戸内海区	(49)	－	－	－	1	－
宗谷	(50)	－	－	－	－	－
オホーツク	(51)	－	－	－	－	－
根室	(52)	－	－	－	－	－
釧路	(53)	－	－	－	－	－
十勝	(54)	－	－	－	－	－
日高	(55)	－	－	－	－	－
胆振	(56)	－	－	－	－	－
渡島	(57)	－	－	－	－	－
留萌	(58)	－	－	－	－	－
石狩	(59)	－	－	－	－	－
後志	(60)	－	－	－	－	－
檜山	(61)	－	－	－	－	－
青森（太北）	(62)	－	－	－	－	－
（日北）	(63)	－	－	－	－	－
兵庫（日西）	(64)	－	－	－	－	－
（瀬戸）	(65)	－	－	－	－	－
和歌山（太南）	(66)	8	8	－	2	－
（瀬戸）	(67)	－	－	－	1	－
山口（東シ）	(68)	－	－	－	－	－
（瀬戸）	(69)	－	－	－	－	－
徳島（太南）	(70)	－	－	－	13	13
（瀬戸）	(71)	－	－	－	－	－
愛媛（太南）	(72)	11	－	11	0	0
（瀬戸）	(73)	－	－	－	－	－
福岡（東シ）	(74)	－	－	－	－	－
（瀬戸）	(75)	－	－	－	－	－
大分（太南）	(76)	－	－	－	9	9
（瀬戸）	(77)	－	－	－	－	－

注：内水面種苗採捕量については141ページ参照。

ウ　海産ほ乳類捕獲頭数（捕鯨業を除く。）

単位：t　　　　　　　　　　　　　　　　単位：頭

しらすうなぎ	海産稚あゆ	計	いるか類	くじら類	
2	8	1,883	1,795	88	(1)
-	-	5	-	5	(2)
-	-	4	-	4	(3)
-	-	873	864	9	(4)
-	-	24	15	9	(5)
-	-	-	-	-	(6)
-	-	-	-	-	(7)
-	-	-	-	-	(8)
-	-	-	-	-	(9)
-	-	1	-	1	(10)
-	-	-	-	-	(11)
0	2	-	-	-	(12)
-	-	1	-	1	(13)
-	-	6	-	6	(14)
-	-	13	-	13	(15)
-	-	-	-	-	(16)
1	2	3	-	3	(17)
-	-	-	-	-	(18)
0	-	-	-	-	(19)
-	-	3	-	3	(20)
0	-	-	-	-	(21)
-	-	3	-	3	(22)
0	3	909	907	2	(23)
-	-	-	-	-	(24)
-	-	5	-	5	(25)
-	-	-	-	-	(26)
-	-	-	-	-	(27)
-	-	1	-	1	(28)
0	-	-	-	-	(29)
-	-	-	-	-	(30)
0	-	-	-	-	(31)
0	-	7	-	7	(32)
-	-	-	-	-	(33)
-	-	-	-	-	(34)
-	-	8	-	8	(35)
0	-	-	-	-	(36)
-	-	1	-	1	(37)
0	0	1	-	1	(38)
0	0	6	-	6	(39)
-	-	9	9	-	(40)
-	-	5	-	5	(41)
-	-	900	879	21	(42)
2	5	4	-	4	(43)
0	2	918	907	11	(44)
-	-	-	-	-	(45)
-	-	8	-	8	(46)
-	-	24	-	24	(47)
0	0	24	9	15	(48)
0	1	-	-	-	(49)
-	-	-	-	-	(50)
-	-	-	-	-	(51)
-	-	-	-	-	(52)
-	-	-	-	-	(53)
-	-	-	-	-	(54)
-	-	-	-	-	(55)
-	-	-	-	-	(56)
-	-	5	-	5	(57)
-	-	-	-	-	(58)
-	-	-	-	-	(59)
-	-	-	-	-	(60)
-	-	-	-	-	(61)
-	-	3	-	3	(62)
-	-	1	-	1	(63)
-	-	3	-	3	(64)
-	-	-	-	-	(65)
0	2	909	907	2	(66)
0	1	-	-	-	(67)
-	-	1	-	1	(68)
-	-	-	-	-	(69)
0	-	-	-	-	(70)
-	-	-	-	-	(71)
0	-	-	-	-	(72)
-	-	-	-	-	(73)
-	-	-	-	-	(74)
-	-	-	-	-	(75)
-	-	1	-	1	(76)
-	-	-	-	-	(77)

2 大海区都道府県振興局別統計（続き）
(5) 漁業種類・規模別統計（稼働量調査対象漁業種類のみ）
ア 漁労体数
(ｱ) 大型定置網

都道府県・大海区・振興局	規模別							
	計	漁船非使用	無動力船	動力船				大型定置網
				小計	5T未満	5～10T	10T以上	
全国 (1)	**567**	–	–	–	–	–	–	**567**
北海道 (2)	34	–	–	–	–	–	–	34
青森 (3)	22	–	–	–	–	–	–	22
岩手 (4)	69	–	–	–	–	–	–	69
宮城 (5)	x	–	–	–	–	–	–	x
秋田 (6)	6	–	–	–	–	–	–	6
山形 (7)	–	–	–	–	–	–	–	–
福島 (8)	–	–	–	–	–	–	–	–
茨城 (9)	x	–	–	–	–	–	–	x
千葉 (10)	8	–	–	–	–	–	–	8
東京 (11)	–	–	–	–	–	–	–	–
神奈川 (12)	19	–	–	–	–	–	–	19
新潟 (13)	20	–	–	–	–	–	–	20
富山 (14)	73	–	–	–	–	–	–	73
石川 (15)	46	–	–	–	–	–	–	46
福井 (16)	31	–	–	–	–	–	–	31
静岡 (17)	11	–	–	–	–	–	–	11
愛知 (18)	–	–	–	–	–	–	–	–
三重 (19)	25	–	–	–	–	–	–	25
京都 (20)	30	–	–	–	–	–	–	30
大阪 (21)	–	–	–	–	–	–	–	–
兵庫 (22)	x	–	–	–	–	–	–	x
和歌山 (23)	8	–	–	–	–	–	–	8
鳥取 (24)	–	–	–	–	–	–	–	–
島根 (25)	x	–	–	–	–	–	–	x
岡山 (26)	–	–	–	–	–	–	–	–
広島 (27)	–	–	–	–	–	–	–	–
山口 (28)	8	–	–	–	–	–	–	8
徳島 (29)	x	–	–	–	–	–	–	x
香川 (30)	–	–	–	–	–	–	–	–
愛媛 (31)	–	–	–	–	–	–	–	–
高知 (32)	30	–	–	–	–	–	–	30
福岡 (33)	–	–	–	–	–	–	–	–
佐賀 (34)	x	–	–	–	–	–	–	x
長崎 (35)	51	–	–	–	–	–	–	51
熊本 (36)	x	–	–	–	–	–	–	x
大分 (37)	x	–	–	–	–	–	–	x
宮崎 (38)	5	–	–	–	–	–	–	5
鹿児島 (39)	18	–	–	–	–	–	–	18
沖縄 (40)	x	–	–	–	–	–	–	x
北海道太平洋北区 (41)	30	–	–	–	–	–	–	30
太平洋北区 (42)	97	–	–	–	–	–	–	97
太平洋中区 (43)	63	–	–	–	–	–	–	63
太平洋南区 (44)	44	–	–	–	–	–	–	44
北海道日本海北区 (45)	4	–	–	–	–	–	–	4
日本海北区 (46)	111	–	–	–	–	–	–	111
日本海西区 (47)	132	–	–	–	–	–	–	132
東シナ海区 (48)	83	–	–	–	–	–	–	83
瀬戸内海区 (49)	x	–	–	–	–	–	–	x
宗谷 (50)	–	–	–	–	–	–	–	–
オホーツク (51)	–	–	–	–	–	–	–	–
根室 (52)	–	–	–	–	–	–	–	–
釧路 (53)	–	–	–	–	–	–	–	–
十勝 (54)	–	–	–	–	–	–	–	–
日高 (55)	–	–	–	–	–	–	–	–
胆振 (56)	–	–	–	–	–	–	–	–
渡島 (57)	30	–	–	–	–	–	–	30
留萌 (58)	–	–	–	–	–	–	–	–
石狩 (59)	–	–	–	–	–	–	–	–
後志 (60)	4	–	–	–	–	–	–	4
檜山 (61)	–	–	–	–	–	–	–	–
青森（太北） (62)	10	–	–	–	–	–	–	10
（日北） (63)	12	–	–	–	–	–	–	12
兵庫（日西） (64)	x	–	–	–	–	–	–	x
（瀬戸） (65)	–	–	–	–	–	–	–	–
和歌山（太南） (66)	x	–	–	–	–	–	–	x
（瀬戸） (67)	x	–	–	–	–	–	–	x
山口（東シ） (68)	8	–	–	–	–	–	–	8
（瀬戸） (69)	–	–	–	–	–	–	–	–
徳島（太南） (70)	x	–	–	–	–	–	–	x
（瀬戸） (71)	–	–	–	–	–	–	–	–
愛媛（太南） (72)	–	–	–	–	–	–	–	–
（瀬戸） (73)	–	–	–	–	–	–	–	–
福岡（東シ） (74)	–	–	–	–	–	–	–	–
（瀬戸） (75)	–	–	–	–	–	–	–	–
大分（太南） (76)	x	–	–	–	–	–	–	x
（瀬戸） (77)	–	–	–	–	–	–	–	–

注：1)は各月に稼働した漁労体の延べ数であり、年間で稼働した漁労体の実数については規模別の計を参照。

単位：統

	月別												
1) 計	1月	2月	3月	4月	5月	6月	7月	8月	9月	10月	11月	12月	
5,211	**429**	**350**	**361**	**433**	**480**	**490**	**466**	**408**	**394**	**447**	**479**	**474**	(1)
250	–	–	1	15	16	23	31	31	34	34	33	32	(2)
178	16	7	9	11	20	21	20	18	11	15	16	14	(3)
555	65	5	3	24	39	46	50	57	65	66	68	67	(4)
x	x	x	x	x	x	x	x	x	x	x	x	x	(5)
32	2	–	–	1	5	6	6	5	4	1	1	1	(6)
–	–	–	–	–	–	–	–	–	–	–	–	–	(7)
–	–	–	–	–	–	–	–	–	–	–	–	–	(8)
x	x	x	x	x	x	x	x	x	x	x	x	x	(9)
86	8	8	8	8	8	8	8	6	4	5	7	8	(10)
–	–	–	–	–	–	–	–	–	–	–	–	–	(11)
220	18	19	19	19	19	19	19	17	17	17	18	19	(12)
164	12	12	9	15	19	20	20	12	8	13	12	12	(13)
559	45	49	56	56	58	58	43	28	34	42	44	46	(14)
444	36	36	37	44	44	43	41	38	22	34	38	31	(15)
263	13	10	13	24	26	26	26	26	25	26	27	21	(16)
130	11	11	11	11	11	11	11	10	10	11	11	11	(17)
–	–	–	–	–	–	–	–	–	–	–	–	–	(18)
249	24	24	25	25	25	25	21	12	10	13	22	23	(19)
351	28	26	30	30	30	30	30	30	29	29	29	30	(20)
–	–	–	–	–	–	–	–	–	–	–	–	–	(21)
x	x	x	x	x	x	x	x	x	x	x	x	x	(22)
75	7	7	7	7	7	7	8	4	4	4	7	6	(23)
–	–	–	–	–	–	–	–	–	–	–	–	–	(24)
x	x	x	x	x	x	x	x	x	x	x	x	x	(25)
–	–	–	–	–	–	–	–	–	–	–	–	–	(26)
–	–	–	–	–	–	–	–	–	–	–	–	–	(27)
92	8	8	7	8	8	8	7	6	8	8	8	8	(28)
x	x	x	x	x	x	x	x	x	x	x	x	x	(29)
–	–	–	–	–	–	–	–	–	–	–	–	–	(30)
–	–	–	–	–	–	–	–	–	–	–	–	–	(31)
272	27	27	27	30	29	28	24	12	8	17	20	23	(32)
–	–	–	–	–	–	–	–	–	–	–	–	–	(33)
x	x	x	x	x	x	x	x	x	x	x	x	x	(34)
518	48	48	48	44	44	38	33	34	40	44	47	50	(35)
x	x	x	x	x	x	x	x	x	x	x	x	x	(36)
x	x	x	x	x	x	x	x	x	x	x	x	x	(37)
53	5	5	5	5	5	5	4	3	2	4	5	5	(38)
196	17	17	18	18	18	18	15	12	12	16	17	18	(39)
x	x	x	x	x	x	x	x	x	x	x	x	x	(40)
222	–	–	–	13	14	21	27	27	30	30	30	30	(41)
817	88	13	9	37	64	73	78	84	91	93	95	92	(42)
685	61	62	63	63	63	63	59	45	41	46	58	61	(43)
405	40	40	40	43	42	41	36	17	13	25	33	35	(44)
28	–	–	1	2	2	2	4	4	4	4	3	2	(45)
842	66	67	72	78	93	95	79	54	49	61	63	65	(46)
1,305	93	87	94	118	123	122	120	117	99	112	116	104	(47)
871	78	78	79	76	76	70	60	57	64	73	78	82	(48)
x	x	x	x	x	x	x	x	x	x	x	x	x	(49)
–	–	–	–	–	–	–	–	–	–	–	–	–	(50)
–	–	–	–	–	–	–	–	–	–	–	–	–	(51)
–	–	–	–	–	–	–	–	–	–	–	–	–	(52)
–	–	–	–	–	–	–	–	–	–	–	–	–	(53)
–	–	–	–	–	–	–	–	–	–	–	–	–	(54)
–	–	–	–	–	–	–	–	–	–	–	–	–	(55)
–	–	–	–	–	–	–	–	–	–	–	–	–	(56)
222	–	–	–	13	14	21	27	27	30	30	30	30	(57)
–	–	–	–	–	–	–	–	–	–	–	–	–	(58)
–	–	–	–	–	–	–	–	–	–	–	–	–	(59)
28	–	–	1	2	2	2	4	4	4	4	3	2	(60)
–	–	–	–	–	–	–	–	–	–	–	–	–	(61)
91	9	1	2	5	9	10	10	9	8	10	10	8	(62)
87	7	6	7	6	11	11	10	9	3	5	6	6	(63)
x	x	x	x	x	x	x	x	x	x	x	x	x	(64)
–	–	–	–	–	–	–	–	–	–	–	–	–	(65)
x	x	x	x	x	x	x	x	x	x	x	x	x	(66)
x	x	x	x	x	x	x	x	x	x	x	x	x	(67)
92	8	8	7	8	8	8	7	6	8	8	8	8	(68)
–	–	–	–	–	–	–	–	–	–	–	–	–	(69)
x	x	x	x	x	x	x	x	x	x	x	x	x	(70)
–	–	–	–	–	–	–	–	–	–	–	–	–	(71)
–	–	–	–	–	–	–	–	–	–	–	–	–	(72)
–	–	–	–	–	–	–	–	–	–	–	–	–	(73)
–	–	–	–	–	–	–	–	–	–	–	–	–	(74)
–	–	–	–	–	–	–	–	–	–	–	–	–	(75)
x	x	x	x	x	x	x	x	x	x	x	x	x	(76)
–	–	–	–	–	–	–	–	–	–	–	–	–	(77)

2　大海区都道府県振興局別統計（続き）
(5)　漁業種類・規模別統計（稼働量調査対象漁業種類のみ）（続き）
ア　漁労体数（続き）
(イ)　沿岸まぐろはえ縄

都道府県・大海区・振興局	規模別 計	漁船非使用	無動力船	動力船 小計	動力船 5Ｔ未満	動力船 5～10Ｔ	動力船 10Ｔ以上	大型定置網
全国 (1)	**313**	**－**	**－**	**313**	**89**	**156**	**68**	**－**
北海道 (2)	45	－	－	45	22	x	x	－
青森 (3)	84	－	－	84	40	36	8	－
岩手 (4)	x	－	－	x	－	－	x	－
宮城 (5)	x	－	－	x	－	x	－	－
秋田 (6)	－	－	－	－	－	－	－	－
山形 (7)	－	－	－	－	－	－	－	－
福島 (8)	－	－	－	－	－	－	－	－
茨城 (9)	－	－	－	－	－	－	－	－
千葉 (10)	21	－	－	21	x	x	x	－
東京 (11)	x	－	－	x	－	x	x	－
神奈川 (12)	－	－	－	－	－	－	－	－
新潟 (13)	－	－	－	－	－	－	－	－
富山 (14)	－	－	－	－	－	－	－	－
石川 (15)	－	－	－	－	－	－	－	－
福井 (16)	－	－	－	－	－	－	－	－
静岡 (17)	－	－	－	－	－	－	－	－
愛知 (18)	－	－	－	－	－	－	－	－
三重 (19)	x	－	－	x	－	－	x	－
京都 (20)	－	－	－	－	－	－	－	－
大阪 (21)	－	－	－	－	－	－	－	－
兵庫 (22)	x	－	－	x	－	－	x	－
和歌山 (23)	3	－	－	3	－	x	x	－
鳥取 (24)	－	－	－	－	－	－	－	－
島根 (25)	－	－	－	－	－	－	－	－
岡山 (26)	－	－	－	－	－	－	－	－
広島 (27)	－	－	－	－	－	－	－	－
山口 (28)	－	－	－	－	－	－	－	－
徳島 (29)	x	－	－	x	－	－	x	－
香川 (30)	－	－	－	－	－	－	－	－
愛媛 (31)	－	－	－	－	－	－	－	－
高知 (32)	6	－	－	6	－	x	x	－
福岡 (33)	－	－	－	－	－	－	－	－
佐賀 (34)	－	－	－	－	－	－	－	－
長崎 (35)	x	－	－	x	4	20	x	－
熊本 (36)	－	－	－	－	－	－	－	－
大分 (37)	－	－	－	－	－	－	－	－
宮崎 (38)	76	－	－	76	17	38	21	－
鹿児島 (39)	x	－	－	x	－	－	x	－
沖縄 (40)	36	－	－	36	3	19	14	－
北海道太平洋北区 (41)	24	－	－	24	14	x	x	－
太平洋北区 (42)	x	－	－	x	x	x	7	－
太平洋中区 (43)	25	－	－	25	x	17	x	－
太平洋南区 (44)	86	－	－	86	17	40	29	－
北海道日本海北区 (45)	21	－	－	21	8	13	－	－
日本海北区 (46)	66	－	－	66	x	29	x	－
日本海西区 (47)	－	－	－	－	－	－	－	－
東シナ海区 (48)	67	－	－	67	7	39	21	－
瀬戸内海区 (49)	x	－	－	x	－	x	x	－
宗谷 (50)	－	－	－	－	－	－	－	－
オホーツク (51)	－	－	－	－	－	－	－	－
根室 (52)	－	－	－	－	－	－	－	－
釧路 (53)	－	－	－	－	－	－	－	－
十勝 (54)	－	－	－	－	－	－	－	－
日高 (55)	－	－	－	－	－	－	－	－
胆振 (56)	－	－	－	－	－	－	－	－
渡島 (57)	45	－	－	45	22	x	x	－
留萌 (58)	－	－	－	－	－	－	－	－
石狩 (59)	－	－	－	－	－	－	－	－
後志 (60)	－	－	－	－	－	－	－	－
檜山 (61)	－	－	－	－	－	－	－	－
青森（太北） (62)	18	－	－	18	x	7	x	－
（日北） (63)	66	－	－	66	x	29	x	－
兵庫（日西） (64)	－	－	－	－	－	－	－	－
（瀬戸） (65)	x	－	－	x	－	－	x	－
和歌山（太南） (66)	x	－	－	x	－	x	x	－
（瀬戸） (67)	x	－	－	x	－	x	－	－
山口（東シ） (68)	－	－	－	－	－	－	－	－
（瀬戸） (69)	－	－	－	－	－	－	－	－
徳島（太南） (70)	x	－	－	x	－	－	x	－
（瀬戸） (71)	－	－	－	－	－	－	－	－
愛媛（太南） (72)	－	－	－	－	－	－	－	－
（瀬戸） (73)	－	－	－	－	－	－	－	－
福岡（東シ） (74)	－	－	－	－	－	－	－	－
（瀬戸） (75)	－	－	－	－	－	－	－	－
大分（太南） (76)	－	－	－	－	－	－	－	－
（瀬戸） (77)	－	－	－	－	－	－	－	－

注：1)は各月に稼働した漁労体の延べ数であり、年間で稼働した漁労体の実数については規模別の計を参照。

単位：統

	月別												
計[1]	1月	2月	3月	4月	5月	6月	7月	8月	9月	10月	11月	12月	
1,948	**158**	**143**	**131**	**137**	**130**	**112**	**132**	**185**	**192**	**222**	**201**	**205**	(1)
160	–	–	–	–	–	–	8	37	39	37	15	24	(2)
281	4	–	–	–	–	–	23	53	63	60	47	31	(3)
x	x	x	x	x	x	x	x	x	x	x	x	x	(4)
x	x	x	x	x	x	x	x	x	x	x	x	x	(5)
–	–	–	–	–	–	–	–	–	–	–	–	–	(6)
–	–	–	–	–	–	–	–	–	–	–	–	–	(7)
–	–	–	–	–	–	–	–	–	–	–	–	–	(8)
–	–	–	–	–	–	–	–	–	–	–	–	–	(9)
172	19	19	20	19	17	9	4	1	11	15	19	19	(10)
x	x	x	x	x	x	x	x	x	x	x	x	x	(11)
–	–	–	–	–	–	–	–	–	–	–	–	–	(12)
–	–	–	–	–	–	–	–	–	–	–	–	–	(13)
–	–	–	–	–	–	–	–	–	–	–	–	–	(14)
–	–	–	–	–	–	–	–	–	–	–	–	–	(15)
–	–	–	–	–	–	–	–	–	–	–	–	–	(16)
–	–	–	–	–	–	–	–	–	–	–	–	–	(17)
–	–	–	–	–	–	–	–	–	–	–	–	–	(18)
x	x	x	x	x	x	x	x	x	x	x	x	x	(19)
–	–	–	–	–	–	–	–	–	–	–	–	–	(20)
–	–	–	–	–	–	–	–	–	–	–	–	–	(21)
x	x	x	x	x	x	x	x	x	x	x	x	x	(22)
16	1	2	1	2	1	1	1	1	1	1	3	1	(23)
–	–	–	–	–	–	–	–	–	–	–	–	–	(24)
–	–	–	–	–	–	–	–	–	–	–	–	–	(25)
–	–	–	–	–	–	–	–	–	–	–	–	–	(26)
–	–	–	–	–	–	–	–	–	–	–	–	–	(27)
–	–	–	–	–	–	–	–	–	–	–	–	–	(28)
x	x	x	x	x	x	x	x	x	x	x	x	x	(29)
–	–	–	–	–	–	–	–	–	–	–	–	–	(30)
–	–	–	–	–	–	–	–	–	–	–	–	–	(31)
37	6	5	5	5	1	1	1	–	1	3	4	5	(32)
–	–	–	–	–	–	–	–	–	–	–	–	–	(33)
–	–	–	–	–	–	–	–	–	–	–	–	–	(34)
x	x	x	x	x	x	x	x	x	x	x	x	x	(35)
–	–	–	–	–	–	–	–	–	–	–	–	–	(36)
–	–	–	–	–	–	–	–	–	–	–	–	–	(37)
778	64	68	69	70	70	66	70	61	41	59	70	70	(38)
x	x	x	x	x	x	x	x	x	x	x	x	x	(39)
376	32	31	27	34	35	32	24	29	33	34	33	32	(40)
82	–	–	–	–	–	–	6	17	18	19	7	15	(41)
x	x	x	x	x	x	x	x	x	x	x	x	x	(42)
199	23	22	23	23	19	10	4	1	12	18	22	22	(43)
846	73	77	77	79	74	68	72	62	43	65	78	78	(44)
78	–	–	–	–	–	–	2	20	21	18	8	9	(45)
226	2	–	–	–	–	–	21	48	54	48	35	18	(46)
–	–	–	–	–	–	–	–	–	–	–	–	–	(47)
444	56	42	30	35	36	33	25	32	35	40	34	46	(48)
x	x	x	x	x	x	x	x	x	x	x	x	x	(49)
–	–	–	–	–	–	–	–	–	–	–	–	–	(50)
–	–	–	–	–	–	–	–	–	–	–	–	–	(51)
–	–	–	–	–	–	–	–	–	–	–	–	–	(52)
–	–	–	–	–	–	–	–	–	–	–	–	–	(53)
–	–	–	–	–	–	–	–	–	–	–	–	–	(54)
–	–	–	–	–	–	–	–	–	–	–	–	–	(55)
–	–	–	–	–	–	–	–	–	–	–	–	–	(56)
160	–	–	–	–	–	–	8	37	39	37	15	24	(57)
–	–	–	–	–	–	–	–	–	–	–	–	–	(58)
–	–	–	–	–	–	–	–	–	–	–	–	–	(59)
–	–	–	–	–	–	–	–	–	–	–	–	–	(60)
–	–	–	–	–	–	–	–	–	–	–	–	–	(61)
55	2	–	–	–	–	–	2	5	9	12	12	13	(62)
226	2	–	–	–	–	–	21	48	54	48	35	18	(63)
–	–	–	–	–	–	–	–	–	–	–	–	–	(64)
x	x	x	x	x	x	x	x	x	x	x	x	x	(65)
x	x	x	x	x	x	x	x	x	x	x	x	x	(66)
x	x	x	x	x	x	x	x	x	x	x	x	x	(67)
–	–	–	–	–	–	–	–	–	–	–	–	–	(68)
–	–	–	–	–	–	–	–	–	–	–	–	–	(69)
x	x	x	x	x	x	x	x	x	x	x	x	x	(70)
–	–	–	–	–	–	–	–	–	–	–	–	–	(71)
–	–	–	–	–	–	–	–	–	–	–	–	–	(72)
–	–	–	–	–	–	–	–	–	–	–	–	–	(73)
–	–	–	–	–	–	–	–	–	–	–	–	–	(74)
–	–	–	–	–	–	–	–	–	–	–	–	–	(75)
–	–	–	–	–	–	–	–	–	–	–	–	–	(76)
–	–	–	–	–	–	–	–	–	–	–	–	–	(77)

2 大海区都道府県振興局別統計（続き）
(5) 漁業種類・規模別統計（稼働量調査対象漁業種類のみ）（続き）
ア 漁労体数（続き）
(ウ) 沿岸かつお一本釣

都道府県・大海区・振興局	規模別							
	計	漁船非使用	無動力船	動力船				大型定置網
				小計	5T未満	5～10T	10T以上	
全国 (1)	132	-	-	132	46	30	56	-
北海道 (2)	-	-	-	-	-	-	-	-
青森 (3)	-	-	-	-	-	-	-	-
岩手 (4)	-	-	-	-	-	-	-	-
宮城 (5)	-	-	-	-	-	-	-	-
秋田 (6)	-	-	-	-	-	-	-	-
山形 (7)	-	-	-	-	-	-	-	-
福島 (8)	-	-	-	-	-	-	-	-
茨城 (9)	-	-	-	-	-	-	-	-
千葉 (10)	-	-	-	-	-	-	-	-
東京 (11)	-	-	-	-	-	-	-	-
神奈川 (12)	x	-	-	x	x	x	-	-
新潟 (13)	-	-	-	-	-	-	-	-
富山 (14)	-	-	-	-	-	-	-	-
石川 (15)	-	-	-	-	-	-	-	-
福井 (16)	-	-	-	-	-	-	-	-
静岡 (17)	x	-	-	x	-	x	-	-
愛知 (18)	-	-	-	-	-	-	-	-
三重 (19)	36	-	-	36	x	x	9	-
京都 (20)	-	-	-	-	-	-	-	-
大阪 (21)	-	-	-	-	-	-	-	-
兵庫 (22)	-	-	-	-	-	-	-	-
和歌山 (23)	5	-	-	5	x	x	-	-
鳥取 (24)	-	-	-	-	-	-	-	-
島根 (25)	-	-	-	-	-	-	-	-
岡山 (26)	-	-	-	-	-	-	-	-
広島 (27)	-	-	-	-	-	-	-	-
山口 (28)	-	-	-	-	-	-	-	-
徳島 (29)	x	-	-	x	-	x	x	-
香川 (30)	-	-	-	-	-	-	-	-
愛媛 (31)	x	-	-	x	-	-	x	-
高知 (32)	44	-	-	44	x	x	32	-
福岡 (33)	-	-	-	-	-	-	-	-
佐賀 (34)	-	-	-	-	-	-	-	-
長崎 (35)	-	-	-	-	-	-	-	-
熊本 (36)	-	-	-	-	-	-	-	-
大分 (37)	-	-	-	-	-	-	-	-
宮崎 (38)	8	-	-	8	x	x	3	-
鹿児島 (39)	4	-	-	4	-	x	x	-
沖縄 (40)	18	-	-	18	9	x	x	-
北海道太平洋北区 (41)	-	-	-	-	-	-	-	-
太平洋北区 (42)	-	-	-	-	-	-	-	-
太平洋中区 (43)	48	-	-	48	31	8	9	-
太平洋南区 (44)	62	-	-	62	6	17	39	-
北海道日本海北区 (45)	-	-	-	-	-	-	-	-
日本海北区 (46)	-	-	-	-	-	-	-	-
日本海西区 (47)	-	-	-	-	-	-	-	-
東シナ海区 (48)	22	-	-	22	9	5	8	-
瀬戸内海区 (49)	-	-	-	-	-	-	-	-
宗谷 (50)	-	-	-	-	-	-	-	-
オホーツク (51)	-	-	-	-	-	-	-	-
根室 (52)	-	-	-	-	-	-	-	-
釧路 (53)	-	-	-	-	-	-	-	-
十勝 (54)	-	-	-	-	-	-	-	-
日高 (55)	-	-	-	-	-	-	-	-
胆振 (56)	-	-	-	-	-	-	-	-
渡島 (57)	-	-	-	-	-	-	-	-
留萌 (58)	-	-	-	-	-	-	-	-
石狩 (59)	-	-	-	-	-	-	-	-
後志 (60)	-	-	-	-	-	-	-	-
檜山 (61)	-	-	-	-	-	-	-	-
青森（太北） (62)	-	-	-	-	-	-	-	-
（日北） (63)	-	-	-	-	-	-	-	-
兵庫（日西） (64)	-	-	-	-	-	-	-	-
（瀬戸） (65)	-	-	-	-	-	-	-	-
和歌山（太南） (66)	5	-	-	5	x	x	-	-
（瀬戸） (67)	-	-	-	-	-	-	-	-
山口（東シ） (68)	-	-	-	-	-	-	-	-
（瀬戸） (69)	-	-	-	-	-	-	-	-
徳島（太南） (70)	x	-	-	x	-	x	x	-
（瀬戸） (71)	-	-	-	-	-	-	-	-
愛媛（太南） (72)	x	-	-	x	-	-	x	-
（瀬戸） (73)	-	-	-	-	-	-	-	-
福岡（東シ） (74)	-	-	-	-	-	-	-	-
（瀬戸） (75)	-	-	-	-	-	-	-	-
大分（太南） (76)	-	-	-	-	-	-	-	-
（瀬戸） (77)	-	-	-	-	-	-	-	-

注：1)は各月に稼働した漁労体の延べ数であり、年間で稼働した漁労体の実数については規模別の計を参照。

2 大海区都道府県振興局別統計（続き）
(5) 漁業種類・規模別統計（稼働量調査対象漁業種類のみ）（続き）
ア 漁労体数（続き）
(ｴ) ひき縄釣

都道府県・大海区・振興局	規模別 計	漁船非使用	無動力船	動力船 小計	動力船 5T未満	動力船 5～10T	動力船 10T以上	大型定置網
全国 (1)	**3,112**	**-**	**-**	**3,112**	**2,318**	**706**	**88**	**-**
北海道 (2)	23	-	-	23	23	-	-	-
青森 (3)	123	-	-	123	x	x	x	-
岩手 (4)	-	-	-	-	-	-	-	-
宮城 (5)	-	-	-	-	-	-	-	-
秋田 (6)	8	-	-	8	5	3	-	-
山形 (7)	-	-	-	-	-	-	-	-
福島 (8)	4	-	-	4	-	4	-	-
茨城 (9)	30	-	-	30	x	-	x	-
千葉 (10)	204	-	-	204	161	40	3	-
東京 (11)	117	-	-	117	41	55	21	-
神奈川 (12)	x	-	-	x	x	-	-	-
新潟 (13)	-	-	-	-	-	-	-	-
富山 (14)	6	-	-	6	6	-	-	-
石川 (15)	-	-	-	-	-	-	-	-
福井 (16)	-	-	-	-	-	-	-	-
静岡 (17)	80	-	-	80	46	28	6	-
愛知 (18)	x	-	-	x	x	-	-	-
三重 (19)	187	-	-	187	136	37	14	-
京都 (20)	-	-	-	-	-	-	-	-
大阪 (21)	-	-	-	-	-	-	-	-
兵庫 (22)	15	-	-	15	x	x	-	-
和歌山 (23)	398	-	-	398	215	x	x	-
鳥取 (24)	-	-	-	-	-	-	-	-
島根 (25)	27	-	-	27	x	x	-	-
岡山 (26)	-	-	-	-	-	-	-	-
広島 (27)	-	-	-	-	-	-	-	-
山口 (28)	45	-	-	45	37	3	5	-
徳島 (29)	95	-	-	95	75	20	-	-
香川 (30)	-	-	-	-	-	-	-	-
愛媛 (31)	21	-	-	21	x	x	-	-
高知 (32)	355	-	-	355	302	x	x	-
福岡 (33)	-	-	-	-	-	-	-	-
佐賀 (34)	12	-	-	12	x	x	-	-
長崎 (35)	650	-	-	650	508	130	12	-
熊本 (36)	7	-	-	7	x	x	-	-
大分 (37)	-	-	-	-	-	-	-	-
宮崎 (38)	135	-	-	135	114	16	5	-
鹿児島 (39)	156	-	-	156	126	26	4	-
沖縄 (40)	411	-	-	411	320	82	9	-
北海道太平洋北区 (41)	x	-	-	x	x	-	-	-
太平洋北区 (42)	143	-	-	143	119	x	x	-
太平洋中区 (43)	591	-	-	591	387	160	44	-
太平洋南区 (44)	996	-	-	996	x	261	x	-
北海道日本海北区 (45)	x	-	-	x	x	-	-	-
日本海北区 (46)	28	-	-	28	25	3	-	-
日本海西区 (47)	42	-	-	42	36	6	-	-
東シナ海区 (48)	1,281	-	-	1,281	1,003	248	30	-
瀬戸内海区 (49)	8	-	-	8	x	x	-	-
宗谷 (50)	-	-	-	-	-	-	-	-
オホーツク (51)	-	-	-	-	-	-	-	-
根室 (52)	-	-	-	-	-	-	-	-
釧路 (53)	-	-	-	-	-	-	-	-
十勝 (54)	-	-	-	-	-	-	-	-
日高 (55)	-	-	-	-	-	-	-	-
胆振 (56)	-	-	-	-	-	-	-	-
渡島 (57)	x	-	-	x	x	-	-	-
留萌 (58)	-	-	-	-	-	-	-	-
石狩 (59)	-	-	-	-	-	-	-	-
後志 (60)	-	-	-	-	-	-	-	-
檜山 (61)	x	-	-	x	x	-	-	-
青森（太北） (62)	109	-	-	109	x	x	x	-
（日北） (63)	14	-	-	14	14	-	-	-
兵庫（日西） (64)	15	-	-	15	x	x	-	-
（瀬戸） (65)	-	-	-	-	-	-	-	-
和歌山（太南） (66)	390	-	-	390	x	175	x	-
（瀬戸） (67)	8	-	-	8	x	x	-	-
山口（東シ） (68)	45	-	-	45	37	3	5	-
（瀬戸） (69)	-	-	-	-	-	-	-	-
徳島（太南） (70)	95	-	-	95	75	20	-	-
（瀬戸） (71)	-	-	-	-	0	-	-	-
愛媛（太南） (72)	21	-	-	21	x	x	-	-
（瀬戸） (73)	-	-	-	-	-	-	-	-
福岡（東シ） (74)	-	-	-	-	-	-	-	-
（瀬戸） (75)	-	-	-	-	-	-	-	-
大分（太南） (76)	-	-	-	-	-	-	-	-
（瀬戸） (77)	-	-	-	-	-	-	-	-

注：1)は各月に稼働した漁労体の延べ数であり、年間で稼働した漁労体の実数については規模別の計を参照。

単位：統

月別													
計[1)]	1月	2月	3月	4月	5月	6月	7月	8月	9月	10月	11月	12月	
860	28	37	59	80	96	97	94	87	86	77	69	50	(1)
－	－	－	－	－	－	－	－	－	－	－	－	－	(2)
－	－	－	－	－	－	－	－	－	－	－	－	－	(3)
－	－	－	－	－	－	－	－	－	－	－	－	－	(4)
－	－	－	－	－	－	－	－	－	－	－	－	－	(5)
－	－	－	－	－	－	－	－	－	－	－	－	－	(6)
－	－	－	－	－	－	－	－	－	－	－	－	－	(7)
－	－	－	－	－	－	－	－	－	－	－	－	－	(8)
－	－	－	－	－	－	－	－	－	－	－	－	－	(9)
－	－	－	－	－	－	－	－	－	－	－	－	－	(10)
－	－	－	－	－	－	－	－	－	－	－	－	－	(11)
x	x	x	x	x	x	x	x	x	x	x	x	x	(12)
－	－	－	－	－	－	－	－	－	－	－	－	－	(13)
－	－	－	－	－	－	－	－	－	－	－	－	－	(14)
－	－	－	－	－	－	－	－	－	－	－	－	－	(15)
－	－	－	－	－	－	－	－	－	－	－	－	－	(16)
x	x	x	x	x	x	x	x	x	x	x	x	x	(17)
－	－	－	－	－	－	－	－	－	－	－	－	－	(18)
223	8	9	14	15	24	26	28	27	23	22	17	10	(19)
－	－	－	－	－	－	－	－	－	－	－	－	－	(20)
－	－	－	－	－	－	－	－	－	－	－	－	－	(21)
－	－	－	－	－	－	－	－	－	－	－	－	－	(22)
19	－	－	－	－	5	5	3	2	1	1	1	1	(23)
－	－	－	－	－	－	－	－	－	－	－	－	－	(24)
－	－	－	－	－	－	－	－	－	－	－	－	－	(25)
－	－	－	－	－	－	－	－	－	－	－	－	－	(26)
－	－	－	－	－	－	－	－	－	－	－	－	－	(27)
－	－	－	－	－	－	－	－	－	－	－	－	－	(28)
x	x	x	x	x	x	x	x	x	x	x	x	x	(29)
－	－	－	－	－	－	－	－	－	－	－	－	－	(30)
x	x	x	x	x	x	x	x	x	x	x	x	x	(31)
320	6	13	25	34	38	36	32	29	33	27	29	18	(32)
－	－	－	－	－	－	－	－	－	－	－	－	－	(33)
－	－	－	－	－	－	－	－	－	－	－	－	－	(34)
－	－	－	－	－	－	－	－	－	－	－	－	－	(35)
－	－	－	－	－	－	－	－	－	－	－	－	－	(36)
－	－	－	－	－	－	－	－	－	－	－	－	－	(37)
49	1	1	1	8	7	7	5	5	5	2	4	3	(38)
42	3	3	3	4	4	4	4	4	3	4	3	3	(39)
138	10	11	11	11	12	13	12	13	12	11	10	12	(40)
－	－	－	－	－	－	－	－	－	－	－	－	－	(41)
－	－	－	－	－	－	－	－	－	－	－	－	－	(42)
252	8	9	15	18	26	28	34	30	28	28	18	10	(43)
428	7	14	30	47	54	52	44	40	43	34	38	25	(44)
－	－	－	－	－	－	－	－	－	－	－	－	－	(45)
－	－	－	－	－	－	－	－	－	－	－	－	－	(46)
－	－	－	－	－	－	－	－	－	－	－	－	－	(47)
180	13	14	14	15	16	17	16	17	15	15	13	15	(48)
－	－	－	－	－	－	－	－	－	－	－	－	－	(49)
－	－	－	－	－	－	－	－	－	－	－	－	－	(50)
－	－	－	－	－	－	－	－	－	－	－	－	－	(51)
－	－	－	－	－	－	－	－	－	－	－	－	－	(52)
－	－	－	－	－	－	－	－	－	－	－	－	－	(53)
－	－	－	－	－	－	－	－	－	－	－	－	－	(54)
－	－	－	－	－	－	－	－	－	－	－	－	－	(55)
－	－	－	－	－	－	－	－	－	－	－	－	－	(56)
－	－	－	－	－	－	－	－	－	－	－	－	－	(57)
－	－	－	－	－	－	－	－	－	－	－	－	－	(58)
－	－	－	－	－	－	－	－	－	－	－	－	－	(59)
－	－	－	－	－	－	－	－	－	－	－	－	－	(60)
－	－	－	－	－	－	－	－	－	－	－	－	－	(61)
－	－	－	－	－	－	－	－	－	－	－	－	－	(62)
－	－	－	－	－	－	－	－	－	－	－	－	－	(63)
－	－	－	－	－	－	－	－	－	－	－	－	－	(64)
－	－	－	－	－	－	－	－	－	－	－	－	－	(65)
19	－	－	－	－	5	5	3	2	1	1	1	1	(66)
－	－	－	－	－	－	－	－	－	－	－	－	－	(67)
－	－	－	－	－	－	－	－	－	－	－	－	－	(68)
－	－	－	－	－	－	－	－	－	－	－	－	－	(69)
x	x	x	x	x	x	x	x	x	x	x	x	x	(70)
－	－	－	－	－	－	－	－	－	－	－	－	－	(71)
x	x	x	x	x	x	x	x	x	x	x	x	x	(72)
－	－	－	－	－	－	－	－	－	－	－	－	－	(73)
－	－	－	－	－	－	－	－	－	－	－	－	－	(74)
－	－	－	－	－	－	－	－	－	－	－	－	－	(75)
－	－	－	－	－	－	－	－	－	－	－	－	－	(76)
－	－	－	－	－	－	－	－	－	－	－	－	－	(77)

単位：統

月別													
1) 計	1月	2月	3月	4月	5月	6月	7月	8月	9月	10月	11月	12月	
14,993	**1,354**	**934**	**1,080**	**1,170**	**1,172**	**1,207**	**1,417**	**1,294**	**1,119**	**1,152**	**1,443**	**1,651**	(1)
35	2	-	-	-	-	-	-	-	-	2	8	23	(2)
781	100	-	-	-	-	-	102	114	117	118	117	113	(3)
-	-	-	-	-	-	-	-	-	-	-	-	-	(4)
-	-	-	-	-	-	-	-	-	-	-	-	-	(5)
11	-	-	-	-	-	1	5	3	2	-	-	-	(6)
-	-	-	-	-	-	-	-	-	-	-	-	-	(7)
4	-	1	-	-	-	-	-	-	-	-	2	1	(8)
80	2	4	2	2	2	5	5	1	2	18	22	15	(9)
936	58	66	97	67	53	81	81	48	70	112	137	66	(10)
922	79	80	95	97	83	80	74	64	67	65	69	69	(11)
x	x	x	x	x	x	x	x	x	x	x	x	x	(12)
-	-	-	-	-	-	-	-	-	-	-	-	-	(13)
19	-	-	-	1	1	-	-	1	3	5	3	5	(14)
-	-	-	-	-	-	-	-	-	-	-	-	-	(15)
-	-	-	-	-	-	-	-	-	-	-	-	-	(16)
301	18	7	31	46	45	36	30	13	12	22	19	22	(17)
x	x	x	x	x	x	x	x	x	x	x	x	x	(18)
719	36	27	40	42	62	89	137	120	49	24	27	66	(19)
-	-	-	-	-	-	-	-	-	-	-	-	-	(20)
-	-	-	-	-	-	-	-	-	-	-	-	-	(21)
19	-	-	-	-	-	-	1	1	1	1	15	-	(22)
1,927	156	99	163	235	319	280	133	45	48	93	145	211	(23)
-	-	-	-	-	-	-	-	-	-	-	-	-	(24)
51	1	-	-	-	-	-	1	-	1	-	22	26	(25)
-	-	-	-	-	-	-	-	-	-	-	-	-	(26)
-	-	-	-	-	-	-	-	-	-	-	-	-	(27)
82	-	-	-	-	-	-	-	-	-	-	43	39	(28)
190	-	1	-	1	2	3	83	89	7	2	1	1	(29)
-	-	-	-	-	-	-	-	-	-	-	-	-	(30)
67	4	3	5	6	6	3	20	16	1	1	1	1	(31)
1,381	147	52	79	136	95	127	139	138	88	122	128	130	(32)
-	-	-	-	-	-	-	-	-	-	-	-	-	(33)
68	12	11	11	11	-	-	-	-	-	-	11	12	(34)
1,860	313	161	105	29	17	58	124	155	156	135	208	399	(35)
34	6	6	7	7	-	-	-	-	-	-	2	6	(36)
-	-	-	-	-	-	-	-	-	-	-	-	-	(37)
842	72	61	73	96	65	69	78	80	68	51	60	69	(38)
1,105	89	86	84	89	94	90	90	85	94	84	112	108	(39)
3,545	258	268	287	303	327	284	314	321	332	295	289	267	(40)
x	x	x	x	x	x	x	x	x	x	x	x	x	(41)
811	102	5	2	2	2	5	105	109	108	123	128	120	(42)
2,892	192	181	264	254	244	287	322	245	199	225	254	225	(43)
4,374	377	214	318	470	483	479	450	366	209	265	333	410	(44)
x	x	x	x	x	x	x	x	x	x	x	x	x	(45)
84	-	-	-	1	1	1	7	10	16	18	16	14	(46)
70	1	-	-	-	-	-	2	1	2	1	37	26	(47)
6,694	678	532	494	439	438	432	528	561	582	514	665	831	(48)
33	2	2	2	4	4	3	3	2	3	4	2	2	(49)
-	-	-	-	-	-	-	-	-	-	-	-	-	(50)
-	-	-	-	-	-	-	-	-	-	-	-	-	(51)
-	-	-	-	-	-	-	-	-	-	-	-	-	(52)
-	-	-	-	-	-	-	-	-	-	-	-	-	(53)
-	-	-	-	-	-	-	-	-	-	-	-	-	(54)
-	-	-	-	-	-	-	-	-	-	-	-	-	(55)
-	-	-	-	-	-	-	-	-	-	-	-	-	(56)
x	x	x	x	x	x	x	x	x	x	x	x	x	(57)
-	-	-	-	-	-	-	-	-	-	-	-	-	(58)
-	-	-	-	-	-	-	-	-	-	-	-	-	(59)
-	-	-	-	-	-	-	-	-	-	-	-	-	(60)
x	x	x	x	x	x	x	x	x	x	x	x	x	(61)
727	100	-	-	-	-	-	100	108	106	105	104	104	(62)
54	-	-	-	-	-	-	2	6	11	13	13	9	(63)
19	-	-	-	-	-	-	1	1	1	1	15	-	(64)
-	-	-	-	-	-	-	-	-	-	-	-	-	(65)
1,894	154	97	161	231	315	277	130	43	45	89	143	209	(66)
33	2	2	2	4	4	3	3	2	3	4	2	2	(67)
82	-	-	-	-	-	-	-	-	-	-	43	39	(68)
-	-	-	-	-	-	-	-	-	-	-	-	-	(69)
190	-	1	-	1	2	3	83	89	7	2	1	1	(70)
-	-	-	-	-	-	-	-	-	-	-	-	-	(71)
67	4	3	5	6	6	3	20	16	1	1	1	1	(72)
-	-	-	-	-	-	-	-	-	-	-	-	-	(73)
-	-	-	-	-	-	-	-	-	-	-	-	-	(74)
-	-	-	-	-	-	-	-	-	-	-	-	-	(75)
-	-	-	-	-	-	-	-	-	-	-	-	-	(76)
-	-	-	-	-	-	-	-	-	-	-	-	-	(77)

2 大海区都道府県振興局別統計（続き）
(5) 漁業種類・規模別統計（稼働量調査対象漁業種類のみ）（続き）
イ 出漁日数
(ア) 大型定置網

都道府県・大海区・振興局	規模別							
	計	漁船非使用	無動力船	動力船				大型定置網
				小計	5T未満	5～10T	10T以上	
全国 (1)	**122,624**	-	-	-	-	-	-	**122,624**
北海道 (2)	6,091	-	-	-	-	-	-	6,091
青森 (3)	2,772	-	-	-	-	-	-	2,772
岩手 (4)	14,331	-	-	-	-	-	-	14,331
宮城 (5)	x	-	-	-	-	-	-	x
秋田 (6)	350	-	-	-	-	-	-	350
山形 (7)	-	-	-	-	-	-	-	-
福島 (8)	-	-	-	-	-	-	-	-
茨城 (9)	x	-	-	-	-	-	-	x
千葉 (10)	1,539	-	-	-	-	-	-	1,539
東京 (11)	-	-	-	-	-	-	-	-
神奈川 (12)	3,408	-	-	-	-	-	-	3,408
新潟 (13)	4,541	-	-	-	-	-	-	4,541
富山 (14)	13,495	-	-	-	-	-	-	13,495
石川 (15)	12,294	-	-	-	-	-	-	12,294
福井 (16)	7,343	-	-	-	-	-	-	7,343
静岡 (17)	2,591	-	-	-	-	-	-	2,591
愛知 (18)	-	-	-	-	-	-	-	-
三重 (19)	4,988	-	-	-	-	-	-	4,988
京都 (20)	6,131	-	-	-	-	-	-	6,131
大阪 (21)	-	-	-	-	-	-	-	-
兵庫 (22)	x	-	-	-	-	-	-	x
和歌山 (23)	1,954	-	-	-	-	-	-	1,954
鳥取 (24)	-	-	-	-	-	-	-	-
島根 (25)	x	-	-	-	-	-	-	x
岡山 (26)	-	-	-	-	-	-	-	-
広島 (27)	-	-	-	-	-	-	-	-
山口 (28)	2,484	-	-	-	-	-	-	2,484
徳島 (29)	x	-	-	-	-	-	-	x
香川 (30)	-	-	-	-	-	-	-	-
愛媛 (31)	-	-	-	-	-	-	-	-
高知 (32)	7,757	-	-	-	-	-	-	7,757
福岡 (33)	-	-	-	-	-	-	-	-
佐賀 (34)	x	-	-	-	-	-	-	x
長崎 (35)	12,238	-	-	-	-	-	-	12,238
熊本 (36)	x	-	-	-	-	-	-	x
大分 (37)	x	-	-	-	-	-	-	x
宮崎 (38)	1,054	-	-	-	-	-	-	1,054
鹿児島 (39)	3,771	-	-	-	-	-	-	3,771
沖縄 (40)	x	-	-	-	-	-	-	x
北海道太平洋北区 (41)	5,397	-	-	-	-	-	-	5,397
太平洋北区 (42)	20,718	-	-	-	-	-	-	20,718
太平洋中区 (43)	12,526	-	-	-	-	-	-	12,526
太平洋南区 (44)	10,651	-	-	-	-	-	-	10,651
北海道日本海北区 (45)	694	-	-	-	-	-	-	694
日本海北区 (46)	19,434	-	-	-	-	-	-	19,434
日本海西区 (47)	32,570	-	-	-	-	-	-	32,570
東シナ海区 (48)	19,758	-	-	-	-	-	-	19,758
瀬戸内海区 (49)	x	-	-	-	-	-	-	x
宗谷 (50)	-	-	-	-	-	-	-	-
オホーツク (51)	-	-	-	-	-	-	-	-
根室 (52)	-	-	-	-	-	-	-	-
釧路 (53)	-	-	-	-	-	-	-	-
十勝 (54)	-	-	-	-	-	-	-	-
日高 (55)	-	-	-	-	-	-	-	-
胆振 (56)	-	-	-	-	-	-	-	-
渡島 (57)	5,397	-	-	-	-	-	-	5,397
留萌 (58)	-	-	-	-	-	-	-	-
石狩 (59)	-	-	-	-	-	-	-	-
後志 (60)	694	-	-	-	-	-	-	694
檜山 (61)	-	-	-	-	-	-	-	-
青森（太北） (62)	1,724	-	-	-	-	-	-	1,724
（日北） (63)	1,048	-	-	-	-	-	-	1,048
兵庫（日西） (64)	x	-	-	-	-	-	-	x
（瀬戸） (65)	-	-	-	-	-	-	-	-
和歌山（太南） (66)	x	-	-	-	-	-	-	x
（瀬戸） (67)	x	-	-	-	-	-	-	x
山口（東シ） (68)	2,484	-	-	-	-	-	-	2,484
（瀬戸） (69)	-	-	-	-	-	-	-	-
徳島（太南） (70)	x	-	-	-	-	-	-	x
（瀬戸） (71)	-	-	-	-	-	-	-	-
愛媛（太南） (72)	-	-	-	-	-	-	-	-
（瀬戸） (73)	-	-	-	-	-	-	-	-
福岡（東シ） (74)	-	-	-	-	-	-	-	-
（瀬戸） (75)	-	-	-	-	-	-	-	-
大分（太南） (76)	x	-	-	-	-	-	-	x
（瀬戸） (77)	-	-	-	-	-	-	-	-

出漁日数

単位：日

	月別												
計	1月	2月	3月	4月	5月	6月	7月	8月	9月	10月	11月	12月	
122, 624	9, 718	7, 601	8, 177	9, 965	12, 212	11, 811	10, 750	9, 199	8, 846	10, 631	12, 184	11, 530	(1)
6, 091	–	–	22	281	470	499	602	882	894	976	918	547	(2)
2, 772	183	69	74	110	311	409	377	254	155	242	327	261	(3)
14, 331	1, 254	70	19	365	915	1, 148	1, 447	1, 495	1, 781	1, 950	1, 971	1, 916	(4)
x	x	x	x	x	x	x	x	x	x	x	x	x	(5)
350	15	–	–	6	58	79	79	49	29	10	18	7	(6)
–	–	–	–	–	–	–	–	–	–	–	–	–	(7)
–	–	–	–	–	–	–	–	–	–	–	–	–	(8)
x	x	x	x	x	x	x	x	x	x	x	x	x	(9)
1, 539	119	136	151	169	163	167	149	79	60	73	122	151	(10)
–	–	–	–	–	–	–	–	–	–	–	–	–	(11)
3, 408	229	245	301	318	333	327	307	208	237	283	318	302	(12)
4, 541	372	314	262	386	587	564	503	318	212	299	352	372	(13)
13, 495	1, 156	1, 074	1, 430	1, 513	1, 609	1, 371	904	523	634	948	1, 149	1, 184	(14)
12, 294	1, 064	1, 008	1, 067	1, 152	1, 361	1, 280	1, 182	1, 032	467	756	992	933	(15)
7, 343	343	243	223	578	806	780	806	747	724	782	767	544	(16)
2, 591	200	197	214	241	227	223	218	182	185	224	245	235	(17)
–	–	–	–	–	–	–	–	–	–	–	–	–	(18)
4, 988	518	509	539	553	548	490	300	178	151	248	444	510	(19)
6, 131	433	400	390	582	597	584	598	455	447	497	606	542	(20)
–	–	–	–	–	–	–	–	–	–	–	–	–	(21)
x	x	x	x	x	x	x	x	x	x	x	x	x	(22)
1, 954	192	175	192	207	205	198	183	101	94	102	135	170	(23)
–	–	–	–	–	–	–	–	–	–	–	–	–	(24)
x	x	x	x	x	x	x	x	x	x	x	x	x	(25)
–	–	–	–	–	–	–	–	–	–	–	–	–	(26)
–	–	–	–	–	–	–	–	–	–	–	–	–	(27)
2, 484	230	188	203	230	238	204	145	125	218	235	232	236	(28)
x	x	x	x	x	x	x	x	x	x	x	x	x	(29)
–	–	–	–	–	–	–	–	–	–	–	–	–	(30)
–	–	–	–	–	–	–	–	–	–	–	–	–	(31)
7, 757	837	724	825	856	893	801	631	311	240	388	591	660	(32)
–	–	–	–	–	–	–	–	–	–	–	–	–	(33)
x	x	x	x	x	x	x	x	x	x	x	x	x	(34)
12, 238	1, 223	1, 117	1, 123	1, 021	1, 149	868	688	718	852	1, 062	1, 183	1, 234	(35)
x	x	x	x	x	x	x	x	x	x	x	x	x	(36)
x	x	x	x	x	x	x	x	x	x	x	x	x	(37)
1, 054	112	107	110	122	106	108	60	31	22	63	105	108	(38)
3, 771	302	318	382	389	379	372	231	200	238	248	363	349	(39)
x	x	x	x	x	x	x	x	x	x	x	x	x	(40)
5, 397	–	–	–	244	408	439	525	758	774	869	848	532	(41)
20, 718	1, 714	248	99	562	1, 472	1, 848	2, 167	2, 182	2, 419	2, 656	2, 714	2, 637	(42)
12, 526	1, 066	1, 087	1, 205	1, 281	1, 271	1, 207	974	647	633	828	1, 129	1, 198	(43)
10, 651	1, 153	1, 025	1, 146	1, 183	1, 202	1, 094	830	378	305	537	849	949	(44)
694	–	–	22	37	62	60	77	124	120	107	70	15	(45)
19, 434	1, 588	1, 435	1, 756	1, 958	2, 431	2, 211	1, 667	988	894	1, 294	1, 597	1, 615	(46)
32, 570	2, 274	2, 015	2, 043	2, 837	3, 391	3, 315	3, 279	2, 925	2, 276	2, 634	3, 006	2, 575	(47)
19, 758	1, 855	1, 728	1, 838	1, 776	1, 894	1, 559	1, 160	1, 127	1, 361	1, 635	1, 893	1, 932	(48)
x	x	x	x	x	x	x	x	x	x	x	x	x	(49)
–	–	–	–	–	–	–	–	–	–	–	–	–	(50)
–	–	–	–	–	–	–	–	–	–	–	–	–	(51)
–	–	–	–	–	–	–	–	–	–	–	–	–	(52)
–	–	–	–	–	–	–	–	–	–	–	–	–	(53)
–	–	–	–	–	–	–	–	–	–	–	–	–	(54)
–	–	–	–	–	–	–	–	–	–	–	–	–	(55)
–	–	–	–	–	–	–	–	–	–	–	–	–	(56)
5, 397	–	–	–	244	408	439	525	758	774	869	848	532	(57)
–	–	–	–	–	–	–	–	–	–	–	–	–	(58)
–	–	–	–	–	–	–	–	–	–	–	–	–	(59)
694	–	–	22	37	62	60	77	124	120	107	70	15	(60)
–	–	–	–	–	–	–	–	–	–	–	–	–	(61)
1, 724	138	22	10	57	134	212	196	156	136	205	249	209	(62)
1, 048	45	47	64	53	177	197	181	98	19	37	78	52	(63)
x	x	x	x	x	x	x	x	x	x	x	x	x	(64)
–	–	–	–	–	–	–	–	–	–	–	–	–	(65)
x	x	x	x	x	x	x	x	x	x	x	x	x	(66)
x	x	x	x	x	x	x	x	x	x	x	x	x	(67)
2, 484	230	188	203	230	238	204	145	125	218	235	232	236	(68)
–	–	–	–	–	–	–	–	–	–	–	–	–	(69)
x	x	x	x	x	x	x	x	x	x	x	x	x	(70)
–	–	–	–	–	–	–	–	–	–	–	–	–	(71)
–	–	–	–	–	–	–	–	–	–	–	–	–	(72)
–	–	–	–	–	–	–	–	–	–	–	–	–	(73)
–	–	–	–	–	–	–	–	–	–	–	–	–	(74)
–	–	–	–	–	–	–	–	–	–	–	–	–	(75)
x	x	x	x	x	x	x	x	x	x	x	x	x	(76)
–	–	–	–	–	–	–	–	–	–	–	–	–	(77)

2 大海区都道府県振興局別統計（続き）
(5) 漁業種類・規模別統計（稼働量調査対象漁業種類のみ）（続き）
イ 出漁日数（続き）
(ｲ) 沿岸まぐろはえ縄

都道府県・大海区・振興局	規模別							
	計	漁船非使用	無動力船	動力船				大型定置網
				小計	5T未満	5～10T	10T以上	
全国 (1)	**20,299**	**–**	**–**	**20,299**	**2,779**	**10,122**	**7,398**	**–**
北海道 (2)	855	–	–	855	329	x	x	–
青森 (3)	1,468	–	–	1,468	592	518	358	–
岩手 (4)	x	–	–	x	–	–	x	–
宮城 (5)	x	–	–	x	–	x	–	–
秋田 (6)	–	–	–	–	–	–	–	–
山形 (7)	–	–	–	–	–	–	–	–
福島 (8)	–	–	–	–	–	–	–	–
茨城 (9)	–	–	–	–	–	–	–	–
千葉 (10)	870	–	–	870	x	x	x	–
東京 (11)	x	–	–	x	–	x	x	–
神奈川 (12)	–	–	–	–	–	–	–	–
新潟 (13)	–	–	–	–	–	–	–	–
富山 (14)	–	–	–	–	–	–	–	–
石川 (15)	–	–	–	–	–	–	–	–
福井 (16)	–	–	–	–	–	–	–	–
静岡 (17)	–	–	–	–	–	–	–	–
愛知 (18)	–	–	–	–	–	–	–	–
三重 (19)	x	–	–	x	–	–	x	–
京都 (20)	–	–	–	–	–	–	–	–
大阪 (21)	–	–	–	–	–	–	–	–
兵庫 (22)	x	–	–	x	–	–	x	–
和歌山 (23)	229	–	–	229	–	x	x	–
鳥取 (24)	–	–	–	–	–	–	–	–
島根 (25)	–	–	–	–	–	–	–	–
岡山 (26)	–	–	–	–	–	–	–	–
広島 (27)	–	–	–	–	–	–	–	–
山口 (28)	–	–	–	–	–	–	–	–
徳島 (29)	x	–	–	x	–	–	x	–
香川 (30)	–	–	–	–	–	–	–	–
愛媛 (31)	–	–	–	–	–	–	–	–
高知 (32)	506	–	–	506	–	x	x	–
福岡 (33)	–	–	–	–	–	–	–	–
佐賀 (34)	–	–	–	–	–	–	–	–
長崎 (35)	x	–	–	x	14	126	x	–
熊本 (36)	–	–	–	–	–	–	–	–
大分 (37)	–	–	–	–	–	–	–	–
宮崎 (38)	9,580	–	–	9,580	1,499	4,988	3,093	–
鹿児島 (39)	x	–	–	x	–	–	x	–
沖縄 (40)	5,876	–	–	5,876	196	3,323	2,357	–
北海道太平洋北区 (41)	578	–	–	578	244	x	x	–
太平洋北区 (42)	x	–	–	x	x	x	388	–
太平洋中区 (43)	1,146	–	–	1,146	x	690	x	–
太平洋南区 (44)	10,611	–	–	10,611	1,499	5,039	4,073	–
北海道日本海北区 (45)	277	–	–	277	85	192	–	–
日本海北区 (46)	767	–	–	767	x	353	x	–
日本海西区 (47)	–	–	–	–	–	–	–	–
東シナ海区 (48)	6,066	–	–	6,066	210	3,449	2,407	–
瀬戸内海区 (49)	x	–	–	x	–	x	x	–
宗谷 (50)	–	–	–	–	–	–	–	–
オホーツク (51)	–	–	–	–	–	–	–	–
根室 (52)	–	–	–	–	–	–	–	–
釧路 (53)	–	–	–	–	–	–	–	–
十勝 (54)	–	–	–	–	–	–	–	–
日高 (55)	–	–	–	–	–	–	–	–
胆振 (56)	–	–	–	–	–	–	–	–
渡島 (57)	855	–	–	855	329	x	x	–
留萌 (58)	–	–	–	–	–	–	–	–
石狩 (59)	–	–	–	–	–	–	–	–
後志 (60)	–	–	–	–	–	–	–	–
檜山 (61)	–	–	–	–	–	–	–	–
青森（太北） (62)	701	–	–	701	x	165	x	–
（日北） (63)	767	–	–	767	x	353	x	–
兵庫（日西） (64)	–	–	–	–	–	–	–	–
（瀬戸） (65)	x	–	–	x	–	–	x	–
和歌山（太南） (66)	x	–	–	x	–	x	x	–
（瀬戸） (67)	x	–	–	x	–	x	–	–
山口（東シ） (68)	–	–	–	–	–	–	–	–
（瀬戸） (69)	–	–	–	–	–	–	–	–
徳島（太南） (70)	x	–	–	x	–	–	x	–
（瀬戸） (71)	–	–	–	–	–	–	–	–
愛媛（太南） (72)	–	–	–	–	–	–	–	–
（瀬戸） (73)	–	–	–	–	–	–	–	–
福岡（東シ） (74)	–	–	–	–	–	–	–	–
（瀬戸） (75)	–	–	–	–	–	–	–	–
大分（太南） (76)	–	–	–	–	–	–	–	–
（瀬戸） (77)	–	–	–	–	–	–	–	–

単位：日

計	月別 1月	2月	3月	4月	5月	6月	7月	8月	9月	10月	11月	12月	
20, 299	1, 533	1, 835	1, 286	1, 914	2, 016	1, 441	1, 304	1, 286	1, 539	1, 741	2, 235	2, 169	(1)
855	–	–	–	–	–	–	44	227	251	194	86	53	(2)
1, 468	14	–	–	–	–	–	100	250	327	260	284	233	(3)
x	x	x	x	x	x	x	x	x	x	x	x	x	(4)
x	x	x	x	x	x	x	x	x	x	x	x	x	(5)
–	–	–	–	–	–	–	–	–	–	–	–	–	(6)
–	–	–	–	–	–	–	–	–	–	–	–	–	(7)
–	–	–	–	–	–	–	–	–	–	–	–	–	(8)
–	–	–	–	–	–	–	–	–	–	–	–	–	(9)
870	93	137	98	133	66	14	6	4	33	66	124	96	(10)
x	x	x	x	x	x	x	x	x	x	x	x	x	(11)
–	–	–	–	–	–	–	–	–	–	–	–	–	(12)
–	–	–	–	–	–	–	–	–	–	–	–	–	(13)
–	–	–	–	–	–	–	–	–	–	–	–	–	(14)
–	–	–	–	–	–	–	–	–	–	–	–	–	(15)
–	–	–	–	–	–	–	–	–	–	–	–	–	(16)
–	–	–	–	–	–	–	–	–	–	–	–	–	(17)
–	–	–	–	–	–	–	–	–	–	–	–	–	(18)
x	x	x	x	x	x	x	x	x	x	x	x	x	(19)
–	–	–	–	–	–	–	–	–	–	–	–	–	(20)
–	–	–	–	–	–	–	–	–	–	–	–	–	(21)
x	x	x	x	x	x	x	x	x	x	x	x	x	(22)
229	31	27	19	31	22	19	12	3	19	18	21	7	(23)
–	–	–	–	–	–	–	–	–	–	–	–	–	(24)
–	–	–	–	–	–	–	–	–	–	–	–	–	(25)
–	–	–	–	–	–	–	–	–	–	–	–	–	(26)
–	–	–	–	–	–	–	–	–	–	–	–	–	(27)
–	–	–	–	–	–	–	–	–	–	–	–	–	(28)
x	x	x	x	x	x	x	x	x	x	x	x	x	(29)
–	–	–	–	–	–	–	–	–	–	–	–	–	(30)
–	–	–	–	–	–	–	–	–	–	–	–	–	(31)
506	65	57	72	56	22	21	8	–	5	63	48	89	(32)
–	–	–	–	–	–	–	–	–	–	–	–	–	(33)
–	–	–	–	–	–	–	–	–	–	–	–	–	(34)
x	x	x	x	x	x	x	x	x	x	x	x	x	(35)
–	–	–	–	–	–	–	–	–	–	–	–	–	(36)
–	–	–	–	–	–	–	–	–	–	–	–	–	(37)
9, 580	699	972	705	1, 005	1, 027	865	889	483	435	584	994	922	(38)
x	x	x	x	x	x	x	x	x	x	x	x	x	(39)
5, 876	484	528	309	615	812	488	241	313	444	483	556	603	(40)
578	–	–	–	–	–	–	36	156	133	137	72	44	(41)
x	x	x	x	x	x	x	x	x	x	x	x	x	(42)
1, 146	125	165	128	163	88	34	6	4	56	96	156	125	(43)
10, 611	831	1, 094	841	1, 134	1, 098	905	909	486	459	684	1, 103	1, 067	(44)
277	–	–	–	–	–	–	8	71	118	57	14	9	(45)
767	12	–	–	–	–	–	60	169	225	151	99	51	(46)
–	–	–	–	–	–	–	–	–	–	–	–	–	(47)
6, 066	550	569	312	617	813	490	245	319	446	495	561	649	(48)
x	x	x	x	x	x	x	x	x	x	x	x	x	(49)
–	–	–	–	–	–	–	–	–	–	–	–	–	(50)
–	–	–	–	–	–	–	–	–	–	–	–	–	(51)
–	–	–	–	–	–	–	–	–	–	–	–	–	(52)
–	–	–	–	–	–	–	–	–	–	–	–	–	(53)
–	–	–	–	–	–	–	–	–	–	–	–	–	(54)
–	–	–	–	–	–	–	–	–	–	–	–	–	(55)
–	–	–	–	–	–	–	–	–	–	–	–	–	(56)
855	–	–	–	–	–	–	44	227	251	194	86	53	(57)
–	–	–	–	–	–	–	–	–	–	–	–	–	(58)
–	–	–	–	–	–	–	–	–	–	–	–	–	(59)
–	–	–	–	–	–	–	–	–	–	–	–	–	(60)
–	–	–	–	–	–	–	–	–	–	–	–	–	(61)
701	2	–	–	–	–	–	40	81	102	109	185	182	(62)
767	12	–	–	–	–	–	60	169	225	151	99	51	(63)
–	–	–	–	–	–	–	–	–	–	–	–	–	(64)
x	x	x	x	x	x	x	x	x	x	x	x	x	(65)
x	x	x	x	x	x	x	x	x	x	x	x	x	(66)
x	x	x	x	x	x	x	x	x	x	x	x	x	(67)
–	–	–	–	–	–	–	–	–	–	–	–	–	(68)
–	–	–	–	–	–	–	–	–	–	–	–	–	(69)
x	x	x	x	x	x	x	x	x	x	x	x	x	(70)
–	–	–	–	–	–	–	–	–	–	–	–	–	(71)
–	–	–	–	–	–	–	–	–	–	–	–	–	(72)
–	–	–	–	–	–	–	–	–	–	–	–	–	(73)
–	–	–	–	–	–	–	–	–	–	–	–	–	(74)
–	–	–	–	–	–	–	–	–	–	–	–	–	(75)
–	–	–	–	–	–	–	–	–	–	–	–	–	(76)
–	–	–	–	–	–	–	–	–	–	–	–	–	(77)

2　大海区都道府県振興局別統計（続き）
(5)　漁業種類・規模別統計（稼働量調査対象漁業種類のみ）（続き）
イ　出漁日数（続き）
(ウ)　沿岸かつお一本釣

都道府県・大海区・振興局	規模別							
	計	漁船非使用	無動力船	動力船				大型定置網
				小計	5T未満	5～10T	10T以上	
全国 (1)	**9,599**	**-**	**-**	**9,599**	**1,819**	**1,852**	**5,928**	**-**
北海道 (2)	-	-	-	-	-	-	-	-
青森 (3)	-	-	-	-	-	-	-	-
岩手 (4)	-	-	-	-	-	-	-	-
宮城 (5)	-	-	-	-	-	-	-	-
秋田 (6)	-	-	-	-	-	-	-	-
山形 (7)	-	-	-	-	-	-	-	-
福島 (8)	-	-	-	-	-	-	-	-
茨城 (9)	-	-	-	-	-	-	-	-
千葉 (10)	-	-	-	-	-	-	-	-
東京 (11)	-	-	-	-	-	-	-	-
神奈川 (12)	x	-	-	x	x	x	-	-
新潟 (13)	-	-	-	-	-	-	-	-
富山 (14)	-	-	-	-	-	-	-	-
石川 (15)	-	-	-	-	-	-	-	-
福井 (16)	-	-	-	-	-	-	-	-
静岡 (17)	x	-	-	x	-	x	-	-
愛知 (18)	-	-	-	-	-	-	-	-
三重 (19)	2,747	-	-	2,747	x	x	1,495	-
京都 (20)	-	-	-	-	-	-	-	-
大阪 (21)	-	-	-	-	-	-	-	-
兵庫 (22)	-	-	-	-	-	-	-	-
和歌山 (23)	127	-	-	127	x	x	-	-
鳥取 (24)	-	-	-	-	-	-	-	-
島根 (25)	-	-	-	-	-	-	-	-
岡山 (26)	-	-	-	-	-	-	-	-
広島 (27)	-	-	-	-	-	-	-	-
山口 (28)	-	-	-	-	-	-	-	-
徳島 (29)	x	-	-	x	-	x	x	-
香川 (30)	-	-	-	-	-	-	-	-
愛媛 (31)	x	-	-	x	-	-	x	-
高知 (32)	3,774	-	-	3,774	x	x	2,984	-
福岡 (33)	-	-	-	-	-	-	-	-
佐賀 (34)	-	-	-	-	-	-	-	-
長崎 (35)	-	-	-	-	-	-	-	-
熊本 (36)	-	-	-	-	-	-	-	-
大分 (37)	-	-	-	-	-	-	-	-
宮崎 (38)	346	-	-	346	x	x	159	-
鹿児島 (39)	483	-	-	483	-	x	x	-
沖縄 (40)	1,425	-	-	1,425	574	x	x	-
北海道太平洋北区 (41)	-	-	-	-	-	-	-	-
太平洋北区 (42)	-	-	-	-	-	-	-	-
太平洋中区 (43)	2,871	-	-	2,871	1,081	295	1,495	-
太平洋南区 (44)	4,820	-	-	4,820	164	941	3,715	-
北海道日本海北区 (45)	-	-	-	-	-	-	-	-
日本海北区 (46)	-	-	-	-	-	-	-	-
日本海西区 (47)	-	-	-	-	-	-	-	-
東シナ海区 (48)	1,908	-	-	1,908	574	616	718	-
瀬戸内海区 (49)	-	-	-	-	-	-	-	-
宗谷 (50)	-	-	-	-	-	-	-	-
オホーツク (51)	-	-	-	-	-	-	-	-
根室 (52)	-	-	-	-	-	-	-	-
釧路 (53)	-	-	-	-	-	-	-	-
十勝 (54)	-	-	-	-	-	-	-	-
日高 (55)	-	-	-	-	-	-	-	-
胆振 (56)	-	-	-	-	-	-	-	-
渡島 (57)	-	-	-	-	-	-	-	-
留萌 (58)	-	-	-	-	-	-	-	-
石狩 (59)	-	-	-	-	-	-	-	-
後志 (60)	-	-	-	-	-	-	-	-
檜山 (61)	-	-	-	-	-	-	-	-
青森（太北） (62)	-	-	-	-	-	-	-	-
（日北） (63)	-	-	-	-	-	-	-	-
兵庫（日西） (64)	-	-	-	-	-	-	-	-
（瀬戸） (65)	-	-	-	-	-	-	-	-
和歌山（太南） (66)	127	-	-	127	x	x	-	-
（瀬戸） (67)	-	-	-	-	-	-	-	-
山口（東シ） (68)	-	-	-	-	-	-	-	-
（瀬戸） (69)	-	-	-	-	-	-	-	-
徳島（太南） (70)	x	-	-	x	-	x	x	-
（瀬戸） (71)	-	-	-	-	-	-	-	-
愛媛（太南） (72)	x	-	-	x	-	-	x	-
（瀬戸） (73)	-	-	-	-	-	-	-	-
福岡（東シ） (74)	-	-	-	-	-	-	-	-
（瀬戸） (75)	-	-	-	-	-	-	-	-
大分（太南） (76)	-	-	-	-	-	-	-	-
（瀬戸） (77)	-	-	-	-	-	-	-	-

単位：日

計	月別 1月	2月	3月	4月	5月	6月	7月	8月	9月	10月	11月	12月	
9, 599	195	294	562	943	1, 137	1, 214	1, 094	936	966	914	904	440	(1)
-	-	-	-	-	-	-	-	-	-	-	-	-	(2)
-	-	-	-	-	-	-	-	-	-	-	-	-	(3)
-	-	-	-	-	-	-	-	-	-	-	-	-	(4)
-	-	-	-	-	-	-	-	-	-	-	-	-	(5)
-	-	-	-	-	-	-	-	-	-	-	-	-	(6)
-	-	-	-	-	-	-	-	-	-	-	-	-	(7)
-	-	-	-	-	-	-	-	-	-	-	-	-	(8)
-	-	-	-	-	-	-	-	-	-	-	-	-	(9)
-	-	-	-	-	-	-	-	-	-	-	-	-	(10)
-	-	-	-	-	-	-	-	-	-	-	-	-	(11)
x	x	x	x	x	x	x	x	x	x	x	x	x	(12)
-	-	-	-	-	-	-	-	-	-	-	-	-	(13)
-	-	-	-	-	-	-	-	-	-	-	-	-	(14)
-	-	-	-	-	-	-	-	-	-	-	-	-	(15)
-	-	-	-	-	-	-	-	-	-	-	-	-	(16)
x	x	x	x	x	x	x	x	x	x	x	x	x	(17)
-	-	-	-	-	-	-	-	-	-	-	-	-	(18)
2, 747	52	53	155	213	276	354	344	349	317	280	252	102	(19)
-	-	-	-	-	-	-	-	-	-	-	-	-	(20)
-	-	-	-	-	-	-	-	-	-	-	-	-	(21)
-	-	-	-	-	-	-	-	-	-	-	-	-	(22)
127	-	-	-	-	26	27	24	15	12	9	11	3	(23)
-	-	-	-	-	-	-	-	-	-	-	-	-	(24)
-	-	-	-	-	-	-	-	-	-	-	-	-	(25)
-	-	-	-	-	-	-	-	-	-	-	-	-	(26)
-	-	-	-	-	-	-	-	-	-	-	-	-	(27)
-	-	-	-	-	-	-	-	-	-	-	-	-	(28)
x	x	x	x	x	x	x	x	x	x	x	x	x	(29)
-	-	-	-	-	-	-	-	-	-	-	-	-	(30)
x	x	x	x	x	x	x	x	x	x	x	x	x	(31)
3, 774	18	114	185	449	509	473	408	239	391	386	416	186	(32)
-	-	-	-	-	-	-	-	-	-	-	-	-	(33)
-	-	-	-	-	-	-	-	-	-	-	-	-	(34)
-	-	-	-	-	-	-	-	-	-	-	-	-	(35)
-	-	-	-	-	-	-	-	-	-	-	-	-	(36)
-	-	-	-	-	-	-	-	-	-	-	-	-	(37)
346	8	10	9	45	51	80	40	39	14	9	28	13	(38)
483	30	34	42	40	53	55	43	37	32	43	36	38	(39)
1, 425	87	83	116	126	131	147	150	180	116	107	112	70	(40)
-	-	-	-	-	-	-	-	-	-	-	-	-	(41)
-	-	-	-	-	-	-	-	-	-	-	-	-	(42)
2, 871	52	53	156	219	291	365	371	369	340	298	255	102	(43)
4, 820	26	124	248	558	662	647	530	350	478	466	501	230	(44)
-	-	-	-	-	-	-	-	-	-	-	-	-	(45)
-	-	-	-	-	-	-	-	-	-	-	-	-	(46)
-	-	-	-	-	-	-	-	-	-	-	-	-	(47)
1, 908	117	117	158	166	184	202	193	217	148	150	148	108	(48)
-	-	-	-	-	-	-	-	-	-	-	-	-	(49)
-	-	-	-	-	-	-	-	-	-	-	-	-	(50)
-	-	-	-	-	-	-	-	-	-	-	-	-	(51)
-	-	-	-	-	-	-	-	-	-	-	-	-	(52)
-	-	-	-	-	-	-	-	-	-	-	-	-	(53)
-	-	-	-	-	-	-	-	-	-	-	-	-	(54)
-	-	-	-	-	-	-	-	-	-	-	-	-	(55)
-	-	-	-	-	-	-	-	-	-	-	-	-	(56)
-	-	-	-	-	-	-	-	-	-	-	-	-	(57)
-	-	-	-	-	-	-	-	-	-	-	-	-	(58)
-	-	-	-	-	-	-	-	-	-	-	-	-	(59)
-	-	-	-	-	-	-	-	-	-	-	-	-	(60)
-	-	-	-	-	-	-	-	-	-	-	-	-	(61)
-	-	-	-	-	-	-	-	-	-	-	-	-	(62)
-	-	-	-	-	-	-	-	-	-	-	-	-	(63)
-	-	-	-	-	-	-	-	-	-	-	-	-	(64)
-	-	-	-	-	-	-	-	-	-	-	-	-	(65)
127	-	-	-	-	26	27	24	15	12	9	11	3	(66)
-	-	-	-	-	-	-	-	-	-	-	-	-	(67)
-	-	-	-	-	-	-	-	-	-	-	-	-	(68)
-	-	-	-	-	-	-	-	-	-	-	-	-	(69)
x	x	x	x	x	x	x	x	x	x	x	x	x	(70)
-	-	-	-	-	-	-	-	-	-	-	-	-	(71)
x	x	x	x	x	x	x	x	x	x	x	x	x	(72)
-	-	-	-	-	-	-	-	-	-	-	-	-	(73)
-	-	-	-	-	-	-	-	-	-	-	-	-	(74)
-	-	-	-	-	-	-	-	-	-	-	-	-	(75)
-	-	-	-	-	-	-	-	-	-	-	-	-	(76)
-	-	-	-	-	-	-	-	-	-	-	-	-	(77)

2 大海区都道府県振興局別統計（続き）
(5) 漁業種類・規模別統計（稼働量調査対象漁業種類のみ）（続き）
イ 出漁日数（続き）
(エ) ひき縄釣

都道府県・大海区・振興局	規模別							
	計	漁船非使用	無動力船	動力船				大型定置網
				小計	5T未満	5～10T	10T以上	
全国 (1)	85,140	-	-	85,140	62,316	19,670	3,154	-
北海道 (2)	201	-	-	201	201	-	-	-
青森 (3)	8,705	-	-	8,705	x	x	x	-
岩手 (4)	-	-	-	-	-	-	-	-
宮城 (5)	-	-	-	-	-	-	-	-
秋田 (6)	19	-	-	19	9	10	-	-
山形 (7)	-	-	-	-	-	-	-	-
福島 (8)	7	-	-	7	-	7	-	-
茨城 (9)	446	-	-	446	x	-	x	-
千葉 (10)	3,927	-	-	3,927	3,050	850	27	-
東京 (11)	4,341	-	-	4,341	1,343	2,129	869	-
神奈川 (12)	x	-	-	x	x	-	-	-
新潟 (13)	-	-	-	-	-	-	-	-
富山 (14)	80	-	-	80	80	-	-	-
石川 (15)	-	-	-	-	-	-	-	-
福井 (16)	-	-	-	-	-	-	-	-
静岡 (17)	1,030	-	-	1,030	685	322	23	-
愛知 (18)	x	-	-	x	x	-	-	-
三重 (19)	3,517	-	-	3,517	2,509	781	227	-
京都 (20)	-	-	-	-	-	-	-	-
大阪 (21)	-	-	-	-	-	-	-	-
兵庫 (22)	52	-	-	52	x	x	-	-
和歌山 (23)	10,807	-	-	10,807	5,298	x	x	-
鳥取 (24)	-	-	-	-	-	-	-	-
島根 (25)	170	-	-	170	x	x	-	-
岡山 (26)	-	-	-	-	-	-	-	-
広島 (27)	-	-	-	-	-	-	-	-
山口 (28)	329	-	-	329	268	26	35	-
徳島 (29)	1,388	-	-	1,388	1,022	366	-	-
香川 (30)	-	-	-	-	-	-	-	-
愛媛 (31)	537	-	-	537	x	x	-	-
高知 (32)	7,197	-	-	7,197	6,017	x	x	-
福岡 (33)	-	-	-	-	-	-	-	-
佐賀 (34)	539	-	-	539	x	x	-	-
長崎 (35)	7,655	-	-	7,655	5,983	1,576	96	-
熊本 (36)	149	-	-	149	x	x	-	-
大分 (37)	-	-	-	-	-	-	-	-
宮崎 (38)	6,129	-	-	6,129	4,249	882	998	-
鹿児島 (39)	5,455	-	-	5,455	4,685	642	128	-
沖縄 (40)	22,432	-	-	22,432	18,032	3,876	524	-
北海道太平洋北区 (41)	x	-	-	x	x	-	-	-
太平洋北区 (42)	8,763	-	-	8,763	7,304	x	x	-
太平洋中区 (43)	12,843	-	-	12,843	7,615	4,082	1,146	-
太平洋南区 (44)	25,783	-	-	25,783	x	7,587	x	-
北海道日本海北区 (45)	x	-	-	x	x	-	-	-
日本海北区 (46)	494	-	-	494	484	10	-	-
日本海西区 (47)	222	-	-	222	193	29	-	-
東シナ海区 (48)	36,559	-	-	36,559	29,464	6,312	783	-
瀬戸内海区 (49)	275	-	-	275	x	x	-	-
宗谷 (50)	-	-	-	-	-	-	-	-
オホーツク (51)	-	-	-	-	-	-	-	-
根室 (52)	-	-	-	-	-	-	-	-
釧路 (53)	-	-	-	-	-	-	-	-
十勝 (54)	-	-	-	-	-	-	-	-
日高 (55)	-	-	-	-	-	-	-	-
胆振 (56)	-	-	-	-	-	-	-	-
渡島 (57)	x	-	-	x	x	-	-	-
留萌 (58)	-	-	-	-	-	-	-	-
石狩 (59)	-	-	-	-	-	-	-	-
後志 (60)	-	-	-	-	-	-	-	-
檜山 (61)	x	-	-	x	x	-	-	-
青森（太北）(62)	8,310	-	-	8,310	x	x	x	-
（日北）(63)	395	-	-	395	395	-	-	-
兵庫（日西）(64)	52	-	-	52	x	x	-	-
（瀬戸）(65)	-	-	-	-	-	-	-	-
和歌山（太南）(66)	10,532	-	-	10,532	x	5,162	x	-
（瀬戸）(67)	275	-	-	275	x	x	-	-
山口（東シ）(68)	329	-	-	329	268	26	35	-
（瀬戸）(69)	-	-	-	-	-	-	-	-
徳島（太南）(70)	1,388	-	-	1,388	1,022	366	-	-
（瀬戸）(71)	-	-	-	-	-	-	-	-
愛媛（太南）(72)	537	-	-	537	x	x	-	-
（瀬戸）(73)	-	-	-	-	-	-	-	-
福岡（東シ）(74)	-	-	-	-	-	-	-	-
（瀬戸）(75)	-	-	-	-	-	-	-	-
大分（太南）(76)	-	-	-	-	-	-	-	-
（瀬戸）(77)	-	-	-	-	-	-	-	-

単位：日

	月別												
計	1月	2月	3月	4月	5月	6月	7月	8月	9月	10月	11月	12月	
85,140	**6,415**	**4,742**	**5,535**	**6,816**	**7,288**	**6,939**	**8,874**	**8,139**	**6,288**	**6,328**	**8,722**	**9,054**	(1)
201	6	-	-	-	-	-	-	-	-	6	52	137	(2)
8,705	1,000	-	-	-	-	-	1,009	1,138	1,184	1,181	1,644	1,549	(3)
-	-	-	-	-	-	-	-	-	-	-	-	-	(4)
-	-	-	-	-	-	-	-	-	-	-	-	-	(5)
19	-	-	-	-	-	1	11	4	3	-	-	-	(6)
-	-	-	-	-	-	-	-	-	-	-	-	-	(7)
7	-	1	-	-	-	-	-	-	-	-	5	1	(8)
446	7	27	14	2	9	12	31	8	14	122	147	53	(9)
3,927	188	215	334	239	203	202	479	124	227	479	864	373	(10)
4,341	282	276	488	590	358	378	500	238	416	272	289	254	(11)
x	x	x	x	x	x	x	x	x	x	x	x	x	(12)
-	-	-	-	-	-	-	-	-	-	-	-	-	(13)
80	-	-	-	3	1	-	-	1	16	20	8	31	(14)
-	-	-	-	-	-	-	-	-	-	-	-	-	(15)
-	-	-	-	-	-	-	-	-	-	-	-	-	(16)
1,030	44	16	103	145	195	153	112	50	36	48	71	57	(17)
x	x	x	x	x	x	x	x	x	x	x	x	x	(18)
3,517	103	69	146	179	306	419	747	792	256	107	112	281	(19)
-	-	-	-	-	-	-	-	-	-	-	-	-	(20)
-	-	-	-	-	-	-	-	-	-	-	-	-	(21)
52	-	-	-	-	-	-	3	1	1	1	46	-	(22)
10,807	585	464	860	1,482	2,213	2,177	579	246	185	394	644	978	(23)
-	-	-	-	-	-	-	-	-	-	-	-	-	(24)
170	1	-	-	-	-	-	3	-	1	-	90	75	(25)
-	-	-	-	-	-	-	-	-	-	-	-	-	(26)
-	-	-	-	-	-	-	-	-	-	-	-	-	(27)
329	-	-	-	-	-	-	-	-	-	-	166	163	(28)
1,388	-	10	-	10	19	25	587	626	62	19	15	15	(29)
-	-	-	-	-	-	-	-	-	-	-	-	-	(30)
537	30	14	19	35	24	17	192	197	5	2	1	1	(31)
7,197	517	295	227	634	378	605	1,206	1,108	361	635	659	572	(32)
-	-	-	-	-	-	-	-	-	-	-	-	-	(33)
539	93	92	88	70	-	-	-	-	-	-	96	100	(34)
7,655	1,115	586	236	44	86	289	673	1,003	592	495	899	1,637	(35)
149	20	25	39	37	-	-	-	-	-	-	5	23	(36)
-	-	-	-	-	-	-	-	-	-	-	-	-	(37)
6,129	574	594	551	696	344	475	529	398	407	455	528	578	(38)
5,455	385	396	420	492	575	444	457	408	481	398	517	482	(39)
22,432	1,462	1,661	2,008	2,155	2,576	1,740	1,756	1,797	2,040	1,691	1,856	1,690	(40)
x	x	x	x	x	x	x	x	x	x	x	x	x	(41)
8,763	1,007	28	14	2	9	12	1,031	1,108	1,099	1,182	1,687	1,584	(42)
12,843	620	577	1,073	1,156	1,063	1,154	1,838	1,204	936	909	1,344	969	(43)
25,783	1,689	1,363	1,643	2,816	2,930	3,274	3,063	2,559	1,009	1,469	1,827	2,141	(44)
x	x	x	x	x	x	x	x	x	x	x	x	x	(45)
494	-	-	-	3	1	1	20	43	118	141	117	50	(46)
222	1	-	-	-	-	-	6	1	2	1	136	75	(47)
36,559	3,075	2,760	2,791	2,798	3,237	2,473	2,886	3,208	3,113	2,584	3,539	4,095	(48)
275	17	14	14	41	48	25	30	16	11	36	20	3	(49)
-	-	-	-	-	-	-	-	-	-	-	-	-	(50)
-	-	-	-	-	-	-	-	-	-	-	-	-	(51)
-	-	-	-	-	-	-	-	-	-	-	-	-	(52)
-	-	-	-	-	-	-	-	-	-	-	-	-	(53)
-	-	-	-	-	-	-	-	-	-	-	-	-	(54)
-	-	-	-	-	-	-	-	-	-	-	-	-	(55)
-	-	-	-	-	-	-	-	-	-	-	-	-	(56)
x	x	x	x	x	x	x	x	x	x	x	x	x	(57)
-	-	-	-	-	-	-	-	-	-	-	-	-	(58)
-	-	-	-	-	-	-	-	-	-	-	-	-	(59)
-	-	-	-	-	-	-	-	-	-	-	-	-	(60)
x	x	x	x	x	x	x	x	x	x	x	x	x	(61)
8,310	1,000	-	-	-	-	-	1,000	1,100	1,085	1,060	1,535	1,530	(62)
395	-	-	-	-	-	-	9	38	99	121	109	19	(63)
52	-	-	-	-	-	-	3	1	1	1	46	-	(64)
-	-	-	-	-	-	-	-	-	-	-	-	-	(65)
10,532	568	450	846	1,441	2,165	2,152	549	230	174	358	624	975	(66)
275	17	14	14	41	48	25	30	16	11	36	20	3	(67)
329	-	-	-	-	-	-	-	-	-	-	166	163	(68)
-	-	-	-	-	-	-	-	-	-	-	-	-	(69)
1,388	-	10	-	10	19	25	587	626	62	19	15	15	(70)
-	-	-	-	-	-	-	-	-	-	-	-	-	(71)
537	30	14	19	35	24	17	192	197	5	2	1	1	(72)
-	-	-	-	-	-	-	-	-	-	-	-	-	(73)
-	-	-	-	-	-	-	-	-	-	-	-	-	(74)
-	-	-	-	-	-	-	-	-	-	-	-	-	(75)
-	-	-	-	-	-	-	-	-	-	-	-	-	(76)
-	-	-	-	-	-	-	-	-	-	-	-	-	(77)

2 大海区都道府県振興局別統計（続き）
(6) 稼働量調査対象魚種漁獲量（まぐろ類・かつお）
ア 大型定置網

都道府県・大海区・振興局		大型定置網（1～12月）									大型定置			
		計	まぐろ類							かつお	計	まぐ		
			小計	くろまぐろ	みなみまぐろ	びんなが	めばち	きはだ	その他のまぐろ類			小計	くろまぐろ	みなみまぐろ
全国	**(1)**	**1,136**	**734**	**602**	**-**	**10**	**0**	**61**	**61**	**402**	**612**	**422**	**369**	**-**
北海道	(2)	18	18	18	-	-	-	-	-	0	2	2	2	-
青森	(3)	79	74	74	-	-	-	-	-	5	35	35	35	-
岩手	(4)	102	98	98	-	0	-	0	-	3	82	82	82	-
宮城	(5)	16	16	16	-	0	-	-	-	0	3	3	3	-
秋田	(6)	1	1	1	-	-	-	0	-	0	0	0	0	-
山形	(7)	x	x	x	-	x	x	x	x	x	x	x	x	-
福島	(8)	-	-	-	-	-	-	-	-	-	-	-	-	-
茨城	(9)	x	x	x	-	x	x	x	x	x	x	x	x	-
千葉	(10)	30	21	18	-	-	0	3	-	10	11	11	10	-
東京	(11)	-	-	-	-	-	-	-	-	-	-	-	-	-
神奈川	(12)	27	14	13	-	-	0	1	-	13	2	2	2	-
新潟	(13)	100	100	100	-	0	-	-	-	0	84	84	84	-
富山	(14)	55	52	52	-	0	-	0	0	3	23	22	22	-
石川	(15)	23	20	19	-	0	-	0	-	3	8	7	7	-
福井	(16)	19	17	16	-	0	-	0	0	2	3	2	2	-
静岡	(17)	23	6	3	-	-	-	3	-	18	13	2	1	-
愛知	(18)	-	-	-	-	-	-	-	-	-	-	-	-	-
三重	(19)	70	3	2	-	0	-	1	0	67	16	2	1	-
京都	(20)	13	13	12	-	0	-	0	0	0	8	8	8	-
大阪	(21)	-	-	-	-	-	-	-	-	-	-	-	-	-
兵庫	(22)	x	x	x	-	x	x	x	x	x	x	x	x	-
和歌山	(23)	16	4	3	-	-	-	1	-	12	5	2	2	-
鳥取	(24)	-	-	-	-	-	-	-	-	-	-	-	-	-
島根	(25)	x	x	x	-	x	x	x	x	x	x	x	x	-
岡山	(26)	-	-	-	-	-	-	-	-	-	-	-	-	-
広島	(27)	-	-	-	-	-	-	-	-	-	-	-	-	-
山口	(28)	37	37	29	-	-	-	0	7	0	29	29	28	-
徳島	(29)	x	x	x	-	x	x	x	x	x	x	x	x	-
香川	(30)	x	x	x	-	x	x	x	x	x	x	x	x	-
愛媛	(31)	-	-	-	-	-	-	-	-	-	-	-	-	-
高知	(32)	149	55	25	-	1	-	29	0	93	97	30	19	-
福岡	(33)	-	-	-	-	-	-	-	-	-	-	-	-	-
佐賀	(34)	x	x	x	-	x	x	x	x	x	x	x	x	-
長崎	(35)	142	117	72	-	9	-	6	30	24	77	63	45	-
熊本	(36)	x	x	x	-	x	x	x	x	x	x	x	x	-
大分	(37)	x	x	x	-	x	x	x	x	x	x	x	x	-
宮崎	(38)	4	2	1	-	0	-	1	0	1	2	1	1	-
鹿児島	(39)	146	21	8	-	-	-	6	7	125	84	11	3	-
沖縄	(40)	9	6	0	-	-	-	3	3	3	6	3	-	-
北海道太平洋北区	(41)	17	17	17	-	-	-	-	-	0	2	2	2	-
太平洋北区	(42)	172	167	167	-	0	-	0	0	5	115	115	115	-
太平洋中区	(43)	151	43	36	-	0	0	8	0	108	43	17	14	-
太平洋南区	(44)	175	62	29	-	1	-	32	0	113	104	32	21	-
北海道日本海北区	(45)	1	1	1	-	-	-	-	-	-	-	-	-	-
日本海北区	(46)	183	176	175	-	0	-	0	0	8	111	111	111	-
日本海西区	(47)	85	73	65	-	1	0	2	6	12	30	29	28	-
東シナ海区	(48)	348	193	111	-	9	0	20	54	155	204	114	76	-
瀬戸内海区	(49)	x	x	x	-	x	x	x	x	x	x	x	x	-
宗谷	(50)	-	-	-	-	-	-	-	-	-	-	-	-	-
オホーツク	(51)	-	-	-	-	-	-	-	-	-	-	-	-	-
根室	(52)	-	-	-	-	-	-	-	-	-	-	-	-	-
釧路	(53)	-	-	-	-	-	-	-	-	-	-	-	-	-
十勝	(54)	-	-	-	-	-	-	-	-	-	-	-	-	-
日高	(55)	-	-	-	-	-	-	-	-	-	-	-	-	-
胆振	(56)	-	-	-	-	-	-	-	-	-	-	-	-	-
渡島	(57)	17	17	17	-	-	-	-	-	0	2	2	2	-
留萌	(58)	-	-	-	-	-	-	-	-	-	-	-	-	-
石狩	(59)	-	-	-	-	-	-	-	-	-	-	-	-	-
後志	(60)	1	1	1	-	-	-	-	-	-	-	-	-	-
檜山	(61)	-	-	-	-	-	-	-	-	-	-	-	-	-
青森（太北）	(62)	x	x	x	-	x	x	x	x	x	x	x	x	-
（日北）	(63)	x	x	x	-	x	x	x	x	x	x	x	x	-
兵庫（日西）	(64)	x	x	x	-	x	x	x	x	x	x	x	x	-
（瀬戸）	(65)	-	-	-	-	-	-	-	-	-	-	-	-	-
和歌山（太南）	(66)	x	x	x	-	x	x	x	x	x	x	x	x	-
（瀬戸）	(67)	x	x	x	-	x	x	x	x	x	x	x	x	-
山口（東シ）	(68)	37	37	29	-	-	-	0	7	0	29	29	28	-
（瀬戸）	(69)	-	-	-	-	-	-	-	-	-	-	-	-	-
徳島（太南）	(70)	x	x	x	-	x	x	x	x	x	x	x	x	-
（瀬戸）	(71)	-	-	-	-	-	-	-	-	-	-	-	-	-
愛媛（太南）	(72)	-	-	-	-	-	-	-	-	-	-	-	-	-
（瀬戸）	(73)	-	-	-	-	-	-	-	-	-	-	-	-	-
福岡（東シ）	(74)	-	-	-	-	-	-	-	-	-	-	-	-	-
（瀬戸）	(75)	-	-	-	-	-	-	-	-	-	-	-	-	-
大分（太南）	(76)	x	x	x	-	x	x	x	x	x	x	x	x	-
（瀬戸）	(77)	-	-	-	-	-	-	-	-	-	-	-	-	-

単位:t

網（1～6月）					大型定置網（7～12月）									
ろ類				かつお	計	まぐろ類							かつお	
びんなが	めばち	きはだ	その他のまぐろ類			小計	くろまぐろ	みなみまぐろ	びんなが	めばち	きはだ	その他のまぐろ類		
6	0	23	24	190	524	312	233	-	4	0	38	37	212	(1)
-	-	-	-	-	15	15	15	-	-	-	-	-	0	(2)
-	-	-	-	0	44	39	39	-	-	-	-	-	5	(3)
-	-	-	-	-	20	16	16	-	0	-	0	-	3	(4)
-	-	-	-	-	14	14	14	-	0	-	-	-	0	(5)
-	-	-	-	-	0	0	0	-	-	-	0	-	0	(6)
x	x	x	x	x	x	x	x	-	x	x	x	x	x	(7)
-	-	-	-	-	-	-	-	-	-	-	-	-	-	(8)
x	x	x	x	x	x	x	x	-	x	x	x	x	x	(9)
-	-	1	-	0	19	10	8	-	-	0	2	-	9	(10)
-	-	-	-	-	-	-	-	-	-	-	-	-	-	(11)
-	-	0	-	1	25	13	11	-	-	0	1	-	12	(12)
-	-	-	-	0	16	16	16	-	0	-	-	-	0	(13)
0	-	-	0	0	32	30	30	-	-	-	0	0	3	(14)
-	-	-	-	0	15	12	12	-	0	-	0	-	3	(15)
0	-	0	0	1	16	15	14	-	0	-	0	0	1	(16)
-	-	2	-	11	10	3	2	-	-	-	1	-	7	(17)
-	-	-	-	-	-	-	-	-	-	-	-	-	-	(18)
0	-	0	-	15	54	1	1	-	0	-	1	0	53	(19)
0	-	-	0	0	5	5	4	-	0	-	0	0	0	(20)
-	-	-	-	-	-	-	-	-	-	-	-	-	-	(21)
x	x	x	x	x	x	x	x	-	x	x	x	x	x	(22)
-	-	0	-	2	11	2	1	-	-	-	1	-	10	(23)
-	-	-	-	-	-	-	-	-	-	-	-	-	-	(24)
x	x	x	x	x	x	x	x	-	x	x	x	x	x	(25)
-	-	-	-	-	-	-	-	-	-	-	-	-	-	(26)
-	-	-	-	-	-	-	-	-	-	-	-	-	-	(27)
-	-	0	1	0	8	8	1	-	-	-	0	6	0	(28)
x	x	x	x	x	x	x	x	-	x	x	x	x	x	(29)
x	x	x	x	x	x	x	x	-	x	x	x	x	x	(30)
-	-	-	-	-	-	-	-	-	-	-	-	-	-	(31)
1	-	10	0	67	52	25	6	-	0	-	19	0	26	(32)
-	-	-	-	-	-	-	-	-	-	-	-	-	-	(33)
x	x	x	x	x	x	x	x	-	x	x	x	x	x	(34)
5	-	2	12	13	65	54	27	-	3	-	5	18	11	(35)
x	x	x	x	x	x	x	x	-	x	x	x	x	x	(36)
x	x	x	x	x	x	x	x	-	x	x	x	x	x	(37)
0	-	0	-	1	2	1	1	-	-	-	0	0	1	(38)
-	-	3	5	73	62	10	4	-	-	-	3	2	52	(39)
-	-	2	1	3	3	3	0	-	-	-	1	2	0	(40)
-	-	-	-	-	15	15	15	-	-	-	-	-	0	(41)
-	-	-	-	-	57	52	51	-	0	-	0	0	5	(42)
0	-	3	-	26	108	27	22	-	0	0	5	0	82	(43)
1	-	11	0	72	71	30	8	-	0	-	21	0	41	(44)
-	-	-	-	-	1	1	1	-	-	-	-	-	-	(45)
0	-	-	0	1	72	65	64	-	0	-	0	0	7	(46)
0	0	0	1	1	55	44	37	-	1	-	2	5	11	(47)
5	-	10	22	90	144	79	34	-	3	0	10	31	65	(48)
x	x	x	x	x	x	x	x	-	x	x	x	x	x	(49)
-	-	-	-	-	-	-	-	-	-	-	-	-	-	(50)
-	-	-	-	-	-	-	-	-	-	-	-	-	-	(51)
-	-	-	-	-	-	-	-	-	-	-	-	-	-	(52)
-	-	-	-	-	-	-	-	-	-	-	-	-	-	(53)
-	-	-	-	-	-	-	-	-	-	-	-	-	-	(54)
-	-	-	-	-	-	-	-	-	-	-	-	-	-	(55)
-	-	-	-	-	-	-	-	-	-	-	-	-	-	(56)
-	-	-	-	-	15	15	15	-	-	-	-	-	0	(57)
-	-	-	-	-	-	-	-	-	-	-	-	-	-	(58)
-	-	-	-	-	-	-	-	-	-	-	-	-	-	(59)
-	-	-	-	-	1	1	1	-	-	-	-	-	-	(60)
-	-	-	-	-	-	-	-	-	-	-	-	-	-	(61)
x	x	x	x	x	x	x	x	-	x	x	x	x	x	(62)
x	x	x	x	x	x	x	x	-	x	x	x	x	x	(63)
x	x	x	x	x	x	x	x	-	x	x	x	x	x	(64)
-	-	-	-	-	-	-	-	-	-	-	-	-	-	(65)
x	x	x	x	x	x	x	x	-	x	x	x	x	x	(66)
x	x	x	x	x	x	x	x	-	x	x	x	x	x	(67)
-	-	0	1	0	8	8	1	-	-	-	0	6	0	(68)
-	-	-	-	-	-	-	-	-	-	-	-	-	-	(69)
x	x	x	x	x	x	x	x	-	x	x	x	x	x	(70)
-	-	-	-	-	-	-	-	-	-	-	-	-	-	(71)
-	-	-	-	-	-	-	-	-	-	-	-	-	-	(72)
-	-	-	-	-	-	-	-	-	-	-	-	-	-	(73)
-	-	-	-	-	-	-	-	-	-	-	-	-	-	(74)
-	-	-	-	-	-	-	-	-	-	-	-	-	-	(75)
x	x	x	x	x	x	x	x	-	x	x	x	x	x	(76)
-	-	-	-	-	-	-	-	-	-	-	-	-	-	(77)

2 大海区都道府県振興局別統計（続き）
(6) 稼働量調査対象魚種漁獲量（まぐろ類・かつお）（続き）
イ 沿岸まぐろはえ縄

都道府県・大海区・振興局		沿岸まぐろはえ縄（1～12月）									沿岸まぐろ			
		計	まぐろ類							かつお	計	まぐ		
			小計	くろまぐろ	みなみまぐろ	びんなが	めばち	きはだ	その他のまぐろ類			小計	くろまぐろ	みなみまぐろ
全国	**(1)**	**3,335**	**3,329**	**483**	**-**	**889**	**298**	**1,611**	**48**	**6**	**1,820**	**1,816**	**211**	**-**
北海道	(2)	50	50	50	-	-	0	0	-	-	-	-	-	-
青森	(3)	207	207	207	-	-	-	-	-	-	7	7	7	-
岩手	(4)	x	x	x	-	x	x	x	x	x	x	x	x	-
宮城	(5)	x	x	x	-	x	x	x	x	x	x	x	x	-
秋田	(6)	-	-	-	-	-	-	-	-	-	-	-	-	-
山形	(7)	-	-	-	-	-	-	-	-	-	-	-	-	-
福島	(8)	-	-	-	-	-	-	-	-	-	-	-	-	-
茨城	(9)	-	-	-	-	-	-	-	-	-	-	-	-	-
千葉	(10)	98	98	30	-	1	20	46	-	0	53	53	25	-
東京	(11)	34	34	12	-	2	2	19	-	-	17	17	8	-
神奈川	(12)	-	-	-	-	-	-	-	-	-	-	-	-	-
新潟	(13)	-	-	-	-	-	-	-	-	-	-	-	-	-
富山	(14)	-	-	-	-	-	-	-	-	-	-	-	-	-
石川	(15)	-	-	-	-	-	-	-	-	-	-	-	-	-
福井	(16)	-	-	-	-	-	-	-	-	-	-	-	-	-
静岡	(17)	-	-	-	-	-	-	-	-	-	-	-	-	-
愛知	(18)	-	-	-	-	-	-	-	-	-	-	-	-	-
三重	(19)	x	x	x	-	x	x	x	x	x	x	x	x	-
京都	(20)	-	-	-	-	-	-	-	-	-	-	-	-	-
大阪	(21)	-	-	-	-	-	-	-	-	-	-	-	-	-
兵庫	(22)	x	x	x	-	x	x	x	x	x	x	x	x	-
和歌山	(23)	36	36	0	-	7	1	28	-	-	24	24	-	-
鳥取	(24)	-	-	-	-	-	-	-	-	-	-	-	-	-
島根	(25)	-	-	-	-	-	-	-	-	-	-	-	-	-
岡山	(26)	-	-	-	-	-	-	-	-	-	-	-	-	-
広島	(27)	-	-	-	-	-	-	-	-	-	-	-	-	-
山口	(28)	-	-	-	-	-	-	-	-	-	-	-	-	-
徳島	(29)	x	x	x	-	x	x	x	x	x	x	x	x	-
香川	(30)	-	-	-	-	-	-	-	-	-	-	-	-	-
愛媛	(31)	-	-	-	-	-	-	-	-	-	-	-	-	-
高知	(32)	146	145	1	-	97	10	37	-	0	89	89	1	-
福岡	(33)	-	-	-	-	-	-	-	-	-	-	-	-	-
佐賀	(34)	-	-	-	-	-	-	-	-	-	-	-	-	-
長崎	(35)	x	x	x	-	x	x	x	x	x	x	x	x	-
熊本	(36)	-	-	-	-	-	-	-	-	-	-	-	-	-
大分	(37)	-	-	-	-	-	-	-	-	-	-	-	-	-
宮崎	(38)	1,487	1,482	17	-	264	56	1,145	-	5	953	949	17	-
鹿児島	(39)	x	x	x	-	x	x	x	x	x	x	x	x	-
沖縄	(40)	1,124	1,124	140	-	444	195	297	47	0	591	591	133	-
北海道太平洋北区	(41)	26	26	26	-	-	0	0	-	-	-	-	-	-
太平洋北区	(42)	83	83	79	-	0	-	4	-	-	17	17	13	-
太平洋中区	(43)	x	x	x	-	x	x	x	x	x	x	x	x	-
太平洋南区	(44)	1,749	1,744	22	-	430	74	1,219	-	5	1,117	1,113	21	-
北海道日本海北区	(45)	24	24	24	-	-	-	-	-	-	-	-	-	-
日本海北区	(46)	136	136	136	-	-	-	-	-	-	2	2	2	-
日本海西区	(47)	-	-	-	-	-	-	-	-	-	-	-	-	-
東シナ海区	(48)	1,146	1,146	152	-	444	200	301	48	0	606	606	142	-
瀬戸内海区	(49)	x	x	x	-	x	x	x	x	x	x	x	x	-
宗谷	(50)	-	-	-	-	-	-	-	-	-	-	-	-	-
オホーツク	(51)	-	-	-	-	-	-	-	-	-	-	-	-	-
根室	(52)	-	-	-	-	-	-	-	-	-	-	-	-	-
釧路	(53)	-	-	-	-	-	-	-	-	-	-	-	-	-
十勝	(54)	-	-	-	-	-	-	-	-	-	-	-	-	-
日高	(55)	-	-	-	-	-	-	-	-	-	-	-	-	-
胆振	(56)	-	-	-	-	-	-	-	-	-	-	-	-	-
渡島	(57)	50	50	50	-	-	0	0	-	-	-	-	-	-
留萌	(58)	-	-	-	-	-	-	-	-	-	-	-	-	-
石狩	(59)	-	-	-	-	-	-	-	-	-	-	-	-	-
後志	(60)	-	-	-	-	-	-	-	-	-	-	-	-	-
檜山	(61)	-	-	-	-	-	-	-	-	-	-	-	-	-
青森（太北）	(62)	71	71	71	-	-	-	-	-	-	5	5	5	-
（日北）	(63)	136	136	136	-	-	-	-	-	-	2	2	2	-
兵庫（日西）	(64)	-	-	-	-	-	-	-	-	-	-	-	-	-
（瀬戸）	(65)	x	x	x	-	x	x	x	x	x	x	x	x	-
和歌山（太南）	(66)	x	x	x	-	x	x	x	x	x	x	x	x	-
（瀬戸）	(67)	x	x	x	-	x	x	x	x	x	x	x	x	-
山口（東シ）	(68)	-	-	-	-	-	-	-	-	-	-	-	-	-
（瀬戸）	(69)	-	-	-	-	-	-	-	-	-	-	-	-	-
徳島（太南）	(70)	x	x	x	-	x	x	x	x	x	x	x	x	-
（瀬戸）	(71)	-	-	-	-	-	-	-	-	-	-	-	-	-
愛媛（太南）	(72)	-	-	-	-	-	-	-	-	-	-	-	-	-
（瀬戸）	(73)	-	-	-	-	-	-	-	-	-	-	-	-	-
福岡（東シ）	(74)	-	-	-	-	-	-	-	-	-	-	-	-	-
（瀬戸）	(75)	-	-	-	-	-	-	-	-	-	-	-	-	-
大分（太南）	(76)	-	-	-	-	-	-	-	-	-	-	-	-	-
（瀬戸）	(77)	-	-	-	-	-	-	-	-	-	-	-	-	-

単位:t

はえ縄(1~6月)					沿岸まぐろはえ縄(7~12月)									
ろ類				かつお	計	まぐろ類							かつお	
びんなが	めばち	きはだ	その他のまぐろ類			小計	くろまぐろ	みなみまぐろ	びんなが	めばち	きはだ	その他のまぐろ類		
524	93	975	13	4	1,515	1,513	272	-	365	205	636	35	2	(1)
-	-	-	-	-	50	50	50	-	-	0	0	-	-	(2)
-	-	-	-	-	200	200	200	-	-	-	-	-	-	(3)
x	x	x	x	x	x	x	x	-	x	x	x	x	x	(4)
x	x	x	x	x	x	x	x	-	x	x	x	x	x	(5)
-	-	-	-	-	-	-	-	-	-	-	-	-	-	(6)
-	-	-	-	-	-	-	-	-	-	-	-	-	-	(7)
-	-	-	-	-	-	-	-	-	-	-	-	-	-	(8)
-	-	-	-	-	-	-	-	-	-	-	-	-	-	(9)
1	15	12	-	0	46	46	5	-	1	6	34	-	0	(10)
2	1	6	-	-	17	17	4	-	0	1	12	-	-	(11)
-	-	-	-	-	-	-	-	-	-	-	-	-	-	(12)
-	-	-	-	-	-	-	-	-	-	-	-	-	-	(13)
-	-	-	-	-	-	-	-	-	-	-	-	-	-	(14)
-	-	-	-	-	-	-	-	-	-	-	-	-	-	(15)
-	-	-	-	-	-	-	-	-	-	-	-	-	-	(16)
-	-	-	-	-	-	-	-	-	-	-	-	-	-	(17)
-	-	-	-	-	-	-	-	-	-	-	-	-	-	(18)
x	x	x	x	x	x	x	x	-	x	x	x	x	x	(19)
-	-	-	-	-	-	-	-	-	-	-	-	-	-	(20)
-	-	-	-	-	-	-	-	-	-	-	-	-	-	(21)
x	x	x	x	x	x	x	x	-	x	x	x	x	x	(22)
5	1	18	-	-	12	12	0	-	2	0	10	-	-	(23)
-	-	-	-	-	-	-	-	-	-	-	-	-	-	(24)
-	-	-	-	-	-	-	-	-	-	-	-	-	-	(25)
-	-	-	-	-	-	-	-	-	-	-	-	-	-	(26)
-	-	-	-	-	-	-	-	-	-	-	-	-	-	(27)
-	-	-	-	-	-	-	-	-	-	-	-	-	-	(28)
x	x	x	x	x	x	x	x	-	x	x	x	x	x	(29)
-	-	-	-	-	-	-	-	-	-	-	-	-	-	(30)
-	-	-	-	-	-	-	-	-	-	-	-	-	-	(31)
61	4	22	-	0	57	57	-	-	37	6	15	-	0	(32)
-	-	-	-	-	-	-	-	-	-	-	-	-	-	(33)
-	-	-	-	-	-	-	-	-	-	-	-	-	-	(34)
x	x	x	x	x	x	x	x	-	x	x	x	x	x	(35)
-	-	-	-	-	-	-	-	-	-	-	-	-	-	(36)
-	-	-	-	-	-	-	-	-	-	-	-	-	-	(37)
228	20	684	-	3	534	533	0	-	36	35	462	-	1	(38)
x	x	x	x	x	x	x	x	-	x	x	x	x	x	(39)
185	45	215	13	0	533	533	7	-	258	150	82	35	0	(40)
-	-	-	-	-	26	26	26	-	-	0	0	-	-	(41)
0	-	4	-	-	66	66	66	-	-	-	-	-	-	(42)
x	x	x	x	x	x	x	x	-	x	x	x	x	x	(43)
332	29	731	-	4	633	631	0	-	98	45	488	-	2	(44)
-	-	-	-	-	24	24	24	-	-	-	-	-	-	(45)
-	-	-	-	-	134	134	134	-	-	-	-	-	-	(46)
-	-	-	-	-	-	-	-	-	-	-	-	-	-	(47)
186	48	217	13	0	540	540	11	-	258	152	84	35	0	(48)
x	x	x	x	x	x	x	x	-	x	x	x	x	x	(49)
-	-	-	-	-	-	-	-	-	-	-	-	-	-	(50)
-	-	-	-	-	-	-	-	-	-	-	-	-	-	(51)
-	-	-	-	-	-	-	-	-	-	-	-	-	-	(52)
-	-	-	-	-	-	-	-	-	-	-	-	-	-	(53)
-	-	-	-	-	-	-	-	-	-	-	-	-	-	(54)
-	-	-	-	-	-	-	-	-	-	-	-	-	-	(55)
-	-	-	-	-	-	-	-	-	-	-	-	-	-	(56)
-	-	-	-	-	50	50	50	-	-	0	0	-	-	(57)
-	-	-	-	-	-	-	-	-	-	-	-	-	-	(58)
-	-	-	-	-	-	-	-	-	-	-	-	-	-	(59)
-	-	-	-	-	-	-	-	-	-	-	-	-	-	(60)
-	-	-	-	-	-	-	-	-	-	-	-	-	-	(61)
-	-	-	-	-	65	65	65	-	-	-	-	-	-	(62)
-	-	-	-	-	134	134	134	-	-	-	-	-	-	(63)
-	-	-	-	-	-	-	-	-	-	-	-	-	-	(64)
x	x	x	x	x	x	x	x	-	x	x	x	x	x	(65)
x	x	x	x	x	x	x	x	-	x	x	x	x	x	(66)
x	x	x	x	x	x	x	x	-	x	x	x	x	x	(67)
-	-	-	-	-	-	-	-	-	-	-	-	-	-	(68)
-	-	-	-	-	-	-	-	-	-	-	-	-	-	(69)
x	x	x	x	x	x	x	x	-	x	x	x	x	x	(70)
-	-	-	-	-	-	-	-	-	-	-	-	-	-	(71)
-	-	-	-	-	-	-	-	-	-	-	-	-	-	(72)
-	-	-	-	-	-	-	-	-	-	-	-	-	-	(73)
-	-	-	-	-	-	-	-	-	-	-	-	-	-	(74)
-	-	-	-	-	-	-	-	-	-	-	-	-	-	(75)
-	-	-	-	-	-	-	-	-	-	-	-	-	-	(76)
-	-	-	-	-	-	-	-	-	-	-	-	-	-	(77)

2 大海区都道府県振興局別統計（続き）
(6) 稼働量調査対象魚種漁獲量（まぐろ類・かつお）（続き）
ウ 沿岸かつお一本釣

都道府県・大海区・振興局	沿岸かつお一本釣（1～12月） 計	まぐろ類 小計	くろまぐろ	みなみまぐろ	びんなが	めばち	きはだ	その他のまぐろ類	かつお	沿岸かつお 計	まぐ 小計	くろまぐろ	みなみまぐろ
全国 (1)	15,846	2,428	5	-	119	156	1,942	206	13,418	8,291	1,241	1	-
北海道 (2)	-	-	-	-	-	-	-	-	-	-	-	-	-
青森 (3)	-	-	-	-	-	-	-	-	-	-	-	-	-
岩手 (4)	-	-	-	-	-	-	-	-	-	-	-	-	-
宮城 (5)	-	-	-	-	-	-	-	-	-	-	-	-	-
秋田 (6)	-	-	-	-	-	-	-	-	-	-	-	-	-
山形 (7)	-	-	-	-	-	-	-	-	-	-	-	-	-
福島 (8)	-	-	-	-	-	-	-	-	-	-	-	-	-
茨城 (9)	-	-	-	-	-	-	-	-	-	-	-	-	-
千葉 (10)	-	-	-	-	-	-	-	-	-	-	-	-	-
東京 (11)	-	-	-	-	-	-	-	-	-	-	-	-	-
神奈川 (12)	x	x	x	-	x	x	x	x	x	x	x	x	-
新潟 (13)	-	-	-	-	-	-	-	-	-	-	-	-	-
富山 (14)	-	-	-	-	-	-	-	-	-	-	-	-	-
石川 (15)	-	-	-	-	-	-	-	-	-	-	-	-	-
福井 (16)	-	-	-	-	-	-	-	-	-	-	-	-	-
静岡 (17)	x	x	x	-	x	x	x	x	x	x	x	x	-
愛知 (18)	-	-	-	-	-	-	-	-	-	-	-	-	-
三重 (19)	1,322	111	-	-	2	1	108	-	1,211	762	49	-	-
京都 (20)	-	-	-	-	-	-	-	-	-	-	-	-	-
大阪 (21)	-	-	-	-	-	-	-	-	-	-	-	-	-
兵庫 (22)	-	-	-	-	-	-	-	-	-	-	-	-	-
和歌山 (23)	x	x	x	-	x	x	x	x	x	x	x	x	-
鳥取 (24)	-	-	-	-	-	-	-	-	-	-	-	-	-
島根 (25)	-	-	-	-	-	-	-	-	-	-	-	-	-
岡山 (26)	-	-	-	-	-	-	-	-	-	-	-	-	-
広島 (27)	-	-	-	-	-	-	-	-	-	-	-	-	-
山口 (28)	-	-	-	-	-	-	-	-	-	-	-	-	-
徳島 (29)	x	x	x	-	x	x	x	x	x	x	x	x	-
香川 (30)	-	-	-	-	-	-	-	-	-	-	-	-	-
愛媛 (31)	x	x	x	-	x	x	x	x	x	x	x	x	-
高知 (32)	11,130	1,448	4	-	98	24	1,302	20	9,682	5,700	719	0	-
福岡 (33)	-	-	-	-	-	-	-	-	-	-	-	-	-
佐賀 (34)	-	-	-	-	-	-	-	-	-	-	-	-	-
長崎 (35)	-	-	-	-	-	-	-	-	-	-	-	-	-
熊本 (36)	-	-	-	-	-	-	-	-	-	-	-	-	-
大分 (37)	-	-	-	-	-	-	-	-	-	-	-	-	-
宮崎 (38)	463	57	0	-	3	-	54	-	406	315	19	-	-
鹿児島 (39)	740	380	1	-	-	115	265	-	360	432	222	0	-
沖縄 (40)	508	263	-	-	1	8	68	187	245	245	146	-	-
北海道太平洋北区 (41)	-	-	-	-	-	-	-	-	-	-	-	-	-
太平洋北区 (42)	-	-	-	-	-	-	-	-	-	-	-	-	-
太平洋中区 (43)	1,431	131	1	-	2	1	126	-	1,300	792	55	-	-
太平洋南区 (44)	13,167	1,654	4	-	115	32	1,482	20	11,514	6,823	818	0	-
北海道日本海北区 (45)	-	-	-	-	-	-	-	-	-	-	-	-	-
日本海北区 (46)	-	-	-	-	-	-	-	-	-	-	-	-	-
日本海西区 (47)	-	-	-	-	-	-	-	-	-	-	-	-	-
東シナ海区 (48)	1,248	644	1	-	1	123	333	187	604	677	368	0	-
瀬戸内海区 (49)	-	-	-	-	-	-	-	-	-	-	-	-	-
宗谷 (50)	-	-	-	-	-	-	-	-	-	-	-	-	-
オホーツク (51)	-	-	-	-	-	-	-	-	-	-	-	-	-
根室 (52)	-	-	-	-	-	-	-	-	-	-	-	-	-
釧路 (53)	-	-	-	-	-	-	-	-	-	-	-	-	-
十勝 (54)	-	-	-	-	-	-	-	-	-	-	-	-	-
日高 (55)	-	-	-	-	-	-	-	-	-	-	-	-	-
胆振 (56)	-	-	-	-	-	-	-	-	-	-	-	-	-
渡島 (57)	-	-	-	-	-	-	-	-	-	-	-	-	-
留萌 (58)	-	-	-	-	-	-	-	-	-	-	-	-	-
石狩 (59)	-	-	-	-	-	-	-	-	-	-	-	-	-
後志 (60)	-	-	-	-	-	-	-	-	-	-	-	-	-
檜山 (61)	-	-	-	-	-	-	-	-	-	-	-	-	-
青森（太北） (62)	-	-	-	-	-	-	-	-	-	-	-	-	-
（日北） (63)	-	-	-	-	-	-	-	-	-	-	-	-	-
兵庫（日西） (64)	-	-	-	-	-	-	-	-	-	-	-	-	-
（瀬戸） (65)	-	-	-	-	-	-	-	-	-	-	-	-	-
和歌山（太南） (66)	x	x	x	-	x	x	x	x	x	x	x	x	-
（瀬戸） (67)	-	-	-	-	-	-	-	-	-	-	-	-	-
山口（東シ） (68)	-	-	-	-	-	-	-	-	-	-	-	-	-
（瀬戸） (69)	-	-	-	-	-	-	-	-	-	-	-	-	-
徳島（太南） (70)	x	x	x	-	x	x	x	x	x	x	x	x	-
（瀬戸） (71)	-	-	-	-	-	-	-	-	-	-	-	-	-
愛媛（太南） (72)	x	x	x	-	x	x	x	x	x	x	x	x	-
（瀬戸） (73)	-	-	-	-	-	-	-	-	-	-	-	-	-
福岡（東シ） (74)	-	-	-	-	-	-	-	-	-	-	-	-	-
（瀬戸） (75)	-	-	-	-	-	-	-	-	-	-	-	-	-
大分（太南） (76)	-	-	-	-	-	-	-	-	-	-	-	-	-
（瀬戸） (77)	-	-	-	-	-	-	-	-	-	-	-	-	-

単位:t

一本釣（1～6月）					沿岸かつお一本釣（7～12月）									
ろ類				かつお	計	まぐろ類							かつお	
びんなが	めばち	きはだ	その他のまぐろ類			小計	くろまぐろ	みなみまぐろ	びんなが	めばち	きはだ	その他のまぐろ類		
96	105	940	99	7,050	7,555	1,187	5	-	23	51	1,001	107	6,369	(1)
-	-	-	-	-	-	-	-	-	-	-	-	-	-	(2)
-	-	-	-	-	-	-	-	-	-	-	-	-	-	(3)
-	-	-	-	-	-	-	-	-	-	-	-	-	-	(4)
-	-	-	-	-	-	-	-	-	-	-	-	-	-	(5)
-	-	-	-	-	-	-	-	-	-	-	-	-	-	(6)
-	-	-	-	-	-	-	-	-	-	-	-	-	-	(7)
-	-	-	-	-	-	-	-	-	-	-	-	-	-	(8)
-	-	-	-	-	-	-	-	-	-	-	-	-	-	(9)
-	-	-	-	-	-	-	-	-	-	-	-	-	-	(10)
-	-	-	-	-	-	-	-	-	-	-	-	-	-	(11)
x	x	x	x	x	x	x	x	-	x	x	x	x	x	(12)
-	-	-	-	-	-	-	-	-	-	-	-	-	-	(13)
-	-	-	-	-	-	-	-	-	-	-	-	-	-	(14)
-	-	-	-	-	-	-	-	-	-	-	-	-	-	(15)
-	-	-	-	-	-	-	-	-	-	-	-	-	-	(16)
x	x	x	x	x	x	x	x	-	x	x	x	x	x	(17)
-	-	-	-	-	-	-	-	-	-	-	-	-	-	(18)
2	1	46	-	713	559	62	-	-	0	0	62	-	498	(19)
-	-	-	-	-	-	-	-	-	-	-	-	-	-	(20)
-	-	-	-	-	-	-	-	-	-	-	-	-	-	(21)
-	-	-	-	-	-	-	-	-	-	-	-	-	-	(22)
x	x	x	x	x	x	x	x	-	x	x	x	x	x	(23)
-	-	-	-	-	-	-	-	-	-	-	-	-	-	(24)
-	-	-	-	-	-	-	-	-	-	-	-	-	-	(25)
-	-	-	-	-	-	-	-	-	-	-	-	-	-	(26)
-	-	-	-	-	-	-	-	-	-	-	-	-	-	(27)
-	-	-	-	-	-	-	-	-	-	-	-	-	-	(28)
x	x	x	x	x	x	x	x	-	x	x	x	x	x	(29)
-	-	-	-	-	-	-	-	-	-	-	-	-	-	(30)
x	x	x	x	x	x	x	x	-	x	x	x	x	x	(31)
82	19	617	0	4,981	5,430	729	4	-	16	5	685	20	4,701	(32)
-	-	-	-	-	-	-	-	-	-	-	-	-	-	(33)
-	-	-	-	-	-	-	-	-	-	-	-	-	-	(34)
-	-	-	-	-	-	-	-	-	-	-	-	-	-	(35)
-	-	-	-	-	-	-	-	-	-	-	-	-	-	(36)
-	-	-	-	-	-	-	-	-	-	-	-	-	-	(37)
-	-	19	-	296	148	39	0	-	3	-	35	-	109	(38)
-	76	145	-	210	308	158	0	-	-	39	119	-	150	(39)
1	5	42	99	98	263	117	-	-	1	3	26	88	146	(40)
-	-	-	-	-	-	-	-	-	-	-	-	-	-	(41)
-	-	-	-	-	-	-	-	-	-	-	-	-	-	(42)
2	1	52	-	737	639	75	1	-	0	0	75	-	564	(43)
93	23	701	0	6,005	6,345	836	4	-	22	9	782	20	5,509	(44)
-	-	-	-	-	-	-	-	-	-	-	-	-	-	(45)
-	-	-	-	-	-	-	-	-	-	-	-	-	-	(46)
-	-	-	-	-	-	-	-	-	-	-	-	-	-	(47)
1	81	188	99	308	571	275	0	-	1	42	145	88	296	(48)
-	-	-	-	-	-	-	-	-	-	-	-	-	-	(49)
-	-	-	-	-	-	-	-	-	-	-	-	-	-	(50)
-	-	-	-	-	-	-	-	-	-	-	-	-	-	(51)
-	-	-	-	-	-	-	-	-	-	-	-	-	-	(52)
-	-	-	-	-	-	-	-	-	-	-	-	-	-	(53)
-	-	-	-	-	-	-	-	-	-	-	-	-	-	(54)
-	-	-	-	-	-	-	-	-	-	-	-	-	-	(55)
-	-	-	-	-	-	-	-	-	-	-	-	-	-	(56)
-	-	-	-	-	-	-	-	-	-	-	-	-	-	(57)
-	-	-	-	-	-	-	-	-	-	-	-	-	-	(58)
-	-	-	-	-	-	-	-	-	-	-	-	-	-	(59)
-	-	-	-	-	-	-	-	-	-	-	-	-	-	(60)
-	-	-	-	-	-	-	-	-	-	-	-	-	-	(61)
-	-	-	-	-	-	-	-	-	-	-	-	-	-	(62)
-	-	-	-	-	-	-	-	-	-	-	-	-	-	(63)
-	-	-	-	-	-	-	-	-	-	-	-	-	-	(64)
-	-	-	-	-	-	-	-	-	-	-	-	-	-	(65)
x	x	x	x	x	x	x	x	-	x	x	x	x	x	(66)
-	-	-	-	-	-	-	-	-	-	-	-	-	-	(67)
-	-	-	-	-	-	-	-	-	-	-	-	-	-	(68)
-	-	-	-	-	-	-	-	-	-	-	-	-	-	(69)
x	x	x	x	x	x	x	x	-	x	x	x	x	x	(70)
-	-	-	-	-	-	-	-	-	-	-	-	-	-	(71)
x	x	x	x	x	x	x	x	-	x	x	x	x	x	(72)
-	-	-	-	-	-	-	-	-	-	-	-	-	-	(73)
-	-	-	-	-	-	-	-	-	-	-	-	-	-	(74)
-	-	-	-	-	-	-	-	-	-	-	-	-	-	(75)
-	-	-	-	-	-	-	-	-	-	-	-	-	-	(76)
-	-	-	-	-	-	-	-	-	-	-	-	-	-	(77)

2 大海区都道府県振興局別統計（続き）
(6) 稼働量調査対象魚種漁獲量（まぐろ類・かつお）（続き）
エ ひき縄釣

都道府県・大海区・振興局	ひき縄釣（1～12月）									ひき縄			
	計	まぐろ類							かつお	計	まぐ		
		小計	くろまぐろ	みなみまぐろ	びんなが	めばち	きはだ	その他のまぐろ類			小計	くろまぐろ	みなみまぐろ
全国 (1)	**3,921**	**2,767**	**414**	**-**	**78**	**80**	**1,738**	**457**	**1,154**	**1,893**	**1,275**	**110**	**-**
北海道 (2)	2	2	2	-	-	-	-	-	-	0	0	0	-
青森 (3)	103	103	103	-	-	-	-	-	-	4	4	4	-
岩手 (4)	-	-	-	-	-	-	-	-	-	-	-	-	-
宮城 (5)	-	-	-	-	-	-	-	-	-	-	-	-	-
秋田 (6)	1	1	1	-	-	-	-	-	-	-	-	-	-
山形 (7)	-	-	-	-	-	-	-	-	-	-	-	-	-
福島 (8)	5	2	2	-	-	-	-	-	3	-	-	-	-
茨城 (9)	11	7	7	-	-	-	-	0	4	0	0	0	-
千葉 (10)	288	28	11	-	8	-	9	-	260	56	8	5	-
東京 (11)	239	147	10	-	2	0	135	-	92	192	123	8	-
神奈川 (12)	x	x	x	-	x	x	x	x	x	x	x	x	-
新潟 (13)	-	-	-	-	-	-	-	-	-	-	-	-	-
富山 (14)	0	0	0	-	-	-	-	-	-	-	-	-	-
石川 (15)	-	-	-	-	-	-	-	-	-	-	-	-	-
福井 (16)	-	-	-	-	-	-	-	-	-	-	-	-	-
静岡 (17)	140	29	6	-	0	0	22	0	111	69	17	4	-
愛知 (18)	x	x	x	-	x	x	x	x	x	x	x	x	-
三重 (19)	137	19	2	-	12	0	4	-	118	112	14	0	-
京都 (20)	-	-	-	-	-	-	-	-	-	-	-	-	-
大阪 (21)	-	-	-	-	-	-	-	-	-	-	-	-	-
兵庫 (22)	1	1	1	-	-	-	0	0	-	-	-	-	-
和歌山 (23)	278	39	3	-	17	-	19	-	239	194	23	1	-
鳥取 (24)	-	-	-	-	-	-	-	-	-	-	-	-	-
島根 (25)	15	15	15	-	0	-	-	0	0	0	0	0	-
岡山 (26)	-	-	-	-	-	-	-	-	-	-	-	-	-
広島 (27)	-	-	-	-	-	-	-	-	-	-	-	-	-
山口 (28)	x	x	x	-	x	x	x	x	x	x	x	x	-
徳島 (29)	3	3	3	-	-	-	0	-	1	0	-	-	-
香川 (30)	-	-	-	-	-	-	-	-	-	-	-	-	-
愛媛 (31)	21	13	1	-	0	0	12	-	9	11	6	0	-
高知 (32)	256	153	23	-	1	0	129	0	103	113	56	6	-
福岡 (33)	-	-	-	-	-	-	-	-	-	-	-	-	-
佐賀 (34)	1	1	0	-	-	0	-	0	0	0	0	0	-
長崎 (35)	182	159	156	-	1	-	1	1	23	67	60	59	-
熊本 (36)	x	x	x	-	x	x	x	x	x	x	x	x	-
大分 (37)	-	-	-	-	-	-	-	-	-	-	-	-	-
宮崎 (38)	421	354	2	-	2	1	349	0	67	232	185	0	-
鹿児島 (39)	332	312	58	-	4	5	244	0	20	136	127	21	-
沖縄 (40)	1,475	1,374	2	-	30	74	814	454	101	704	651	2	-
北海道太平洋北区 (41)	2	2	2	-	-	-	-	-	-	0	0	0	-
太平洋北区 (42)	108	101	101	-	-	-	-	0	7	2	2	2	-
太平洋中区 (43)	805	222	29	-	22	0	170	0	583	431	162	16	-
太平洋南区 (44)	969	561	31	-	20	1	509	0	408	542	270	7	-
北海道日本海北区 (45)	0	0	0	-	-	-	-	-	-	-	-	-	-
日本海北区 (46)	11	11	11	-	-	-	-	-	-	2	2	2	-
日本海西区 (47)	16	16	16	-	0	-	0	0	0	0	0	0	-
東シナ海区 (48)	1,997	1,853	223	-	36	79	1,059	456	144	908	838	82	-
瀬戸内海区 (49)	12	0	0	-	0	-	0	-	11	8	0	-	-
宗谷 (50)	-	-	-	-	-	-	-	-	-	-	-	-	-
オホーツク (51)	-	-	-	-	-	-	-	-	-	-	-	-	-
根室 (52)	-	-	-	-	-	-	-	-	-	-	-	-	-
釧路 (53)	-	-	-	-	-	-	-	-	-	-	-	-	-
十勝 (54)	-	-	-	-	-	-	-	-	-	-	-	-	-
日高 (55)	-	-	-	-	-	-	-	-	-	-	-	-	-
胆振 (56)	-	-	-	-	-	-	-	-	-	-	-	-	-
渡島 (57)	2	2	2	-	-	-	-	-	-	0	0	0	-
留萌 (58)	x	x	x	-	x	x	x	x	x	x	x	x	-
石狩 (59)	x	x	x	-	x	x	x	x	x	x	x	x	-
後志 (60)	x	x	x	-	x	x	x	x	x	x	x	x	-
檜山 (61)	0	0	0	-	-	-	-	-	-	-	-	-	-
青森（太北） (62)	92	92	92	-	-	-	-	-	-	2	2	2	-
（日北） (63)	11	11	11	-	-	-	-	-	-	2	2	2	-
兵庫（日西） (64)	1	1	1	-	-	-	0	0	-	-	-	-	-
（瀬戸） (65)	-	-	-	-	-	-	-	-	-	-	-	-	-
和歌山（太南） (66)	267	39	3	-	17	-	19	-	228	186	23	1	-
（瀬戸） (67)	12	0	0	-	0	-	0	-	11	8	0	-	-
山口（東シ） (68)	x	x	x	-	x	x	x	x	x	x	x	x	-
（瀬戸） (69)	-	-	-	-	-	-	-	-	-	-	-	-	-
徳島（太南） (70)	3	3	3	-	-	-	0	-	1	0	-	-	-
（瀬戸） (71)	-	-	-	-	-	-	-	-	-	-	-	-	-
愛媛（太南） (72)	21	13	1	-	0	0	12	-	9	11	6	0	-
（瀬戸） (73)	-	-	-	-	-	-	-	-	-	-	-	-	-
福岡（東シ） (74)	-	-	-	-	-	-	-	-	-	-	-	-	-
（瀬戸） (75)	-	-	-	-	-	-	-	-	-	-	-	-	-
大分（太南） (76)	-	-	-	-	-	-	-	-	-	-	-	-	-
（瀬戸） (77)	-	-	-	-	-	-	-	-	-	-	-	-	-

単位:t

釣（1～6月）					ひき縄釣（7～12月）									
ろ類				かつお	計	まぐろ類							かつお	
びんなが	めばち	きはだ	その他のまぐろ類			小計	くろまぐろ	みなみまぐろ	びんなが	めばち	きはだ	その他のまぐろ類		
55	38	828	244	618	2,028	1,492	303	－	23	42	911	212	536	(1)
－	－	－	－	－	2	2	2	－	－	－	－	－	－	(2)
－	－	－	－	－	99	99	99	－	－	－	－	－	－	(3)
－	－	－	－	－	－	－	－	－	－	－	－	－	－	(4)
－	－	－	－	－	－	－	－	－	－	－	－	－	－	(5)
－	－	－	－	－	1	1	1	－	－	－	－	－	－	(6)
－	－	－	－	－	－	－	－	－	－	－	－	－	－	(7)
－	－	－	－	－	5	2	2	－	－	－	－	－	3	(8)
－	－	－	－	0	10	6	6	－	－	－	－	0	4	(9)
2	－	2	－	48	231	19	7	－	5	－	7	－	212	(10)
2	0	113	－	70	47	24	2	－	－	－	22	－	23	(11)
x	x	x	x	x	x	x	x	－	x	x	x	x	x	(12)
－	－	－	－	－	－	－	－	－	－	－	－	－	－	(13)
－	－	－	－	－	0	0	0	－	－	－	－	－	－	(14)
－	－	－	－	－	－	－	－	－	－	－	－	－	－	(15)
－	－	－	－	－	－	－	－	－	－	－	－	－	－	(16)
0	0	13	0	52	71	11	2	－	0	－	9	0	59	(17)
x	x	x	x	x	x	x	x	－	x	x	x	x	x	(18)
12	0	2	－	98	25	5	2	－	0	－	2	－	20	(19)
－	－	－	－	－	－	－	－	－	－	－	－	－	－	(20)
－	－	－	－	－	－	－	－	－	－	－	－	－	－	(21)
－	－	－	－	－	1	1	1	－	－	－	0	0	－	(22)
14	－	8	－	171	85	16	2	－	3	－	11	－	69	(23)
－	－	－	－	－	－	－	－	－	－	－	－	－	－	(24)
－	－	－	－	0	15	15	15	－	0	－	－	0	0	(25)
－	－	－	－	－	－	－	－	－	－	－	－	－	－	(26)
－	－	－	－	－	－	－	－	－	－	－	－	－	－	(27)
x	x	x	x	x	x	x	x	－	x	x	x	x	x	(28)
－	－	－	－	0	3	3	3	－	－	－	0	－	0	(29)
－	－	－	－	－	－	－	－	－	－	－	－	－	－	(30)
0	0	6	－	5	10	6	0	－	0	0	6	－	4	(31)
0	0	50	－	57	143	96	17	－	0	0	79	0	47	(32)
－	－	－	－	－	－	－	－	－	－	－	－	－	－	(33)
－	0	－	0	－	0	0	0	－	－	－	－	－	0	(34)
0	－	0	1	8	115	99	97	－	1	－	1	1	15	(35)
x	x	x	x	x	x	x	x	－	x	x	x	x	x	(36)
－	－	－	－	－	－	－	－	－	－	－	－	－	－	(37)
2	0	182	0	47	190	169	2	－	0	0	167	－	21	(38)
3	2	101	0	9	196	186	37	－	2	3	143	0	11	(39)
19	36	352	243	54	771	724	0	－	12	38	462	212	47	(40)
－	－	－	－	－	2	2	2	－	－	－	－	－	－	(41)
－	－	－	－	0	106	99	99	－	－	－	－	0	7	(42)
16	0	129	0	268	374	59	12	－	6	－	41	0	315	(43)
17	0	246	0	271	427	291	24	－	3	0	263	0	136	(44)
－	－	－	－	－	0	0	0	－	－	－	－	－	－	(45)
－	－	－	－	－	9	9	9	－	－	－	－	－	－	(46)
－	－	－	－	0	16	16	16	－	0	－	0	0	0	(47)
22	38	453	244	70	1,089	1,015	142	－	14	41	606	212	74	(48)
0	－	0	－	8	4	0	0	－	0	－	0	－	4	(49)
－	－	－	－	－	－	－	－	－	－	－	－	－	－	(50)
－	－	－	－	－	－	－	－	－	－	－	－	－	－	(51)
－	－	－	－	－	－	－	－	－	－	－	－	－	－	(52)
－	－	－	－	－	－	－	－	－	－	－	－	－	－	(53)
－	－	－	－	－	－	－	－	－	－	－	－	－	－	(54)
－	－	－	－	－	－	－	－	－	－	－	－	－	－	(55)
－	－	－	－	－	－	－	－	－	－	－	－	－	－	(56)
－	－	－	－	－	2	2	2	－	－	－	－	－	－	(57)
x	x	x	x	x	x	x	x	－	x	x	x	x	x	(58)
x	x	x	x	x	x	x	x	－	x	x	x	x	x	(59)
x	x	x	x	x	x	x	x	－	x	x	x	x	x	(60)
－	－	－	－	－	0	0	0	－	－	－	－	－	－	(61)
－	－	－	－	－	91	91	91	－	－	－	－	－	－	(62)
－	－	－	－	－	8	8	8	－	－	－	－	－	－	(63)
－	－	－	－	－	1	1	1	－	－	－	0	0	－	(64)
－	－	－	－	－	－	－	－	－	－	－	－	－	－	(65)
14	－	8	－	163	81	16	2	－	3	－	11	－	65	(66)
0	－	0	－	8	4	0	0	－	0	－	0	－	4	(67)
x	x	x	x	x	x	x	x	－	x	x	x	x	x	(68)
－	－	－	－	－	－	－	－	－	－	－	－	－	－	(69)
－	－	－	－	0	3	3	3	－	－	－	0	－	0	(70)
－	－	－	－	－	－	－	－	－	－	－	－	－	－	(71)
0	0	6	－	5	10	6	0	－	0	0	6	－	4	(72)
－	－	－	－	－	－	－	－	－	－	－	－	－	－	(73)
－	－	－	－	－	－	－	－	－	－	－	－	－	－	(74)
－	－	－	－	－	－	－	－	－	－	－	－	－	－	(75)
－	－	－	－	－	－	－	－	－	－	－	－	－	－	(76)
－	－	－	－	－	－	－	－	－	－	－	－	－	－	(77)

〔海面養殖業の部〕

1　全国年次別統計（平成20年～30年）
養殖魚種別収獲量（種苗養殖を除く。）

年　次	計	魚					類					貝	
		小　計	ぎんざけ	ぶり類	まあじ	しまあじ	まだい	ひらめ	ふぐ類	くろまぐろ	1)その他の魚類	小　計	ほたてがい
平成 20年 (1)	1,146,350	260,132	12,809	155,108	1,695	2,638	71,588	4,164	4,138	…	7,991	417,290	225,607
21 (2)	1,202,072	264,766	15,770	154,943	1,682	2,522	70,959	4,654	4,680	…	9,557	468,100	256,695
22 (3)	1,111,338	245,712	14,766	138,936	1,471	2,795	67,607	3,977	4,410	…	11,751	420,732	219,649
23 (4)	868,720	231,606	116	146,240	1,094	3,082	61,186	3,475	3,724	…	12,689	284,929	118,425
24 (5)	1,039,504	250,472	9,728	160,215	1,093	3,131	56,653	3,125	4,179	9,639	2,709	345,913	184,287
25 (6)	997,097	243,670	12,215	150,387	957	3,155	56,861	2,501	4,965	10,396	2,234	332,440	167,844
26 (7)	987,639	237,964	12,802	134,608	836	3,186	61,702	2,607	4,902	14,713	2,607	368,714	184,588
27 (8)	1,069,017	246,089	13,937	140,292	811	3,352	63,605	2,545	4,012	14,825	2,709	413,028	248,209
28 (9)	1,032,537	247,593	13,208	140,868	740	3,941	66,965	2,309	3,491	13,413	2,659	373,956	214,571
29 (10)	986,056	247,633	15,648	138,999	810	4,435	62,850	2,250	3,924	15,858	2,859	309,437	135,090
30 (11)	**1,004,871**	**249,491**	**18,053**	**138,229**	**848**	**4,763**	**60,736**	**2,186**	**4,166**	**17,641**	**2,868**	**351,104**	**173,959**

注：　平成23年は、東日本大震災の影響により、岩手県、宮城県及び福島県においてデータを消失した調査対象があり、消失したデータは含まない数値である。
　1)は、平成20年～23年までくろまぐろを含む。

単位：t

類		くるまえび	ほや類	その他の水産動物類	海藻類						真珠(浜揚量)	
かき類	その他の貝類				小計	こんぶ類	わかめ類	のり類(生重量)	もずく類	その他の海藻類		
190, 344	1, 339	1, 586	10, 779	203	456, 337	46, 937	54, 909	338, 523	15, 678	290	24	(1)
210, 188	1, 216	1, 657	10, 937	164	456, 426	40, 397	61, 215	342, 620	11, 908	286	22	(2)
200, 298	784	1, 634	10, 272	171	432, 796	43, 251	52, 393	328, 700	8, 100	352	21	(3)
165, 910	594	1, 598	693	137	349, 738	25, 095	18, 751	292, 345	13, 151	395	20	(4)
161, 116	511	1, 596	610	138	440, 754	34, 147	48, 343	341, 580	16, 263	421	20	(5)
164, 139	457	1, 596	889	114	418, 366	35, 410	50, 614	316, 228	15, 469	644	20	(6)
183, 685	440	1, 582	5, 344	108	373, 909	32, 897	44, 716	276, 129	19, 448	718	20	(7)
164, 380	439	1, 314	8, 288	98	400, 181	38, 671	48, 951	297, 370	14, 574	614	20	(8)
158, 925	460	1, 381	18, 271	106	391, 210	27, 068	47, 672	300, 683	15, 225	560	20	(9)
173, 900	447	1, 354	19, 639	137	407, 835	32, 463	51, 114	304, 308	19, 392	557	20	(10)
176, 698	**448**	**1, 478**	**11, 962**	**168**	**390, 647**	**33, 532**	**50, 775**	**283, 688**	**22, 036**	**616**	**21**	(11)

2 大海区都道府県振興局別統計

(1) 養殖魚種別収獲量（種苗養殖を除く。）

都道府県・大海区・振興局	合計	魚							
		計	ぎんざけ	ぶり類				まあじ	しまあじ
				小計	ぶり	かんぱち	その他のぶり類		
	t	t	t	t	t	t	t	t	t
全国 (1)	**1,004,871**	**249,491**	**18,053**	**138,229**	**99,952**	**33,612**	**4,665**	**848**	**4,763**
北海道 (2)	118,509	-	-	-	-	-	-	-	-
青森 (3)	84,968	84	-	-	-	-	-	-	-
岩手 (4)	36,502	-	-	-	-	-	-	-	-
宮城 (5)	81,173	15,920	15,867	-	-	-	-	-	-
秋田 (6)	193	x	-	-	-	-	-	-	-
山形 (7)	-	-	-	-	-	-	-	-	-
福島 (8)	44	-	-	-	-	-	-	-	-
茨城 (9)	x	-	-	-	-	-	-	-	-
千葉 (10)	7,261	x	x	-	-	-	-	-	x
東京 (11)	x	x	-	-	-	-	-	-	x
神奈川 (12)	1,049	-	-	-	-	-	-	-	-
新潟 (13)	1,024	365	365	-	-	-	-	-	-
富山 (14)	20	x	-	-	-	-	-	-	-
石川 (15)	1,620	x	-	-	-	-	-	-	-
福井 (16)	263	x	-	-	-	-	-	-	-
静岡 (17)	2,440	1,650	-	192	192	-	-	493	59
愛知 (18)	11,213	x	-	-	-	-	-	-	-
三重 (19)	23,544	7,898	-	x	2,365	x	-	3	231
京都 (20)	759	469	-	33	x	x	-	-	-
大阪 (21)	490	x	-	x	x	-	-	-	-
兵庫 (22)	81,231	614	x	x	x	-	-	-	-
和歌山 (23)	2,721	2,636	-	51	x	x	x	x	67
鳥取 (24)	1,670	x	x	-	-	-	-	-	-
島根 (25)	428	x	-	-	-	-	-	-	-
岡山 (26)	22,893	x	-	-	-	-	-	-	-
広島 (27)	107,678	409	-	100	100	-	-	x	-
山口 (28)	1,862	527	-	83	x	-	x	x	-
徳島 (29)	11,885	3,481	-	3,355	3,018	337	-	-	-
香川 (30)	24,208	x	-	x	5,418	2,034	x	-	x
愛媛 (31)	62,176	58,356	90	18,747	13,385	4,841	521	143	2,268
高知 (32)	20,394	20,264	-	11,350	7,671	x	x	-	x
福岡 (33)	39,888	x	-	-	-	-	-	x	-
佐賀 (34)	69,849	x	-	864	855	x	x	18	x
長崎 (35)	23,752	20,694	x	8,990	7,241	233	1,516	x	135
熊本 (36)	50,281	16,259	x	5,416	4,710	706	-	44	768
大分 (37)	23,421	22,868	-	20,151	16,946	2,293	913	-	598
宮崎 (38)	13,627	x	-	x	9,410	2,894	x	97	123
鹿児島 (39)	52,254	50,707	-	46,277	28,047	16,778	1,452	x	x
沖縄 (40)	23,579	606	-	-	-	-	-	-	-
北海道太平洋北区 (41)	102,437	-	-	-	-	-	-	-	-
太平洋北区 (42)	x	x	15,867	-	-	-	-	-	-
太平洋中区 (43)	x	9,880	x	x	2,557	x	-	496	313
太平洋南区 (44)	116,731	x	90	62,596	x	13,513	x	x	x
北海道日本海北区 (45)	16,072	-	-	-	-	-	-	-	-
日本海北区 (46)	86,080	x	365	-	-	-	-	-	-
日本海西区 (47)	4,741	2,352	x	33	x	x	-	-	-
東シナ海区 (48)	258,938	90,087	x	61,631	x	x	2,993	112	903
瀬戸内海区 (49)	256,518	14,690	x	x	9,022	x	x	x	x
宗谷 (50)	1,976	-	-	-	-	-	-	-	-
オホーツク (51)	x	-	-	-	-	-	-	-	-
根室 (52)	x	-	-	-	-	-	-	-	-
釧路 (53)	2,221	-	-	-	-	-	-	-	-
十勝 (54)	-	-	-	-	-	-	-	-	-
日高 (55)	-	-	-	-	-	-	-	-	-
胆振 (56)	x	-	-	-	-	-	-	-	-
渡島 (57)	88,130	-	-	-	-	-	-	-	-
留萌 (58)	4,988	-	-	-	-	-	-	-	-
石狩 (59)	93	-	-	-	-	-	-	-	-
後志 (60)	x	-	-	-	-	-	-	-	-
檜山 (61)	55	-	-	-	-	-	-	-	-
青森（太北） (62)	124	x	-	-	-	-	-	-	-
（日北） (63)	84,844	x	-	-	-	-	-	-	-
兵庫（日西） (64)	1	-	-	-	-	-	-	-	-
（瀬戸） (65)	81,230	614	x	x	x	-	-	-	-
和歌山（太南） (66)	2,619	2,604	-	x	x	x	x	x	x
（瀬戸） (67)	101	32	-	x	x	-	-	-	x
山口（東シ） (68)	714	485	-	83	x	-	x	x	-
（瀬戸） (69)	1,148	42	-	-	-	-	-	-	-
徳島（太南） (70)	12	6	-	x	-	x	-	-	-
（瀬戸） (71)	11,873	3,475	-	x	3,018	x	-	-	-
愛媛（太南） (72)	57,138	56,803	90	18,747	13,385	4,841	521	x	x
（瀬戸） (73)	5,037	1,553	-	-	-	-	-	x	x
福岡（東シ） (74)	38,510	x	-	-	-	-	-	x	-
（瀬戸） (75)	1,378	-	-	-	-	-	-	-	-
大分（太南） (76)	22,941	22,863	-	20,151	16,946	2,293	913	-	598
（瀬戸） (77)	480	5	-	-	-	-	-	-	-

類					貝類				
まだい	ひらめ	ふぐ類	くろまぐろ	その他の魚類	計	ほたてがい	かき類	その他の貝類	
t	t	t	t	t	t	t	t	t	
60, 736	**2, 186**	**4, 166**	**17, 641**	**2, 868**	**351, 104**	**173, 959**	**176, 698**	**448**	(1)
−	−	−	−	−	88, 979	84, 893	4, 083	3	(2)
−	−	−	−	84	84, 280	84, 279	−	0	(3)
−	−	−	−	−	8, 742	x	6, 646	x	(4)
−	−	−	−	53	28, 845	2, 759	26, 086	−	(5)
−	−	−	−	x	x	−	−	x	(6)
−	−	−	−	−	−	−	−	−	(7)
−	−	−	−	−	−	−	−	−	(8)
−	−	−	−	−	x	−	−	x	(9)
x	x	−	−	−	x	−	−	x	(10)
x	−	−	−	−	−	−	−	−	(11)
−	−	−	−	−	x	x	x	−	(12)
−	−	−	−	−	581	−	581	−	(13)
−	x	x	−	x	−	−	−	−	(14)
−	−	−	−	x	1, 607	−	1, 602	5	(15)
40	−	76	−	x	26	−	26	−	(16)
863	10	−	−	33	x	−	293	x	(17)
−	x	−	−	x	x	−	x	−	(18)
3, 824	x	−	950	221	3, 497	−	3, 459	38	(19)
10	x	x	x	x	241	−	214	27	(20)
x	−	−	−	x	x	−	x	−	(21)
x	−	100	−	x	x	−	8, 652	x	(22)
1, 599	x	x	869	41	x	−	x	3	(23)
−	7	x	−	13	x	−	x	x	(24)
−	x	−	−	−	206	−	199	7	(25)
−	x	x	−	x	15, 510	−	15, 510	−	(26)
206	x	−	−	91	104, 015	−	104, 014	0	(27)
x	27	116	x	x	19	−	19	−	(28)
x	−	−	−	x	53	−	x	x	(29)
542	x	211	−	245	909	−	900	9	(30)
34, 009	327	145	1, 346	1, 282	689	−	656	33	(31)
6, 188	−	−	2, 234	x	x	−	−	x	(32)
x	−	−	−	x	1, 809	−	1, 809	−	(33)
197	−	242	−	9	286	−	282	4	(34)
2, 234	129	2, 353	6, 502	301	1, 443	−	1, 348	95	(35)
8, 684	x	523	x	32	116	−	59	57	(36)
335	647	264	681	191	208	−	143	66	(37)
875	73	x	−	24	48	−	48	1	(38)
800	490	x	3, 083	9	x	−	x	x	(39)
x	−	−	x	57	x	−	−	x	(40)
−	−	−	−	−	x	x	2, 854	0	(41)
−	−	−	−	x	x	x	32, 732	70	(42)
4, 789	x	−	950	x	x	x	3, 755	x	(43)
41, 604	1, 011	467	5, 131	x	444	−	x	x	(44)
−	−	−	−	−	x	x	1, 229	3	(45)
−	x	x	−	17	x	84, 279	581	x	(46)
50	7	100	x	121	x	−	x	x	(47)
11, 946	662	x	x	409	2, 367	−	2, 194	173	(48)
2, 348	78	343	−	445	130, 985	−	130, 965	20	(49)
−	−	−	−	−	x	x	−	−	(50)
−	−	−	−	−	7, 519	6, 308	1, 211	−	(51)
−	−	−	−	−	x	−	x	−	(52)
−	−	−	−	−	x	x	2, 081	−	(53)
−	−	−	−	−	−	−	−	−	(54)
−	−	−	−	−	−	−	−	−	(55)
−	−	−	−	−	x	11, 742	x	−	(56)
−	−	−	−	−	61, 177	60, 429	747	0	(57)
−	−	−	−	−	4, 988	4, 988	−	−	(58)
−	−	−	−	−	93	93	−	−	(59)
−	−	−	−	−	x	1, 262	x	−	(60)
−	−	−	−	−	x	46	x	2	(61)
−	−	−	−	x	−	−	−	−	(62)
−	−	−	−	x	84, 280	84, 279	−	0	(63)
−	−	−	−	−	x	−	−	x	(64)
x	−	100	−	x	x	−	8, 652	x	(65)
x	x	x	869	x	x	−	x	3	(66)
x	−	x	−	x	x	−	x	−	(67)
x	x	x	x	x	x	−	x	−	(68)
−	x	x	−	−	x	−	x	−	(69)
x	−	−	−	x	x	−	x	x	(70)
x	−	−	−	−	x	−	x	−	(71)
32, 615	x	145	1, 346	1, 203	300	−	268	31	(72)
1, 394	x	−	−	80	390	−	388	1	(73)
x	−	−	−	x	494	−	494	−	(74)
−	−	−	−	−	1, 315	−	1, 315	−	(75)
335	x	x	681	191	x	−	x	x	(76)
−	x	x	−	−	x	−	x	x	(77)

2 大海区都道府県振興局別統計（続き）
(1) 養殖魚種別収獲量（種苗養殖を除く。）（続き）

都道府県・大海区・振興局	くるまえび	ほや類	その他の水産動物類	海藻						
				計	こんぶ類	わかめ類	のり			
							小計	板のり		
								くろのり	まぜのり	あおのり
	t	t	t	t	t	t	t	t	t	t
全国 (1)	**1,478**	**11,962**	**168**	**390,647**	**33,532**	**50,775**	**283,688**	**273,312**	**525**	**419**
北海道 (2)	－	4,492	x	x	24,377	597	x	x	－	－
青森 (3)	－	540	3	60	9	52	－	－	－	－
岩手 (4)	－	1,452	－	26,308	8,079	18,220	－	－	－	－
宮城 (5)	－	5,479	－	30,929	915	16,939	13,075	12,775	－	－
秋田 (6)	－	－	－	188	9	179	－	－	－	－
山形 (7)	－	－	－	－	－	－	－	－	－	－
福島 (8)	－	－	－	44	－	－	44	－	－	－
茨城 (9)	－	－	－	－	－	－	－	－	－	－
千葉 (10)	－	－	－	7,030	－	15	7,015	6,716	x	x
東京 (11)	－	－	－	－	－	－	－	－	－	－
神奈川 (12)	－	－	－	x	88	621	x	x	－	－
新潟 (13)	－	－	－	78	4	73	－	－	－	－
富山 (14)	－	－	－	x	x	2	－	－	－	－
石川 (15)	x	－	－	6	－	6	－	－	－	－
福井 (16)	－	－	－	20	－	20	－	－	－	－
静岡 (17)	－	－	－	x	x	x	434	－	－	94
愛知 (18)	－	－	－	11,113	－	357	10,756	9,900	x	x
三重 (19)	－	－	－	12,145	－	x	11,540	7,382	－	－
京都 (20)	x	－	－	x	－	44	－	－	－	－
大阪 (21)	－	－	－	430	3	304	123	x	－	－
兵庫 (22)	x	－	－	x	－	x	68,225	68,225	－	－
和歌山 (23)	x	－	－	71	－	x	－	－	－	－
鳥取 (24)	－	－	－	7	－	x	x	－	－	－
島根 (25)	－	－	－	x	x	222	－	－	－	－
岡山 (26)	－	－	x	7,381	－	51	7,330	7,252	－	－
広島 (27)	x	－	－	3,250	x	x	3,035	3,026	－	－
山口 (28)	56	－	－	1,259	－	173	1,027	828	－	－
徳島 (29)	x	－	－	x	x	6,280	2,050	x	－	－
香川 (30)	x	－	－	14,782	1	66	14,715	14,352	－	－
愛媛 (31)	x	－	x	3,105	－	3	3,087	1,626	－	－
高知 (32)	－	－	49	73	－	－	73	－	－	－
福岡 (33)	－	－	－	38,072	－	x	37,828	37,795	－	－
佐賀 (34)	x	－	4	68,206	1	39	68,166	68,139	－	－
長崎 (35)	95	－	－	1,513	23	989	411	381	－	－
熊本 (36)	253	－	0	33,652	x	547	33,103	32,148	－	－
大分 (37)	x	－	－	x	－	19	x	198	－	－
宮崎 (38)	x	－	－	－	－	－	－	－	－	－
鹿児島 (39)	324	－	x	1,161	－	x	955	186	－	－
沖縄 (40)	549	－	x	22,419	－	－	134	－	－	－
北海道太平洋北区 (41)	－	4,492	x	x	x	597	－	－	－	－
太平洋北区 (42)	－	6,931	－	x	x	35,193	13,119	12,775	－	－
太平洋中区 (43)	－	－	－	31,832	x	x	x	x	525	419
太平洋南区 (44)	24	－	x	109	－	x	85	－	－	－
北海道日本海北区 (45)	－	－	x	x	x	－	x	x	－	－
日本海北区 (46)	－	540	3	288	16	272	－	－	－	－
日本海西区 (47)	x	－	－	303	x	x	x	－	－	－
東シナ海区 (48)	1,250	－	54	165,173	x	1,989	140,537	138,585	－	－
瀬戸内海区 (49)	x	－	x	110,641	x	10,760	x	x	－	－
宗谷 (50)	－	－	－	x	x	－	－	－	－	－
オホーツク (51)	－	－	－	x	－	－	x	x	－	－
根室 (52)	－	－	x	474	474	－	－	－	－	－
釧路 (53)	－	－	52	x	x	53	－	－	－	－
十勝 (54)	－	－	－	－	－	－	－	－	－	－
日高 (55)	－	－	－	－	－	－	－	－	－	－
胆振 (56)	－	－	－	－	－	－	－	－	－	－
渡島 (57)	－	4,492	1	22,460	21,917	544	－	－	－	－
留萌 (58)	－	－	－	－	－	－	－	－	－	－
石狩 (59)	－	－	－	－	－	－	－	－	－	－
後志 (60)	－	－	－	－	－	－	－	－	－	－
檜山 (61)	－	－	x	－	－	－	－	－	－	－
青森（太北） (62)	－	－	－	x	x	34	－	－	－	－
（日北） (63)	－	540	3	x	x	18	－	－	－	－
兵庫（日西） (64)	－	－	－	x	－	x	－	－	－	－
（瀬戸） (65)	x	－	－	71,963	－	3,738	68,225	68,225	－	－
和歌山（太南） (66)	x	－	－	x	－	x	－	－	－	－
（瀬戸） (67)	－	－	－	x	－	x	－	－	－	－
山口（東シ） (68)	x	－	－	213	－	152	2	－	－	－
（瀬戸） (69)	x	－	－	1,046	－	21	1,025	828	－	－
徳島（太南） (70)	－	－	－	x	－	x	－	－	－	－
（瀬戸） (71)	x	－	－	8,342	x	x	2,050	x	－	－
愛媛（太南） (72)	－	－	x	x	－	－	x	－	－	－
（瀬戸） (73)	x	－	x	x	－	3	x	1,626	－	－
福岡（東シ） (74)	－	－	－	38,008	－	x	37,765	37,731	－	－
（瀬戸） (75)	－	－	－	64	－	－	64	64	－	－
大分（太南） (76)	－	－	－	x	－	－	x	－	－	－
（瀬戸） (77)	x	－	－	x	－	19	x	198	－	－

類				真			珠			
類		もずく類	その他の海藻類	計	真	円	真	珠	半円真珠	
ばらのり	生のり類				大　玉	中　玉	小　玉	厘　玉		
t	t	t	t	kg	kg	kg	kg	kg	kg	
7,926	1,507	22,036	616	20,581	9,800	9,697	673	x	x	(1)
−	−	−	−	−	−	−	−	−	−	(2)
−	−	−	−	−	−	−	−	−	−	(3)
−	−	−	9	−	−	−	−	−	−	(4)
−	300	−	−	−	−	−	−	−	−	(5)
−	−	−	−	−	−	−	−	−	−	(6)
−	−	−	−	−	−	−	−	−	−	(7)
13	31	−	−	−	−	−	−	−	−	(8)
−	−	−	−	−	−	−	−	−	−	(9)
−	x	−	−	−	−	−	−	−	−	(10)
−	−	−	−	−	−	−	−	−	−	(11)
−	−	−	−	−	−	−	−	−	−	(12)
−	−	−	0	−	−	−	−	−	−	(13)
−	−	−	−	−	−	−	−	−	−	(14)
−	−	−	−	−	−	−	−	−	−	(15)
−	−	−	−	x	x	x	x	−	−	(16)
−	340	−	−	−	−	−	−	−	−	(17)
284	20	−	−	−	−	−	−	−	−	(18)
4,158	−	−	x	4,311	1,554	1,920	511	326	−	(19)
−	−	−	x	−	−	−	−	−	−	(20)
−	x	−	−	−	−	−	−	−	−	(21)
−	−	−	−	−	−	−	−	−	−	(22)
−	−	−	x	−	−	−	−	−	−	(23)
−	x	−	−	−	−	−	−	−	−	(24)
−	−	−	−	−	−	−	−	−	−	(25)
78	−	−	−	−	−	−	−	−	−	(26)
x	x	−	−	x	−	−	x	−	−	(27)
x	x	−	59	−	−	−	−	−	−	(28)
x	−	−	x	x	x	x	x	−	−	(29)
230	133	−	−	−	−	−	−	−	−	(30)
1,461	−	−	15	8,003	5,638	2,360	6	−	−	(31)
−	73	−	−	x	−	x	−	−	−	(32)
−	34	x	−	x	x	x	x	−	−	(33)
25	3	−	−	135	51	79	4	−	−	(34)
20	10	−	90	6,961	2,218	4,672	x	x	−	(35)
567	388	−	x	549	155	341	54	−	−	(36)
−	x	−	−	265	11	247	7	−	−	(37)
−	−	−	−	−	−	−	−	−	−	(38)
765	4	x	20	x	79	−	−	−	x	(39)
−	134	21,868	417	x	x	−	−	−	x	(40)
−	−	−	−	−	−	−	−	−	−	(41)
13	331	−	9	−	−	−	−	−	−	(42)
4,442	x	−	x	4,311	1,554	1,920	511	326	−	(43)
x	x	−	x	x	5,649	x	12	−	−	(44)
−	−	−	−	−	−	−	−	−	−	(45)
−	−	−	0	−	−	−	−	−	−	(46)
−	x	−	x	x	x	x	x	−	−	(47)
1,379	573	22,036	x	7,910	2,570	x	x	x	x	(48)
x	170	−	x	x	x	x	22	−	−	(49)
−	−	−	−	−	−	−	−	−	−	(50)
−	−	−	−	−	−	−	−	−	−	(51)
−	−	−	−	−	−	−	−	−	−	(52)
−	−	−	−	−	−	−	−	−	−	(53)
−	−	−	−	−	−	−	−	−	−	(54)
−	−	−	−	−	−	−	−	−	−	(55)
−	−	−	−	−	−	−	−	−	−	(56)
−	−	−	−	−	−	−	−	−	−	(57)
−	−	−	−	−	−	−	−	−	−	(58)
−	−	−	−	−	−	−	−	−	−	(59)
−	−	−	−	−	−	−	−	−	−	(60)
−	−	−	−	−	−	−	−	−	−	(61)
−	−	−	−	−	−	−	−	−	−	(62)
−	−	−	−	−	−	−	−	−	−	(63)
−	−	−	−	−	−	−	−	−	−	(64)
−	−	−	−	−	−	−	−	−	−	(65)
−	−	−	x	−	−	−	−	−	−	(66)
−	−	−	−	−	−	−	−	−	−	(67)
2	−	−	59	−	−	−	−	−	−	(68)
x	x	−	−	−	−	−	−	−	−	(69)
−	−	−	x	−	−	−	−	−	−	(70)
x	−	−	−	x	x	x	x	−	−	(71)
x	−	−	15	8,003	5,638	2,360	6	−	−	(72)
x	−	−	−	−	−	−	−	−	−	(73)
−	34	x	−	x	x	x	x	−	−	(74)
−	−	−	−	−	−	−	−	−	−	(75)
−	x	−	−	265	11	247	7	−	−	(76)
−	x	−	−	−	−	−	−	−	−	(77)

2 大海区都道府県振興局別統計（続き）
(2) かき類、のり類収獲量（種苗養殖を除く。）
ア かき類

都道府県・大海区・振興局	収獲量		半期別収獲量		
	暦年（1～12月）	1)養殖年（7～翌年6月）	1～6月	7～12月	1)翌年1～6月
	t	t	t	t	t
全国 (1)	**176,698**	**167,077**	**130,712**	**45,985**	**121,091**
北海道 (2)	4,083	4,019	1,435	2,648	1,371
青森 (3)	-	-	-	-	-
岩手 (4)	6,646	7,649	2,360	4,286	3,363
宮城 (5)	26,086	23,789	12,403	13,684	10,105
秋田 (6)	-	-	-	-	-
山形 (7)	-	-	-	-	-
福島 (8)	-	-	-	-	-
茨城 (9)	-	-	-	-	-
千葉 (10)	-	-	-	-	-
東京 (11)	-	-	-	-	-
神奈川 (12)	x	x	x	x	x
新潟 (13)	581	530	429	152	378
富山 (14)	-	-	-	-	-
石川 (15)	1,602	1,988	1,127	475	1,513
福井 (16)	26	15	22	5	10
静岡 (17)	293	292	256	37	254
愛知 (18)	x	x	x	x	x
三重 (19)	3,459	3,517	2,368	1,091	2,426
京都 (20)	214	193	126	88	105
大阪 (21)	x	x	x	-	x
兵庫 (22)	8,652	6,735	6,741	1,911	4,824
和歌山 (23)	x	11	x	x	x
鳥取 (24)	x	x	x	x	x
島根 (25)	199	190	167	32	158
岡山 (26)	15,510	11,805	12,515	2,995	8,811
広島 (27)	104,014	101,147	87,619	16,395	84,752
山口 (28)	19	23	11	9	15
徳島 (29)	x	x	37	x	x
香川 (30)	900	689	610	290	399
愛媛 (31)	656	642	508	149	493
高知 (32)	-	-	-	-	-
福岡 (33)	1,809	1,883	973	835	1,048
佐賀 (34)	282	249	161	120	129
長崎 (35)	1,348	1,381	735	613	768
熊本 (36)	59	67	41	19	48
大分 (37)	143	151	50	93	58
宮崎 (38)	48	62	9	39	23
鹿児島 (39)	x	x	x	x	x
沖縄 (40)	-	-	-	-	-
北海道太平洋北区 (41)	2,854	2,702	1,151	1,702	999
太平洋北区 (42)	32,732	31,438	14,763	17,969	13,469
太平洋中区 (43)	3,755	3,810	2,626	1,129	2,681
太平洋南区 (44)	x	340	181	x	x
北海道日本海北区 (45)	1,229	1,317	284	945	372
日本海北区 (46)	581	530	429	152	378
日本海西区 (47)	x	2,388	x	x	x
東シナ海区 (48)	2,194	2,308	1,171	1,023	1,285
瀬戸内海区 (49)	130,965	122,244	x	x	x
宗谷 (50)	-	-	-	-	-
オホーツク (51)	1,211	1,303	268	943	360
根室 (52)	x	21	x	x	x
釧路 (53)	2,081	2,081	560	1,521	559
十勝 (54)	-	-	-	-	-
日高 (55)	-	-	-	-	-
胆振 (56)	x	1	x	x	x
渡島 (57)	747	599	583	164	435
留萌 (58)	-	-	-	-	-
石狩 (59)	-	-	-	-	-
後志 (60)	x	15	15	x	x
檜山 (61)	x	0	-	x	x
青森(太北) (62)	-	-	-	-	-
(日北) (63)	-	-	-	-	-
兵庫(日西) (64)	-	-	-	-	-
(瀬戸) (65)	8,652	6,735	6,741	1,911	4,824
和歌山(太南) (66)	x	x	x	x	x
(瀬戸) (67)	x	x	x	x	x
山口(東シ) (68)	x	x	x	x	x
(瀬戸) (69)	x	x	x	x	x
徳島(太南) (70)	x	x	-	x	x
(瀬戸) (71)	x	46	37	x	x
愛媛(太南) (72)	268	261	157	111	149
(瀬戸) (73)	388	381	351	37	344
福岡(東シ) (74)	494	597	228	266	332
(瀬戸) (75)	1,315	1,286	745	569	716
大分(太南) (76)	x	10	x	x	x
(瀬戸) (77)	x	141	x	x	x

注:1)の翌年(令和元年) 1～6月は概数である。

イ　のり類

生換算重量（1～12月）	のり類養殖（1～12月） 製品形態別収穫量 板のり 計	くろのり	まぜのり	あおのり	ばらのり	その他ののり	
t	千枚	千枚	千枚	千枚	t	t	
283,688	**7,285,399**	**7,261,003**	**13,503**	**10,894**	**775**	**1,507**	(1)
x	x	x	-	-	-	-	(2)
-	-	-	-	-	-	-	(3)
-	-	-	-	-	-	-	(4)
13,075	344,931	344,931	-	-	-	300	(5)
-	-	-	-	-	-	-	(6)
-	-	-	-	-	-	-	(7)
44	-	-	-	-	2	31	(8)
-	-	-	-	-	-	-	(9)
7,015	x	167,907	x	x	-	x	(10)
-	-	-	-	-	-	-	(11)
x	x	x	-	-	-	-	(12)
-	-	-	-	-	-	-	(13)
-	-	-	-	-	-	-	(14)
-	-	-	-	-	-	-	(15)
-	-	-	-	-	-	-	(16)
434	2,247	-	-	2,247	-	340	(17)
10,756	278,721	264,003	x	x	29	20	(18)
11,540	191,922	191,922	-	-	416	-	(19)
-	-	-	-	-	-	-	(20)
123	x	x	-	-	-	x	(21)
68,225	1,705,627	1,705,627	-	-	-	-	(22)
-	-	-	-	-	-	-	(23)
x	-	-	-	-	-	x	(24)
-	-	-	-	-	-	-	(25)
7,330	193,383	193,383	-	-	5	-	(26)
3,035	75,658	75,658	-	-	x	x	(27)
1,027	19,129	19,129	-	-	x	x	(28)
2,050	x	x	-	-	x	-	(29)
14,715	358,805	358,805	-	-	14	133	(30)
3,087	43,368	43,368	-	-	87	-	(31)
73	-	-	-	-	-	73	(32)
37,828	1,133,857	1,133,857	-	-	-	34	(33)
68,166	1,817,031	1,817,031	-	-	2	3	(34)
411	10,665	10,665	-	-	3	10	(35)
33,103	857,284	857,284	-	-	71	388	(36)
x	5,288	5,288	-	-	-	x	(37)
-	-	-	-	-	-	-	(38)
955	6,198	6,198	-	-	128	4	(39)
134	-	-	-	-	-	134	(40)
-	-	-	-	-	-	-	(41)
13,119	344,931	344,931	-	-	2	331	(42)
x	657,719	x	13,503	10,894	445	x	(43)
85	-	-	-	-	x	x	(44)
x	x	x	-	-	-	-	(45)
-	-	-	-	-	-	-	(46)
x	-	-	-	-	-	x	(47)
140,537	3,823,118	3,823,118	-	-	204	573	(48)
x	x	x	-	-	x	170	(49)
-	-	-	-	-	-	-	(50)
x	x	x	-	-	-	-	(51)
-	-	-	-	-	-	-	(52)
-	-	-	-	-	-	-	(53)
-	-	-	-	-	-	-	(54)
-	-	-	-	-	-	-	(55)
-	-	-	-	-	-	-	(56)
-	-	-	-	-	-	-	(57)
-	-	-	-	-	-	-	(58)
-	-	-	-	-	-	-	(59)
-	-	-	-	-	-	-	(60)
-	-	-	-	-	-	-	(61)
-	-	-	-	-	-	-	(62)
-	-	-	-	-	-	-	(63)
-	-	-	-	-	-	-	(64)
68,225	1,705,627	1,705,627	-	-	-	-	(65)
-	-	-	-	-	-	-	(66)
-	-	-	-	-	-	-	(67)
2	-	-	-	-	0	-	(68)
1,025	19,129	19,129	-	-	x	x	(69)
-	-	-	-	-	-	-	(70)
2,050	x	x	-	-	x	-	(71)
x	-	-	-	-	x	-	(72)
x	43,368	43,368	-	-	x	-	(73)
37,765	1,131,941	1,131,941	-	-	-	34	(74)
64	1,916	1,916	-	-	-	-	(75)
x	-	-	-	-	-	x	(76)
x	5,288	5,288	-	-	-	x	(77)

2 大海区都道府県振興局別統計（続き）
(2) かき類、のり類収獲量（種苗養殖を除く。）（続き）
イ のり類（続き）

都道府県・大海区・振興局	生換算重量（7月～翌年6月）	1) のり類養殖（7月～翌年6月）					
		製品形態別収獲量					
		板のり				ばらのり	その他ののり
		計	くろのり	まぜのり	あおのり		
	t	千枚	千枚	千枚	千枚	t	t
全国 (1)	**250,124**	**6,452,176**	**6,428,102**	**14,681**	**9,393**	**697**	**1,190**
北海道 (2)	x	x	x	-	-	-	-
青森 (3)	-	-	-	-	-	-	-
岩手 (4)	-	-	-	-	-	-	-
宮城 (5)	11,311	305,393	305,393	-	-	-	-
秋田 (6)	-	-	-	-	-	-	-
山形 (7)	-	-	-	-	-	-	-
福島 (8)	129	-	-	-	-	10	59
茨城 (9)	-	-	-	-	-	-	-
千葉 (10)	6,106	152,616	143,312	x	x	-	1
東京 (11)	-	-	-	-	-	-	-
神奈川 (12)	324	x	x	-	-	-	-
新潟 (13)	-	-	-	-	-	-	-
富山 (14)	-	-	-	-	-	-	-
石川 (15)	-	-	-	-	-	-	-
福井 (16)	-	-	-	-	-	-	-
静岡 (17)	427	x	-	-	x	-	383
愛知 (18)	10,187	265,104	251,375	x	x	22	27
三重 (19)	8,360	115,113	115,113	-	-	393	-
京都 (20)	-	-	-	-	-	-	-
大阪 (21)	78	1,779	1,779	-	-	-	x
兵庫 (22)	54,778	1,369,459	1,369,459	-	-	-	-
和歌山 (23)	-	-	-	-	-	-	-
鳥取 (24)	-	-	-	-	-	-	-
島根 (25)	-	-	-	-	-	-	-
岡山 (26)	6,876	179,233	179,233	-	-	11	-
広島 (27)	2,617	65,343	65,343	-	-	x	x
山口 (28)	601	10,412	10,412	-	-	x	x
徳島 (29)	x	15,020	15,020	-	-	x	-
香川 (30)	10,567	256,521	256,521	-	-	13	87
愛媛 (31)	3,264	51,892	51,892	-	-	79	-
高知 (32)	x	-	-	-	-	-	x
福岡 (33)	38,248	1,147,060	1,147,060	-	-	-	13
佐賀 (34)	61,938	1,651,251	1,651,251	-	-	x	2
長崎 (35)	400	10,338	10,338	-	-	3	11
熊本 (36)	32,364	841,182	841,182	-	-	57	364
大分 (37)	x	2,504	2,504	-	-	-	x
宮崎 (38)	-	-	-	-	-	-	-
鹿児島 (39)	637	1,640	1,640	-	-	97	5
沖縄 (40)	78	-	-	-	-	-	78
北海道太平洋北区 (41)	-	-	-	-	-	-	-
太平洋北区 (42)	11,439	305,393	305,393	-	-	10	59
太平洋中区 (43)	25,405	x	x	14,681	9,393	416	411
太平洋南区 (44)	x	-	-	-	-	x	132
北海道日本海北区 (45)	x	x	x	-	-	-	-
日本海北区 (46)	-	-	-	-	-	-	-
日本海西区 (47)	-	-	-	-	-	-	-
東シナ海区 (48)	133,632	3,650,471	3,650,471	-	-	x	473
瀬戸内海区 (49)	79,499	1,953,163	1,953,163	-	-	x	114
宗谷 (50)	-	-	-	-	-	-	-
オホーツク (51)	x	x	x	-	-	-	-
根室 (52)	-	-	-	-	-	-	-
釧路 (53)	-	-	-	-	-	-	-
十勝 (54)	-	-	-	-	-	-	-
日高 (55)	-	-	-	-	-	-	-
胆振 (56)	-	-	-	-	-	-	-
渡島 (57)	-	-	-	-	-	-	-
留萌 (58)	-	-	-	-	-	-	-
石狩 (59)	-	-	-	-	-	-	-
後志 (60)	-	-	-	-	-	-	-
檜山 (61)	-	-	-	-	-	-	-
青森(太北) (62)	-	-	-	-	-	-	-
(日北) (63)	-	-	-	-	-	-	-
兵庫(日西) (64)	-	-	-	-	-	-	-
(瀬戸) (65)	54,778	1,369,459	1,369,459	-	-	-	-
和歌山(太南) (66)	-	-	-	-	-	-	-
(瀬戸) (67)	-	-	-	-	-	-	-
山口(東シ) (68)	-	-	-	-	-	-	-
(瀬戸) (69)	601	10,412	10,412	-	-	x	x
徳島(太南) (70)	-	-	-	-	-	-	-
(瀬戸) (71)	x	15,020	15,020	-	-	x	-
愛媛(太南) (72)	x	-	-	-	-	x	-
(瀬戸) (73)	x	51,892	51,892	-	-	x	-
福岡(東シ) (74)	38,215	1,146,061	1,146,061	-	-	-	13
(瀬戸) (75)	33	999	999	-	-	-	-
大分(太南) (76)	x	-	-	-	-	-	x
(瀬戸) (77)	x	2,504	2,504	-	-	-	x

注:1)の翌年(令和元年)1月～6月は概数である。

のり類養殖（1～6月）						
製品形態別収獲量						
板のり				ばらのり	その他ののり	
計	くろのり	まぜのり	あおのり			
千枚	千枚	千枚	千枚	t	t	
6,170,536	6,150,033	x	x	768	1,425	(1)
x	x	–	–	–	–	(2)
–	–	–	–	–	–	(3)
–	–	–	–	–	–	(4)
283,695	283,695	–	–	–	300	(5)
–	–	–	–	–	–	(6)
–	–	–	–	–	–	(7)
–	–	–	–	2	27	(8)
–	–	–	–	–	–	(9)
x	152,302	x	x	–	x	(10)
–	–	–	–	–	–	(11)
x	x	–	–	–	–	(12)
–	–	–	–	–	–	(13)
–	–	–	–	–	–	(14)
–	–	–	–	–	–	(15)
–	–	–	–	–	–	(16)
2,247	–	–	2,247	–	334	(17)
228,866	x	x	x	27	20	(18)
184,735	184,735	–	–	416	–	(19)
–	–	–	–	–	–	(20)
x	x	–	–	–	x	(21)
1,571,217	1,571,217	–	–	–	–	(22)
–	–	–	–	–	–	(23)
–	–	–	–	–	x	(24)
–	–	–	–	–	–	(25)
176,164	176,164	–	–	5	–	(26)
67,462	67,462	–	–	x	x	(27)
17,679	17,679	–	–	x	x	(28)
x	x	–	–	x	–	(29)
342,661	342,661	–	–	13	x	(30)
41,154	41,154	–	–	x	–	(31)
–	–	–	–	–	x	(32)
959,130	959,130	–	–	–	34	(33)
1,353,019	1,353,019	–	–	x	2	(34)
10,128	10,128	–	–	3	10	(35)
698,936	698,936	–	–	69	362	(36)
3,711	3,711	–	–	–	x	(37)
–	–	–	–	–	–	(38)
6,198	6,198	–	–	128	4	(39)
–	–	–	–	–	134	(40)
–	–	–	–	–	–	(41)
283,695	283,695	–	–	2	327	(42)
x	x	x	x	443	x	(43)
–	–	–	–	x	x	(44)
x	x	–	–	–	–	(45)
–	–	–	–	–	–	(46)
–	–	–	–	–	x	(47)
3,025,495	3,025,495	–	–	x	546	(48)
x	x	–	–	x	x	(49)
–	–	–	–	–	–	(50)
x	x	–	–	–	–	(51)
–	–	–	–	–	–	(52)
–	–	–	–	–	–	(53)
–	–	–	–	–	–	(54)
–	–	–	–	–	–	(55)
–	–	–	–	–	–	(56)
–	–	–	–	–	–	(57)
–	–	–	–	–	–	(58)
–	–	–	–	–	–	(59)
–	–	–	–	–	–	(60)
–	–	–	–	–	–	(61)
–	–	–	–	–	–	(62)
–	–	–	–	–	–	(63)
–	–	–	–	–	–	(64)
1,571,217	1,571,217	–	–	–	–	(65)
–	–	–	–	–	–	(66)
–	–	–	–	–	–	(67)
–	–	–	–	0	–	(68)
17,679	17,679	–	–	x	x	(69)
–	–	–	–	–	–	(70)
x	x	–	–	x	–	(71)
–	–	–	–	x	–	(72)
41,154	41,154	–	–	x	–	(73)
957,215	957,215	–	–	–	34	(74)
1,916	1,916	–	–	–	–	(75)
–	–	–	–	–	x	(76)
3,711	3,711	–	–	–	x	(77)

2 大海区都道府県振興局別統計（続き）
(2) かき類、のり類収獲量（種苗養殖を除く。）（続き）
イ のり類（続き）

都道府県・大海区・振興局	のり類養殖（7～12月）製品形態別収獲量 板のり 計	くろのり	まぜのり	あおのり	ばらのり	その他ののり
	千枚	千枚	千枚	千枚	t	t
全国 (1)	**1,114,863**	**1,110,969**	**x**	**x**	**7**	**83**
北海道 (2)	x	x	-	-	-	-
青森 (3)	-	-	-	-	-	-
岩手 (4)	-	-	-	-	-	-
宮城 (5)	61,236	61,236	-	-	-	-
秋田 (6)	-	-	-	-	-	-
山形 (7)	-	-	-	-	-	-
福島 (8)	-	-	-	-	-	4
茨城 (9)	-	-	-	-	-	-
千葉 (10)	17,021	15,605	x	x	-	x
東京 (11)	-	-	-	-	-	-
神奈川 (12)	x	x	-	-	-	-
新潟 (13)	-	-	-	-	-	-
富山 (14)	-	-	-	-	-	-
石川 (15)	-	-	-	-	-	-
福井 (16)	-	-	-	-	-	-
静岡 (17)	-	-	-	-	-	5
愛知 (18)	49,855	x	x	-	2	-
三重 (19)	7,187	7,187	-	-	0	-
京都 (20)	-	-	-	-	-	-
大阪 (21)	x	x	-	-	-	-
兵庫 (22)	134,410	134,410	-	-	-	-
和歌山 (23)	-	-	-	-	-	-
鳥取 (24)	-	-	-	-	-	-
島根 (25)	-	-	-	-	-	-
岡山 (26)	17,218	17,218	-	-	-	-
広島 (27)	8,196	8,196	-	-	-	-
山口 (28)	1,450	1,450	-	-	x	x
徳島 (29)	-	-	-	-	-	-
香川 (30)	16,144	16,144	-	-	1	x
愛媛 (31)	2,215	2,215	-	-	x	-
高知 (32)	-	-	-	-	-	x
福岡 (33)	174,726	174,726	-	-	-	-
佐賀 (34)	464,012	464,012	-	-	x	1
長崎 (35)	537	537	-	-	-	-
熊本 (36)	158,348	158,348	-	-	2	26
大分 (37)	1,577	1,577	-	-	-	-
宮崎 (38)	-	-	-	-	-	-
鹿児島 (39)	-	-	-	-	-	-
沖縄 (40)	-	-	-	-	-	-
北海道太平洋北区 (41)	-	-	-	-	-	-
太平洋北区 (42)	61,236	61,236	-	-	-	4
太平洋中区 (43)	x	x	x	x	2	x
太平洋南区 (44)	-	-	-	-	x	x
北海道日本海北区 (45)	x	x	-	-	-	-
日本海北区 (46)	-	-	-	-	-	-
日本海西区 (47)	-	-	-	-	-	-
東シナ海区 (48)	797,623	797,623	-	-	x	27
瀬戸内海区 (49)	x	x	-	-	x	x
宗谷 (50)	-	-	-	-	-	-
オホーツク (51)	x	x	-	-	-	-
根室 (52)	-	-	-	-	-	-
釧路 (53)	-	-	-	-	-	-
十勝 (54)	-	-	-	-	-	-
日高 (55)	-	-	-	-	-	-
胆振 (56)	-	-	-	-	-	-
渡島 (57)	-	-	-	-	-	-
留萌 (58)	-	-	-	-	-	-
石狩 (59)	-	-	-	-	-	-
後志 (60)	-	-	-	-	-	-
檜山 (61)	-	-	-	-	-	-
青森（太北）(62)	-	-	-	-	-	-
（日北）(63)	-	-	-	-	-	-
兵庫（日西）(64)	-	-	-	-	-	-
（瀬戸）(65)	134,410	134,410	-	-	-	-
和歌山（太南）(66)	-	-	-	-	-	-
（瀬戸）(67)	-	-	-	-	-	-
山口（東シ）(68)	-	-	-	-	-	-
（瀬戸）(69)	1,450	1,450	-	-	x	x
徳島（太南）(70)	-	-	-	-	-	-
（瀬戸）(71)	-	-	-	-	-	-
愛媛（太南）(72)	-	-	-	-	x	-
（瀬戸）(73)	2,215	2,215	-	-	-	-
福岡（東シ）(74)	174,726	174,726	-	-	-	-
（瀬戸）(75)	-	-	-	-	-	-
大分（太南）(76)	-	-	-	-	-	-
（瀬戸）(77)	1,577	1,577	-	-	-	-

注：1)の翌年（令和元年）1月～6月は概数である。

1) のり類養殖（翌年1～6月）						
製品形態別収獲量						
板のり				ばらのり	その他ののり	
計	くろのり	まぜのり	あおのり			
千枚	千枚	千枚	千枚	t	t	
5,337,313	**5,317,132**	**x**	**x**	**689**	**1,107**	(1)
-	-	-	-	-	-	(2)
-	-	-	-	-	-	(3)
-	-	-	-	-	-	(4)
244,157	244,157	-	-	-	-	(5)
-	-	-	-	-	-	(6)
-	-	-	-	-	-	(7)
-	-	-	-	10	56	(8)
-	-	-	-	-	-	(9)
135,596	127,707	x	x	-	x	(10)
-	-	-	-	-	-	(11)
x	x	-	-	-	-	(12)
-	-	-	-	-	-	(13)
-	-	-	-	-	-	(14)
-	-	-	-	-	-	(15)
-	-	-	-	-	-	(16)
x	-	-	x	-	378	(17)
215,249	x	x	x	20	27	(18)
107,926	107,926	-	-	393	-	(19)
-	-	-	-	-	-	(20)
x	x	-	-	-	x	(21)
1,235,049	1,235,049	-	-	-	-	(22)
-	-	-	-	-	-	(23)
-	-	-	-	-	-	(24)
-	-	-	-	-	-	(25)
162,014	162,014	-	-	11	-	(26)
57,147	57,147	-	-	x	x	(27)
8,963	8,963	-	-	x	x	(28)
15,020	15,020	-	-	x	-	(29)
240,377	240,377	-	-	12	x	(30)
49,678	49,678	-	-	x	-	(31)
-	-	-	-	-	x	(32)
972,334	972,334	-	-	-	13	(33)
1,187,239	1,187,239	-	-	1	2	(34)
9,801	9,801	-	-	3	11	(35)
682,834	682,834	-	-	55	338	(36)
927	927	-	-	-	x	(37)
-	-	-	-	-	-	(38)
1,640	1,640	-	-	97	5	(39)
-	-	-	-	-	78	(40)
-	-	-	-	-	-	(41)
244,157	244,157	-	-	10	56	(42)
x	x	x	x	413	x	(43)
-	-	-	-	x	x	(44)
-	-	-	-	-	-	(45)
-	-	-	-	-	-	(46)
-	-	-	-	-	-	(47)
2,852,848	2,852,848	-	-	156	446	(48)
x	x	-	-	x	x	(49)
-	-	-	-	-	-	(50)
-	-	-	-	-	-	(51)
-	-	-	-	-	-	(52)
-	-	-	-	-	-	(53)
-	-	-	-	-	-	(54)
-	-	-	-	-	-	(55)
-	-	-	-	-	-	(56)
-	-	-	-	-	-	(57)
-	-	-	-	-	-	(58)
-	-	-	-	-	-	(59)
-	-	-	-	-	-	(60)
-	-	-	-	-	-	(61)
-	-	-	-	-	-	(62)
-	-	-	-	-	-	(63)
-	-	-	-	-	-	(64)
1,235,049	1,235,049	-	-	-	-	(65)
-	-	-	-	-	-	(66)
-	-	-	-	-	-	(67)
-	-	-	-	-	-	(68)
8,963	8,963	-	-	x	x	(69)
-	-	-	-	-	-	(70)
15,020	15,020	-	-	x	-	(71)
-	-	-	-	x	-	(72)
49,678	49,678	-	-	x	-	(73)
971,334	971,334	-	-	-	13	(74)
999	999	-	-	-	-	(75)
-	-	-	-	-	x	(76)
927	927	-	-	-	x	(77)

2 大海区都道府県振興局別統計（続き）
(3) 種苗養殖販売量

都道府県・大海区・振興局	ぶり類種苗	まだい種苗		ひらめ種苗	真珠母貝
		稚魚	1・2年魚		
	千尾	千尾	千尾	千尾	t
全国 (1)	**3,109**	**47,459**	**4,871**	**10,399**	**1,247**
北海道 (2)	–	–	–	–	–
青森 (3)	–	–	–	–	–
岩手 (4)	–	–	–	–	–
宮城 (5)	–	–	–	–	–
秋田 (6)	–	–	–	x	–
山形 (7)	–	–	–	x	–
福島 (8)	–	–	–	–	–
茨城 (9)	–	–	–	–	–
千葉 (10)	–	–	–	x	–
東京 (11)	–	–	–	–	–
神奈川 (12)	–	x	–	–	–
新潟 (13)	–	–	–	x	–
富山 (14)	–	–	–	–	–
石川 (15)	–	–	–	x	–
福井 (16)	–	x	–	x	–
静岡 (17)	–	x	–	x	–
愛知 (18)	–	–	–	x	–
三重 (19)	–	x	–	x	0
京都 (20)	–	–	–	–	–
大阪 (21)	–	–	–	–	–
兵庫 (22)	–	–	–	–	–
和歌山 (23)	x	x	x	x	–
鳥取 (24)	–	–	–	x	–
島根 (25)	–	x	–	x	–
岡山 (26)	–	–	–	–	–
広島 (27)	–	–	–	x	–
山口 (28)	–	x	–	1,249	–
徳島 (29)	1,190	–	–	–	–
香川 (30)	–	x	–	730	–
愛媛 (31)	452	4,159	–	1,523	1,055
高知 (32)	x	13,257	x	–	21
福岡 (33)	–	–	–	–	–
佐賀 (34)	–	–	–	–	–
長崎 (35)	118	x	–	1,758	171
熊本 (36)	–	2,571	–	x	–
大分 (37)	x	x	–	x	–
宮崎 (38)	–	x	–	x	–
鹿児島 (39)	718	4,148	–	x	–
沖縄 (40)	–	x	–	–	–
北海道太平洋北区 (41)	–	–	–	–	–
太平洋北区 (42)	–	–	–	–	–
太平洋中区 (43)	–	2,470	–	2,154	0
太平洋南区 (44)	1,083	30,058	4,871	368	1,076
北海道日本海北区 (45)	–	–	–	–	–
日本海北区 (46)	–	–	–	481	–
日本海西区 (47)	–	750	–	997	–
東シナ海区 (48)	836	8,543	–	3,114	171
瀬戸内海区 (49)	1,190	5,638	–	3,285	–
宗谷 (50)	–	–	–	–	–
オホーツク (51)	–	–	–	–	–
根室 (52)	–	–	–	–	–
釧路 (53)	–	–	–	–	–
十勝 (54)	–	–	–	–	–
日高 (55)	–	–	–	–	–
胆振 (56)	–	–	–	–	–
渡島 (57)	–	–	–	–	–
留萌 (58)	–	–	–	–	–
石狩 (59)	–	–	–	–	–
後志 (60)	–	–	–	–	–
檜山 (61)	–	–	–	–	–
青森（太北）(62)	–	–	–	–	–
（日北）(63)	–	–	–	–	–
兵庫（日西）(64)	–	–	–	–	–
（瀬戸）(65)	–	–	–	–	–
和歌山（太南）(66)	x	x	x	x	–
（瀬戸）(67)	–	–	–	–	–
山口（東シ）(68)	–	x	–	x	–
（瀬戸）(69)	–	x	–	x	–
徳島（太南）(70)	–	–	–	–	–
（瀬戸）(71)	1,190	–	–	–	–
愛媛（太南）(72)	452	x	–	x	1,055
（瀬戸）(73)	–	x	–	x	–
福岡（東シ）(74)	–	–	–	–	–
（瀬戸）(75)	–	–	–	–	–
大分（太南）(76)	x	x	–	–	–
（瀬戸）(77)	–	–	–	x	–

ほたてがい種苗	かき類種苗	くるまえび種苗	わかめ類種苗	のり類種苗		
				網ひび	貝殻	
千粒	千連	千尾	千m	千枚	千個	
2,326,986	**677**	**217,713**	**339**	**x**	**11,778**	(1)
2,285,255	1	-	-	-	-	(2)
37,392	-	-	x	-	-	(3)
4,339	-	-	x	-	-	(4)
-	539	-	x	-	-	(5)
-	-	x	x	-	-	(6)
-	-	-	-	-	-	(7)
-	-	-	-	-	-	(8)
-	-	-	-	-	-	(9)
-	-	-	-	-	218	(10)
-	-	-	-	-	-	(11)
-	-	-	29	-	-	(12)
-	-	-	x	-	-	(13)
-	-	-	-	-	-	(14)
-	-	-	-	-	-	(15)
-	-	-	x	-	-	(16)
-	-	x	-	-	-	(17)
-	-	-	x	-	-	(18)
-	x	x	x	x	x	(19)
-	-	x	-	-	-	(20)
-	-	-	-	-	-	(21)
-	-	-	-	55	x	(22)
-	-	-	-	-	-	(23)
-	x	-	x	-	-	(24)
-	x	-	x	-	-	(25)
-	-	-	-	x	x	(26)
-	70	-	x	-	-	(27)
-	-	x	-	-	-	(28)
-	x	x	7	-	-	(29)
-	-	x	-	x	-	(30)
-	x	x	-	-	-	(31)
-	-	-	-	-	-	(32)
-	-	-	-	-	-	(33)
-	-	x	-	-	3,697	(34)
-	11	-	85	-	-	(35)
-	-	3,200	-	-	7,154	(36)
-	-	x	-	-	-	(37)
-	-	x	-	-	-	(38)
-	x	29,299	-	-	-	(39)
-	-	x	-	-	-	(40)
317,812	1	-	-	-	-	(41)
4,339	539	-	x	-	-	(42)
-	x	x	109	x	x	(43)
-	7	33,014	-	-	-	(44)
1,967,442	-	-	-	-	-	(45)
37,392	-	x	43	-	-	(46)
-	3	x	48	-	-	(47)
-	x	157,512	85	-	10,851	(48)
-	x	19,356	x	x	x	(49)
195,000	-	-	-	-	-	(50)
495,032	-	-	-	-	-	(51)
287,291	-	-	-	-	-	(52)
-	-	-	-	-	-	(53)
-	-	-	-	-	-	(54)
-	-	-	-	-	-	(55)
30,521	-	-	-	-	-	(56)
-	1	-	-	-	-	(57)
1,077,645	-	-	-	-	-	(58)
58,727	-	-	-	-	-	(59)
141,039	-	-	-	-	-	(60)
-	-	-	-	-	-	(61)
-	-	-	-	-	-	(62)
37,392	-	-	x	-	-	(63)
-	-	-	-	-	-	(64)
-	-	-	-	55	x	(65)
-	-	-	-	-	-	(66)
-	-	-	-	-	-	(67)
-	-	x	-	-	-	(68)
-	-	11,180	-	-	-	(69)
-	x	x	-	-	-	(70)
-	-	-	7	-	-	(71)
-	x	x	-	-	-	(72)
-	x	-	-	-	-	(73)
-	-	-	-	-	-	(74)
-	-	-	-	-	-	(75)
-	-	-	-	-	-	(76)
-	-	x	-	-	-	(77)

2 大海区都道府県振興局別統計（続き）
(4) 投餌量

単位：t

都道府県・大海区・振興局	養殖合計		ぶり類		まだい	
	投餌量		投餌量		投餌量	
	配合餌料	生餌	配合餌料	生餌	配合餌料	生餌
全国	**367,100**	**328,940**	**166,209**	**168,940**	**146,294**	**13,127**
北海道	52	941	-	-	-	-
青森	x	x	-	-	-	-
岩手	-	-	-	-	-	-
宮城	22,273	-	-	-	-	-
秋田	-	-	-	-	-	-
山形	-	-	-	-	-	-
福島	-	-	-	-	-	-
茨城	-	-	-	-	-	-
千葉	x	x	-	-	x	x
東京	x	x	-	-	x	x
神奈川	-	-	-	-	-	-
新潟	522	92	-	-	-	-
富山	24	x	-	-	-	-
石川	-	-	-	-	-	-
福井	421	18	-	-	80	-
静岡	2,333	999	46	973	2,271	-
愛知	-	-	-	-	-	-
三重	25,486	18,362	6,994	1,403	10,797	3,579
京都	45	1,853	x	x	20	31
大阪	x	x	x	x	x	x
兵庫	x	x	x	-	x	x
和歌山	6,446	17,261	112	x	5,216	238
鳥取	2,770	157	-	-	-	-
島根	-	-	-	-	-	-
岡山	x	x	-	-	-	-
広島	2,233	8	800	-	1,369	0
山口	488	4,190	61	x	x	x
徳島	11,283	1,700	11,126	1,457	157	193
香川	-	-	-	-	-	-
愛媛	187,912	34,836	61,954	3,240	117,146	866
高知	x	-	-	-	x	-
福岡	x	x	-	-	x	-
佐賀	2,553	1,628	1,631	112	311	x
長崎	6,154	59,068	901	8,736	1,407	625
熊本	-	-	-	-	-	-
大分	32,885	74,234	29,103	53,569	594	669
宮崎	12,261	28,608	8,906	20,781	2,624	6,122
鹿児島	45,206	77,968	42,544	77,968	2,662	-
沖縄	1,657	x	-	-	x	-
北海道太平洋北区	48	907	-	-	-	-
太平洋北区	22,273	-	-	-	-	-
太平洋中区	27,937	20,230	7,040	2,375	13,092	4,238
太平洋南区	x	153,607	100,044	77,669	120,976	7,134
北海道日本海北区	4	34	-	-	-	-
日本海北区	x	94	-	-	-	-
日本海西区	3,236	2,028	x	x	100	31
東シナ海区	x	148,899	45,137	x	4,414	713
瀬戸内海区	23,141	3,142	x	1,511	7,712	1,010
宗谷	-	-	-	-	-	-
オホーツク	-	-	-	-	-	-
根室	48	-	-	-	-	-
釧路	-	856	-	-	-	-
十勝	-	-	-	-	-	-
日高	-	-	-	-	-	-
胆振	-	-	-	-	-	-
渡島	0	52	-	-	-	-
留萌	-	-	-	-	-	-
石狩	-	-	-	-	-	-
後志	-	-	-	-	-	-
檜山	3	33	-	-	-	-
青森（太北）	-	-	-	-	-	-
（日北）	x	x	-	-	-	-
兵庫（日西）	-	-	-	-	-	-
（瀬戸）	x	x	x	-	x	x
和歌山（太南）	6,371	x	x	x	x	238
（瀬戸）	75	x	x	x	x	-
山口（東シ）	268	4,179	61	x	x	x
（瀬戸）	220	11	-	-	-	-
徳島（太南）	59	156	x	x	56	30
（瀬戸）	11,224	1,544	x	x	102	163
愛媛（太南）	181,319	33,499	61,954	3,240	111,045	75
（瀬戸）	6,593	1,336	-	-	6,101	791
福岡（東シ）	x	x	-	-	x	-
（瀬戸）	-	-	-	-	-	-
大分（太南）	32,597	x	29,103	53,569	594	669
（瀬戸）	289	x	-	-	-	-

〔内水面漁業・養殖業の部〕

1　全国年次別・魚種別生産量（平成20年～30年）

年次		合計	漁					
			計	魚				
				小計	さけ類	からふとます	さくらます	その他のさけ・ます類
		(1)	(2)	(3)	(4)	(5)	(6)	(7)
平成20年	(1)	72,639	32,627	20,334	9,525	731	15	215
		(73,867)	(33,855)	(21,503)	(10,242)	(1,012)	(34)	(216)
21	(2)	82,565	41,638	25,495	12,727	1,299	17	332
22	(3)	79,247	39,844	24,444	12,580	973	14	307
23	(4)	73,153	34,260	20,647	10,584	600	36	292
24	(5)	66,826	32,869	21,225	13,105	277	18	250
25	(6)	61,131	30,635	19,278	11,834	473	11	265
		(61,356)	(30,861)	(19,504)	(12,056)	(473)	(12)	(266)
26	(7)	64,474	30,603	17,599	10,212	294	11	252
27	(8)	69,253	32,917	19,704	12,330	237	13	237
28	(9)	63,135	27,937	15,014	7,471	687	12	311
29	(10)	62,054	25,215	12,073	5,802	142	8	269
30	**(11)**	**56,806**	**26,957**	**13,263**	**6,696**	**851**	**12**	**205**
		(59,429)	**(29,580)**	**(15,541)**	**(8,428)**	**(1,162)**	**(15)**	**(218)**

年次		漁業（続き）						養
		貝類			その他の水産動植物類			
		小計	しじみ	その他	小計	えび類	その他	計
		(17)	(18)	(19)	(20)	(21)	(22)	(23)
平成20年	(1)	11,167	9,831	1,336	1,127	761	365	40,012
		(11,214)	(9,888)	(1,326)	(1,138)	(763)	(375)	
21	(2)	15,131	10,432	4,698	1,012	555	456	40,927
22	(3)	14,455	11,189	3,266	945	676	268	39,403
23	(4)	12,712	9,241	3,471	901	655	246	38,893
24	(5)	11,022	7,839	3,183	622	448	174	33,957
25	(6)	10,726	8,454	2,272	631	464	166	30,496
		(10,726)	(8,454)	(2,272)	(631)	(464)	(166)	
26	(7)	12,436	9,804	2,632	568	409	159	33,871
27	(8)	12,697	9,819	2,879	516	372	145	36,336
28	(9)	12,400	9,580	2,820	523	360	163	35,198
29	(10)	12,616	9,868	2,748	525	364	161	36,839
30	**(11)**	**13,106**	**9,646**	**3,460**	**588**	**409**	**179**	**29,849**
		(13,384)	**(9,800)**	**(3,584)**	**(655)**	**(413)**	**(242)**	

注：1　内水面漁業漁獲量は、平成20年は主要106河川24湖沼、平成21年～25年までは主要108河川24湖沼、平成26年～30年までは主要112河川24湖沼の値である。

2　平成20年の（ ）書きの数値は、平成20年に調査をした漁業権の設定等が行われている全ての河川・湖沼の漁獲量を、平成21年の調査対象河川・湖沼に合わせて集計した値である。

また、平成25年の（ ）書きの数値は、平成25年に調査をした漁業権の設定等が行われている全ての河川・湖沼の漁獲量を、平成26年の調査対象河川・湖沼に合わせて集計した値である。

さらに、平成30年の（ ）書きの数値は、漁業権の設定等が行われている全ての河川・湖沼の漁獲量の漁獲量である。

3　内水面養殖業は、平成13年調査から調査対象魚種を変更し、ます類、あゆ、こい及びうなぎの4種類に限定した。

なお、琵琶湖、霞ヶ浦及び北浦については、これら以外のその他の魚類養殖及び淡水真珠養殖についても調査を行っており、平成19年からその他の魚類養殖は計に含めた。

単位：t

業									
類									
わかさぎ	あゆ	しらうお	こい	ふな	うぐい・おいかわ	うなぎ	はぜ類	その他	
(8)	(9)	(10)	(11)	(12)	(13)	(14)	(15)	(16)	
1,096	3,438	352	468	917	649	270	265	2,392	(1)
(1,142)	(3,435)	(352)	(470)	(961)	(648)	(270)	(267)	(2,452)	
2,009	3,625	745	434	847	640	263	202	2,354	(2)
1,967	3,422	675	401	778	655	245	162	2,266	(3)
1,444	3,068	698	357	700	655	229	158	1,827	(4)
1,333	2,520	777	334	644	626	165	147	1,028	(5)
1,156	2,332	632	303	591	467	135	132	946	(6)
(1,156)	(2,334)	(632)	(303)	(591)	(467)	(135)	(132)	(946)	
1,242	2,395	706	258	596	468	112	173	879	(7)
1,417	2,407	774	227	555	486	70	170	782	(8)
1,181	2,390	585	220	534	466	71	160	926	(9)
943	2,168	561	213	512	347	71	143	895	(10)
1,146	2,140	462	210	456	184	69	112	719	(11)
(1,198)	(2,237)	(462)	(222)	(470)	(192)	(78)	(113)	(745)	

殖						業	
魚			類			淡水真珠	
ます類		あゆ	こい	うなぎ	その他の魚類		
にじます	その他のます類						
(24)	(25)	(26)	(27)	(28)	(29)	(30)	
6,825	3,126	5,940	2,981	20,952	188	0.1	(1)
6,310	3,330	5,837	2,910	22,406	133	0.1	(2)
6,102	3,261	5,676	3,692	20,543	129	0.1	(3)
5,406	2,815	5,420	3,133	22,006	112	0.1	(4)
5,147	2,999	5,195	2,964	17,377	275	0.1	(5)
4,962	2,934	5,279	3,019	14,204	98	0.1	(6)
4,786	2,847	5,163	3,273	17,627	175	0.1	(7)
4,836	2,873	5,084	3,256	20,119	168	0.1	(8)
4,954	2,852	5,183	3,131	18,907	171	0.1	(9)
4,731	2,908	5,053	3,015	20,979	152	0.1	(10)
4,732	2,610	4,310	2,932	15,111	154	0.1	(11)

2 内水面漁業漁獲量

(1) 都道府県別・魚種別漁獲量

都道府県	計	魚									
		小計	さけ類	からふとます	さくらます	その他のさけ・ます類	わかさぎ	あゆ	しらうお	こい	ふな
全国 (1)	**26,957**	**13,263**	**6,696**	**851**	**12**	**205**	**1,146**	**2,140**	**462**	**210**	**456**
北海道 (2)	10,101	5,815	4,615	851	7	4	259	-	-	2	0
青森 (3)	4,147	1,360	339	-	-	13	463	1	273	110	16
岩手 (4)	945	945	921	-	1	8	-	15	-	-	-
宮城 (5)	354	342	341	-	-	-	-	0	-	-	-
秋田 (6)	259	258	-	-	0	4	238	3	5	2	2
山形 (7)	178	176	150	-	0	4	-	19	-	0	0
福島 (8)	47	47	36	-	0	8	1	2	-	0	0
茨城 (9)	2,520	1,066	51	-	0	0	98	405	176	9	10
栃木 (10)	296	295	0	-	0	0	-	289	-	3	-
群馬 (11)	2	2	-	-	-	-	-	-	-	-	2
埼玉 (12)	2	2	-	-	0	0	-	1	-	0	0
千葉 (13)	49	37	-	-	-	-	0	0	-	-	21
東京 (14)	304	32	-	-	-	16	-	9	-	0	4
神奈川 (15)	395	395	-	-	-	1	2	367	-	0	3
新潟 (16)	402	367	192	-	2	9	1	25	-	38	53
富山 (17)	114	114	48	-	1	1	-	63	-	0	0
石川 (18)	4	4	4	-	-	0	-	0	-	-	-
福井 (19)	x	x	x	x	x	x	x	x	x	x	x
山梨 (20)	x	x	x	x	x	x	x	x	x	x	x
長野 (21)	116	116	-	-	-	87	15	9	-	2	0
岐阜 (22)	191	183	-	-	-	22	-	149	-	1	1
静岡 (23)	2	2	-	-	-	-	-	2	-	-	-
愛知 (24)	65	2	-	-	-	0	-	2	-	-	-
三重 (25)	176	4	-	-	-	-	-	3	-	0	1
滋賀 (26)	x	x	x	x	x	x	x	x	x	x	x
京都 (27)	11	10	0	-	-	2	-	8	-	0	0
大阪 (28)	-	-	-	-	-	-	-	-	-	-	-
兵庫 (29)	x	x	x	x	x	x	x	x	x	x	x
奈良 (30)	0	0	-	-	-	-	-	0	-	-	-
和歌山 (31)	9	7	-	-	-	0	-	7	-	-	-
鳥取 (32)	121	1	-	-	-	-	-	-	-	-	0
島根 (33)	4,250	66	-	-	-	0	-	13	8	0	16
岡山 (34)	308	305	-	-	-	2	0	13	-	8	242
広島 (35)	17	17	-	-	-	1	0	14	-	1	0
山口 (36)	14	14	-	-	-	0	-	13	-	0	0
徳島 (37)	73	55	-	-	0	2	0	29	0	0	1
香川 (38)	-	-	-	-	-	-	-	-	-	-	-
愛媛 (39)	164	131	-	-	-	2	-	112	-	4	3
高知 (40)	115	104	-	-	0	1	-	94	-	1	0
福岡 (41)	87	46	-	-	-	0	4	2	0	5	9
佐賀 (42)	6	5	-	-	-	-	-	-	-	0	1
長崎 (43)	-	-	-	-	-	-	-	-	-	-	-
熊本 (44)	58	54	-	-	-	1	0	35	-	-	-
大分 (45)	128	117	-	-	-	2	9	77	-	6	2
宮崎 (46)	33	30	-	-	-	1	-	8	0	3	1
鹿児島 (47)	x	x	x	x	x	x	x	x	x	x	x
沖縄 (48)	-	-	-	-	-	-	-	-	-	-	-

注：1)は、漁獲量の内数である。なお、海産種苗採捕量については94ページ参照。

単位：t

類				貝類			その他の水産動植物類			1) 天然産種苗採捕量		
うぐい・おいかわ	うなぎ	はぜ類	その他	小計	しじみ	その他	小計	えび類	その他	あゆ	うなぎ	
184	**69**	**112**	**719**	**13,106**	**9,646**	**3,460**	**588**	**409**	**179**	**73**	**2**	(1)
0	−	−	77	4,235	778	3,457	52	12	39	−	−	(2)
104	1	28	12	2,760	2,760	−	27	25	2	−	−	(3)
0	−	−	−	−	−	−	0	−	0	−	−	(4)
−	−	−	−	13	13	−	−	−	−	0	−	(5)
1	0	0	1	0	0	0	1	0	0	−	−	(6)
2	−	−	0	−	−	−	2	−	2	−	−	(7)
1	0	−	−	−	−	−	−	−	−	−	−	(8)
2	15	17	283	1,173	1,173	0	282	253	29	−	1	(9)
2	0	−	0	−	−	−	0	−	0	−	−	(10)
−	0	−	0	−	−	−	−	−	−	−	−	(11)
0	0	−	−	−	−	−	−	−	−	0	−	(12)
−	1	−	15	−	−	−	12	12	−	0	1	(13)
1	2	−	−	261	261	−	11	−	11	1	−	(14)
20	0	0	1	0	0	0	−	−	−	−	0	(15)
6	1	1	40	16	16	−	20	0	20	−	−	(16)
0	0	−	−	−	−	−	−	−	−	−	−	(17)
−	−	−	−	−	−	−	−	−	−	0	−	(18)
x	x	x	x	x	x	x	x	x	x	x	x	(19)
x	x	x	x	x	x	x	x	x	x	x	x	(20)
3	0	−	0	−	−	−	0	0	−	−	−	(21)
2	1	5	3	5	5	−	3	0	3	−	0	(22)
−	−	−	−	−	−	−	−	−	−	2	−	(23)
−	0	−	−	63	63	−	−	−	−	0	−	(24)
0	0	0	0	172	172	−	0	0	−	−	−	(25)
x	x	x	x	x	x	x	x	x	x	x	x	(26)
0	0	0	0	−	−	−	1	0	1	−	−	(27)
−	−	−	−	−	−	−	−	−	−	−	−	(28)
x	x	x	x	x	x	x	x	x	x	x	x	(29)
−	−	−	−	−	−	−	−	−	−	0	−	(30)
0	0	−	0	−	−	−	2	−	2	−	−	(31)
−	1	−	0	120	120	−	0	0	0	−	−	(32)
0	9	3	17	4,177	4,177	−	6	2	4	−	−	(33)
3	10	0	27	−	−	−	3	3	0	0	−	(34)
1	1	0	0	0	0	−	0	−	0	1	−	(35)
0	0	−	0	−	−	−	0	−	0	−	−	(36)
0	1	0	21	18	17	1	1	1	0	1	0	(37)
−	−	−	−	−	−	−	−	−	−	−	−	(38)
−	7	−	4	−	−	−	33	0	33	−	−	(39)
1	3	0	4	−	−	−	11	0	11	−	0	(40)
5	4	1	17	32	32	0	8	4	4	−	0	(41)
0	0	−	4	0	0	−	0	0	0	−	0	(42)
−	−	−	−	−	−	−	−	−	−	−	−	(43)
17	1	−	−	1	1	−	3	0	3	5	−	(44)
9	4	0	6	0	0	−	11	0	10	−	−	(45)
2	2	1	11	0	0	−	3	0	3	−	0	(46)
x	x	x	x	x	x	x	x	x	x	x	x	(47)
−	−	−	−	−	−	−	−	−	−	−	−	(48)

2 内水面漁業漁獲量（続き）
(2) 都道府県別・河川湖沼別漁獲量

単位：t

都道府県	計	河川	湖沼	＜参考＞漁業権の設定等が行われているすべての河川・湖沼		
				計	河川	湖沼
全国	**26,957**	**10,988**	**15,969**	**29,580**	**13,217**	**16,363**
北海道	10,101	5,207	4,894	12,129	6,934	5,195
青森	4,147	371	3,776	4,173	396	3,776
岩手	945	945	-	1,057	1,057	-
宮城	354	354	-	365	x	x
秋田	259	x	x	264	x	x
山形	178	178	-	182	x	x
福島	47	x	x	65	63	2
茨城	2,520	x	x	2,526	x	x
栃木	296	x	x	296	x	x
群馬	2	2	-	2	2	-
埼玉	2	2	-	x	x	-
千葉	49	x	x	74	x	x
東京	304	304	-	345	345	-
神奈川	395	x	x	395	x	x
新潟	402	402	-	492	491	1
富山	114	114	-	130	130	-
石川	4	4	-	11	11	-
福井	x	x	-	23	14	9
山梨	x	x	x	x	x	x
長野	116	x	x	118	100	18
岐阜	191	191	-	x	x	-
静岡	2	2	-	3	x	x
愛知	65	65	-	x	x	x
三重	176	176	-	176	176	-
滋賀	x	x	876	876	x	x
京都	11	11	-	11	x	x
大阪	-	-	-	-	-	-
兵庫	x	x	-	18	18	-
奈良	0	0	-	0	0	-
和歌山	9	9	-	11	11	-
鳥取	121	x	x	x	x	x
島根	4,250	x	x	4,250	x	x
岡山	308	x	x	326	x	x
広島	17	17	-	17	17	-
山口	14	14	-	25	x	x
徳島	73	73	-	82	82	-
香川	-	-	-	x	x	-
愛媛	164	164	-	166	166	-
高知	115	115	-	128	128	-
福岡	87	87	-	113	113	-
佐賀	6	6	-	6	6	-
長崎	-	-	-	x	x	-
熊本	58	58	-	62	61	1
大分	128	128	-	144	144	-
宮崎	33	33	-	54	x	x
鹿児島	x	x	-	14	14	-
沖縄	-	-	-	-	-	-

2　内水面漁業漁獲量（続き）

(3)　魚種別・河川別漁獲量

魚種		河川計	知来別川（北海道）	頓別川（北海道）	北見幌別川（北海道）	徳志別川（北海道）	幌内川（北海道）	渚滑川（北海道）	網走川（北海道）	止別川（北海道）	斜里川（北海道）	奥蘂別川（北海道）	常呂川（北海道）
合計	(1)	**10,988**	**x**	**x**	**x**	**x**	**x**	**x**	**1,121**	**x**	**x**	**x**	
魚類計	(2)	9,645	x	x	x	x	x	x	1,101	x	x	x	
さけ類	(3)	6,323	x	x	x	x	x	x	1,093	x	x	x	
からふとます	(4)	791	x	x	x	x	x	x	8	x	x	x	
さくらます	(5)	12	x	x	x	x	x	x	−	x	x	x	
その他のさけ・ます類	(6)	177	x	x	x	x	x	x	−	x	x	x	
わかさぎ	(7)	109	x	x	x	x	x	x	−	x	x	x	
あゆ	(8)	1,804	x	x	x	x	x	x	−	x	x	x	
しらうお	(9)	0	x	x	x	x	x	x	−	x	x	x	
こい	(10)	73	x	x	x	x	x	x	−	x	x	x	
ふな	(11)	95	x	x	x	x	x	x	−	x	x	x	
うぐい・おいかわ	(12)	78	x	x	x	x	x	x	−	x	x	x	
うなぎ	(13)	43	x	x	x	x	x	x	−	x	x	x	
はぜ類	(14)	15	x	x	x	x	x	x	−	x	x	x	
その他の魚類	(15)	125	x	x	x	x	x	x	−	x	x	x	
貝類計	(16)	1,202	x	x	x	x	x	x	20	x	x	x	
しじみ	(17)	1,201	x	x	x	x	x	x	20	x	x	x	
その他の貝類	(18)	1	x	x	x	x	x	x	−	x	x	x	
その他の水産動植物類計	(19)	141	x	x	x	x	x	x	−	x	x	x	
えび類	(20)	8	x	x	x	x	x	x	−	x	x	x	
その他の水産動植物類	(21)	134	x	x	x	x	x	x	−	x	x	x	
1) 天然産種苗採捕量													
あゆ	(22)	12	x	x	x	x	x	x	−	x	x	x	
うなぎ	(23)	2	x	x	x	x	x	x	−	x	x	x	

注：1)は、漁獲量の内数である。なお、海産種苗採捕量については94ページ参照。

単位：t

伊茶仁川（北海道）	標津川（北海道）	西別川（北海道）	風蓮川（北海道）	別当賀川（北海道）	釧路川（北海道）	十勝川（北海道）	静内川（北海道）	沙流川（北海道）	白老川（北海道）	敷生川（北海道）	遊楽部川（北海道）	天塩川（北海道）	石狩川（北海道）	
x	**x**	**x**	**43**	**x**	**x**	**x**	**x**	**x**	**x**	**x**	**x**	**x**	**420**	(1)
x	x	x	43	x	x	x	x	x	x	x	x	x	398	(2)
x	x	x	31	x	x	x	x	x	x	x	x	x	320	(3)
x	x	x	0	x	x	x	x	x	x	x	x	x	-	(4)
x	x	x	-	x	x	x	x	x	x	x	x	x	2	(5)
x	x	x	-	x	x	x	x	x	x	x	x	x	-	(6)
x	x	x	5	x	x	x	x	x	x	x	x	x	75	(7)
x	x	x	-	x	x	x	x	x	x	x	x	x	-	(8)
x	x	x	-	x	x	x	x	x	x	x	x	x	-	(9)
x	x	x	-	x	x	x	x	x	x	x	x	x	0	(10)
x	x	x	-	x	x	x	x	x	x	x	x	x	0	(11)
x	x	x	-	x	x	x	x	x	x	x	x	x	0	(12)
x	x	x	-	x	x	x	x	x	x	x	x	x	-	(13)
x	x	x	-	x	x	x	x	x	x	x	x	x	-	(14)
x	x	x	7	x	x	x	x	x	x	x	x	x	1	(15)
x	x	x	-	x	x	x	x	x	x	x	x	x	-	(16)
x	x	x	-	x	x	x	x	x	x	x	x	x	-	(17)
x	x	x	-	x	x	x	x	x	x	x	x	x	-	(18)
x	x	x	-	x	x	x	x	x	x	x	x	x	21	(19)
x	x	x	-	x	x	x	x	x	x	x	x	x	0	(20)
x	x	x	-	x	x	x	x	x	x	x	x	x	21	(21)
x	x	x	-	x	x	x	x	x	x	x	x	x	-	(22)
x	x	x	-	x	x	x	x	x	x	x	x	x	-	(23)

2 内水面漁業漁獲量（続き）

(3) 魚種別・河川別漁獲量（続き）

魚種		北海道（後志利別川）	青森（高瀬川）	青森（奥入瀬川）	馬淵川 計	馬淵川 青森	馬淵川 岩手	新井田川 計	新井田川 青森	新井田川 岩手	青森（野辺地川）	青森（岩木川）	岩手（有家川）
合計	**(1)**	**x**	**23**	**x**	**x**	**x**	**x**	**66**	**x**	**x**	**x**	**8**	**x**
魚類計	(2)	x	7	x	x	x	x	66	x	x	x	7	x
さけ類	(3)	x	－	x	x	x	x	66	x	x	x	－	x
からふとます	(4)	x	－	x	x	x	x	－	x	x	x	－	x
さくらます	(5)	x	－	x	x	x	x	－	x	x	x	－	x
その他のさけ・ます類	(6)	x	－	x	x	x	x	－	x	x	x	4	x
わかさぎ	(7)	x	6	x	x	x	x	－	x	x	x	－	x
あゆ	(8)	x	－	x	x	x	x	0	x	x	x	1	x
しらうお	(9)	x	－	x	x	x	x	－	x	x	x	－	x
こい	(10)	x	0	x	x	x	x	0	x	x	x	0	x
ふな	(11)	x	－	x	x	x	x	－	x	x	x	0	x
うぐい・おいかわ	(12)	x	0	x	x	x	x	0	x	x	x	1	x
うなぎ	(13)	x	－	x	x	x	x	－	x	x	x	－	x
はぜ類	(14)	x	0	x	x	x	x	0	x	x	x	－	x
その他の魚類	(15)	x	0	x	x	x	x	0	x	x	x	0	x
貝類計	(16)	x	17	x	x	x	x	－	x	x	x	－	x
しじみ	(17)	x	17	x	x	x	x	－	x	x	x	－	x
その他の貝類	(18)	x	－	x	x	x	x	－	x	x	x	－	x
その他の水産動植物類計	(19)	x	－	x	x	x	x	－	x	x	x	2	x
えび類	(20)	x	－	x	x	x	x	－	x	x	x	－	x
その他の水産動植物類	(21)	x	－	x	x	x	x	－	x	x	x	2	x
1) 天然産種苗採捕量													
あゆ	(22)	x	－	x	x	x	x	－	x	x	x	－	x
うなぎ	(23)	x	－	x	x	x	x	－	x	x	x	－	x

注：1)は、漁獲量の内数である。なお、海産種苗採捕量については94ページ参照。

単位：t

久慈川（岩手）	安家川（岩手）	小本川（岩手）	摂待川（岩手）	田代川（岩手）	閉伊川（岩手）	津軽石川（岩手）	織笠川（岩手）	大槌川（岩手）	片岸川（岩手）	吉浜川（岩手）	盛川（岩手）	気仙川（岩手）	北上川 計	
x	**x**	**66**	**x**	**x**	**x**	**x**	**x**	**x**	**x**	**x**	**x**	**x**	**205**	(1)
x	x	66	x	x	x	x	x	x	x	x	x	x	192	(2)
x	x	66	x	x	x	x	x	x	x	x	x	x	191	(3)
x	x	-	x	x	x	x	x	x	x	x	x	x	-	(4)
x	x	0	x	x	x	x	x	x	x	x	x	x	-	(5)
x	x	-	x	x	x	x	x	x	x	x	x	x	-	(6)
x	x	-	x	x	x	x	x	x	x	x	x	x	-	(7)
x	x	-	x	x	x	x	x	x	x	x	x	x	1	(8)
x	x	-	x	x	x	x	x	x	x	x	x	x	-	(9)
x	x	-	x	x	x	x	x	x	x	x	x	x	-	(10)
x	x	-	x	x	x	x	x	x	x	x	x	x	-	(11)
x	x	-	x	x	x	x	x	x	x	x	x	x	-	(12)
x	x	-	x	x	x	x	x	x	x	x	x	x	-	(13)
x	x	-	x	x	x	x	x	x	x	x	x	x	-	(14)
x	x	-	x	x	x	x	x	x	x	x	x	x	-	(15)
x	x	-	x	x	x	x	x	x	x	x	x	x	13	(16)
x	x	-	x	x	x	x	x	x	x	x	x	x	13	(17)
x	x	-	x	x	x	x	x	x	x	x	x	x	-	(18)
x	x	-	x	x	x	x	x	x	x	x	x	x	-	(19)
x	x	-	x	x	x	x	x	x	x	x	x	x	-	(20)
x	x	-	x	x	x	x	x	x	x	x	x	x	-	(21)
x	x	-	x	x	x	x	x	x	x	x	x	x	0	(22)
x	x	-	x	x	x	x	x	x	x	x	x	x	-	(23)

2 内水面漁業漁獲量（続き）

(3) 魚種別・河川別漁獲量（続き）

魚種		北上川（続き） 岩手	北上川（続き） 宮城	大川（宮城）	小泉川（宮城）	鳴瀬川（宮城）	阿武隈川 計	阿武隈川 宮城	阿武隈川 福島	雄物川（秋田）	月光川（山形）	最上川（山形）	赤川（山形）
合計	(1)	**0**	**205**	**x**	**x**	**79**	**44**	**44**	**－**	**x**	**x**	**55**	**x**
魚類計	(2)	0	192	x	x	79	44	44	－	x	x	53	x
さけ類	(3)	－	191	x	x	79	44	44	－	x	x	27	x
からふとます	(4)	－	－	x	x	－	－	－	－	x	x	－	x
さくらます	(5)	－	－	x	x	－	－	－	－	x	x	0	x
その他のさけ・ます類	(6)	－	－	x	x	－	－	－	－	x	x	4	x
わかさぎ	(7)	－	－	x	x	－	－	－	－	x	x	－	x
あゆ	(8)	0	0	x	x	－	－	－	－	x	x	19	x
しらうお	(9)	－	－	x	x	－	－	－	－	x	x	－	x
こい	(10)	－	－	x	x	－	－	－	－	x	x	0	x
ふな	(11)	－	－	x	x	－	－	－	－	x	x	0	x
うぐい・おいかわ	(12)	－	－	x	x	－	－	－	－	x	x	2	x
うなぎ	(13)	－	－	x	x	－	－	－	－	x	x	－	x
はぜ類	(14)	－	－	x	x	－	－	－	－	x	x	－	x
その他の魚類	(15)	－	－	x	x	－	－	－	－	x	x	0	x
貝類計	(16)	－	13	x	x	－	－	－	－	x	x	－	x
しじみ	(17)	－	13	x	x	－	－	－	－	x	x	－	x
その他の貝類	(18)	－	－	x	x	－	－	－	－	x	x	－	x
その他の水産動植物類計	(19)	－	－	x	x	－	－	－	－	x	x	2	x
えび類	(20)	－	－	x	x	－	－	－	－	x	x	－	x
その他の水産動植物類	(21)	－	－	x	x	－	－	－	－	x	x	2	x
1) 天然産種苗採捕量													
あゆ	(22)	－	0	x	x	－	－	－	－	x	x	－	x
うなぎ	(23)	－	－	x	x	－	－	－	－	x	x	－	x

注：1)は、漁獲量の内数である。なお、海産種苗採捕量については94ページ参照。

単位：t

阿賀野川			久慈川			請戸川（福島）	熊川（福島）	木戸川（福島）	夏井川（福島）	那珂川			利根川	
計	福島	新潟	計	福島	茨城					計	茨城	栃木	計	
101	**x**	**x**	**x**	**x**	**x**	**－**	**x**	**x**	**12**	**993**	**698**	**295**	**18**	(1)
83	x	x	x	x	x	－	x	x	12	436	141	295	16	(2)
44	x	x	x	x	x	－	x	x	12	40	40	0	5	(3)
－	x	x	x	x	x	－	x	x	－	－	－	－	－	(4)
1	x	x	x	x	x	－	x	x	－	0	0	0	0	(5)
11	x	x	x	x	x	－	x	x	－	0	0	－	－	(6)
1	x	x	x	x	x	－	x	x	－	0	0	－	0	(7)
4	x	x	x	x	x	－	x	x	－	384	95	289	0	(8)
－	x	x	x	x	x	－	x	x	－	0	0	－	－	(9)
2	x	x	x	x	x	－	x	x	－	5	1	3	2	(10)
1	x	x	x	x	x	－	x	x	－	0	0	－	6	(11)
1	x	x	x	x	x	－	x	x	－	2	0	2	0	(12)
0	x	x	x	x	x	－	x	x	－	2	1	0	3	(13)
1	x	x	x	x	x	－	x	x	－	1	1	－	0	(14)
18	x	x	x	x	x	－	x	x	－	1	1	0	1	(15)
16	x	x	x	x	x	－	x	x	－	555	555	－	0	(16)
16	x	x	x	x	x	－	x	x	－	555	555	－	0	(17)
－	x	x	x	x	x	－	x	x	－	0	0	－	－	(18)
2	x	x	x	x	x	－	x	x	－	2	2	0	1	(19)
－	x	x	x	x	x	－	x	x	－	0	0	－	0	(20)
2	x	x	x	x	x	－	x	x	－	2	2	0	1	(21)
－	x	x	x	x	x	－	x	x	－	－	－	－	－	(22)
－	x	x	x	x	x	－	x	x	－	－	－	－	2	(23)

2 内水面漁業漁獲量（続き）

(3) 魚種別・河川別漁獲量（続き）

魚種		利根川（続き）					荒川			江戸川			
		茨城	栃木	群馬	埼玉	千葉	計	埼玉	東京	計	埼玉	千葉	東京
合計	(1)	**14**	**x**	**2**	**x**	**1**	**207**	**1**	**206**	**50**	**x**	**x**	**50**
魚類計	(2)	13	x	2	x	1	3	1	2	5	x	x	5
さけ類	(3)	5	x	−	x	−	−	−	−	−	x	x	−
からふとます	(4)	−	x	−	x	−	−	−	−	−	x	x	−
さくらます	(5)	−	x	−	x	−	−	−	−	−	x	x	−
その他のさけ・ます類	(6)	−	x	−	x	−	0	0	−	−	x	x	−
わかさぎ	(7)	0	x	−	x	−	−	−	−	−	x	x	−
あゆ	(8)	−	x	−	x	−	1	1	−	0	x	x	−
しらうお	(9)	−	x	−	x	−	−	−	−	−	x	x	−
こい	(10)	2	x	−	x	−	−	−	−	−	x	x	−
ふな	(11)	4	x	2	x	−	1	−	1	3	x	x	3
うぐい・おいかわ	(12)	0	x	−	x	−	0	0	0	0	x	x	0
うなぎ	(13)	2	x	0	x	1	1	−	1	1	x	x	1
はぜ類	(14)	0	x	−	x	−	−	−	−	−	x	x	−
その他の魚類	(15)	0	x	0	x	−	−	−	−	−	x	x	−
貝類計	(16)	0	x	−	x	−	202	−	202	39	x	x	39
しじみ	(17)	0	x	−	x	−	202	−	202	39	x	x	39
その他の貝類	(18)	−	x	−	x	−	−	−	−	−	x	x	−
その他の水産動植物類計	(19)	1	x	−	x	−	2	−	2	6	x	x	6
えび類	(20)	0	x	−	x	−	−	−	−	−	x	x	−
その他の水産動植物類	(21)	1	x	−	x	−	2	−	2	6	x	x	6
1) 天然産種苗採捕量													
あゆ	(22)	−	x	−	x	−	0	0	−	0	x	x	−
うなぎ	(23)	1	x	−	x	1	−	−	−	−	x	x	−

注：1)は、漁獲量の内数である。なお、海産種苗採捕量については94ページ参照。

単位：t

多摩川 計	多摩川 東京	多摩川 神奈川	多摩川 山梨	相模川 計	相模川 神奈川	相模川 山梨	三面川（新潟）	信濃川 計	信濃川 新潟	信濃川 長野	黒部川（富山）	神通川 計	神通川 富山	
56	**49**	**x**	**x**	**386**	**386**	**-**	**x**	**199**	**197**	**2**	**x**	**90**	**75**	(1)
32	25	x	x	386	386	-	x	181	179	2	x	90	75	(2)
-	-	x	x	-	-	-	x	40	40	-	x	13	13	(3)
-	-	x	x	-	-	-	x	-	-	-	x	-	-	(4)
-	-	x	x	-	-	-	x	1	1	-	x	1	1	(5)
16	16	x	x	1	1	-	x	7	6	1	x	6	1	(6)
-	-	x	x	-	-	-	x	0	0	-	x	-	-	(7)
16	9	x	x	360	360	-	x	17	17	0	x	70	59	(8)
-	-	x	x	-	-	-	x	-	-	-	x	-	-	(9)
0	0	x	x	-	-	-	x	37	37	0	x	0	0	(10)
0	0	x	x	3	3	-	x	52	52	0	x	0	0	(11)
0	0	x	x	20	20	-	x	6	5	1	x	0	0	(12)
0	0	x	x	0	0	-	x	0	0	-	x	0	-	(13)
-	-	x	x	0	0	-	x	0	0	-	x	-	-	(14)
-	-	x	x	1	1	-	x	22	22	-	x	0	-	(15)
20	20	x	x	-	-	-	x	-	-	-	x	-	-	(16)
20	20	x	x	-	-	-	x	-	-	-	x	-	-	(17)
0	-	x	x	-	-	-	x	-	-	-	x	-	-	(18)
4	4	x	x	-	-	-	x	18	18	-	x	-	-	(19)
-	-	x	x	-	-	-	x	0	0	-	x	-	-	(20)
4	4	x	x	-	-	-	x	18	18	-	x	-	-	(21)
1	1	x	x	-	-	-	x	-	-	-	x	-	-	(22)
-	-	x	x	0	0	-	x	-	-	-	x	-	-	(23)

2 内水面漁業漁獲量（続き）

(3) 魚種別・河川別漁獲量（続き）

魚種	神通川（続き）	庄川			手取川（石川）	九頭竜川			天竜川			
	岐阜	計	富山	岐阜		計	福井	岐阜	計	長野	静岡	愛知
合計 (1)	**16**	**36**	**x**	**x**	**4**	**12**	**x**	**x**	**95**	**93**	**x**	**x**
魚類計 (2)	16	36	x	x	4	12	x	x	95	93	x	x
さけ類 (3)	−	33	x	x	4	−	x	x	−	−	x	x
からふとます (4)	−	−	x	x	−	−	x	x	−	−	x	x
さくらます (5)	−	0	x	x	−	0	x	x	−	−	x	x
その他のさけ・ます類 (6)	5	1	x	x	0	1	x	x	83	83	x	x
わかさぎ (7)	−	−	x	x	−	−	x	x	−	−	x	x
あゆ (8)	11	3	x	x	0	11	x	x	10	8	x	x
しらうお (9)	−	−	x	x	−	−	x	x	−	−	x	x
こい (10)	0	−	x	x	−	−	x	x	1	1	x	x
ふな (11)	−	−	x	x	−	0	x	x	−	−	x	x
うぐい・おいかわ (12)	0	0	x	x	−	−	x	x	1	1	x	x
うなぎ (13)	0	0	x	x	−	−	x	x	−	−	x	x
はぜ類 (14)	−	−	x	x	−	−	x	x	−	−	x	x
その他の魚類 (15)	0	−	x	x	−	0	x	x	−	−	x	x
貝類計 (16)	−	−	x	x	−	−	x	x	−	−	x	x
しじみ (17)	−	−	x	x	−	−	x	x	−	−	x	x
その他の貝類 (18)	−	−	x	x	−	−	x	x	−	−	x	x
その他の水産動植物類計 (19)	−	−	x	x	−	−	x	x	−	−	x	x
えび類 (20)	−	−	x	x	−	−	x	x	−	−	x	x
その他の水産動植物類 (21)	−	−	x	x	−	−	x	x	−	−	x	x
1) 天然産種苗採捕量												
あゆ (22)	−	−	x	x	0	−	x	x	2	−	x	x
うなぎ (23)	−	−	x	x	−	−	x	x	−	−	x	x

注：1)は、漁獲量の内数である。なお、海産種苗採捕量については94ページ参照。

単位：t

木曽川 計	木曽川 長野	木曽川 岐阜	木曽川 愛知	木曽川 三重	長良川 計	長良川 岐阜	長良川 三重	揖斐川 計	揖斐川 岐阜	揖斐川 三重	矢作川 計	矢作川 長野	矢作川 岐阜	
169	**x**	**25**	**x**	**80**	**141**	**141**	**0**	**101**	**8**	**93**	**5**	**x**	**x**	(1)
26	x	25	x	0	138	138	0	4	3	1	5	x	x	(2)
－	x	－	x	－	－	－	－	－	－	－	－	x	x	(3)
－	x	－	x	－	－	－	－	－	－	－	－	x	x	(4)
－	x	－	x	－	－	－	－	－	－	－	－	x	x	(5)
2	x	2	x	－	14	14	－	1	1	－	3	x	x	(6)
－	x	－	x	－	－	－	－	－	－	－	－	x	x	(7)
24	x	22	x	－	115	115	－	1	1	0	2	x	x	(8)
－	x	－	x	－	－	－	－	－	－	－	－	x	x	(9)
0	x	0	x	－	1	1	0	0	0	0	－	x	x	(10)
0	x	0	x	0	0	0	0	1	1	1	－	x	x	(11)
0	x	0	x	－	2	2	－	0	－	0	0	x	x	(12)
0	x	0	x	0	0	0	0	0	0	0	－	x	x	(13)
0	x	0	x	0	4	4	－	0	－	0	－	x	x	(14)
0	x	0	x	－	2	2	0	0	0	0	－	x	x	(15)
143	x	－	x	80	0	－	0	97	5	92	－	x	x	(16)
143	x	－	x	80	0	－	0	97	5	92	－	x	x	(17)
－	x	－	x	－	－	－	－	－	－	－	－	x	x	(18)
0	x	0	x	－	3	3	0	0	0	0	－	x	x	(19)
－	x	－	x	－	0	0	0	0	0	0	－	x	x	(20)
0	x	0	x	－	3	3	－	0	0	－	－	x	x	(21)
0	x	－	x	－	－	－	－	－	－	－	－	x	x	(22)
－	x	－	x	－	－	－	－	0	0	－	－	x	x	(23)

2 内水面漁業漁獲量（続き）

(3) 魚種別・河川別漁獲量（続き）

魚種		矢作川（続き）	安倍川・藁科川	豊川	宮川	淀川						熊野川	
		愛知	（静岡）	（愛知）	（三重）	計	三重	滋賀	京都	大阪	奈良	計	三重
合計	(1)	**1**	**x**	**－**	**2**	**5**	**－**	**x**	**5**	**－**	**x**	**1**	**0**
魚類計	(2)	1	x	－	2	5	－	x	5	－	x	1	0
さけ類	(3)	－	x	－	－	－	－	x	－	－	x	－	－
からふとます	(4)	－	x	－	－	－	－	x	－	－	x	－	－
さくらます	(5)	－	x	－	－	－	－	x	－	－	x	－	－
その他のさけ・ます類	(6)	－	x	－	－	1	－	x	1	－	x	－	－
わかさぎ	(7)	－	x	－	－	－	－	x	－	－	x	－	－
あゆ	(8)	1	x	－	2	4	－	x	4	－	x	1	0
しらうお	(9)	－	x	－	－	－	－	x	－	－	x	－	－
こい	(10)	－	x	－	－	0	－	x	0	－	x	－	－
ふな	(11)	－	x	－	－	0	－	x	0	－	x	－	－
うぐい・おいかわ	(12)	－	x	－	－	0	－	x	0	－	x	－	－
うなぎ	(13)	－	x	－	0	0	－	x	0	－	x	0	－
はぜ類	(14)	－	x	－	－	0	－	x	0	－	x	－	－
その他の魚類	(15)	－	x	－	－	－	－	x	－	－	x	－	－
貝類計	(16)	－	x	－	－	－	－	x	－	－	x	－	－
しじみ	(17)	－	x	－	－	－	－	x	－	－	x	－	－
その他の貝類	(18)	－	x	－	－	－	－	x	－	－	x	－	－
その他の水産動植物類計	(19)	－	x	－	－	－	－	x	－	－	x	－	－
えび類	(20)	－	x	－	－	－	－	x	－	－	x	－	－
その他の水産動植物類	(21)	－	x	－	－	－	－	x	－	－	x	－	－
1) 天然産種苗採捕量													
あゆ	(22)	－	x	－	－	－	－	x	－	－	x	0	－
うなぎ	(23)	－	x	－	－	－	－	x	－	－	x	－	－

注：1)は、漁獲量の内数である。なお、海産種苗採捕量については94ページ参照。

単位：t

川		由良川（京都）	円山川（兵庫）	揖保川（兵庫）	紀の川			有田川（和歌山）	日高川（和歌山）	千代川（鳥取）	日野川（鳥取）	江の川		
奈良	和歌山				計	奈良	和歌山					計	島根	
x	**x**	**6**	**x**	**x**	**2**	**-**	**2**	**x**	**x**	**x**	**x**	**29**	**x**	(1)
x	x	5	x	x	2	-	2	x	x	x	x	27	x	(2)
x	x	0	x	x	-	-	-	x	x	x	x	-	x	(3)
x	x	-	x	x	-	-	-	x	x	x	x	-	x	(4)
x	x	-	x	x	-	-	-	x	x	x	x	-	x	(5)
x	x	1	x	x	0	-	0	x	x	x	x	1	x	(6)
x	x	-	x	x	-	-	-	x	x	x	x	-	x	(7)
x	x	4	x	x	2	-	2	x	x	x	x	22	x	(8)
x	x	-	x	x	-	-	-	x	x	x	x	-	x	(9)
x	x	0	x	x	-	-	-	x	x	x	x	1	x	(10)
x	x	0	x	x	-	-	-	x	x	x	x	0	x	(11)
x	x	0	x	x	0	-	0	x	x	x	x	1	x	(12)
x	x	0	x	x	0	-	0	x	x	x	x	1	x	(13)
x	x	0	x	x	-	-	-	x	x	x	x	-	x	(14)
x	x	0	x	x	0	-	0	x	x	x	x	1	x	(15)
x	x	-	x	x	-	-	-	x	x	x	x	-	x	(16)
x	x	-	x	x	-	-	-	x	x	x	x	-	x	(17)
x	x	-	x	x	-	-	-	x	x	x	x	-	x	(18)
x	x	1	x	x	-	-	-	x	x	x	x	2	x	(19)
x	x	0	x	x	-	-	-	x	x	x	x	-	x	(20)
x	x	1	x	x	-	-	-	x	x	x	x	2	x	(21)
x	x	-	x	x	-	-	-	x	x	x	x	1	x	(22)
x	x	-	x	x	-	-	-	x	x	x	x	-	x	(23)

2 内水面漁業漁獲量（続き）

(3) 魚種別・河川別漁獲量（続き）

魚種		江の川（続き）	高津川（島根）	吉井川（岡山）	高梁川			番川（岡山）	太田川（広島）	錦川（山口）	吉野		
		広島			計	岡山	広島				計	徳島	愛媛
合計	(1)	x	x	x	11	x	x	x	2	14	64	63	x
魚類計	(2)	x	x	x	11	x	x	x	2	14	45	44	x
さけ類	(3)	x	x	x	－	x	x	x	－	－	－	－	x
からふとます	(4)	x	x	x	－	x	x	x	－	－	－	－	x
さくらます	(5)	x	x	x	－	x	x	x	－	－	0	0	x
その他のさけ・ます類	(6)	x	x	x	1	x	x	x	0	0	2	2	x
わかさぎ	(7)	x	x	x	0	x	x	x	－	－	0	0	x
あゆ	(8)	x	x	x	9	x	x	x	2	13	20	19	x
しらうお	(9)	x	x	x	－	x	x	x	－	－	0	0	x
こい	(10)	x	x	x	－	x	x	x	－	0	0	0	x
ふな	(11)	x	x	x	1	x	x	x	－	0	1	1	x
うぐい・おいかわ	(12)	x	x	x	2	x	x	x	0	0	0	0	x
うなぎ	(13)	x	x	x	0	x	x	x	0	0	1	1	x
はぜ類	(14)	x	x	x	－	x	x	x	0	－	0	0	x
その他の魚類	(15)	x	x	x	－	x	x	x	－	0	21	21	x
貝類計	(16)	x	x	x	－	x	x	x	0	－	18	18	x
しじみ	(17)	x	x	x	－	x	x	x	0	－	17	17	x
その他の貝類	(18)	x	x	x	－	x	x	x	－	－	1	1	x
その他の水産動植物類計	(19)	x	x	x	－	x	x	x	0	0	1	1	x
えび類	(20)	x	x	x	－	x	x	x	－	－	1	1	x
その他の水産動植物類	(21)	x	x	x	－	x	x	x	0	0	0	0	x
1) 天然産種苗採捕量													
あゆ	(22)	x	x	x	－	x	x	x	－	－	1	1	x
うなぎ	(23)	x	x	x	－	x	x	x	－	－	0	0	x

注：1)は、漁獲量の内数である。なお、海産種苗採捕量については94ページ参照。

単位：t

川	勝浦川（徳島）	仁淀川			肱川（愛媛）	四万十川			筑後川					
高知		計	愛媛	高知		計	愛媛	高知	計	福岡	佐賀	熊本	大分	
x	10	x	x	x	x	30	x	x	149	87	6	x	x	(1)
x	10	x	x	x	x	20	x	x	108	46	5	x	x	(2)
x	−	x	x	x	x	−	x	x	−	−	−	x	x	(3)
x	−	x	x	x	x	−	x	x	−	−	−	x	x	(4)
x	−	x	x	x	x	−	x	x	−	−	−	x	x	(5)
x	0	x	x	x	x	0	x	x	2	0	−	x	x	(6)
x	−	x	x	x	x	−	x	x	4	4	−	x	x	(7)
x	10	x	x	x	x	16	x	x	46	2	−	x	x	(8)
x	−	x	x	x	x	−	x	x	0	0	−	x	x	(9)
x	−	x	x	x	x	1	x	x	8	5	0	x	x	(10)
x	−	x	x	x	x	0	x	x	10	9	1	x	x	(11)
x	−	x	x	x	x	0	x	x	11	5	0	x	x	(12)
x	0	x	x	x	x	3	x	x	6	4	0	x	x	(13)
x	−	x	x	x	x	0	x	x	1	1	−	x	x	(14)
x	0	x	x	x	x	0	x	x	22	17	4	x	x	(15)
x	−	x	x	x	x	−	x	x	33	32	0	x	x	(16)
x	−	x	x	x	x	−	x	x	32	32	0	x	x	(17)
x	−	x	x	x	x	−	x	x	0	0	−	x	x	(18)
x	−	x	x	x	x	10	x	x	9	8	0	x	x	(19)
x	−	x	x	x	x	0	x	x	4	4	0	x	x	(20)
x	−	x	x	x	x	10	x	x	4	4	0	x	x	(21)
x	−	x	x	x	x	−	x	x	−	−	−	x	x	(22)
x	0	x	x	x	x	0	x	x	0	0	0	x	x	(23)

2 内水面漁業漁獲量（続き）
(3) 魚種別・河川別漁獲量（続き）

単位：t

魚種	菊池川（熊本）	緑川（熊本）	球磨川（熊本）	大分川（大分）	大野川（大分）	一ツ瀬川（宮崎）	大淀川			
							計	熊本	宮崎	鹿児島
合計	**x**	**x**	**x**	**x**	**x**	**1**	**32**	**x**	**31**	**x**
魚類計	x	x	x	x	x	1	29	x	29	x
さけ類	x	x	x	x	x	−	−	x	−	x
からふとます	x	x	x	x	x	−	−	x	−	x
さくらます	x	x	x	x	x	−	−	x	−	x
その他のさけ・ます類	x	x	x	x	x	0	1	x	1	x
わかさぎ	x	x	x	x	x	−	−	x	−	x
あゆ	x	x	x	x	x	0	8	x	8	x
しらうお	x	x	x	x	x	0	−	x	−	x
こい	x	x	x	x	x	0	3	x	3	x
ふな	x	x	x	x	x	0	1	x	1	x
うぐい・おいかわ	x	x	x	x	x	0	2	x	2	x
うなぎ	x	x	x	x	x	0	2	x	2	x
はぜ類	x	x	x	x	x	0	0	x	0	x
その他の魚類	x	x	x	x	x	0	11	x	11	x
貝類計	x	x	x	x	x	0	0	x	0	x
しじみ	x	x	x	x	x	0	0	x	0	x
その他の貝類	x	x	x	x	x	−	−	x	−	x
その他の水産動植物類計	x	x	x	x	x	0	3	x	3	x
えび類	x	x	x	x	x	−	0	x	0	x
その他の水産動植物類	x	x	x	x	x	0	3	x	3	x
1) 天然産種苗採捕量										
あゆ	x	x	x	x	x	−	−	x	−	x
うなぎ	x	x	x	x	x	0	0	x	0	x

注：1)は、漁獲量の内数である。なお、海産種苗採捕量については94ページ参照。

(4) 魚種別・湖沼別漁獲量

単位：t

魚種	湖沼計	能取湖（北海道）	網走湖（北海道）	阿寒湖（北海道）	十三湖（青森）	小川原湖（青森）	十和田湖			八郎湖（秋田）	猪苗代湖（福島）
							計	青森	秋田		
合計	**15,969**	**x**	**x**	**x**	**x**	**x**	**x**	**x**	**x**	**x**	**x**
魚類計	3,617	x	x	x	x	x	x	x	x	x	x
さけ類	373	x	x	x	x	x	x	x	x	x	x
からふとます	60	x	x	x	x	x	x	x	x	x	x
さくらます	−	x	x	x	x	x	x	x	x	x	x
その他のさけ・ます類	28	x	x	x	x	x	x	x	x	x	x
わかさぎ	1,036	x	x	x	x	x	x	x	x	x	x
あゆ	336	x	x	x	x	x	x	x	x	x	x
しらうお	462	x	x	x	x	x	x	x	x	x	x
こい	137	x	x	x	x	x	x	x	x	x	x
ふな	361	x	x	x	x	x	x	x	x	x	x
うぐい・おいかわ	106	x	x	x	x	x	x	x	x	x	x
うなぎ	26	x	x	x	x	x	x	x	x	x	x
はぜ類	98	x	x	x	x	x	x	x	x	x	x
その他の魚類	594	x	x	x	x	x	x	x	x	x	x
貝類計	11,905	x	x	x	x	x	x	x	x	x	x
しじみ	8,445	x	x	x	x	x	x	x	x	x	x
その他の貝類	3,460	x	x	x	x	x	x	x	x	x	x
その他の水産動植物類計	447	x	x	x	x	x	x	x	x	x	x
えび類	401	x	x	x	x	x	x	x	x	x	x
その他の水産動植物類	46	x	x	x	x	x	x	x	x	x	x
1) 天然産種苗採捕量											
あゆ	61	x	x	x	x	x	x	x	x	x	x
うなぎ	−	x	x	x	x	x	x	x	x	x	x

注：1)は、漁獲量の内数である。なお、海産種苗採捕量については94ページ参照。

2 内水面漁業漁獲量（続き）

(4) 魚種別・湖沼別漁獲量（続き）

魚種		涸沼（茨城）	霞ヶ浦（茨城）	北浦（茨城）	中禅寺湖（栃木）	印旛沼（千葉）	手賀沼（千葉）	芦ノ湖（神奈川）	山中湖（山梨）	河口湖（山梨）	西湖（山梨）	諏訪湖（長野）
合計	(1)	x	**763**	**86**	x	x	x	x	x	x	x	x
魚類計	(2)	x	493	77	x	x	x	x	x	x	x	x
さけ類	(3)	x	-	-	x	x	x	x	x	x	x	x
からふとます	(4)	x	-	-	x	x	x	x	x	x	x	x
さくらます	(5)	x	-	-	x	x	x	x	x	x	x	x
その他のさけ・ます類	(6)	x	-	-	x	x	x	x	x	x	x	x
わかさぎ	(7)	x	92	6	x	x	x	x	x	x	x	x
あゆ	(8)	x	-	-	x	x	x	x	x	x	x	x
しらうお	(9)	x	160	16	x	x	x	x	x	x	x	x
こい	(10)	x	0	2	x	x	x	x	x	x	x	x
ふな	(11)	x	0	3	x	x	x	x	x	x	x	x
うぐい・おいかわ	(12)	x	-	-	x	x	x	x	x	x	x	x
うなぎ	(13)	x	2	0	x	x	x	x	x	x	x	x
はぜ類	(14)	x	6	4	x	x	x	x	x	x	x	x
その他の魚類	(15)	x	232	48	x	x	x	x	x	x	x	x
貝類計	(16)	x	-	-	x	x	x	x	x	x	x	x
しじみ	(17)	x	-	-	x	x	x	x	x	x	x	x
その他の貝類	(18)	x	-	-	x	x	x	x	x	x	x	x
その他の水産動植物類計	(19)	x	270	9	x	x	x	x	x	x	x	x
えび類	(20)	x	244	9	x	x	x	x	x	x	x	x
その他の水産動植物類	(21)	x	26	0	x	x	x	x	x	x	x	x
1) 天然産種苗採捕量												
あゆ	(22)	x	-	-	x	x	x	x	x	x	x	x
うなぎ	(23)	x	-	-	x	x	x	x	x	x	x	x

注：1) は、漁獲量の内数である。なお、海産種苗採捕量については94ページ参照。

単位：t

琵琶湖（滋賀）	東郷池（鳥取）	宍道湖（島根）	神西湖（島根）	児島湖（岡山）	
876	x	x	x	x	(1)
720	x	x	x	x	(2)
−	x	x	x	x	(3)
−	x	x	x	x	(4)
−	x	x	x	x	(5)
13	x	x	x	x	(6)
56	x	x	x	x	(7)
336	x	x	x	x	(8)
−	x	x	x	x	(9)
12	x	x	x	x	(10)
67	x	x	x	x	(11)
3	x	x	x	x	(12)
2	x	x	x	x	(13)
57	x	x	x	x	(14)
174	x	x	x	x	(15)
60	x	x	x	x	(16)
58	x	x	x	x	(17)
3	x	x	x	x	(18)
95	x	x	x	x	(19)
95	x	x	x	x	(20)
0	x	x	x	x	(21)
61	x	x	x	x	(22)
−	x	x	x	x	(23)

3 内水面養殖業収獲量

(1) 都道府県別・魚種別収獲量

都道府県	計	魚類					1) その他	1) 2) 淡水真珠
		ます類		あゆ	こい	うなぎ		
		にじます	その他					
	t	t	t	t	t	t	t	kg
全国	**29,849**	**4,732**	**2,610**	**4,310**	**2,932**	**15,111**	**154**	**55**
北海道	159	119	38	x	x	−	…	…
青森	56	44	10	x	x	−	…	…
岩手	260	167	90	x	x	−	…	…
宮城	265	168	85	x	x	−	…	…
秋田	64	12	21	x	x	−	…	…
山形	193	65	32	8	88	−	…	…
福島	1,274	273	142	x	846	x	…	…
茨城	1,219	x	x	−	1,063	−	154	25
栃木	748	275	135	327	x	x	…	…
群馬	378	169	53	6	149	−	…	…
埼玉	2	1	1	−	−	−	…	…
千葉	102	x	−	42	−	x	…	…
東京	42	23	x	x	−	−	…	…
神奈川	68	31	27	11	−	−	…	…
新潟	228	175	32	x	5	x	…	…
富山	67	x	18	x	17	−	…	…
石川	17	x	15	−	1	x	…	…
福井	16	x	8	−	x	−	…	…
山梨	951	699	238	6	x	x	…	…
長野	1,600	717	727	x	122	x	…	…
岐阜	1,076	197	227	650	x	x	…	…
静岡	2,761	1,072	117	115	−	1,457	…	…
愛知	4,858	157	x	1,220	x	3,459	…	…
三重	224	x	9	12	x	202	…	…
滋賀	433	x	55	341	x	−	−	30
京都	15	x	3	−	x	−	…	…
大阪	x	−	−	−	x	−	…	…
兵庫	42	18	19	x	−	x	…	…
奈良	22	x	17	x	−	5	…	…
和歌山	799	−	x	788	−	x	…	…
鳥取	118	x	94	x	−	−	…	…
島根	16	x	8	x	x	−	…	…
岡山	61	12	38	x	x	8	…	…
広島	69	33	33	x	−	x	…	…
山口	40	14	8	18	−	−	…	…
徳島	588	1	31	224	−	332	…	…
香川	19	−	x	−	x	17	…	…
愛媛	59	5	x	x	−	44	…	…
高知	358	−	x	x	−	324	…	…
福岡	285	−	3	x	x	19	…	…
佐賀	5	x	x	−	−	x	…	…
長崎	5	−	x	−	−	x	…	…
熊本	458	40	86	105	18	207	…	…
大分	213	x	60	102	x	29	…	…
宮崎	3,133	37	46	181	330	2,539	…	…
鹿児島	6,468	74	x	x	x	6,381	…	…
沖縄	x	−	−	−	−	x	…	…

注：1)は、3湖沼（琵琶湖、霞ヶ浦及び北浦）のみの調査である。
2)は、計に含めない。

(2) 都道府県別・魚種別種苗販売量

都道府県	卵	稚魚			1) その他の種苗
	ます類	ます類	あゆ	こい	
	千粒	千尾	千尾	千尾	kg
全国	**83,682**	**35,290**	**113,192**	**2,332**	**-**
北海道	13,107	1,017	-	-	…
青森	-	331	x	-	…
岩手	3,359	4,345	x	-	…
宮城	1,010	3,992	x	x	…
秋田	x	685	2,281	x	…
山形	x	1,642	4,091	-	…
福島	1,642	1,564	-	920	…
茨城	x	x	-	-	-
栃木	240	x	9,115	-	…
群馬	3,356	1,709	1,379	x	…
埼玉	x	x	-	-	…
千葉	-	x	x	-	…
東京	x	668	-	-	…
神奈川	x	-	1,478	-	…
新潟	x	763	x	x	…
富山	-	254	x	x	…
石川	x	x	-	x	…
福井	-	x	x	-	…
山梨	7,566	1,583	x	x	…
長野	31,773	5,471	1,198	x	…
岐阜	5,303	4,530	x	-	…
静岡	6,120	1,131	4,895	-	…
愛知	x	84	x	-	…
三重	725	206	1,193	-	…
滋賀	815	x	22,655	x	-
京都	-	x	-	-	…
大阪	-	-	-	x	…
兵庫	-	x	x	-	…
奈良	565	x	-	-	…
和歌山	x	440	5,882	-	…
鳥取	-	804	-	-	…
島根	-	-	x	-	…
岡山	x	x	x	x	…
広島	x	177	729	-	…
山口	-	x	3,368	-	…
徳島	x	178	5,750	-	…
香川	-	-	-	x	…
愛媛	x	370	-	-	…
高知	x	694	x	-	…
福岡	-	-	1,402	-	…
佐賀	-	x	-	-	…
長崎	-	-	-	-	…
熊本	150	474	3,594	x	…
大分	365	152	1,009	-	…
宮崎	1,326	668	8,240	-	…
鹿児島	-	x	-	-	…
沖縄	-	-	-	-	…

注：1)は、３湖沼（琵琶湖、霞ヶ浦及び北浦）のみの調査である。

4 3湖沼生産量

(1) 漁業種類別・魚種別漁獲量

ア 琵琶湖

漁業種類	計	魚								
		小計	わかさぎ	ます	こあゆ	こい	ふな		うぐい・おいかわ	うなぎ
							にごろぶな	その他		
合計 (1)	**876**	**720**	**56**	**13**	**336**	**12**	**42**	**25**	**3**	**2**
底びき網 (2)	296	171	54	0	0	0	9	0	0	-
敷網 (3)	2	2	-	-	2	-	-	-	-	-
刺網 (4)	201	201	0	9	79	9	30	22	1	-
定置網 (5)	321	312	2	1	228	2	1	3	2	0
採貝 (6)	6	-	-	-	-	-	-	-	-	-
かご類 (7)	18	2	-	-	-	0	1	0	-	1
あゆ沖すくい (8)	27	27	-	-	27	-	-	-	-	-
投網 (9)	0	0	-	-	-	-	0	0	-	-
その他の漁業 (10)	5	5	-	3	1	-	0	-	-	1

注：1)は、漁獲量の内数である。なお、海産種苗採捕量については94ページ参照（以下統計表ウまで同じ。）。

イ 霞ヶ浦

漁業種類	計	魚類							
		小計	わかさぎ	しらうお	こい	ふな	うなぎ	はぜ類	ぼら類	その他の魚類
合計 (1)	**763**	**493**	**92**	**160**	**0**	**0**	**2**	**6**	**-**	**232**
底びき網 (2)	756	486	92	160	-	-	2	4	-	228
刺網 (3)	0	0	-	-	-	0	-	-	-	-
定置網 (4)	6	6	0	-	0	-	0	2	-	4
採貝 (5)	-	-	-	-	-	-	-	-	-	-
その他の漁業 (6)	0	0	-	-	-	-	0	-	-	-

ウ 北浦

漁業種類	計	魚類								
		小計	わかさぎ	しらうお	こい	ふな	うなぎ	はぜ類	ぼら類	その他の魚類
合計 (1)	**86**	**77**	**6**	**16**	**2**	**3**	**0**	**4**	**-**	**48**
底びき網 (2)	83	75	6	15	2	1	-	4	-	48
刺網 (3)	2	2	-	0	-	2	0	-	-	-
定置網 (4)	1	1	-	-	-	1	-	-	-	-
採貝 (5)	-	-	-	-	-	-	-	-	-	-
その他の漁業 (6)	0	0	-	-	-	-	0	-	-	-

(2) 養殖魚種別収獲量、魚種別種苗販売量

湖沼名	食用養殖							真珠	種苗販売量				
	計	さけ・ます類		あゆ	こい	うなぎ	その他		卵	稚魚			その他の種苗
		にじます	その他のさけ・ます類						ます類	ます類	あゆ	こい	
	t	t	t	t	t	t	t	kg	千粒	千尾	千尾	千尾	kg
琵琶湖	-	-	-	-	-	-	-	30	251	-	-	-	-
霞ヶ浦	1,156	-	-	-	x	-	x	25	-	-	-	-	-
北浦	x	-	-	-	x	-	x	-	-	-	-	-	-

単位：t

類						貝類			その他の水産動物類			1) 天然産種苗			
はぜ類		もろこ類		はす	その他の魚類	小計	しじみ	その他の貝類	小計	えび類	その他の水産動物類	小計	あゆ	うなぎ	
いさざ	その他	ほんもろこ	その他												
11	**45**	**30**	**22**	**16**	**106**	**60**	**58**	**3**	**95**	**95**	**0**	**61**	**61**	**-**	(1)
7	45	20	20	14	0	55	52	3	71	71	-	-	-	-	(2)
-	-	-	-	-	-	-	-	-	-	-	-	2	2	-	(3)
0.	-	8	0	1	42	-	-	-	-	-	-	-	-	-	(4)
4	0	2	2	1	64	-	-	-	8	8	-	58	58	-	(5)
-	-	-	-	-	-	6	5	0	-	-	-	-	-	-	(6)
-	-	-	-	-	0	-	-	-	16	16	0	-	-	-	(7)
-	-	-	-	-	-	-	-	-	-	-	-	-	-	-	(8)
-	-	-	-	-	-	-	-	-	-	-	-	-	-	-	(9)
-	-	-	-	-	0	-	-	-	0	0	0	0	0	-	(10)

単位：t

貝類			その他の水産動物類			1) 天然産種苗			
小計	しじみ	その他の貝類	小計	えび類	その他の水産動物類	小計	あゆ	うなぎ	
-	**-**	**-**	**270**	**244**	**26**	**-**	**-**	**-**	(1)
-	-	-	269	243	26	-	-	-	(2)
-	-	-	-	-	-	-	-	-	(3)
-	-	-	0	0	-	-	-	-	(4)
-	-	-	-	-	-	-	-	-	(5)
-	-	-	-	-	-	-	-	-	(6)

単位：t

貝類			その他の水産動物類			1) 天然産種苗			
小計	しじみ	その他の貝類	小計	えび類	その他の水産動物類	小計	あゆ	うなぎ	
-	**-**	**-**	**9**	**9**	**0**	**-**	**-**	**-**	(1)
-	-	-	8	8	-	-	-	-	(2)
-	-	-	0	0	0	-	-	-	(3)
-	-	-	-	-	-	-	-	-	(4)
-	-	-	-	-	-	-	-	-	(5)
-	-	-	0	0	-	-	-	-	(6)

〔漁業・養殖業水域別生産統計（平成29年）の部〕

1　水域別漁業種類別生産量

漁業種類別		合計	海面 計	大西洋 小計	北西部 (21)	北東部 (27)	中西部 (31)	中東部 (34)	地中海 (37)	南西部 (41)	南東部 (47)	南氷洋 (48)
合計	(1)	**4,306,129**	**3,258,020**	**29,559**	**222**	**1,005**	**515**	**14,713**	**-**	**182**	**12,612**	**310**
海面漁業計	(2)	3,258,020	3,258,020	29,559	222	1,005	515	14,713	-	182	12,612	310
遠洋底びき網	(3)	9,466	9,466	-	-	-	-	-	-	-	-	-
以西底びき網	(4)	x	x	-	-	-	-	-	-	-	-	-
沖合底びき網１そうびき	(5)	188,871	188,871	-	-	-	-	-	-	-	-	-
沖合底びき網２そうびき	(6)	18,627	18,627	-	-	-	-	-	-	-	-	-
小型底びき網	(7)	317,378	317,378	-	-	-	-	-	-	-	-	-
船びき網	(8)	177,002	177,002	-	-	-	-	-	-	-	-	-
遠洋かつお・まぐろまき網	(9)	175,647	175,647	-	-	-	-	-	-	-	-	-
近海かつお・まぐろまき網	(10)	33,910	33,910	-	-	-	-	-	-	-	-	-
大中型１そうまき網その他	(11)	746,180	746,180	-	-	-	-	-	-	-	-	-
大中型２そうまき網	(12)	37,936	37,936	-	-	-	-	-	-	-	-	-
中・小型まき網	(13)	464,150	464,150	-	-	-	-	-	-	-	-	-
さけ・ます流し網	(14)	1,273	1,273	-	-	-	-	-	-	-	-	-
かじき等流し網	(15)	4,140	4,140	-	-	-	-	-	-	-	-	-
その他の刺網	(16)	121,339	121,339	-	-	-	-	-	-	-	-	-
さんま棒受網	(17)	84,040	84,040	-	-	-	-	-	-	-	-	-
大型定置網	(18)	194,236	194,236	-	-	-	-	-	-	-	-	-
さけ定置網	(19)	59,076	59,076	-	-	-	-	-	-	-	-	-
小型定置網	(20)	73,005	73,005	-	-	-	-	-	-	-	-	-
その他の網漁業	(21)	49,595	49,595	-	-	-	-	-	-	-	-	-
遠洋まぐろはえ縄	(22)	73,672	73,672	28,508	222	1,005	515	14,713	-	182	11,871	-
近海まぐろはえ縄	(23)	42,757	42,757	-	-	-	-	-	-	-	-	-
沿岸まぐろはえ縄	(24)	5,403	5,403	-	-	-	-	-	-	-	-	-
その他のはえ縄	(25)	23,969	23,969	324	-	-	-	-	-	-	14	310
遠洋かつお一本釣	(26)	47,860	47,860	-	-	-	-	-	-	-	-	-
近海かつお一本釣	(27)	28,530	28,530	-	-	-	-	-	-	-	-	-
沿岸かつお一本釣	(28)	12,774	12,774	-	-	-	-	-	-	-	-	-
遠洋いか釣	(29)	x	x	-	-	-	-	-	-	-	-	-
近海いか釣	(30)	22,541	22,541	-	-	-	-	-	-	-	-	-
沿岸いか釣	(31)	34,341	34,341	-	-	-	-	-	-	-	-	-
ひき縄釣	(32)	12,724	12,724	-	-	-	-	-	-	-	-	-
その他の釣	(33)	29,183	29,183	-	-	-	-	-	-	-	-	-
採貝・採藻	(34)	97,001	97,001	-	-	-	-	-	-	-	-	-
その他の漁業	(35)	66,519	66,519	728	-	-	-	-	-	-	728	-
海面養殖業	(36)	986,056	…	…	…	…	…	…	…	…	…	…
内水面漁業・養殖業	(37)	62,054	…	…	…	…	…	…	…	…	…	…

注：1　本統計は、平成29年漁業・養殖業生産統計結果を基に、国立研究開発法人水産研究・教育機構国際水産資源研究所及び東北区水産研究所が把握する漁業種類の漁獲量データを参考にして国際連合食糧農業機関（ＦＡＯ）が定める水域区分別に組み替えたものであり、ＦＡＯ統計に掲載されている数値とは異なる。

2　対象期間は平成29年１月１日から12月31日までとした。なお、遠洋漁業等で年を越えて操業した場合は、陸揚げ等のために港に入港した日の属する年に計上しており、ＦＡＯ統計に掲載されている数値とは異なる（ＦＡＯ統計では、かつお・まぐろ等について、漁獲成績報告書に基づいた数値を利用し、漁獲した日の属する年に計上されている。）。

3　表頭中の（　）書は、ＦＡＯの水域区分番号である。

単位：t

漁				業									
インド洋				太平洋							海面養殖業	内水面漁業・養殖業	
小計	西部 (51)	東部 (57)	南氷洋 (58)	小計	北西部 (61)	北東部 (67)	中西部 (71)	中東部 (77)	南西部 (81)	南東部 (87)			
20,761	**11,818**	**8,916**	**27**	**3,207,699**	**2,995,264**	**82**	**192,500**	**6,343**	**3,452**	**10,058**	**986,056**	**62,054**	(1)
20,761	11,818	8,916	27	3,207,699	2,995,264	82	192,500	6,343	3,452	10,058	–	–	(2)
5,074	5,074	–	–	4,392	4,392	–	–	–	–	–	–	–	(3)
–	–	–	–	x	x	–	–	–	–	–	–	–	(4)
–	–	–	–	188,871	188,871	–	–	–	–	–	–	–	(5)
–	–	–	–	18,627	18,627	–	–	–	–	–	–	–	(6)
–	–	–	–	317,378	317,378	–	–	–	–	–	–	–	(7)
–	–	–	–	177,002	177,002	–	–	–	–	–	–	–	(8)
4,249	1,369	2,880	–	171,398	–	–	171,398	–	–	–	–	–	(9)
–	–	–	–	33,910	33,910	–	–	–	–	–	–	–	(10)
–	–	–	–	746,180	746,180	–	–	–	–	–	–	–	(11)
–	–	–	–	37,936	37,936	–	–	–	–	–	–	–	(12)
–	–	–	–	464,150	464,150	–	–	–	–	–	–	–	(13)
–	–	–	–	1,273	1,273	–	–	–	–	–	–	–	(14)
–	–	–	–	4,140	4,140	–	–	–	–	–	–	–	(15)
–	–	–	–	121,339	121,339	–	–	–	–	–	–	–	(16)
–	–	–	–	84,040	84,040	–	–	–	–	–	–	–	(17)
–	–	–	–	194,236	194,236	–	–	–	–	–	–	–	(18)
–	–	–	–	59,076	59,076	–	–	–	–	–	–	–	(19)
–	–	–	–	73,005	73,005	–	–	–	–	–	–	–	(20)
–	–	–	–	49,595	49,595	–	–	–	–	–	–	–	(21)
11,399	5,363	6,036	–	33,765	6,261	–	8,218	6,343	2,900	10,044	–	–	(22)
–	–	–	–	42,757	34,263	–	8,494	–	–	–	–	–	(23)
–	–	–	–	5,403	5,403	–	–	–	–	–	–	–	(24)
40	13	–	27	23,605	23,605	–	–	–	–	–	–	–	(25)
–	–	–	–	47,860	x	–	4,303	–	x	14	–	–	(26)
–	–	–	–	28,530	28,444	–	87	–	–	–	–	–	(27)
–	–	–	–	12,774	12,774	–	–	–	–	–	–	–	(28)
–	–	–	–	x	x	–	–	–	x	–	–	–	(29)
–	–	–	–	22,541	22,459	82	–	–	–	–	–	–	(30)
–	–	–	–	34,341	34,341	–	–	–	–	–	–	–	(31)
–	–	–	–	12,724	12,724	–	–	–	–	–	–	–	(32)
–	–	–	–	29,183	29,183	–	–	–	–	–	–	–	(33)
–	–	–	–	97,001	97,001	–	–	–	–	–	–	–	(34)
–	–	–	–	65,791	65,791	–	–	–	–	–	–	–	(35)
…	…	…	…	…	…	…	…	…	…	…	986,056	…	(36)
…	…	…	…	…	…	…	…	…	…	…	…	62,054	(37)

2　水域別魚種別生産量

魚種別		合計	海面									
			計	大西洋								
				小計	北西部 (21)	北東部 (27)	中西部 (31)	中東部 (34)	地中海 (37)	南西部 (41)	南東部 (47)	南氷洋 (48)
合計	(1)	**4,306,129**	**3,258,020**	**29,559**	**222**	**1,005**	**515**	**14,713**	**-**	**182**	**12,612**	**310**
魚類計	(2)	2,986,550	2,690,005	28,831	222	1,005	515	14,713	-	182	11,884	310
まぐろ類	(3)	185,008	169,149	18,027	170	934	443	8,779	-	138	7,564	-
くろまぐろ	(4)	25,644	9,786	1,103	169	934	-	-	-	-	-	-
みなみまぐろ	(5)	4,072	4,072	1,821	-	-	-	-	-	-	1,821	-
びんなが	(6)	46,220	46,220	1,556	-	-	40	333	-	2	1,181	-
めばち	(7)	38,683	38,683	10,682	1	-	68	6,548	-	127	3,938	-
きはだ	(8)	69,453	69,453	2,865	-	-	335	1,898	-	9	624	-
その他のまぐろ類	(9)	936	936	-	-	-	-	-	-	-	-	-
かじき類	(10)	13,100	13,100	1,478	29	-	48	807	-	34	561	-
まかじき	(11)	1,764	1,764	9	-	-	-	6	-	-	3	-
めかじき	(12)	7,815	7,815	1,011	29	-	14	555	-	30	382	-
くろかじき類	(13)	2,806	2,806	411	-	-	27	217	-	4	163	-
その他のかじき類	(14)	714	714	47	-	-	6	28	-	-	13	-
かつお類	(15)	226,865	226,865	1	-	-	-	0	-	-	1	-
かつお	(16)	218,977	218,977	1	-	-	-	0	-	-	1	-
そうだがつお類	(17)	7,888	7,888	-	-	-	-	-	-	-	-	-
さめ類	(18)	32,374	32,374	8,176	22	72	20	4,959	-	10	3,093	-
さけ・ます類	(19)	101,365	71,857	-	-	-	-	-	-	-	-	-
さけ類	(20)	90,055	68,605	-	-	-	-	-	-	-	-	-
ます類	(21)	11,310	3,252	-	-	-	-	-	-	-	-	-
このしろ	(22)	5,434	5,434	-	-	-	-	-	-	-	-	-
にしん	(23)	9,316	9,316	-	-	-	-	-	-	-	-	-
いわし類	(24)	768,556	768,556	-	-	-	-	-	-	-	-	-
まいわし	(25)	500,015	500,015	-	-	-	-	-	-	-	-	-
うるめいわし	(26)	71,971	71,971	-	-	-	-	-	-	-	-	-
かたくちいわし	(27)	145,715	145,715	-	-	-	-	-	-	-	-	-
しらす	(28)	50,855	50,855	-	-	-	-	-	-	-	-	-
あじ類	(29)	165,541	164,731	-	-	-	-	-	-	-	-	-
まあじ	(30)	146,025	145,215	-	-	-	-	-	-	-	-	-
むろあじ類	(31)	19,515	19,515	-	-	-	-	-	-	-	-	-
さば類	(32)	517,602	517,602	-	-	-	-	-	-	-	-	-
さんま	(33)	83,803	83,803	-	-	-	-	-	-	-	-	-
ぶり類	(34)	256,760	117,761	-	-	-	-	-	-	-	-	-
ひらめ・かれい類	(35)	56,636	54,385	-	-	-	-	-	-	-	-	-
ひらめ	(36)	9,335	7,084	-	-	-	-	-	-	-	-	-
かれい類	(37)	47,301	47,301	-	-	-	-	-	-	-	-	-
たら類	(38)	173,539	173,539	-	-	-	-	-	-	-	-	-
まだら	(39)	44,269	44,269	-	-	-	-	-	-	-	-	-
すけとうだら	(40)	129,269	129,269	-	-	-	-	-	-	-	-	-
ほっけ	(41)	17,777	17,777	-	-	-	-	-	-	-	-	-
きちじ	(42)	1,022	1,022	-	-	-	-	-	-	-	-	-
はたはた	(43)	6,458	6,458	-	-	-	-	-	-	-	-	-
にぎす類	(44)	2,832	2,832	-	-	-	-	-	-	-	-	-
あなご類	(45)	3,422	3,422	-	-	-	-	-	-	-	-	-
たちうお	(46)	6,331	6,331	-	-	-	-	-	-	-	-	-
たい類	(47)	87,614	24,764	-	-	-	-	-	-	-	-	-
まだい	(48)	78,193	15,343	-	-	-	-	-	-	-	-	-
ちだい・きだい	(49)	6,272	6,272	-	-	-	-	-	-	-	-	-
くろだい・へだい	(50)	3,149	3,149	-	-	-	-	-	-	-	-	-
いさき	(51)	3,796	3,796	-	-	-	-	-	-	-	-	-
さわら類	(52)	15,201	15,201	1	-	0	0	0	-	0	1	-
すずき類	(53)	6,626	6,626	-	-	-	-	-	-	-	-	-
いかなご	(54)	12,180	12,180	-	-	-	-	-	-	-	-	-
あまだい類	(55)	1,177	1,177	-	-	-	-	-	-	-	-	-
ふぐ類	(56)	8,344	4,420	-	-	-	-	-	-	-	-	-
その他の魚類	(57)	217,874	175,527	1,148	-	0	4	168	-	0	665	310
えび類計	(58)	18,420	16,703	-	-	-	-	-	-	-	-	-
いせえび	(59)	1,075	1,075	-	-	-	-	-	-	-	-	-
くるまえび	(60)	1,676	322	-	-	-	-	-	-	-	-	-
その他のえび類	(61)	15,669	15,306	-	-	-	-	-	-	-	-	-
かに類計	(62)	25,738	25,738	728	-	-	-	-	-	-	728	-
ずわいがに	(63)	3,995	3,995	-	-	-	-	-	-	-	-	-
べにずわいがに	(64)	15,149	15,149	-	-	-	-	-	-	-	-	-
がざみ類	(65)	2,232	2,232	-	-	-	-	-	-	-	-	-
その他のかに類	(66)	4,361	4,361	728	-	-	-	-	-	-	728	-
おきあみ類	(67)	13,756	13,756	-	-	-	-	-	-	-	-	-
貝類計	(68)	606,038	283,985	-	-	-	-	-	-	-	-	-
あわび類	(69)	964	964	-	-	-	-	-	-	-	-	-
さざえ	(70)	6,083	6,083	-	-	-	-	-	-	-	-	-
あさり類	(71)	7,072	7,072	-	-	-	-	-	-	-	-	-
ほたてがい	(72)	371,042	235,952	-	-	-	-	-	-	-	-	-
その他の貝類	(73)	220,877	33,914	-	-	-	-	-	-	-	-	-
いか類計	(74)	103,414	103,414	-	-	-	-	-	-	-	-	-
するめいか	(75)	63,734	63,734	-	-	-	-	-	-	-	-	-
あかいか	(76)	4,334	4,334	-	-	-	-	-	-	-	-	-
その他のいか類	(77)	35,346	35,346	-	-	-	-	-	-	-	-	-
たこ類	(78)	35,473	35,473	-	-	-	-	-	-	-	-	-
うに類	(79)	7,612	7,612	-	-	-	-	-	-	-	-	-
海産ほ乳類	(80)	567	567	-	-	-	-	-	-	-	-	-
1) その他の水産動物類	(81)	30,758	10,800	-	-	-	-	-	-	-	-	-
海藻類計	(82)	477,803	69,969	-	-	-	-	-	-	-	-	-
こんぶ類	(83)	77,969	45,506	-	-	-	-	-	-	-	-	-
わかめ類	(84)	51,114	…	…	…	…	…	…	…	…	…	…
その他の海藻類	(85)	348,720	24,463	-	-	-	-	-	-	-	-	-

注：1　本統計は、平成29年漁業・養殖業生産統計結果を基に、国立研究開発法人水産研究・教育機構国際水産資源研究所及び東北区水産研究所が把握する漁業種類の漁獲量データを参考にして国際連合食糧農業機関（ＦＡＯ）が定める水域区分別に組み替えたものであり、ＦＡＯ統計に掲載されている数値とは異なる。

2　対象期間は平成29年１月１日から12月31日までとした。なお、遠洋漁業等で年を越えて操業した場合は、陸揚げ等のために港に入港した日の属する年に計上しており、ＦＡＯ統計に掲載されている数値とは異なる（ＦＡＯ統計では、かつお・まぐろ等について、漁獲成績報告書に基づいた数値を利用し、漁獲した日の属する年に計上されている。）。

3　表頭中の（　）書は、ＦＡＯの水域区分番号である。

1)は、内水面漁業における藻類の漁獲量を含む。

単位：t

漁業											海面養殖業	内水面漁業・養殖業	
インド洋				太平洋									
小計	西部(51)	東部(57)	南氷洋(58)	小計	北西部(61)	北東部(67)	中西部(71)	中東部(77)	南西部(81)	南東部(87)			
20,761	**11,818**	**8,916**	**27**	**3,207,699**	**2,995,264**	**82**	**192,500**	**6,343**	**3,452**	**10,058**	**986,056**	**62,054**	(1)
20,761	11,818	8,916	27	2,640,412	2,428,225	-	192,500	6,343	3,285	10,058	247,633	48,912	(2)
10,540	4,730	5,810	-	140,582	67,686	-	58,979	5,003	2,468	6,446	15,858	…	(3)
-	-	-	-	8,683	8,676	-	5	-	1	-	15,858	…	(4)
1,045	61	983	-	1,206	-	-	0	-	1,206	-	…	…	(5)
1,664	316	1,347	-	43,000	36,712	-	4,193	181	976	938	…	…	(6)
4,066	1,170	2,895	-	23,935	6,936	-	7,995	4,063	243	4,699	…	…	(7)
3,766	3,182	584	-	62,822	14,425	-	46,786	758	42	810	…	…	(8)
-	-	-	-	936	936	-	0	-	-	-	…	…	(9)
763	481	282	-	10,858	6,278	-	1,191	1,050	167	2,172	…	…	(10)
60	50	10	-	1,695	1,347	-	59	73	29	186	…	…	(11)
417	185	232	-	6,387	3,794	-	250	535	126	1,680	…	…	(12)
179	149	30	-	2,216	803	-	801	377	6	229	…	…	(13)
107	96	11	-	560	333	-	80	64	6	77	…	…	(14)
3,075	981	2,094	-	223,789	91,507	-	131,842	7	405	27	…	…	(15)
3,075	981	2,093	-	215,901	83,638	-	131,823	7	405	27	…	…	(16)
1	0	0	-	7,888	7,869	-	19	-	-	-	…	…	(17)
743	405	337	-	23,455	22,087	-	250	105	162	851	…	…	(18)
-	-	-	-	71,857	71,857	-	-	-	-	-	15,648	13,859	(19)
-	-	-	-	68,605	68,605	-	-	-	-	-	15,648	5,802	(20)
-	-	-	-	3,252	3,252	-	-	-	-	-	…	8,058	(21)
-	-	-	-	5,434	5,434	-	-	-	-	-	…	…	(22)
-	-	-	-	9,316	9,316	-	-	-	-	-	…	…	(23)
-	-	-	-	768,556	768,556	-	-	-	-	-	…	…	(24)
-	-	-	-	500,015	500,015	-	-	-	-	-	…	…	(25)
-	-	-	-	71,971	71,971	-	-	-	-	-	…	…	(26)
-	-	-	-	145,715	145,715	-	-	-	-	-	…	…	(27)
-	-	-	-	50,855	50,855	-	-	-	-	-	…	…	(28)
-	-	-	-	164,731	164,731	-	-	-	-	-	810	…	(29)
-	-	-	-	145,215	145,215	-	-	-	-	-	810	…	(30)
-	-	-	-	19,515	19,515	-	-	-	-	-	…	…	(31)
-	-	-	-	517,602	517,602	-	-	-	-	-	…	…	(32)
-	-	-	-	83,803	83,803	-	-	-	-	-	…	…	(33)
-	-	-	-	117,761	117,761	-	-	-	-	-	138,999	…	(34)
2,157	2,157	-	-	52,228	52,228	-	-	-	-	-	2,250	…	(35)
-	-	-	-	7,084	7,084	-	-	-	-	-	2,250	…	(36)
2,157	2,157	-	-	45,143	45,143	-	-	-	-	-	…	…	(37)
-	-	-	-	173,539	173,539	-	-	-	-	-	…	…	(38)
-	-	-	-	44,269	44,269	-	-	-	-	-	…	…	(39)
-	-	-	-	129,269	129,269	-	-	-	-	-	…	…	(40)
-	-	-	-	17,777	17,777	-	-	-	-	-	…	…	(41)
-	-	-	-	1,022	1,022	-	-	-	-	-	…	…	(42)
-	-	-	-	6,458	6,458	-	-	-	-	-	…	…	(43)
-	-	-	-	2,832	2,832	-	-	-	-	-	…	…	(44)
-	-	-	-	3,422	3,422	-	-	-	-	-	…	…	(45)
-	-	-	-	6,331	6,331	-	-	-	-	-	…	…	(46)
-	-	-	-	24,764	24,764	-	-	-	-	-	62,850	…	(47)
-	-	-	-	15,343	15,343	-	-	-	-	-	62,850	…	(48)
-	-	-	-	6,272	6,272	-	-	-	-	-	…	…	(49)
-	-	-	-	3,149	3,149	-	-	-	-	-	…	…	(50)
-	-	-	-	3,796	3,796	-	-	-	-	-	…	…	(51)
0	0	0	-	15,200	15,199	-	0	0	0	0	…	…	(52)
-	-	-	-	6,626	6,626	-	-	-	-	-	…	…	(53)
-	-	-	-	12,180	12,180	-	-	-	-	-	…	…	(54)
-	-	-	-	1,177	1,177	-	-	-	-	-	…	…	(55)
-	-	-	-	4,420	4,420	-	-	-	-	-	3,924	…	(56)
3,483	3,062	393	27	170,897	169,838	-	237	177	83	561	7,294	35,053	(57)
-	-	-	-	16,703	16,703	-	-	-	-	-	1,354	364	(58)
-	-	-	-	1,075	1,075	-	-	-	-	-	…	…	(59)
-	-	-	-	322	322	-	-	-	-	-	1,354	…	(60)
-	-	-	-	15,306	15,306	-	-	-	-	-	…	364	(61)
-	-	-	-	25,010	25,010	-	-	-	-	-	…	…	(62)
-	-	-	-	3,995	3,995	-	-	-	-	-	…	…	(63)
-	-	-	-	15,149	15,149	-	-	-	-	-	…	…	(64)
-	-	-	-	2,232	2,232	-	-	-	-	-	…	…	(65)
-	-	-	-	3,633	3,633	-	-	-	-	-	…	…	(66)
-	-	-	-	13,756	13,756	-	-	-	-	-	…	…	(67)
-	-	-	-	283,985	283,985	-	-	-	-	-	309,437	12,616	(68)
-	-	-	-	964	964	-	-	-	-	-	…	…	(69)
-	-	-	-	6,083	6,083	-	-	-	-	-	…	…	(70)
-	-	-	-	7,072	7,072	-	-	-	-	-	…	…	(71)
-	-	-	-	235,952	235,952	-	-	-	-	-	135,090	…	(72)
-	-	-	-	33,914	33,914	-	-	-	-	-	174,347	12,616	(73)
-	-	-	-	103,414	103,165	82	-	-	167	-	…	…	(74)
-	-	-	-	63,734	63,734	-	-	-	-	-	…	…	(75)
-	-	-	-	4,334	4,252	82	-	-	-	-	…	…	(76)
-	-	-	-	35,346	35,179	-	-	-	167	-	…	…	(77)
-	-	-	-	35,473	35,473	-	-	-	-	-	…	…	(78)
-	-	-	-	7,612	7,612	-	-	-	-	-	…	…	(79)
-	-	-	-	567	567	-	-	-	-	-	…	…	(80)
-	-	-	-	10,800	10,800	-	-	-	-	-	19,797	161	(81)
-	-	-	-	69,969	69,969	-	-	-	-	-	407,835	…	(82)
-	-	-	-	45,506	45,506	-	-	-	-	-	32,463	…	(83)
…	…	…	…	…	…	…	…	…	…	…	51,114	…	(84)
-	-	-	-	24,463	24,463	-	-	-	-	-	324,257	…	(85)

漁 業 産 出 額

利用者のために

利用者のために

1　統計の目的

漁業産出額は、漁業生産活動の実態を金額で評価することにより明らかにし、水産行政の企画やその実行のフォローアップに資するための資料を整備することを目的としている。

2　推計期間

本統計の推計期間は、平成30年1月から同年12月までの1年間である。

3　推計方法

漁業産出額では、海面漁業、海面養殖業、内水面漁業及び内水面養殖業の産出額並びに生産漁業所得を推計するとともに、参考値として種苗（海面養殖業及び内水面養殖業）の生産額を推計した。それぞれの推計方法は次のとおりである。

(1)　海面漁業・養殖業産出額

海面漁業生産統計調査結果から得られる都道府県別の魚種別生産量に産地水産物流通調査（水産庁）、主要産地の市場、関係団体等から得られる魚種別産地卸売価格を乗じて推計した。

なお、捕鯨業（くじら類）は、全国値のみ推計した。

(2)　内水面漁業・養殖業産出額

ア　内水面漁業産出額

(ア)　漁業センサス実施年（西暦末尾が３又は８の年）

内水面漁業生産統計調査結果から得られる全国の魚種別生産量に主要産地の市場、関係団体等から得られる全国の魚種別平均価格を乗じて推計しており、平成30年（2018年）値にあっては漁業センサス実施年である。

(イ)　漁業センサス実施年以外の年

推計対象年の直前の漁業センサス実施年における内水面漁業生産統計調査結果から得られる全ての河川・湖沼に占める主要河川・湖沼の魚種別漁獲量の割合の逆数を推計対象年における主要河川・湖沼の魚種別漁獲量に乗じて魚種別総漁獲量を計算し、これに全国の魚種別平均価格を乗じて推計した。

イ　内水面養殖業産出額

(ア)　主要養殖魚種（内水面漁業生産統計調査結果から得られるます類、あゆ、こい及びうなぎをいう。以下同じ。）の産出額の合計（a）については、全国の魚種別収獲量に主要産地の市場、関係団体等から得られる全国の魚種別平均価格を乗じて推計した。

(イ)　主要養殖魚種以外の魚種も含めた内水面養殖業産出額の合計（I）については、推計対象年の直前の漁業センサス結果から得られる全ての養殖魚種の販売金額（観賞用を除く。）に占める主要養殖魚種の販売金額の割合の逆数を用いて、次式のとおり推計した。

〔推計式〕

$$I = \frac{B}{A} \times a$$

I：内水面養殖業産出額の合計（イ）（推計対象年）

A：主要養殖魚種の販売金額（漁業センサス結果）

B：全ての養殖魚種の販売金額（観賞用を除く。）（漁業センサス結果）
a：主要養殖魚種の産出額の合計（ｱ）（推計対象年）

(3)　生産漁業所得

生産漁業所得は、次に掲げる方法により算出したそれぞれの金額を合計して所得を推計した。なお、所得の推計に用いる所得率は、漁業経営調査の調査種類別に次式のとおり算出した。

$$
\text{所得率} = \frac{\text{漁業収入} - \text{物的経費}^{(\text{注})}}{\text{漁業収入}}
$$

（注）：物的経費には減価償却費及び間接税を含む。

ア　海面漁業・海面養殖業

(1)により推計した海面漁業・海面養殖業産出額に、直近の漁業経営調査の経営体階層（漁船漁業、小型定置網漁業及び各養殖業）別の調査結果から算出した全国の所得率を乗じた。

イ　内水面漁業・内水面養殖業

内水面漁業の場合にあっては、(2)のアにより推計した内水面漁業産出額に直近の漁業経営調査の海面漁業のうち使用動力漁船規模３トン未満の調査結果から算出した全国の所得率を乗じた。

また、内水面養殖業の場合にあっては、(2)のイにより推計した内水面養殖業産出額に直近の産業連関構造調査（内水面養殖業投入調査）から算出した全国の所得率を乗じた。

(4)　（参考）種苗

種苗は、最終生産物となる水産物の生産のために再び投入される水産物（中間生産物）であるが、漁業産出額の算出に当たっては、全ての種苗が自都道府県内に投入されるものとみなし、全国及び都道府県別のいずれにも種苗の「産出額」は計上しないこととし、「（参考）種苗生産額」として別掲した。

なお、海面養殖業により生産される種苗生産額については、海面養殖業産出額の推計と同様、都道府県別の魚種別種苗生産量に主要産地の市場、関係団体等から得られる都道府県別の養殖魚種別種苗価格を乗じた。

また、内水面養殖業により生産された種苗生産額については、ます類、あゆ及びこい（以下「種苗推計魚種」という。）のそれぞれについて、推計対象年の直前の漁業センサス結果から得られる種苗推計魚種別の食用と種苗用の販売金額の割合を、(2)のイの(ｱ)により推計した種苗推計魚種別の産出額に乗じて推計し、その推計した金額を合計した。

〔推計式〕

$$
S = \frac{D}{C} \times c
$$

S：種苗別の生産額（推計対象年）
C：種苗推計魚種別の販売金額（漁業センサス結果）
D：種苗推計魚種別の種苗用の販売金額（漁業センサス結果）
c：種苗推計魚種別の産出額（推計対象年）

4　用語の解説

(1)　海面漁業とは、海面（サロマ湖、能取湖、風蓮湖、温根沼、厚岸湖、加茂湖、浜名湖及び中海を含む。以下同じ。）において水産動植物を採捕する事業をいう。

(2)　海面養殖業とは、海面又は陸上に設けられた施設において、海水を使用して水産動植物を集約的に育成し、収獲する事業をいう。

(3)　内水面漁業とは、公共の河川・湖沼（サロマ湖、能取湖、風蓮湖、温根沼、厚岸湖、加茂湖、浜名湖及び中海を除く。以下同じ。）において水産動植物を採捕する事業をいう。

(4)　内水面養殖業とは、一定区画の河川・湖沼又は陸上において、淡水を使用して水産動植物を集約的に育成し、収獲する事業をいう。

5　推計の対象とした水産物の範囲

区分	魚種名
海面漁業	まぐろ類、かじき類、かつお類、さめ類、さけ・ます類、このしろ、にしん、いわし類、あじ類、さば類、さんま、ぶり類、ひらめ・かれい類、たら類、ほっけ、きちじ、はたはた、にぎす類、あなご類、たちうお、たい類、いさき、さわら類、すずき類、いかなご、あまだい類、ふぐ類、その他の魚類、えび類、かに類、おきあみ類、貝類、いか類、たこ類、うに類、海産ほ乳類、その他の水産動物類、海藻類、捕鯨業（くじら類）
海面養殖業	ぎんざけ、ぶり類、まあじ、しまあじ、まだい、ひらめ、ふぐ類、くろまぐろ、その他の魚類、貝類、くるまえび、ほや類、その他の水産動物類、海藻類、真珠
内水面漁業	さけ類・ます類、わかさぎ、あゆ、しらうお、こい、ふな、うぐい・おいかわ、うなぎ、はぜ類、その他の魚類、貝類、その他の水産動植物類
内水面養殖業	ます類、あゆ、こい、うなぎ、その他
（参考）種苗	（海面養殖業）ぶり類、まだい、ひらめ、真珠母貝、ほたてがい、かき類、くるまえび、わかめ類、のり類 （内水面養殖業）種苗計

6　利用上の注意

(1)　これまでに行った推計の見直し（推計区分の中止・変更等）は、次表のとおりである。

表章年次	見直し事項	遡及実施年次
昭和35年	・中間生産物である種苗を漁業産出額から除外するとともに、（参考）種苗生産額として別掲	平成29年
平成18年	・平成18年以降、推計を中止していた生産漁業所得を再開（再開に当たっては内水面漁業・養殖業を加えて漁業所得全体を推計）	平成28年

平成19年	・漁業種類別産出額及び部門別産出額の推計を中止	－

(2)　統計数値については、表示単位未満を四捨五入したため、合計値と内訳の計が一致しない場合がある。

(3)　単位及び記号

ア　単位

表示単位未満を四捨五入したため、合計値と内訳の計が一致しない場合がある。

イ　記号

この報告書に使用した記号は、次のとおりである。

「0.0」　:　単位に満たないもの（例：0.04%　→　0.0%）
「－」　:　事実のないもの
「…」　:　事実不詳又は調査を欠くもの
「x」　:　個人又は法人その他の団体に関する秘密を保護するため、統計数値を公表しないもの
「△」　:　負数又は減少したもの

(4)　秘匿措置について

本統計は、様々な統計情報等から推計した加工統計であり、本来秘匿措置を講じる必要はないが、推計に用いた一次統計において秘匿された数値が本統計の推計値から類推される可能性がある場合には、当該推計値も「x」表示としている。

また、情報収集先から秘匿要請のあったものについても。同様に「x」表示としている

なお、全体（計）からの差引きにより、秘匿措置を講じた当該結果が推定できる場合には、本来秘匿措置を施す必要のない箇所についても「x」表示としている。

(5)　この報告書に掲載された数値を他に転載する場合は、「平成30年漁業産出額」（農林水産省）による旨を記載されたい。

(6)　東日本大震災の影響

漁業産出額の推計に用いている海面漁業生産統計調査の生産量結果には、東京電力株式会社福島第一原子力発電所事故の影響を受けた区域において、同事故の影響により出荷制限又は出荷自粛の措置がとられた品目の生産量を含まない。

(7)　本統計の累年データについては、農林水産省ホームページ中の統計情報に掲載している分野別分類「水産業」の「漁業産出額」に掲載している。

なお、統計データ等に訂正等があった場合には、同ホームページに正誤表とともに修正後の統計表等を掲載する。

【 https://www.maff.go.jp/j/tokei/kouhyou/gyogyou_seigaku/index.html 】

7　お問合せ先

農林水産省 大臣官房統計部
経営・構造統計課　分析班
電　話：　(代表)　03－3502－8111　内線3635
　　　　　(直通)　03－6744－2042
ＦＡＸ：　　　　　03－5511－8772

※　本統計に関する御意見・御要望は、「7　お問合せ先」のほか、農林水産省ホームページでも受け付けております。
【 https://www.contactus.maff.go.jp/j/form/tokei/kikaku/160815.html 】

I　推計結果の概要

【統計結果】

1　漁業産出額

漁業産出額は、海洋環境の変動等の影響から資源量が減少する中で、漁船の高船齢化、漁業者の減少・高齢化の進行等、水産物の生産体制の脆弱化や、国民の魚離れの進行等を主たる要因として、平成24年まで長期的に減少してきたが、近年は消費者ニーズの高い養殖魚種の生産が進展しており増加傾向に転じてきた。

平成30年は、海面漁業において漁獲量の増加から価格が低下したこと等により、前年に比べ407億円減少し、１兆5,335億円（対前年増減率2.6％減少）となった。

図１　漁業産出額の推移（全国）

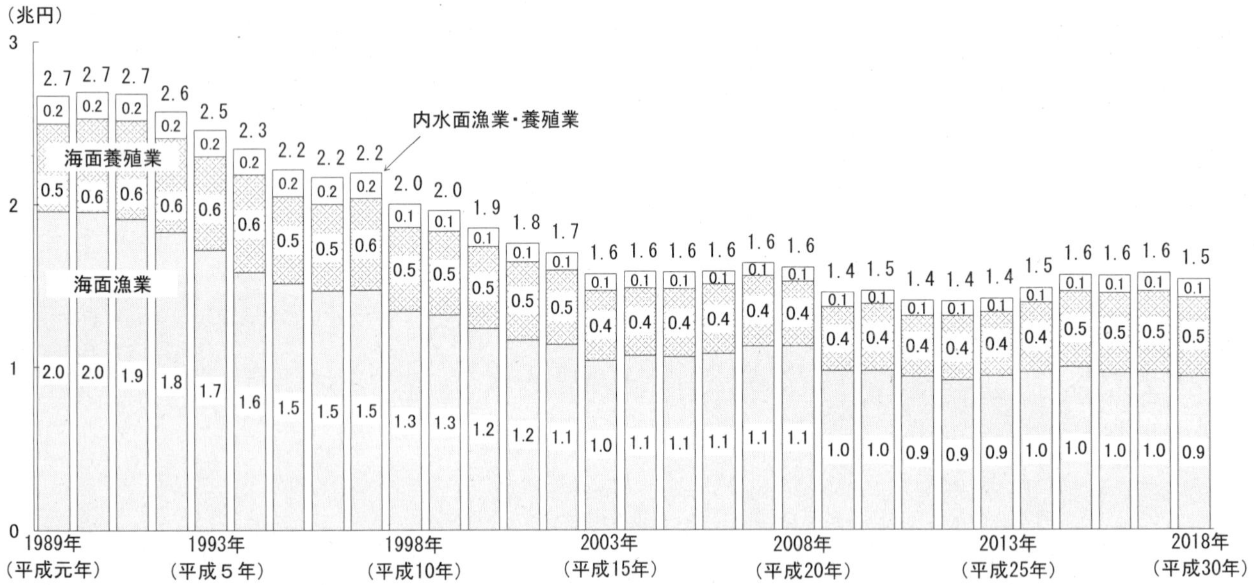

表１　漁業産出額（全国）

区　　分	平成29年	30		対前年増減率
		実数	構成割合	
	億円	億円	%	%
漁業産出額計	15,741.41	15,334.56	100.0	△ 2.6
海面漁業	9,614.20	9,378.71	61.2	△ 2.4
海面養殖業	4,979.27	4,860.64	31.7	△ 2.4
内水面漁業	198.49	184.53	1.2	△ 7.0
内水面養殖業	949.45	910.68	5.9	△ 4.1

図２　漁業産出額の対前年増減率と区分別寄与度の推移

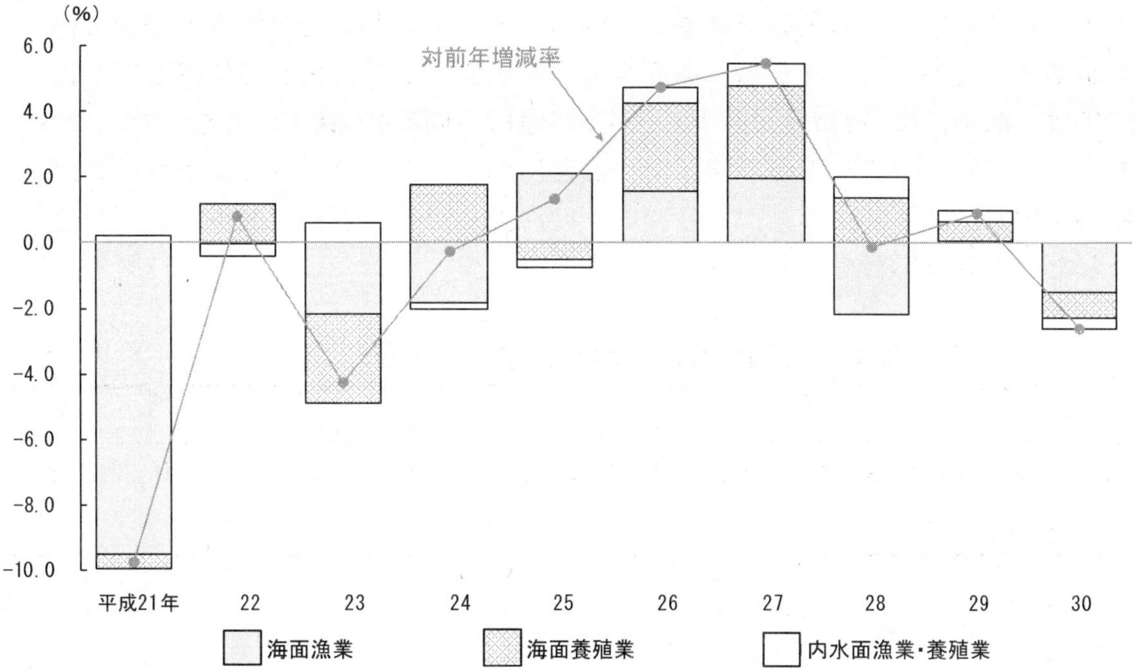

【関連データ】

主要水産物の輸出額の推移

品目名	平成25年	26	27	28	29	30	対前年増減率
	億円	億円	億円	億円	億円	億円	%
農林水産物 計	5,505.2	6,117.1	7,451.0	7,502.1	8,070.6	9,067.6	12.4
水産物 計	2,216.4	2,336.7	2,756.5	2,640.5	2,749.3	3,030.9	10.2
うちホタテ貝	540.2	577.4	748.6	676.7	556.6	572.6	2.9
真珠	188.1	245.4	319.0	303.8	323.3	346.0	7.0
さば	119.6	115.1	179.0	179.9	218.8	266.9	22.0
なまこ	227.7	207.6	216.9	181.8	207.4	210.7	1.6
かつお・まぐろ類	174.2	157.8	137.8	97.9	142.6	179.4	25.8
ぶり	87.3	100.1	138.4	134.7	153.8	157.7	2.5

資料：農林水産省国際部「農林水産物輸出入概況」、財務省「貿易統計」
注：１　品目名は「平成30年農林水産物輸出入概況」の区分とした。ただし、平成25年～28年におけるホタテ貝及びなまこの輸出額は、財務省が公表している「貿易統計」から「平成30年農林水産物輸出入概況」における当該品目の区分により集計した。
　２　金額は、ＦＯＢ価格（Free on board、運賃・保険料を含まない価格）である。

2　海面漁業

近年、日本周辺海域において急増する外国漁船との競合等により漁獲量が減少しているさんま、するめいか等の魚価が高騰していること、まいわしで資源量の増加に伴い漁獲量が増加していること等から、海面漁業の産出額は９千億円台で推移してきた。

平成30年は、前年に比べ235億円減少し、9,379億円（同2.4％減少）となった。

この要因としては、平成30年春以降、かつお類においてアニサキスによる食中毒が発生し価格が大幅に低下したこと、するめいかの漁獲量が５年連続で減少する中、価格も低下したこと等が影響したものと考えられる。

表２　海面漁業の産出額の推移（全国）

区　分	単位	平成25年	26	27	28	29	30
実　　　額	億円	9,438.67	9,662.53	9,956.54	9,620.23	9,614.20	9,378.71
対前年増減率	％	3.2	2.4	3.0	△ 3.4	△ 0.1	△ 2.4

【関連データ】

海面漁業の魚種別漁獲量の推移（全国）

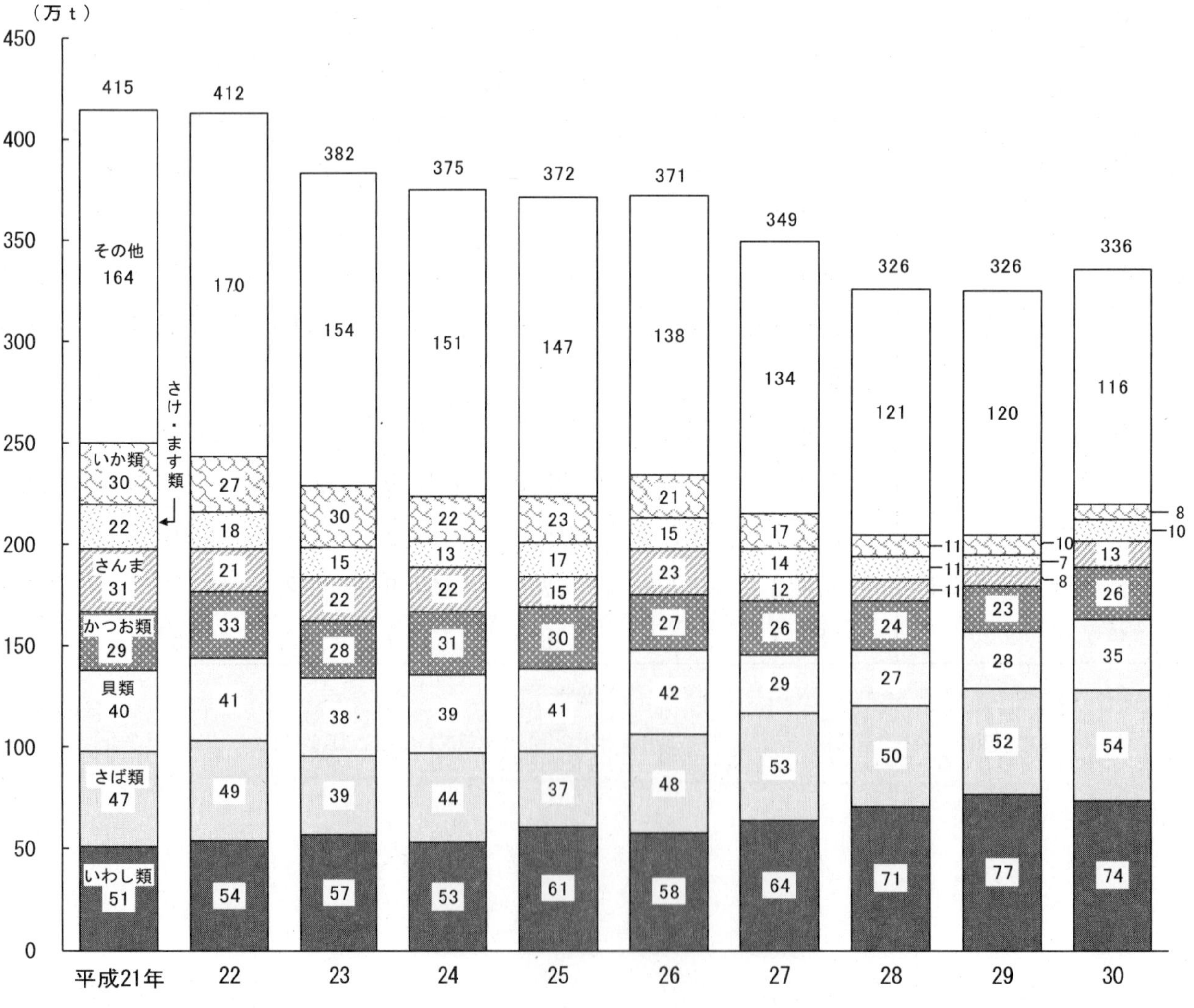

資料：農林水産省統計部「漁業・養殖業生産統計」

海面漁業における主要魚種の価格の推移（全国）

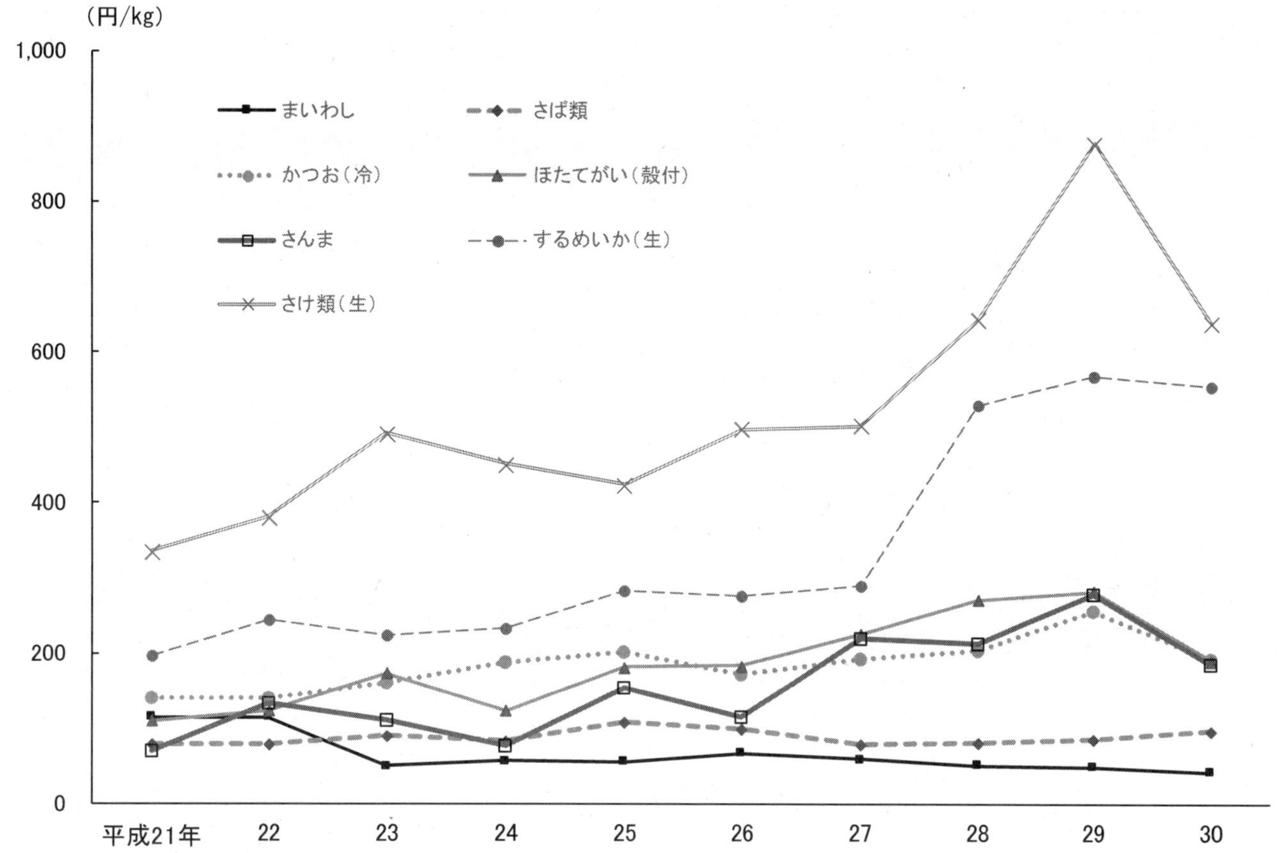

資料：水産庁「産地水産物流通調査」
注：1　平成21年は農林水産省が実施し、平成22年以降は水産庁が実施した。
　　2　さけ類（生）及びほたてがい（殻付）の価格には、養殖を含む。

3　海面養殖業

平成23年以降、完全養殖技術が確立したことから大手水産会社や総合商社の参入が進んだくろまぐろや、みやぎサーモンが地理的表示（ＧＩ）保護制度に登録されたぎんざけにおいて生産が拡大していることから、海面養殖業の産出額は増加傾向で推移してきた。

平成30年は、前年に比べ119億円減少し、4,861億円（同2.4%減少）となった。

この要因としては、前年に引き続きくろまぐろやぎんざけの生産が拡大しているものの、のり類において海水温の上昇から収獲量が減少するとともに、色落ちの発生による品質低下もみられたこと等が影響したものと考えられる。

表３　海面養殖業の産出額の推移（全国）

区　分	単位	平成25年	26	27	28	29	30
実　　　額	億円	3,881.79	4,258.98	4,672.59	4,887.37	4,979.27	4,860.64
対前年増減率	%	△ 1.8	9.7	9.7	4.6	1.9	△ 2.4

【関連データ】

海面養殖業の魚種別収獲量の推移（全国）

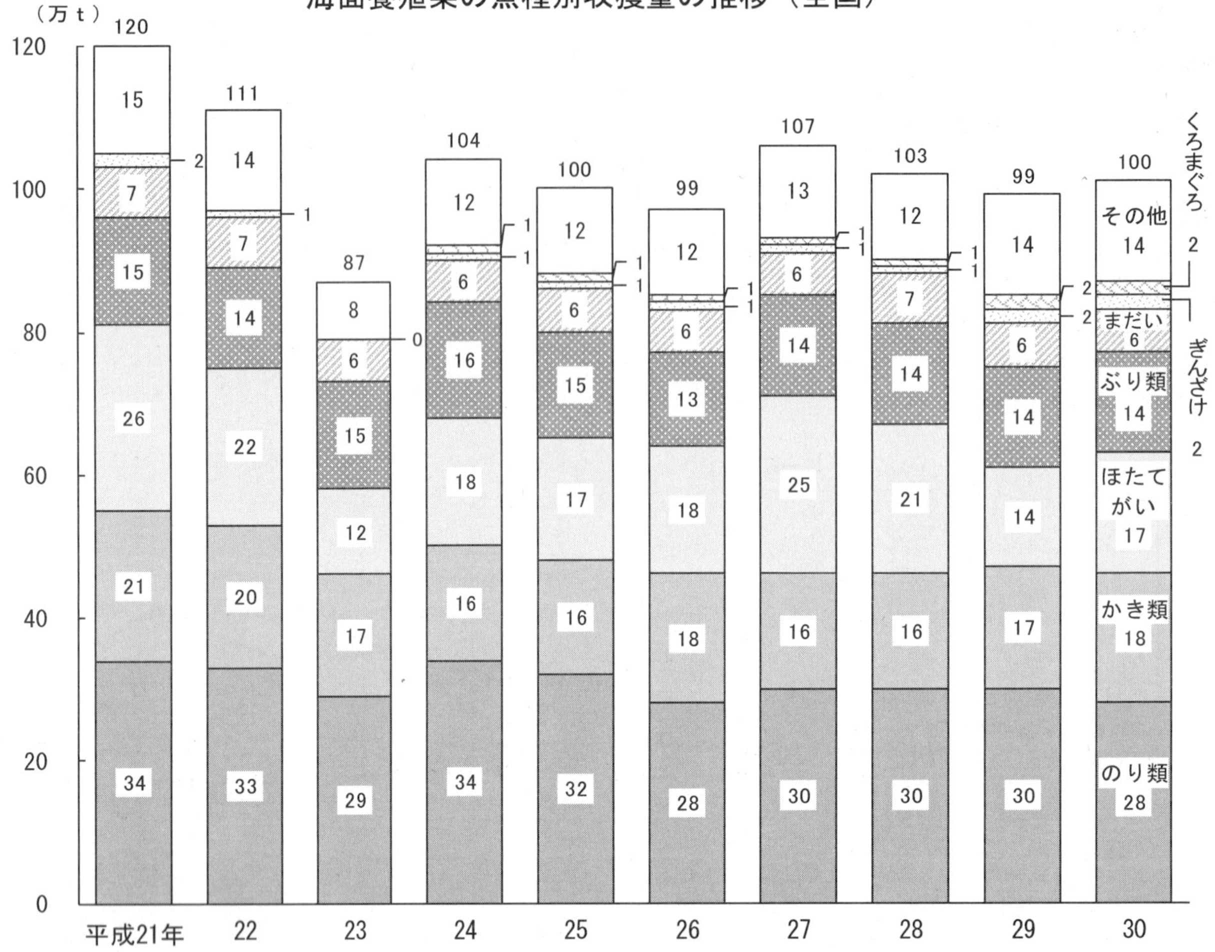

資料：農林水産省統計部「漁業・養殖業生産統計」

海面養殖業における主要魚種の価格の推移（全国）

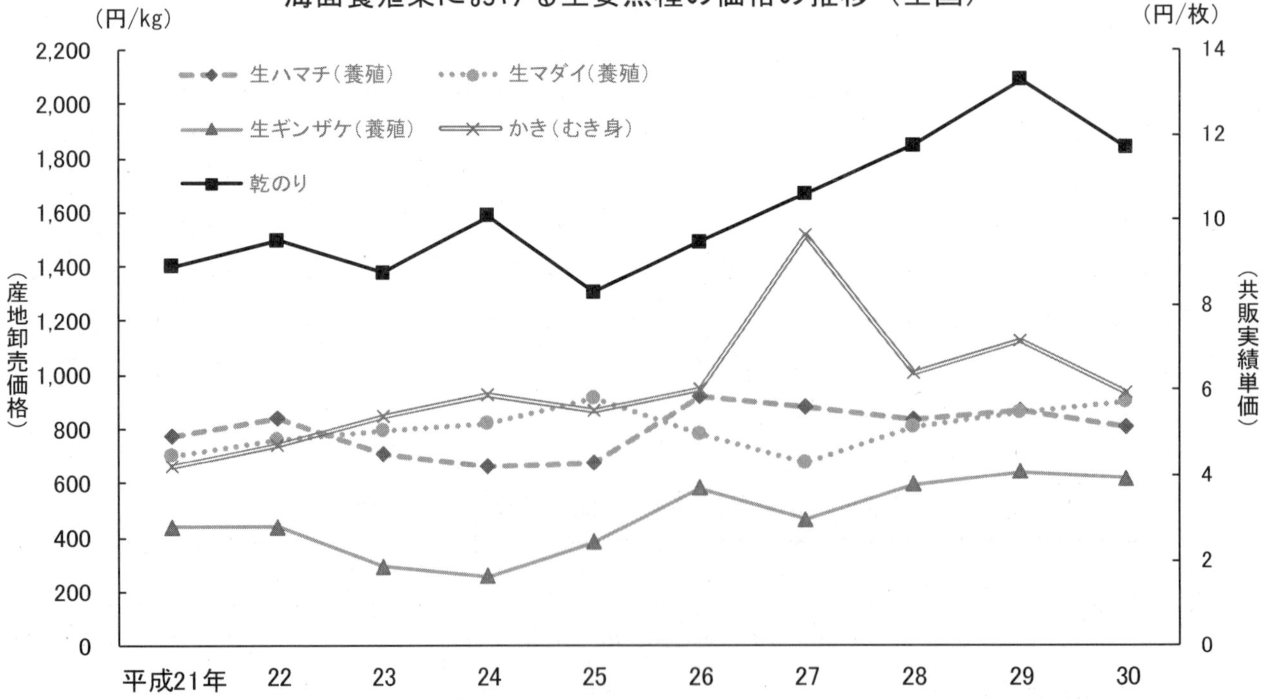

資料：（一社）漁業情報サービスセンター調べ、全国漁連のり事業推進協議会調べ、水産庁「産地水産物流通調査」

注：1　乾のりの共販実績単価は、全国漁連のり事業推進協議会の共販実績（数量・価格）を用いて、農林水産省において年平均単価（1月～12月）として再集計した結果である。

2　生ハマチ（養殖）、生マダイ（養殖）、生ギンザケ（養殖）の産地卸売価格は、（一社）漁業情報サービスセンター調べ、かき（むき身）の産地卸売価格は、産地水産物流通調査結果である。

4　内水面養殖業

近年、うなぎの養殖に用いられるニホンウナギ稚魚（シラスウナギ）の採捕量が低迷しており、平成26年にはシラスウナギの養殖池への池入数量が制限される中で、うなぎへの需要は堅調に推移し価格が高騰していることから、内水面養殖業の産出額は増加してきた。

平成30年は、前年に比べ39億円減少し、911億円（同4.1％減少）となった。

この要因としては、シラスウナギの採捕量が大幅に減少する中で池入れを断念した生産者が発生し、うなぎの収獲量が大幅に減少したことが影響したものと考えられる。

表４　内水面養殖業の産出額の推移（全国）

区　分	単位	平成25年	26	27	28	29	30
実　　　額	億円	650.05	710.00	808.62	893.68	949.45	910.68
対前年増減率	%	△ 3.6	9.2	13.9	10.5	6.2	△ 4.1

【関連データ】

うなぎの収獲量と卸売価格の推移（全国）

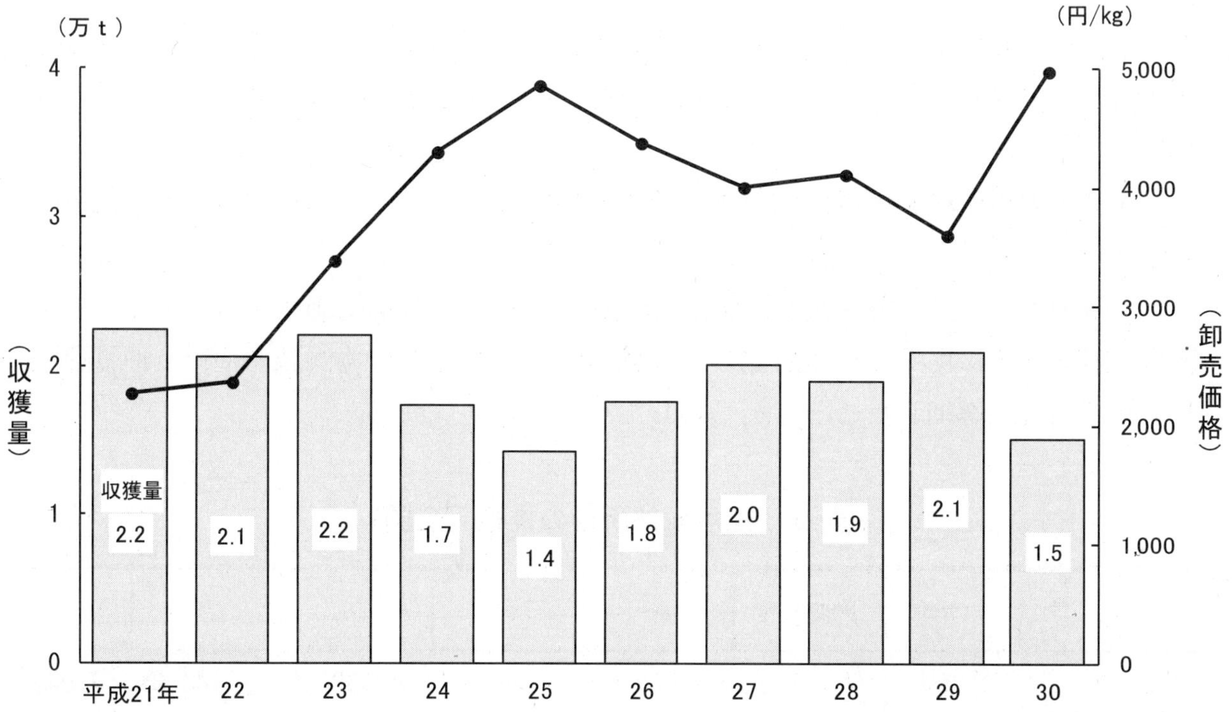

資料：農林水産省統計部「漁業・養殖業生産統計」、東京都中央卸売市場「市場統計情報（月報・年報）」

ニホンウナギ稚魚の池入数量と取引価格の推移

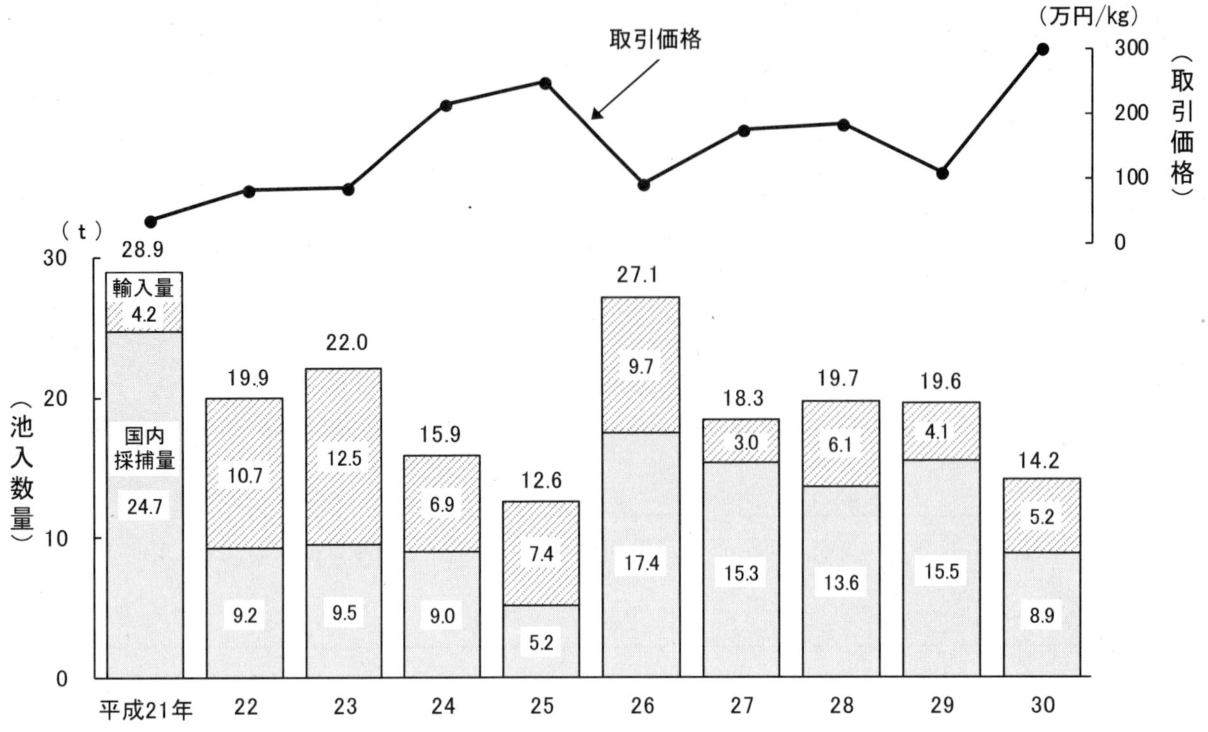

資料：水産庁「ウナギをめぐる状況と対策について（令和２年２月）」

5　生産漁業所得

近年、海面養殖業（のり類、くろまぐろ等）や内水面養殖業（うなぎ）の産出額が増加傾向で推移してきており、平成25年以降、生産漁業所得は５年連続で増加してきた。

平成30年の生産漁業所得は、前年に比べ201億円減少し、7,944億円（同2.5％減少）となった。

この要因としては、漁獲量が減少したするめいかや、大幅に価格が低下したかつお類等、海面漁業に係るこれら魚種の産出額が減少したこと、協調減産に伴う原油価格の上昇で油費が増加したこと等が影響したものと考えられる。

表５　生産漁業所得の推移（全国）

区　分	単位	平成25年	26	27	28	29	30
実　額	億円	7,415.35	7,507.07	7,997.92	8,008.92	8,144.95	7,943.70
対前年増減率	％	9.5	1.2	6.5	0.1	1.7	△ 2.5

6　都道府県別海面漁業・養殖業産出額（上位５道県）

平成30年における海面漁業・養殖業産出額の上位５道県（以下「上位５道県」という。）は、１位が北海道で2,750億円（対前年増減率1.0%増加）、次いで長崎県が996億円（同5.7%減少）、愛媛県が887億円（同4.1%増加）、宮城県が789億円（同3.8%減少）、鹿児島県が763億円（同1.7%減少）となっている。

表６　上位５道県の海面漁業・養殖業産出額の推移

都道府県	平成25年	26	27	28	29	30	対前年増減率（30/29）
	億円	億円	億円	億円	億円	億円	%
都道府県計	13,318.51	13,919.37	14,627.23	14,505.89	14,592.69	14,237.91	△ 2.4
うち北海道	2,903.00	3,000.26	3,097.69	2,893.18	2,721.36	2,749.61	1.0
長崎	914.84	959.11	994.75	968.96	1,056.93	996.27	△ 5.7
愛媛	832.65	781.04	819.55	890.92	851.85	887.15	4.1
宮城	568.09	665.85	734.05	754.97	819.92	788.71	△ 3.8
鹿児島	751.23	784.08	778.83	745.47	776.21	763.10	△ 1.7

注：１　平成30年の都道府県別海面漁業・養殖業産出額の上位５道県について表章した。
　　２　都道府県別海面漁業・養殖業産出額には、捕鯨業（くじら類）の産出額を含まない。

図３　上位５道県の海面漁業・養殖業産出額魚種別構成割合

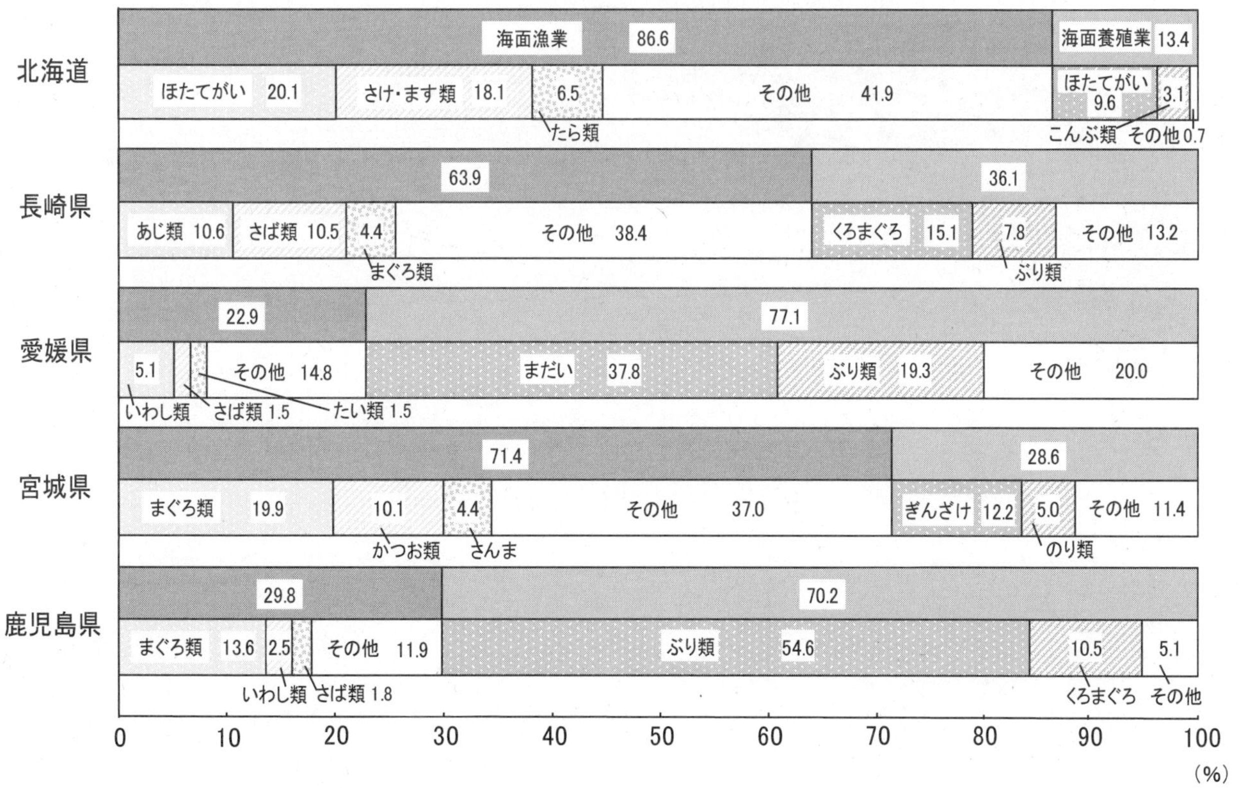

図４　海面漁業・養殖業産出額の分布及び構成割合

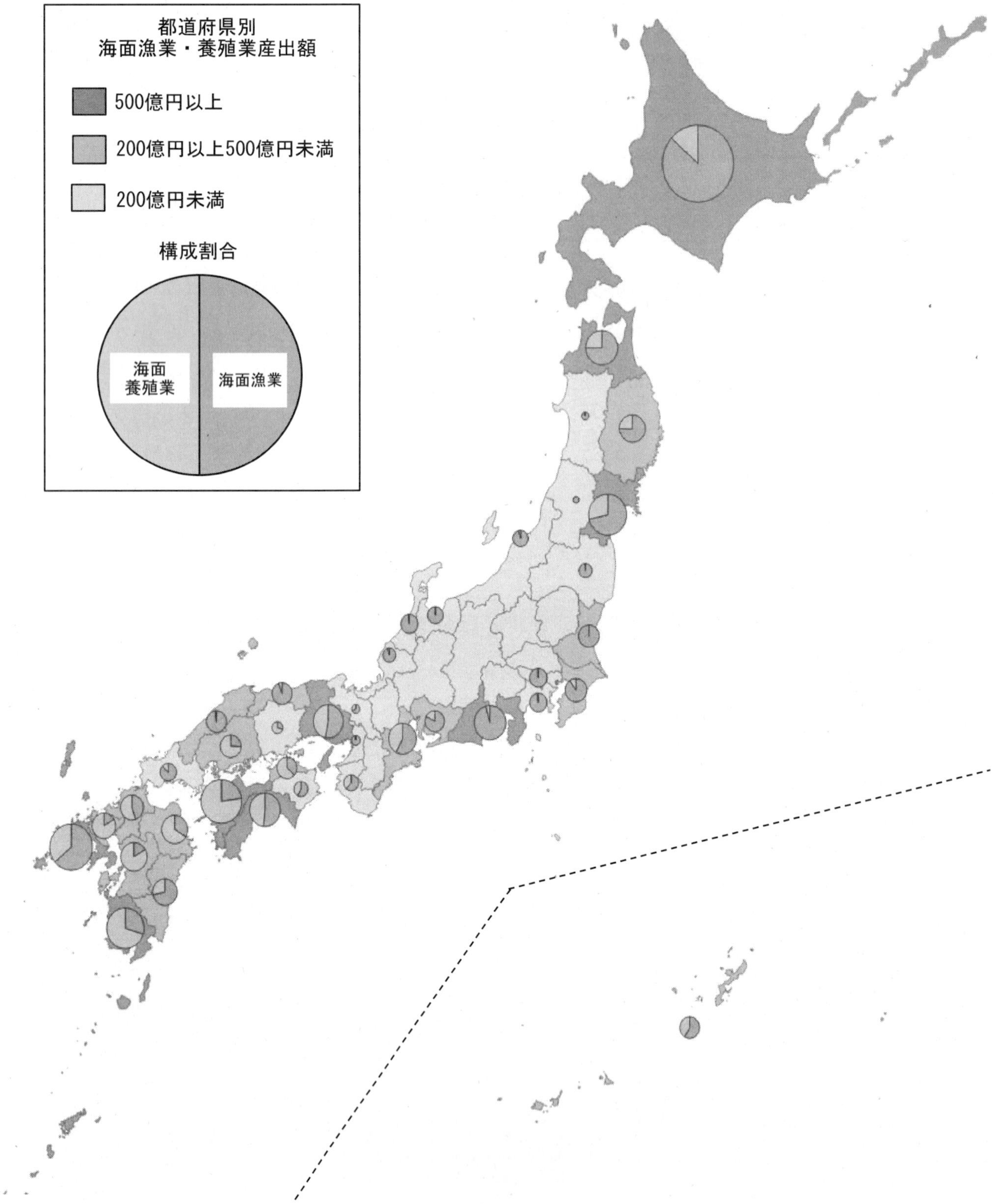

Ⅱ　統計表

総括表

194 漁業産出額

1　漁業産出額及び生産漁業所得
(1)　実額

単位：100万円

年　次		漁業産出額	海面 計	海面 漁　業	海面 養殖業	内水面 計	内水面 漁　業	内水面 養殖業	生産漁業所得	(参考)種苗生産額 海面養殖業	(参考)種苗生産額 内水面養殖業
昭和35年	(1)	366, 336	353, 553	321, 690	31, 863	12, 783	8, 038	4, 745	160, 815	1, 902	…
36	(2)	419, 646	404, 044	360, 733	43, 311	15, 602	9, 250	6, 352	201, 879	2, 227	…
37	(3)	449, 780	433, 606	383, 536	50, 070	16, 174	9, 350	6, 824	265, 315	3, 709	…
38	(4)	509, 974	490, 784	429, 702	61, 082	19, 190	9, 803	9, 387	320, 145	3, 913	…
39	(5)	525, 825	504, 525	436, 203	68, 322	21, 300	10, 151	11, 149	335, 403	4, 087	…
40	(6)	588, 301	565, 695	489, 228	76, 467	22, 606	10, 049	12, 557	291, 715	5, 460	…
41	(7)	649, 900	621, 767	529, 415	92, 352	28, 133	11, 753	16, 380	315, 863	5, 034	…
42	(8)	724, 086	696, 570	592, 967	103, 603	27, 516	10, 879	16, 637	382, 816	3, 768	…
43	(9)	765, 922	731, 844	633, 370	98, 474	34, 078	11, 942	22, 136	386, 063	2, 498	…
44	(10)	867, 921	825, 010	714, 914	110, 096	42, 911	14, 419	28, 492	481, 852	2, 948	…
45	(11)	993, 260	944, 529	812, 344	132, 185	48, 731	17, 019	31, 712	575, 930	3, 091	…
46	(12)	1, 117, 114	1, 060, 820	927, 102	133, 718	56, 294	21, 371	34, 923	663, 253	3, 665	…
47	(13)	1, 201, 912	1, 134, 734	969, 453	165, 281	67, 178	23, 079	44, 099	682, 519	5, 495	…
48	(14)	1, 485, 390	1, 402, 782	1, 183, 707	219, 075	82, 608	29, 848	52, 760	869, 838	6, 071	…
49	(15)	1, 735, 988	1, 638, 977	1, 411, 628	227, 349	97, 011	34, 843	62, 168	983, 723	5, 145	…
50	(16)	1, 914, 271	1, 801, 282	1, 554, 067	247, 215	112, 989	41, 704	71, 285	1, 074, 911	6, 397	…
51	(17)	2, 200, 097	2, 077, 536	1, 791, 832	285, 704	122, 561	41, 479	81, 082	1, 218, 984	7, 639	…
52	(18)	2, 557, 101	2, 415, 488	2, 071, 877	343, 611	141, 613	48, 627	92, 986	1, 423, 362	8, 545	…
53	(19)	2, 454, 876	2, 296, 427	1, 903, 815	392, 612	158, 449	50, 827	107, 622	1, 257, 605	8, 709	…
54	(20)	2, 647, 400	2, 478, 280	2, 066, 640	411, 640	169, 120	52, 705	116, 415	1, 305, 954	11, 252	…
55	(21)	2, 764, 596	2, 595, 788	2, 146, 232	449, 556	168, 808	57, 822	110, 986	1, 321, 313	19, 182	…
56	(22)	2, 770, 451	2, 601, 487	2, 163, 586	437, 901	168, 964	62, 533	106, 431	1, 245, 026	18, 615	…
57	(23)	2, 957, 730	2, 762, 109	2, 326, 033	436, 076	195, 621	70, 871	124, 750	1, 318, 792	19, 481	…
58	(24)	2, 903, 742	2, 724, 431	2, 218, 453	505, 978	179, 311	62, 360	116, 951	1, 276, 706	12, 649	…
59	(25)	2, 930, 411	2, 746, 450	2, 245, 538	500, 912	183, 961	60, 680	123, 281	1, 277, 930	16, 143	…
60	(26)	2, 901, 721	2, 725, 573	2, 203, 380	494, 255	176, 148	60, 774	115, 374	1, 164, 922	27, 938	…
61	(27)	2, 706, 930	2, 532, 481	2, 047, 986	484, 495	174, 449	61, 439	113, 010	1, 074, 936	23, 516	…
62	(28)	2, 578, 358	2, 408, 100	1, 938, 180	469, 920	170, 258	62, 265	107, 993	1, 013, 391	22, 262	…
63	(29)	2, 687, 298	2, 523, 987	1, 966, 893	557, 094	163, 311	62, 363	100, 948	1, 040, 724	25, 977	…
平成元	(30)	2, 665, 159	2, 494, 161	1, 954, 621	539, 540	170, 998	64, 744	106, 254	1, 067, 004	27, 126	…
2	(31)	2, 689, 344	2, 527, 234	1, 951, 073	576, 161	162, 110	65, 042	97, 068	991, 421	33, 186	…
3	(32)	2, 677, 565	2, 513, 906	1, 908, 146	605, 760	163, 659	67, 977	95, 682	1, 026, 219	34, 946	…
4	(33)	2, 570, 503	2, 403, 973	1, 827, 825	576, 148	166, 530	68, 492	98, 038	945, 339	36, 449	…
5	(34)	2, 455, 751	2, 290, 822	1, 716, 951	573, 871	164, 929	63, 432	101, 497	949, 413	33, 039	…
6	(35)	2, 338, 285	2, 179, 302	1, 582, 525	596, 777	158, 983	66, 826	92, 157	880, 273	30, 179	…
7	(36)	2, 211, 438	2, 047, 711	1, 511, 888	535, 823	163, 727	70, 344	93, 383	806, 039	38, 113	…
8	(37)	2, 164, 143	1, 997, 694	1, 463, 490	534, 204	166, 449	73, 229	93, 220	777, 948	31, 172	…
9	(38)	2, 191, 019	2, 035, 390	1, 468, 095	567, 295	155, 629	73, 694	81, 935	810, 209	31, 574	…
10	(39)	2, 001, 093	1, 856, 942	1, 338, 614	518, 328	144, 151	66, 182	77, 969	679, 964	28, 062	…
11	(40)	1, 959, 432	1, 830, 207	1, 317, 035	513, 172	129, 225	62, 202	67, 023	679, 412	27, 405	…
12	(41)	1, 850, 072	1, 736, 739	1, 234, 727	502, 012	113, 333	62, 285	51, 048	622, 418	25, 218	…
13	(42)	1, 757, 993	1, 646, 350	1, 165, 693	480, 657	111, 643	64, 419	47, 224	796, 315	22, 276	…
14	(43)	1, 696, 464	1, 592, 529	1, 136, 335	456, 194	103, 935	60, 177	43, 758	791, 461	22, 312	3, 961
15	(44)	1, 567, 135	1, 465, 354	1, 037, 187	428, 167	101, 781	56, 367	45, 414	735, 188	19, 407	3, 964
16	(45)	1, 580, 083	1, 481, 333	1, 065, 871	415, 462	98, 750	51, 034	47, 716	787, 356	18, 837	3, 924
17	(46)	1, 576, 504	1, 478, 325	1, 059, 409	418, 916	98, 179	49, 915	48, 264	794, 096	20, 250	3, 607
18	(47)	1, 581, 423	1, 506, 872	1, 078, 663	428, 209	74, 551	23, 893	50, 658	844, 253	21, 398	3, 548
19	(48)	1, 631, 727	1, 557, 794	1, 127, 013	430, 781	73, 933	22, 656	51, 277	859, 256	18, 174	3, 395
20	(49)	1, 606, 596	1, 524, 822	1, 124, 985	399, 837	81, 774	23, 927	57, 847	778, 301	17, 576	3, 351
21	(50)	1, 449, 778	1, 364, 799	971, 949	392, 850	84, 979	26, 233	58, 746	726, 839	16, 647	3, 597
22	(51)	1, 461, 130	1, 381, 884	971, 749	410, 135	79, 246	22, 637	56, 609	719, 571	18, 256	3, 630
23	(52)	1, 398, 650	1, 310, 551	939, 952	370, 599	88, 099	20, 112	67, 987	715, 724	16, 806	3, 596
24	(53)	1, 395, 108	1, 309, 774	914, 406	395, 368	85, 334	17, 871	67, 463	677, 384	17, 811	3, 580
25	(54)	1, 413, 862	1, 332, 046	943, 867	388, 179	81, 816	16, 811	65, 005	741, 535	18, 205	3, 728
26	(55)	1, 480, 887	1, 392, 151	966, 253	425, 898	88, 736	17, 736	71, 000	750, 707	18, 394	4, 140
27	(56)	1, 562, 127	1, 462, 913	995, 654	467, 259	99, 214	18, 352	80, 862	799, 792	19, 338	4, 406
28	(57)	1, 559, 897	1, 450, 760	962, 023	488, 737	109, 138	19, 770	89, 368	800, 892	21, 015	4, 676
29	(58)	1, 574, 141	1, 459, 347	961, 420	497, 927	114, 794	19, 849	94, 945	814, 495	27, 081	4, 896
30	(59)	**1, 533, 456**	**1, 423, 935**	**937, 871**	**486, 064**	**109, 521**	**18, 453**	**91, 068**	**794, 370**	**19, 887**	**4, 578**

注：　平成29年漁業産出額の公表から、中間生産物である「種苗」を漁業産出額から除外し、種苗生産額として参考表章することとした。これに伴い漁業産出額及び生産漁業所得については、過去に遡及して推計した。

(2) 漁業産出額構成割合

単位：%

漁業産出額	海面			内水面			生産漁業所得	（参考）種苗生産額		
	計	漁業	養殖業	計	漁業	養殖業		海面養殖業	内水面養殖業	
100.0	96.5	87.8	8.7	3.5	2.2	1.3	−	−	−	(1)
100.0	96.3	86.0	10.3	3.7	2.2	1.5	−	−	−	(2)
100.0	96.4	85.3	11.1	3.6	2.1	1.5	−	−	−	(3)
100.0	96.2	84.3	12.0	3.8	1.9	1.8	−	−	−	(4)
100.0	95.9	83.0	13.0	4.1	1.9	2.1	−	−	−	(5)
100.0	96.2	83.2	13.0	3.8	1.7	2.1	−	−	−	(6)
100.0	95.7	81.5	14.2	4.3	1.8	2.5	−	−	−	(7)
100.0	96.2	81.9	14.3	3.8	1.5	2.3	−	−	−	(8)
100.0	95.6	82.7	12.9	4.4	1.6	2.9	−	−	−	(9)
100.0	95.1	82.4	12.7	4.9	1.7	3.3	−	−	−	(10)
100.0	95.1	81.8	13.3	4.9	1.7	3.2	−	−	−	(11)
100.0	95.0	83.0	12.0	5.0	1.9	3.1	−	−	−	(12)
100.0	94.4	80.7	13.8	5.6	1.9	3.7	−	−	−	(13)
100.0	94.4	79.7	14.7	5.6	2.0	3.6	−	−	−	(14)
100.0	94.4	81.3	13.1	5.6	2.0	3.6	−	−	−	(15)
100.0	94.1	81.2	12.9	5.9	2.2	3.7	−	−	−	(16)
100.0	94.4	81.4	13.0	5.6	1.9	3.7	−	−	−	(17)
100.0	94.5	81.0	13.4	5.5	1.9	3.6	−	−	−	(18)
100.0	93.5	77.6	16.0	6.5	2.1	4.4	−	−	−	(19)
100.0	93.6	78.1	15.5	6.4	2.0	4.4	−	−	−	(20)
100.0	93.9	77.6	16.3	6.1	2.1	4.0	−	−	−	(21)
100.0	93.9	78.1	15.8	6.1	2.3	3.8	−	−	−	(22)
100.0	93.4	78.6	14.7	6.6	2.4	4.2	−	−	−	(23)
100.0	93.8	76.4	17.4	6.2	2.1	4.0	−	−	−	(24)
100.0	93.7	76.6	17.1	6.3	2.1	4.2	−	−	−	(25)
100.0	93.9	75.9	17.0	6.1	2.1	4.0	−	−	−	(26)
100.0	93.6	75.7	17.9	6.4	2.3	4.2	−	−	−	(27)
100.0	93.4	75.2	18.2	6.6	2.4	4.2	−	−	−	(28)
100.0	93.9	73.2	20.7	6.1	2.3	3.8	−	−	−	(29)
100.0	93.6	73.3	20.2	6.4	2.4	4.0	−	−	−	(30)
100.0	94.0	72.5	21.4	6.0	2.4	3.6	−	−	−	(31)
100.0	93.9	71.3	22.6	6.1	2.5	3.6	−	−	−	(32)
100.0	93.5	71.1	22.4	6.5	2.7	3.8	−	−	−	(33)
100.0	93.3	69.9	23.4	6.7	2.6	4.1	−	−	−	(34)
100.0	93.2	67.7	25.5	6.8	2.9	3.9	−	−	−	(35)
100.0	92.6	68.4	24.2	7.4	3.2	4.2	−	−	−	(36)
100.0	92.3	67.6	24.7	7.7	3.4	4.3	−	−	−	(37)
100.0	92.9	67.0	25.9	7.1	3.4	3.7	−	−	−	(38)
100.0	92.8	66.9	25.9	7.2	3.3	3.9	−	−	−	(39)
100.0	93.4	67.2	26.2	6.6	3.2	3.4	−	−	−	(40)
100.0	93.9	66.7	27.1	6.1	3.4	2.8	−	−	−	(41)
100.0	93.6	66.3	27.3	6.4	3.7	2.7	−	−	−	(42)
100.0	93.9	67.0	26.9	6.1	3.5	2.6	−	−	−	(43)
100.0	93.5	66.2	27.3	6.5	3.6	2.9	−	−	−	(44)
100.0	93.8	67.5	26.3	6.2	3.2	3.0	−	−	−	(45)
100.0	93.8	67.2	26.6	6.2	3.2	3.1	−	−	−	(46)
100.0	95.3	68.2	27.1	4.7	1.5	3.2	−	−	−	(47)
100.0	95.5	69.1	26.4	4.5	1.4	3.1	−	−	−	(48)
100.0	94.9	70.0	24.9	5.1	1.5	3.6	−	−	−	(49)
100.0	94.1	67.0	27.1	5.9	1.8	4.1	−	−	−	(50)
100.0	94.6	66.5	28.1	5.4	1.5	3.9	−	−	−	(51)
100.0	93.7	67.2	26.5	6.3	1.4	4.9	−	−	−	(52)
100.0	93.9	65.5	28.3	6.1	1.3	4.8	−	−	−	(53)
100.0	94.2	66.8	27.5	5.8	1.2	4.6	−	−	−	(54)
100.0	94.0	65.2	28.8	6.0	1.2	4.8	−	−	−	(55)
100.0	93.6	63.7	29.9	6.4	1.2	5.2	−	−	−	(56)
100.0	93.0	61.7	31.3	7.0	1.3	5.7	−	−	−	(57)
100.0	92.7	61.1	31.6	7.3	1.3	6.0	−	−	−	(58)
100.0	**92.9**	**61.2**	**31.7**	**7.1**	**1.2**	**5.9**	**−**	**−**	**−**	(59)

1　漁業産出額及び生産漁業所得（続き）
(3)　対前年増減率

単位：％

年次	漁業産出額	海面			内水面			生産漁業所得	（参考）種苗生産額	
		計	漁業	養殖業	計	漁業	養殖業		海面養殖業	内水面養殖業
昭和35年	−	−	−	−	−	−	−	−	−	−
36	14.6	14.3	12.1	35.9	22.1	15.1	33.9	25.5	17.1	−
37	7.2	7.3	6.3	15.6	3.7	1.1	7.4	31.4	66.5	−
38	13.4	13.2	12.0	22.0	18.6	4.8	37.6	20.7	5.5	−
39	3.1	2.8	1.5	11.9	11.0	3.5	18.8	4.8	4.4	−
40	11.9	12.1	12.2	11.9	6.1	△ 1.0	12.6	△ 13.0	33.6	−
41	10.5	9.9	8.2	20.8	24.4	17.0	30.4	8.3	△ 7.8	−
42	11.4	12.0	12.0	12.2	△ 2.2	△ 7.4	1.6	21.2	△ 25.1	−
43	5.8	5.1	6.8	△ 5.0	23.8	9.8	33.1	0.8	△ 33.7	−
44	13.3	12.7	12.9	11.8	25.9	20.7	28.7	24.8	18.0	−
45	14.4	14.5	13.6	20.1	13.6	18.0	11.3	19.5	4.9	−
46	12.5	12.3	14.1	1.2	15.5	25.6	10.1	15.2	18.6	−
47	7.6	7.0	4.6	23.6	19.3	8.0	26.3	2.9	49.9	−
48	23.6	23.6	22.1	32.5	23.0	29.3	19.6	27.4	10.5	−
49	16.9	16.8	19.3	3.8	17.4	16.7	17.8	13.1	△ 15.3	−
50	10.3	9.9	10.1	8.7	16.5	19.7	14.7	9.3	24.3	−
51	14.9	15.3	15.3	15.6	8.5	△ 0.5	13.7	13.4	19.4	−
52	16.2	16.3	15.6	20.3	15.5	17.2	14.7	16.8	11.9	−
53	△ 4.0	△ 4.9	△ 8.1	14.3	11.9	4.5	15.7	△ 11.6	1.9	−
54	7.8	7.9	8.6	4.8	6.7	3.7	8.2	3.8	29.2	−
55	4.4	4.7	3.9	9.2	△ 0.2	9.7	△ 4.7	1.2	70.5	−
56	0.2	0.2	0.8	△ 2.6	0.1	8.1	△ 4.1	△ 5.8	△ 3.0	−
57	6.8	6.2	7.5	△ 0.4	15.8	13.3	17.2	5.9	4.7	−
58	△ 1.8	△ 1.4	△ 4.6	16.0	△ 8.3	△ 12.0	△ 6.3	△ 3.2	△ 35.1	−
59	0.9	0.8	1.2	△ 1.0	2.6	△ 2.7	5.4	0.1	27.6	−
60	△ 1.0	△ 0.8	△ 1.9	△ 1.3	△ 4.2	0.2	△ 6.4	△ 8.8	73.1	−
61	△ 6.7	△ 7.1	△ 7.1	△ 2.0	△ 1.0	1.1	△ 2.0	△ 7.7	△ 15.8	−
62	△ 4.7	△ 4.9	△ 5.4	△ 3.0	△ 2.4	1.3	△ 4.4	△ 5.7	△ 5.3	−
63	4.2	4.8	1.5	18.6	△ 4.1	0.2	△ 6.5	2.7	16.7	−
平成元	△ 0.8	△ 1.2	△ 0.6	△ 3.2	4.7	3.8	5.3	2.5	4.4	−
2	0.9	1.3	△ 0.2	6.8	△ 5.2	0.5	△ 8.6	△ 7.1	22.3	−
3	△ 0.4	△ 0.5	△ 2.2	5.1	1.0	4.5	△ 1.4	3.5	5.3	−
4	△ 4.0	△ 4.4	△ 4.2	△ 4.9	1.8	0.8	2.5	△ 7.9	4.3	−
5	△ 4.5	△ 4.7	△ 6.1	△ 0.4	△ 1.0	△ 7.4	3.5	0.4	△ 9.4	−
6	△ 4.8	△ 4.9	△ 7.8	4.0	△ 3.6	5.4	△ 9.2	△ 7.3	△ 8.7	−
7	△ 5.4	△ 6.0	△ 4.5	△ 10.2	3.0	5.3	1.3	△ 8.4	26.3	−
8	△ 2.1	△ 2.4	△ 3.2	△ 0.3	1.7	4.1	△ 0.2	△ 3.5	△ 18.2	−
9	1.2	1.9	0.3	6.2	△ 6.5	0.6	△ 12.1	4.1	1.3	−
10	△ 8.7	△ 8.8	△ 8.8	△ 8.6	△ 7.4	△ 10.2	△ 4.8	△ 16.1	△ 11.1	−
11	△ 2.1	△ 1.4	△ 1.6	△ 1.0	△ 10.4	△ 6.0	△ 14.0	△ 0.1	△ 2.3	−
12	△ 5.6	△ 5.1	△ 6.2	△ 2.2	△ 12.3	0.1	△ 23.8	△ 8.4	△ 8.0	−
13	△ 5.0	△ 5.2	△ 5.6	△ 4.3	△ 1.5	3.4	△ 7.5	27.9	△ 11.7	−
14	△ 3.5	△ 3.3	△ 2.5	△ 5.1	△ 6.9	△ 6.6	△ 7.3	△ 0.6	0.2	−
15	△ 7.6	△ 8.0	△ 8.7	△ 6.1	△ 2.1	△ 6.3	3.8	△ 7.1	△ 13.0	0.1
16	0.8	1.1	2.8	△ 3.0	△ 3.0	△ 9.5	5.1	7.1	△ 2.9	△ 1.0
17	△ 0.2	△ 0.2	△ 0.6	0.8	△ 0.6	△ 2.2	1.1	0.9	7.5	△ 8.1
18	0.3	1.9	1.8	2.2	△ 24.1	△ 52.1	5.0	6.3	5.7	△ 1.6
19	3.2	3.4	4.5	0.6	△ 0.8	△ 5.2	1.2	1.8	△ 15.1	△ 4.3
20	△ 1.5	△ 2.1	△ 0.2	△ 7.2	10.6	5.6	12.8	△ 9.4	△ 3.3	△ 1.3
21	△ 9.8	△ 10.5	△ 13.6	△ 1.7	3.9	9.6	1.6	△ 6.6	△ 5.3	7.3
22	0.8	1.3	0.0	4.4	△ 6.7	△ 13.7	△ 3.6	△ 1.0	9.7	0.9
23	△ 4.3	△ 5.2	△ 3.3	△ 9.6	11.2	△ 11.2	20.1	△ 0.5	△ 7.9	△ 0.9
24	△ 0.3	△ 0.1	△ 2.7	6.7	△ 3.1	△ 11.1	△ 0.8	△ 5.4	6.0	△ 0.4
25	1.3	1.7	3.2	△ 1.8	△ 4.1	△ 5.9	△ 3.6	9.5	2.2	4.1
26	4.7	4.5	2.4	9.7	8.5	5.5	9.2	1.2	1.0	11.1
27	5.5	5.1	3.0	9.7	11.8	3.5	13.9	6.5	5.1	6.4
28	△ 0.1	△ 0.8	△ 3.4	4.6	10.0	7.7	10.5	0.1	8.7	6.1
29	0.9	0.6	△ 0.1	1.9	5.2	0.4	6.2	1.7	28.9	4.7
30	**△ 2.6**	**△ 2.4**	**△ 2.4**	**△ 2.4**	**△ 4.6**	**△ 7.0**	**△ 4.1**	**△ 2.5**	**△ 26.6**	**△ 6.5**

注：　平成29年漁業産出額の公表から、中間生産物である「種苗」を漁業産出額から除外し、種苗生産額として参考表章することとした。これに伴い漁業産出額及び生産漁業所得については、過去に遡及して推計した。

年次別

2 年次別産出額（全国）（平成20年～30年）

(1) 漁業産出額 (2) 海面漁業

年次		漁業産出額 ア+イ+ウ+エ	海面漁業計 ア	魚							
				計	まぐろ類						
					小計	くろまぐろ	みなみまぐろ	びんなが	めばち	きはだ	その他のまぐろ類
平成20年	(1)	1,606,596	1,124,985	812,212	161,757	38,569	8,782	17,785	59,550	36,104	967
21	(2)	1,449,778	971,949	693,290	133,675	24,170	3,982	18,801	55,191	31,021	511
22	(3)	1,461,130	971,749	689,367	126,029	15,020	5,240	15,967	48,153	41,152	496
23	(4)	1,398,650	939,952	648,600	122,986	18,072	6,395	17,210	47,472	33,351	487
24	(5)	1,395,108	914,406	647,539	121,333	14,006	7,331	22,315	47,397	29,869	414
25	(6)	1,413,862	943,867	639,734	107,781	14,550	6,149	19,600	42,509	24,502	472
26	(7)	1,480,887	966,253	663,713	116,653	16,573	7,008	20,149	48,166	24,321	436
27	(8)	1,562,127	995,654	695,787	132,401	15,067	7,752	20,381	54,639	33,950	612
28	(9)	1,559,897	962,023	662,550	116,679	17,088	8,151	16,653	41,017	33,280	491
29	(10)	1,574,141	961,420	667,537	122,877	16,924	7,283	17,087	43,783	37,269	532
30	**(11)**	**1,533,456**	**937,871**	**652,079**	**123,691**	**19,052**	**9,036**	**17,590**	**37,743**	**39,736**	**535**

年次		魚									
		さけ・ます類			このしろ	にしん	いわし類				
		小計	さけ類	ます類			小計	まいわし	うるめいわし	かたくちいわし	しらす
平成20年	(1)	78,587	74,389	4,198	739	1,083	58,461	4,430	3,523	23,848	26,660
21	(2)	72,718	68,620	4,098	656	1,252	53,971	6,311	3,803	18,446	25,411
22	(3)	64,644	60,708	3,936	709	997	56,797	6,855	3,243	17,627	29,072
23	(4)	70,205	66,972	3,233	663	1,029	50,332	8,858	4,676	16,178	20,619
24	(5)	63,046	60,771	2,276	568	949	61,633	8,048	4,295	16,816	32,474
25	(6)	72,215	68,992	3,223	678	1,054	54,795	13,248	5,200	17,201	19,146
26	(7)	72,607	70,407	2,199	644	948	59,256	13,012	4,719	16,910	24,615
27	(8)	72,342	70,039	2,303	542	1,204	64,679	17,293	5,388	13,979	28,019
28	(9)	66,838	61,885	4,953	678	1,410	64,971	19,842	5,575	12,961	26,593
29	(10)	66,640	65,081	1,559	788	1,404	67,162	25,440	4,383	13,205	24,134
30	**(11)**	**60,129**	**55,858**	**4,271**	**671**	**1,441**	**75,976**	**23,597**	**3,596**	**11,158**	**37,625**

年次		魚									
		たら類			ほっけ	きちじ	はたはた	にぎす類	あなご類	たちうお	た
		小計	まだら	すけとうだら							小計
平成20年	(1)	36,664	12,993	23,672	11,116	2,960	3,835	1,068	4,838	9,061	18,379
21	(2)	30,209	12,626	17,583	6,565	3,146	2,760	958	4,822	6,861	16,620
22	(3)	28,469	12,008	16,461	6,882	2,718	2,732	912	4,162	6,003	15,688
23	(4)	22,971	11,266	11,705	5,256	2,745	2,597	895	3,445	5,910	17,081
24	(5)	25,166	11,627	13,538	5,823	2,981	2,273	828	3,739	5,512	16,188
25	(6)	23,206	10,310	12,896	5,300	2,568	1,925	669	4,078	5,624	15,225
26	(7)	29,050	13,843	15,207	5,530	2,668	1,997	780	3,940	5,789	14,953
27	(8)	32,347	15,923	16,424	4,665	2,780	2,442	856	3,679	5,851	15,273
28	(9)	26,147	14,553	11,595	4,331	2,789	2,264	741	3,828	6,091	15,114
29	(10)	23,350	13,364	9,986	3,491	3,123	1,970	684	3,942	5,084	15,133
30	**(11)**	**22,506**	**12,711**	**9,795**	**3,895**	**3,472**	**1,912**	**646**	**3,698**	**4,246**	**15,623**

単位：100万円

類									
か　じ　き　類					か　つ　お　類			さ　め　類	
小　計	まかじき	めかじき	くろかじき類	その他のかじき類	小　計	かつお	そうだがつお類		
12,548	1,729	8,760	1,701	359	81,472	79,422	2,050	6,280	(1)
9,963	1,289	6,926	1,393	356	66,276	64,917	1,359	5,735	(2)
11,043	1,631	7,307	1,616	488	69,803	67,951	1,852	6,064	(3)
10,031	1,472	6,505	1,486	569	63,329	61,938	1,391	3,799	(4)
10,306	1,477	6,835	1,441	553	73,668	71,694	1,973	4,339	(5)
9,013	1,343	5,812	1,315	542	72,438	70,388	2,050	3,434	(6)
9,616	1,105	6,723	1,288	500	60,888	59,241	1,647	4,302	(7)
10,735	1,309	7,488	1,414	524	66,624	64,832	1,792	5,195	(8)
10,441	1,308	7,299	1,354	481	64,461	63,303	1,158	5,085	(9)
10,032	1,262	7,218	1,175	377	69,068	68,104	964	5,038	(10)
9,566	**1,204**	**6,873**	**1,170**	**319**	**60,752**	**59,261**	**1,491**	**4,948**	(11)

類（続き）									
あ　じ　類			さ　ば　類	さ　ん　ま	ぶ　り　類	ひ　ら　め　・　か　れ　い　類			
小　計	ま　あ　じ	むろあじ類				小　計	ひ　ら　め	かれい類	
44,091	40,070	4,021	46,448	24,486	27,916	40,170	9,846	30,324	(1)
37,537	33,595	3,942	36,352	21,916	24,728	33,807	8,462	25,345	(2)
36,387	33,161	3,226	41,664	27,463	26,564	31,178	8,310	22,868	(3)
37,721	34,670	3,052	37,911	23,106	29,653	28,591	7,407	21,183	(4)
35,392	32,188	3,205	37,118	17,061	24,392	25,967	6,734	19,233	(5)
36,983	34,066	2,917	40,324	22,967	27,324	25,151	7,113	18,038	(6)
35,875	33,295	2,580	48,129	25,562	33,945	25,515	7,450	18,065	(7)
35,828	33,411	2,417	45,131	25,304	34,191	26,120	7,738	18,382	(8)
32,325	29,026	3,299	43,520	25,933	29,899	25,610	7,583	18,027	(9)
30,899	28,302	2,597	45,007	24,448	31,090	25,388	7,562	17,826	(10)
27,933	**25,546**	**2,387**	**50,131**	**25,089**	**29,602**	**23,147**	**7,339**	**15,808**	(11)

類（続き）									
い　類			い　さ　き	さわら類	すずき類	いかなご	あまだい類	ふ　ぐ　類	
ま　だ　い	ちだい・きだい	くろだい・へだい							
13,648	3,289	1,442	3,863	9,079	5,334	12,885	2,711	6,159	(1)
12,259	3,003	1,357	3,550	7,447	4,358	8,091	2,606	4,451	(2)
11,699	2,645	1,344	2,953	8,429	4,367	10,551	2,256	4,422	(3)
13,031	2,723	1,327	3,314	8,511	4,241	4,816	2,193	4,281	(4)
12,202	2,672	1,315	3,164	7,706	4,230	5,997	2,298	3,708	(5)
11,542	2,401	1,281	3,521	8,778	4,161	6,345	2,034	3,589	(6)
10,999	2,675	1,279	2,906	10,331	4,136	5,628	2,192	3,258	(7)
11,334	2,632	1,307	3,261	10,420	4,296	5,255	2,260	3,937	(8)
11,425	2,400	1,288	3,050	11,115	4,160	6,146	2,420	4,176	(9)
11,450	2,384	1,298	2,795	10,343	3,984	4,914	2,422	3,434	(10)
12,030	**2,335**	**1,257**	**2,737**	**10,302**	**3,709**	**5,488**	**2,391**	**2,803**	(11)

2　年次別産出額（全国）（平成20年～30年）（続き）

(2)　海面漁業（続き）

年次	魚類(続き)	えび類				かに		
	その他の魚類	計	いせえび	くるまえび	その他のえび類	計	ずわいがに	べにずわいがに
平成20年 (1)	100,222	34,497	5,600	3,375	25,522	26,253	11,208	5,502
21 (2)	92,259	29,196	5,252	2,761	21,182	22,745	9,508	5,083
22 (3)	89,482	26,904	4,830	2,499	19,575	23,751	9,119	4,865
23 (4)	80,988	26,314	5,147	2,228	18,938	23,217	9,072	4,798
24 (5)	82,151	23,875	4,959	2,146	16,769	23,717	9,155	4,575
25 (6)	78,557	26,175	5,682	1,974	18,519	24,706	10,035	4,256
26 (7)	76,616	25,976	6,145	1,854	17,977	25,699	10,503	4,491
27 (8)	78,171	27,058	5,994	1,822	19,243	29,862	12,743	5,148
28 (9)	82,328	28,745	6,086	1,985	20,674	32,568	12,727	5,811
29 (10)	83,029	27,934	6,442	1,843	19,649	32,079	13,087	6,075
30 (11)	**75,575**	**22,340**	**5,419**	**1,752**	**15,169**	**32,897**	**14,342**	**7,017**

年次	貝類(続き)	いか類				たこ類	うに類	海産ほ乳類（捕鯨業を除く。）
	その他の貝類	計	するめいか	あかいか	1) その他のいか類			
平成20年 (1)	18,794	78,914	43,876	4,101	30,938	28,138	12,287	568
21 (2)	16,601	75,484	42,651	5,836	26,997	21,513	11,234	542
22 (3)	16,363	80,223	48,907	4,157	27,158	18,987	10,654	491
23 (4)	15,306	82,377	55,012	3,556	23,809	20,442	8,820	383
24 (5)	15,755	65,118	39,237	1,219	24,662	21,971	9,325	332
25 (6)	16,541	77,548	51,355	1,421	24,771	20,228	10,190	507
26 (7)	16,542	71,557	48,844	1,077	21,636	20,964	11,081	682
27 (8)	18,681	65,408	39,500	871	25,037	19,420	11,664	817
28 (9)	16,869	66,270	39,039	1,702	25,529	20,931	12,035	645
29 (10)	15,904	65,763	37,461	2,343	25,960	23,462	12,272	517
30 (11)	**15,218**	**55,269**	**27,715**	**2,367**	**25,186**	**26,752**	**12,827**	**281**

注：1)には、遠洋底びき網（南方水域）及びいか釣のうち、日本近海水域以外で漁獲された「するめいか」を含む。

単位：100万円

類			貝			類		
がざみ類	その他のかに類	おきあみ類	計	あわび類	さざえ	あさり類	ほたてがい	
3, 508	6, 034	1, 993	84, 739	9, 883	5, 611	13, 803	36, 649	(1)
2, 688	5, 466	1, 171	73, 261	10, 317	5, 166	11, 212	29, 966	(2)
2, 916	6, 850	2, 218	73, 348	9, 704	4, 625	9, 355	33, 302	(3)
2, 881	6, 465	106	81, 851	9, 705	4, 427	9, 560	42, 853	(4)
2, 821	7, 167	828	75, 816	7, 734	4, 143	9, 101	39, 084	(5)
2, 808	7, 606	846	99, 349	9, 210	4, 340	7, 939	61, 318	(6)
2, 601	8, 104	684	99, 193	9, 135	4, 342	7, 052	62, 122	(7)
2, 342	9, 629	927	96, 391	9, 885	4, 518	4, 887	58, 420	(8)
2, 389	11, 642	540	95, 780	7, 830	4, 152	3, 749	63, 179	(9)
2, 263	10, 655	1, 296	90, 425	7, 103	3, 863	3, 887	59, 668	(10)
2, 371	**9, 167**	**1, 622**	**86, 443**	**7, 901**	**3, 804**	**3, 919**	**55, 601**	(11)

その他の水産動物類	海藻類			捕鯨業（くじら類）	
	計	こんぶ類	その他の海藻類		
19, 462	25, 632	18, 897	6, 735	289	(1)
16, 617	26, 594	20, 987	5, 607	303	(2)
22, 131	23, 402	17, 887	5, 515	274	(3)
24, 495	23, 122	16, 697	6, 426	224	(4)
19, 764	25, 865	19, 631	6, 234	257	(5)
21, 475	22, 914	15, 709	7, 205	195	(6)
22, 175	24, 316	17, 895	6, 422	214	(7)
24, 286	23, 845	17, 870	5, 975	190	(8)
20, 335	21, 454	15, 532	5, 921	170	(9)
19, 931	20, 124	13, 176	6, 949	78	(10)
22, 090	**25, 126**	**17, 250**	**7, 876**	**144**	(11)

2 年次別産出額（全国）（平成20年～30年）（続き）

(3) 海面養殖業

年次		海面養殖業計 イ	魚						類
			計	ぎんざけ	ぶり類	まあじ	しまあじ	まだい	ひらめ
平成20年	(1)	399,837	208,641	5,881	116,055	1,526	4,107	49,568	6,106
21	(2)	392,850	205,657	7,163	115,143	1,444	3,963	45,913	5,187
22	(3)	410,135	218,701	6,485	117,630	1,253	4,047	50,609	5,099
23	(4)	370,599	213,408	45	114,998	963	3,717	49,398	4,035
24	(5)	395,368	205,298	2,572	107,122	994	4,076	48,209	3,673
25	(6)	388,179	214,868	4,791	111,500	964	4,454	49,185	3,291
26	(7)	425,898	233,668	7,486	119,347	983	4,667	43,948	4,058
27	(8)	467,259	237,332	6,689	120,112	799	4,956	43,893	4,144
28	(9)	488,737	243,066	7,451	117,741	770	5,719	53,572	4,126
29	(10)	497,927	252,523	10,248	119,239	915	5,782	55,157	3,799
30	**(11)**	**486,064**	**263,766**	**11,277**	**124,014**	**904**	**6,612**	**59,173**	**3,518**

年次		ほや類	その他の水産動物類	海					
				計	こんぶ類	わかめ類	の		
							小計	板	
								小計	くろのり
平成20年	(1)	1,476	643	104,048	10,950	10,162	80,789	76,953	76,355
21	(2)	1,289	584	104,592	8,372	10,840	83,588	80,036	79,556
22	(3)	1,388	514	103,162	7,949	8,302	85,319	82,303	81,600
23	(4)	118	498	82,753	6,340	2,916	71,142	67,674	67,188
24	(5)	123	502	115,219	7,949	9,733	94,531	90,730	90,210
25	(6)	161	436	90,933	7,973	7,141	72,408	68,743	68,244
26	(7)	691	496	91,226	7,786	6,568	72,833	69,499	69,020
27	(8)	1,150	476	105,089	8,807	7,971	85,081	81,982	81,644
28	(9)	1,232	508	121,626	7,666	10,261	100,219	95,567	95,199
29	(10)	1,262	597	141,102	9,453	10,742	116,660	108,690	108,274
30	**(11)**	**998**	**746**	**119,556**	**10,230**	**10,154**	**94,470**	**90,163**	**89,844**

年次		（参考）種苗生産額							
		計	ぶり類	まだい	ひらめ	真珠母貝	ほたてがい	かき類	くるまえび
平成20年	(1)	17,576	1,488	4,546	1,001	1,234	7,799	595	274
21	(2)	16,647	2,433	3,751	885	707	7,431	600	229
22	(3)	18,256	3,113	3,942	883	740	8,075	682	243
23	(4)	16,806	2,218	4,052	889	943	7,630	165	401
24	(5)	17,811	2,361	4,179	783	947	8,141	559	292
25	(6)	18,205	3,038	4,180	717	794	8,191	455	286
26	(7)	18,394	3,009	4,026	671	897	8,549	405	312
27	(8)	19,338	2,875	3,757	633	1,098	9,820	400	276
28	(9)	21,015	2,843	3,877	599	1,592	10,741	614	263
29	(10)	27,081	3,064	4,596	626	1,536	15,730	740	231
30	**(11)**	**19,887**	**2,904**	**4,152**	**638**	**1,345**	**9,519**	**612**	**221**

注：1)は、平成20～23年までの数値にくろまぐろを含む。

単位：100万円

ふぐ類	くろまぐろ	1)その他の魚類	貝類 計	ほたてがい	かき類	その他の貝類	くるまえび	
9,911	…	15,487	63,527	31,791	30,552	1,183	8,222	(1)
8,598	…	18,245	63,945	33,318	29,434	1,193	8,333	(2)
8,394	…	25,184	69,256	34,467	33,626	1,162	7,416	(3)
7,763	…	32,489	57,156	25,794	30,522	840	7,238	(4)
7,935	27,538	3,179	56,859	25,694	30,438	727	7,463	(5)
8,579	29,307	2,797	62,974	32,279	30,140	555	7,601	(6)
8,206	41,991	2,982	78,102	41,204	36,272	627	8,162	(7)
9,386	44,065	3,289	99,864	60,750	38,424	691	7,475	(8)
10,036	40,452	3,201	98,597	62,427	35,421	749	7,128	(9)
9,579	44,479	3,325	79,818	45,713	33,447	657	7,258	(10)
7,928	**46,550**	**3,790**	**76,746**	**42,526**	**33,448**	**772**	**7,242**	(11)

藻類 のり類 のり まぜのり	藻類 のり類 のり あおのり	藻類 のり類 ばらのり	藻類 のり類 生のり類	藻類 もずく類	藻類 その他の海藻類	真珠	
316	282	2,941	896	1,314	833	13,280	(1)
258	222	2,699	853	1,025	766	8,449	(2)
473	230	2,118	897	827	764	9,700	(3)
233	253	2,991	476	1,608	747	9,428	(4)
282	238	3,297	504	2,168	838	9,903	(5)
195	304	3,147	518	2,159	1,252	11,207	(6)
194	284	2,867	467	2,682	1,356	13,554	(7)
198	140	2,719	381	2,111	1,118	15,873	(8)
247	121	3,755	897	2,492	988	16,578	(9)
187	228	6,989	981	3,307	940	15,366	(10)
209	**110**	**3,215**	**1,092**	**3,671**	**1,031**	**17,010**	(11)

わかめ類	のり類	
54	586	(1)
52	559	(2)
54	524	(3)
36	472	(4)
56	493	(5)
71	472	(6)
64	461	(7)
43	437	(8)
38	449	(9)
37	521	(10)
33	**464**	(11)

2 年次別産出額（全国）（平成20年～30年）（続き）

(4) 内水面漁業

単位：100万円

年次	内水面漁業計 ウ	魚類									
		計	さけ・ます類					わかさぎ	あゆ	しらうお	こい
			小計	さけ類	からふとます	さくらます	その他のさけ・ます類				
平成20年	23,927	15,727	2,202	1,373	170	83	576	485	9,254	505	245
21	26,233	18,004	2,808	1,519	275	123	891	772	10,234	1,123	252
22	22,637	14,639	2,066	1,135	122	35	775	644	8,358	972	191
23	20,112	13,150	1,889	1,068	42	95	684	463	7,378	895	181
24	17,871	11,869	2,186	1,519	8	47	612	417	6,118	1,061	176
25	16,811	10,688	1,822	1,089	25	31	678	323	6,127	735	147
26	17,736	10,825	1,669	992	14	22	640	399	6,346	827	124
27	18,352	11,422	1,927	1,274	17	18	619	474	6,670	1,074	113
28	19,770	12,715	1,600	909	47	17	627	510	8,367	821	124
29	19,849	12,622	1,449	844	7	11	587	532	8,749	528	125
30	18,453	11,857	1,510	986	101	15	408	523	8,085	485	110

年次	魚類（続き）					貝類			その他の水産動植物類		
	ふな	うぐい・おいかわ	うなぎ	はぜ類	その他の魚類	計	しじみ	その他の貝類	計	えび類	その他の水産動植物類
平成20年	389	503	1,392	143	610	6,791	6,623	168	1,409	585	824
21	364	479	1,323	116	534	6,696	6,420	276	1,533	542	992
22	267	418	1,132	96	497	7,070	6,856	214	928	403	525
23	275	419	1,085	111	455	6,054	5,740	314	907	376	531
24	256	366	870	109	309	5,347	5,046	301	655	307	348
25	219	223	777	100	216	5,508	5,274	234	614	284	331
26	220	223	699	113	206	6,309	5,994	315	601	293	308
27	249	232	404	97	182	6,154	5,549	605	777	149	627
28	297	223	370	99	304	6,481	5,594	887	574	176	398
29	303	175	372	82	308	6,555	5,752	802	672	225	447
30	270	94	397	63	319	5,901	4,975	925	696	236	460

注：内水面漁業産出額には、遊漁者の採捕による産出額は含めていない。

(5) 内水面養殖業

単位：100万円

年次	内水面養殖業計 エ	ます類			あゆ	こい	うなぎ	その他	1) 淡水真珠	（参考）種苗生産額
		計	にじます	その他のます類						種苗計
平成20年	57,847	7,737	3,769	3,969	6,834	1,447	38,829	3,000	139	3,351
21	58,746	7,603	3,484	4,119	6,207	1,412	40,717	2,806	148	3,597
22	56,609	7,323	3,305	4,018	6,639	1,685	38,345	2,617	67	3,630
23	67,987	6,926	3,028	3,899	6,308	1,389	50,195	3,169	123	3,596
24	67,463	7,103	2,995	4,108	6,148	1,334	49,664	3,213	110	3,580
25	65,005	6,883	2,904	3,979	6,967	1,351	46,806	2,999	85	3,728
26	71,000	7,247	3,082	4,165	6,684	1,450	49,722	5,897	82	4,140
27	80,862	7,648	3,407	4,242	6,865	1,529	58,114	6,705	66	4,406
28	89,368	8,591	4,181	4,410	6,945	1,455	64,983	7,393	58	4,676
29	94,945	8,740	4,163	4,577	7,302	1,396	69,671	7,836	57	4,896
30	91,068	8,741	4,481	4,260	6,500	1,386	66,970	7,470	29	4,578

注：1)は、琵琶湖と霞ヶ浦の合計値である。

大海区都道府県別

3 大海区都道府県別産出額（海面漁業・養殖業）

(1) 海面漁業・養殖業産出額 (2) 海面漁業

都道府県・大海区	海面漁業・養殖業産出額 ア＋イ	海面漁業計 ア	魚							
			計	まぐろ類						
				小計	くろまぐろ	みなみまぐろ	びんなが	めばち	きはだ	その他のまぐろ類
	(1)	(1)	(2)	(3)	(4)	(5)	(6)	(7)	(8)	(9)
全国 (1)	**1,423,791**	**937,726**	**652,079**	**123,691**	**19,052**	**9,036**	**17,590**	**37,743**	**39,736**	**535**
北海道 (2)	274,961	238,189	102,542	378	373	−	4	1	1	−
青森 (3)	54,898	41,158	23,574	10,291	7,078	237	452	1,857	668	−
岩手 (4)	37,883	28,652	20,209	4,382	561	1,033	275	1,826	687	−
宮城 (5)	78,871	56,319	50,489	15,699	1,077	1,864	1,461	6,834	4,463	−
秋田 (6)	2,989	2,905	1,919	52	52	−	−	−	0	0
山形 (7)	2,156	2,156	1,037	24	24	−	−	−	−	−
福島 (8)	9,679	9,666	9,180	2,675	189	237	370	1,493	387	−
茨城 (9)	23,457	x	22,080	264	14	−	116	104	30	0
千葉 (10)	26,270	23,720	18,496	350	165	−	x	x	x	−
東京 (11)	17,335	x	16,398	6,346	245	−	254	2,321	3,526	−
神奈川 (12)	16,762	16,433	15,055	5,498	827	−	231	2,279	2,161	−
新潟 (13)	12,606	12,145	8,500	1,336	179	−	0	x	x	−
富山 (14)	13,672	13,645	8,840	3,608	1,091	450	165	1,533	368	0
石川 (15)	17,678	17,355	10,127	330	330	−	0	−	0	−
福井 (16)	9,571	9,150	3,398	20	19	−	0	−	1	0
静岡 (17)	55,145	52,852	49,850	17,556	657	1,752	1,359	3,950	9,838	0
愛知 (18)	20,883	17,297	11,754	1	−	−	x	x	x	−
三重 (19)	44,596	25,885	21,685	7,259	689	−	1,803	2,261	2,505	0
京都 (20)	3,913	2,621	1,624	x	x	−	0	−	0	0
大阪 (21)	4,640	4,472	4,078	−	−	−	−	−	−	−
兵庫 (22)	52,292	27,844	16,992	12	7	−	x	x	5	0
和歌山 (23)	12,688	7,909	6,226	326	42	−	134	43	107	−
鳥取 (24)	22,671	21,451	13,736	1,887	928	−	x	x	x	−
島根 (25)	22,052	21,714	16,995	554	463	−	x	80	x	4
岡山 (26)	6,773	2,064	1,131	−	−	−	−	−	−	−
広島 (27)	23,783	6,066	4,737	−	−	−	−	−	−	−
山口 (28)	15,025	13,057	8,838	161	138	−	0	x	x	10
徳島 (29)	11,086	6,492	4,852	756	11	−	387	191	166	−
香川 (30)	22,061	8,133	6,069	x	−	−	x	x	x	−
愛媛 (31)	88,715	20,309	15,901	x	132	−	37	x	103	−
高知 (32)	51,961	26,847	23,760	8,004	612	415	3,595	1,819	1,552	11
福岡 (33)	29,122	13,066	8,116	52	43	−	1	x	x	x
佐賀 (34)	30,926	5,103	1,377	12	x	−	−	0	x	11
長崎 (35)	99,627	63,620	54,538	4,415	2,059	−	6	340	1,969	41
熊本 (36)	37,912	6,254	4,152	11	x	−	0	0	6	x
大分 (37)	37,661	12,732	8,876	1,561	23	−	843	371	324	−
宮崎 (38)	33,589	24,152	23,561	11,072	271	−	3,748	2,858	4,194	1
鹿児島 (39)	76,310	22,767	21,254	10,368	391	3,048	1,190	3,911	1,820	8
沖縄 (40)	21,570	12,746	10,132	8,051	289	−	1,118	3,319	2,881	444
北海道太平洋北区 (41)	139,644	109,143	57,684	319	315	−	x	1	x	−
太平洋北区 (42)	182,139	x	122,022	32,433	8,042	3,370	2,674	12,113	6,235	0
太平洋中区 (43)	180,992	x	133,238	37,011	2,583	1,752	3,685	10,904	18,086	0
太平洋南区 (44)	200,334	71,523	63,905	21,910	1,070	415	8,700	5,282	6,431	12
北海道日本海北区 (45)	135,317	129,046	44,858	59	58	−	x	−	x	−
日本海北区 (46)	54,073	39,853	23,805	5,897	2,223	450	166	x	x	1
日本海西区 (47)	85,843	82,245	47,620	2,860	1,809	−	x	x	929	4
東シナ海区 (48)	304,437	131,753	105,861	23,070	2,926	3,048	2,314	7,585	6,679	518
瀬戸内海区 (49)	141,012	70,404	53,086	132	26	−	x	38	x	−
青森（太北）(50)	32,248	32,155	20,065	9,414	6,201	237	452	1,857	668	−
（日北）(51)	22,650	9,003	3,509	877	877	−	−	−	−	−
兵庫（日西）(52)	9,958	9,954	1,739	x	x	−	x	x	x	0
（瀬戸）(53)	42,334	17,890	15,253	x	x	−	−	−	x	−
和歌山（太南）(54)	8,609	3,878	2,606	x	x	−	89	x	92	−
（瀬戸）(55)	4,079	4,031	3,620	x	x	−	45	x	15	−
山口（東シ）(56)	10,661	9,398	6,837	161	138	−	0	x	x	10
（瀬戸）(57)	4,364	3,659	2,001	−	−	−	−	−	−	−
徳島（太南）(58)	2,317	2,310	1,716	755	x	−	387	x	166	−
（瀬戸）(59)	8,769	4,181	3,137	1	x	−	−	x	0	−
愛媛（太南）(60)	71,882	6,546	6,038	x	132	−	37	x	103	−
（瀬戸）(61)	16,833	13,763	9,862	0	0	−	−	−	−	−
福岡（東シ）(62)	27,431	11,865	7,571	52	43	−	1	x	x	x
（瀬戸）(63)	1,691	1,201	545	−	−	−	−	−	−	−
大分（太南）(64)	31,976	7,789	6,224	1,561	23	−	843	371	324	−
（瀬戸）(65)	5,686	4,943	2,652	−	−	−	−	−	−	−

注：捕鯨業を除く。

単位：100万円

類												
かじき類					かつお類			さめ類	さけ・ます類			
小計	まかじき	めかじき	くろかじき類	その他のかじき類	小計	かつお	そうだがつお類		小計	さけ類	ます類	
(10)	(11)	(12)	(13)	(14)	(15)	(16)	(17)	(18)	(19)	(20)	(21)	
9,566	**1,204**	**6,873**	**1,170**	**319**	**60,752**	**59,261**	**1,491**	**4,948**	**60,129**	**55,858**	**4,271**	(1)
130	47	82	x	x	1	1	0	212	49,809	45,900	3,909	(2)
x	x	x	x	x	599	598	0	185	2,515	2,320	195	(3)
477	19	397	50	11	26	4	22	223	5,812	5,734	79	(4)
3,007	96	2,780	112	19	7,943	7,930	13	2,267	1,421	1,412	9	(5)
0	−	−	−	0	2	0	2	7	221	184	37	(6)
1	1	−	−	−	0	0	0	3	119	112	7	(7)
376	29	291	42	14	258	258	0	9	3	3	−	(8)
x	x	x	x	x	536	536	−	8	1	1	0	(9)
276	196	73	6	0	147	100	47	28	−	−	−	(10)
498	14	465	19	1	6,331	6,331	0	88	−	−	−	(11)
408	48	308	51	2	4,188	4,155	33	712	x	x	−	(12)
1	−	−	−	1	2,503	2,497	6	1	185	173	12	(13)
162	10	95	52	6	109	7	102	153	17	11	6	(14)
x	x	−	0	x	33	12	20	x	13	4	9	(15)
18	x	0	x	11	10	2	8	x	11	2	8	(16)
422	48	294	63	17	16,143	16,118	25	98	−	−	−	(17)
0	0	−	−	0	1	1	0	1	−	−	−	(18)
477	54	348	68	7	3,605	3,578	27	80	−	−	−	(19)
6	−	0	3	3	10	2	9	x	x	x	x	(20)
−	−	−	−	−	−	−	−	2	−	−	−	(21)
1	x	x	x	x	0	0	0	2	x	x	x	(22)
13	7	x	x	0	231	220	11	5	−	−	−	(23)
0	−	−	−	0	1,986	x	x	0	−	−	−	(24)
6	4	1	1	0	55	x	x	x	0	0	0	(25)
−	−	−	−	−	−	−	−	0	−	−	−	(26)
−	−	−	−	−	−	−	−	0	−	−	−	(27)
4	x	x	x	3	6	1	5	3	x	x	−	(28)
46	8	21	16	0	276	270	5	3	−	−	−	(29)
x	x	x	x	x	−	−	−	0	−	−	−	(30)
x	x	x	−	x	417	400	17	12	−	−	−	(31)
857	129	539	172	17	6,901	6,077	824	234	−	−	−	(32)
1	x	x	x	1	5	3	2	1	−	−	−	(33)
1	0	−	−	1	1	1	1	1	−	−	−	(34)
129	92	3	7	27	2,463	2,353	110	13	−	−	−	(35)
2	−	−	0	2	47	3	45	2	−	−	−	(36)
120	19	61	40	−	7	6	2	11	−	−	−	(37)
864	310	441	96	17	4,623	4,575	48	241	−	−	−	(38)
761	35	428	161	137	1,162	1,091	71	328	−	−	−	(39)
389	18	171	187	13	125	123	1	14	−	−	−	(40)
x	x	x	x	x	x	x	0	208	20,667	19,767	900	(41)
3,961	158	3,541	215	47	9,356	9,320	36	2,670	9,630	9,384	246	(42)
2,082	360	1,487	207	27	30,416	30,284	132	1,006	x	x	−	(43)
1,896	471	1,063	327	35	12,444	11,541	902	490	−	−	−	(44)
x	x	x	−	−	x	x	0	4	29,142	26,133	3,009	(45)
164	10	95	52	7	2,620	2,510	110	187	665	567	98	(46)
37	10	1	7	19	2,094	2,022	72	1	25	7	18	(47)
1,287	145	602	357	184	3,809	3,575	234	361	x	x	−	(48)
9	2	2	x	x	12	7	5	21	−	−	−	(49)
x	x	x	x	x	592	592	0	163	2,392	2,234	158	(50)
−	−	−	−	−	6	6	0	22	123	86	37	(51)
x	−	−	x	x	0	0	0	−	x	x	x	(52)
x	x	x	−	−	−	−	−	2	−	−	−	(53)
x	x	x	2	x	220	213	7	0	−	−	−	(54)
x	x	x	x	x	12	7	4	5	−	−	−	(55)
4	x	x	x	3	6	1	5	2	x	x	−	(56)
−	−	−	−	−	−	−	−	1	−	−	−	(57)
46	8	21	16	0	275	270	5	2	−	−	−	(58)
0	−	0	−	−	0	0	0	0	−	−	−	(59)
x	x	x	−	x	417	400	17	2	−	−	−	(60)
−	−	−	−	−	0	−	0	10	−	−	−	(61)
1	x	x	x	1	5	3	2	1	−	−	−	(62)
−	−	−	−	−	−	−	−	0	−	−	−	(63)
120	19	61	40	−	7	6	2	11	−	−	−	(64)
−	−	−	−	−	−	−	−	0	−	−	−	(65)

3 大海区都道府県別産出額（海面漁業・養殖業）（続き）
(2) 海面漁業（続き）

都道府県・大海区		魚									
		このしろ	にしん	いわし類					あじ類		
				小計	まいわし	うるめいわし	かたくちいわし	しらす	小計	まあじ	むろあじ類
		(22)	(23)	(24)	(25)	(26)	(27)	(28)	(29)	(30)	(31)
全国	**(1)**	**671**	**1,441**	**75,976**	**23,597**	**3,596**	**11,158**	**37,625**	**27,933**	**25,546**	**2,387**
北海道	(2)	-	1,430	741	713	0	28	1	1	1	-
青森	(3)	0	4	569	551	0	19	-	7	7	-
岩手	(4)	0	1	565	549	1	15	-	35	35	0
宮城	(5)	0	3	1,765	1,570	7	56	132	213	213	0
秋田	(6)	0	0	3	3	0	-	-	38	38	-
山形	(7)	-	-	0	0	-	-	-	17	17	-
福島	(8)	-	-	1,082	708	0	-	374	6	6	-
茨城	(9)	x	-	8,865	6,265	4	25	2,571	72	72	0
千葉	(10)	97	-	3,737	3,319	13	371	34	345	345	1
東京	(11)	7	-	-	-	-	-	-	27	0	27
神奈川	(12)	16	-	776	122	3	76	576	309	296	13
新潟	(13)	0	-	4	4	0	0	-	349	349	0
富山	(14)	0	-	324	309	4	12	0	426	424	1
石川	(15)	1	x	1,212	1,182	x	10	x	511	511	1
福井	(16)	x	-	12	10	0	1	-	146	143	3
静岡	(17)	45	-	7,044	1,019	56	31	5,938	221	195	26
愛知	(18)	24	-	7,969	897	1	326	6,746	141	138	3
三重	(19)	3	-	3,005	1,910	214	248	633	546	537	9
京都	(20)	1	-	201	136	x	62	x	61	57	4
大阪	(21)	35	-	2,713	107	-	24	2,581	62	61	1
兵庫	(22)	8	-	6,608	61	0	353	6,194	738	217	521
和歌山	(23)	x	-	1,676	21	45	5	1,605	665	471	194
鳥取	(24)	6	3	922	862	7	4	50	2,093	2,093	1
島根	(25)	3	x	1,154	668	329	54	103	3,317	3,307	10
岡山	(26)	2	-	115	0	-	0	115	2	1	1
広島	(27)	19	-	2,897	0	0	1,895	1,002	31	28	3
山口	(28)	3	-	846	40	4	674	128	897	883	14
徳島	(29)	0	-	1,167	4	2	49	1,112	178	168	10
香川	(30)	17	-	2,410	4	1	1,727	678	89	75	14
愛媛	(31)	5	-	4,529	706	128	1,966	1,729	1,312	1,129	184
高知	(32)	x	-	1,846	57	267	85	1,437	653	532	121
福岡	(33)	50	-	8	4	2	2	-	802	787	15
佐賀	(34)	194	-	128	0	0	101	27	97	94	3
長崎	(35)	13	-	4,405	1,488	1,154	1,741	22	10,539	9,869	670
熊本	(36)	106	-	950	14	228	281	427	75	75	0
大分	(37)	2	-	2,101	205	65	157	1,673	941	900	41
宮崎	(38)	0	-	1,686	63	571	113	939	833	572	261
鹿児島	(39)	13	-	1,940	27	472	649	793	1,136	902	234
沖縄	(40)	-	-	-	-	-	-	-	3	-	3
北海道太平洋北区	(41)	-	277	738	710	0	28	1	1	1	-
太平洋北区	(42)	x	8	12,813	9,609	12	115	3,077	327	327	0
太平洋中区	(43)	191	-	22,531	7,266	288	1,051	13,926	1,589	1,511	78
太平洋南区	(44)	2	-	6,547	1,052	1,078	401	4,016	3,946	3,253	693
北海道日本海北区	(45)	-	1,153	3	3	-	-	-	-	-	-
日本海北区	(46)	1	0	367	350	4	12	0	836	835	1
日本海西区	(47)	x	3	3,502	2,860	354	131	158	6,157	6,139	18
東シナ海区	(48)	374	-	8,047	1,572	1,860	3,218	1,397	13,380	12,442	938
瀬戸内海区	(49)	92	-	21,429	175	1	6,204	15,049	1,698	1,039	659
青森（太北）	(50)	-	4	535	517	0	18	-	0	0	-
（日北）	(51)	0	0	35	34	0	1	-	6	6	-
兵庫（日西）	(52)	-	-	2	2	0	0	-	29	29	-
（瀬戸）	(53)	8	-	6,606	59	0	353	6,194	709	188	521
和歌山（太南）	(54)	x	-	472	21	45	1	406	372	275	97
（瀬戸）	(55)	x	-	1,204	1	-	4	1,200	293	195	97
山口（東シ）	(56)	2	-	616	40	4	444	128	729	716	13
（瀬戸）	(57)	2	-	231	0	-	231	-	168	167	1
徳島（太南）	(58)	x	-	6	1	2	3	-	103	102	1
（瀬戸）	(59)	x	-	1,160	2	0	46	1,112	75	66	9
愛媛（太南）	(60)	-	-	1,268	705	128	92	344	1,062	886	176
（瀬戸）	(61)	5	-	3,261	1	0	1,874	1,386	251	243	8
福岡（東シ）	(62)	46	-	8	4	2	2	-	802	787	15
（瀬戸）	(63)	4	-	0	-	-	0	-	0	0	-
大分（太南）	(64)	1	-	1,269	205	65	107	892	923	885	38
（瀬戸）	(65)	1	-	832	-	-	50	782	17	14	3

単位：100万円

類 (続き)											
さば類	さんま	ぶり類	ひらめ・かれい類			たら類			ほっけ	きちじ	
			小計	ひらめ	かれい類	小計	まだら	すけとうだら			
(32)	(33)	(34)	(35)	(36)	(37)	(38)	(39)	(40)	(41)	(42)	
50, 131	**25, 089**	**29, 602**	**23, 147**	**7, 339**	**15, 808**	**22, 506**	**12, 711**	**9, 795**	**3, 895**	**3, 472**	(1)
538	12, 011	2, 175	5, 624	752	4, 873	17, 903	8, 454	9, 449	3, 825	2, 605	(2)
2, 184	632	277	1, 319	830	489	1, 074	1, 013	61	31	158	(3)
869	3, 005	1, 188	340	115	224	1, 316	1, 198	118	0	393	(4)
1, 878	3, 475	752	2, 291	785	1, 506	1, 110	953	157	x	213	(5)
5	-	61	223	139	84	179	176	4	9	-	(6)
2	-	27	119	46	73	160	160	0	5	-	(7)
1, 739	1, 439	22	664	381	283	11	11	0	-	9	(8)
10, 639	x	330	527	315	213	3	3	0	-	95	(9)
3, 000	651	3, 347	480	320	160	0	0	-	-	0	(10)
1	x	7	44	0	44	-	-	-	-	-	(11)
158	x	375	169	124	45	2	x	x	x	0	(12)
98	x	1, 238	553	286	267	196	190	7	12	-	(13)
142	1, 960	563	192	138	54	15	x	x	3	-	(14)
688	0	2, 380	783	79	705	275	275	0	10	-	(15)
36	0	503	533	73	460	21	21	-	0	-	(16)
3, 850	139	304	90	84	7	-	-	-	-	-	(17)
50	-	39	502	314	187	-	-	-	-	-	(18)
2, 758	80	1, 445	163	126	36	-	-	-	-	-	(19)
10	0	195	68	22	46	3	3	-	0	-	(20)
9	-	4	187	10	177	-	-	-	-	-	(21)
147	x	90	1, 557	167	1, 390	37	37	-	0	-	(22)
536	x	407	91	71	21	-	-	-	-	-	(23)
1, 201	-	2, 195	1, 222	75	1, 148	146	146	-	0	-	(24)
2, 603	0	2, 841	1, 509	220	1, 289	54	54	-	-	-	(25)
0	-	7	145	33	112	-	-	-	-	-	(26)
19	-	60	196	67	129	-	-	-	-	-	(27)
131	0	516	617	162	455	x	x	-	-	-	(28)
13	-	162	94	43	51	-	-	-	-	-	(29)
86	-	65	530	114	417	-	-	-	-	-	(30)
1, 365	-	652	577	193	384	-	-	-	-	-	(31)
584	0	1, 089	23	21	2	-	-	-	-	-	(32)
694	0	880	482	316	166	-	-	-	-	-	(33)
8	x	77	25	21	4	-	-	-	-	-	(34)
10, 418	1, 215	3, 698	557	497	60	-	-	-	-	-	(35)
33	x	171	266	215	51	-	-	-	-	-	(36)
405	-	585	246	79	168	-	-	-	-	-	(37)
1, 845	x	390	56	31	24	-	-	-	-	-	(38)
1, 387	0	478	82	76	5	-	-	-	-	-	(39)
-	-	10	-	-	-	-	-	-	-	-	(40)
510	11, 697	1, 822	3, 719	241	3, 478	13, 030	5, 181	7, 849	698	1, 143	(41)
17, 301	8, 696	2, 382	4, 652	2, 083	2, 569	3, 142	2, 806	336	x	867	(42)
9, 816	1, 202	5, 516	1, 448	969	479	2	x	x	x	0	(43)
4, 576	x	2, 978	190	148	42	-	-	-	-	-	(44)
27	314	353	1, 905	510	1, 395	4, 873	3, 273	1, 600	3, 128	1, 462	(45)
256	1, 960	2, 076	1, 577	952	624	923	x	x	57	-	(46)
4, 540	x	8, 137	5, 000	482	4, 518	537	537	0	10	-	(47)
12, 666	1, 218	5, 754	1, 756	1, 242	514	0	0	-	-	-	(48)
437	-	586	2, 901	711	2, 190	-	-	-	-	-	(49)
2, 176	x	90	829	487	342	701	641	61	2	158	(50)
8	x	187	490	343	146	373	373	0	29	-	(51)
2	x	23	884	14	870	37	37	-	0	-	(52)
145	-	66	673	153	519	-	-	-	-	-	(53)
431	x	345	38	38	0	-	-	-	-	-	(54)
105	-	62	53	33	21	-	-	-	-	-	(55)
126	0	441	408	119	289	x	x	-	-	-	(56)
6	-	75	209	43	166	-	-	-	-	-	(57)
3	-	90	13	12	0	-	-	-	-	-	(58)
10	-	72	81	30	51	-	-	-	-	-	(59)
1, 310	-	522	15	12	3	-	-	-	-	-	(60)
55	-	131	562	181	381	-	-	-	-	-	(61)
694	0	879	419	314	105	-	-	-	-	-	(62)
-	-	1	64	2	62	-	-	-	-	-	(63)
403	-	542	46	33	13	-	-	-	-	-	(64)
2	-	42	200	46	155	-	-	-	-	-	(65)

3 大海区都道府県別産出額（海面漁業・養殖業）（続き）

(2) 海面漁業（続き）

都道府県・大海区		魚								
		はたはた	にぎす類	あなご類	たちうお	たい類				いさき
						小計	まだい	ちだい・きだい	くろだい・へだい	
		(43)	(44)	(45)	(46)	(47)	(48)	(49)	(50)	(51)
全国	(1)	**1,912**	**646**	**3,698**	**4,246**	**15,623**	**12,030**	**2,335**	**1,257**	**2,737**
北海道	(2)	172	–	4	0	5	5	–	0	–
青森	(3)	183	x	x	x	248	244	1	2	–
岩手	(4)	–	–	106	0	43	38	5	0	–
宮城	(5)	x	0	680	27	162	160	2	–	–
秋田	(6)	340	7	0	0	127	121	3	4	–
山形	(7)	103	2	x	x	227	212	13	2	–
福島	(8)	–	0	122	3	14	9	5	–	–
茨城	(9)	–	0	162	10	80	65	14	1	–
千葉	(10)	–	–	175	33	461	255	83	124	85
東京	(11)	–	–	x	–	1	0	0	1	14
神奈川	(12)	x	x	116	131	138	84	16	38	24
新潟	(13)	43	83	x	x	497	430	52	14	0
富山	(14)	1	x	0	x	128	93	3	32	–
石川	(15)	174	244	12	2	386	298	61	27	2
福井	(16)	25	18	61	4	160	95	58	7	5
静岡	(17)	–	x	x	64	99	73	4	22	91
愛知	(18)	–	67	297	17	721	539	–	182	22
三重	(19)	–	x	x	41	281	241	7	33	128
京都	(20)	4	32	3	8	60	31	14	16	7
大阪	(21)	–	–	18	46	134	65	–	69	–
兵庫	(22)	416	38	167	237	1,324	1,248	13	63	7
和歌山	(23)	–	–	x	847	339	255	58	25	114
鳥取	(24)	416	35	18	1	126	91	34	1	5
島根	(25)	35	79	458	5	839	573	261	6	238
岡山	(26)	–	–	56	0	178	156	–	22	0
広島	(27)	–	–	49	215	392	302	20	71	0
山口	(28)	–	0	126	42	856	561	264	30	259
徳島	(29)	–	x	x	202	202	145	22	35	69
香川	(30)	–	–	109	17	337	265	0	72	–
愛媛	(31)	–	x	229	755	1,336	1,244	31	61	119
高知	(32)	–	x	0	44	169	73	47	49	78
福岡	(33)	–	–	200	57	1,400	1,127	178	95	306
佐賀	(34)	–	–	x	2	136	105	27	4	36
長崎	(35)	–	–	429	373	2,243	1,356	860	27	809
熊本	(36)	–	–	x	325	608	548	40	21	76
大分	(37)	–	–	5	340	490	426	25	40	159
宮崎	(38)	–	–	x	160	113	67	30	16	14
鹿児島	(39)	–	1	2	183	551	429	80	42	72
沖縄	(40)	–	–	–	11	10	–	7	3	–
北海道太平洋北区	(41)	138	–	4	0	4	4	–	0	–
太平洋北区	(42)	x	0	1,085	40	362	335	26	1	–
太平洋中区	(43)	x	76	638	286	1,702	1,192	110	400	364
太平洋南区	(44)	–	x	x	590	677	443	124	110	426
北海道日本海北区	(45)	33	–	–	–	0	0	–	0	–
日本海北区	(46)	670	x	x	41	1,164	1,038	72	54	0
日本海西区	(47)	1,070	445	567	21	1,612	1,119	435	57	261
東シナ海区	(48)	–	2	726	969	5,400	3,803	1,448	149	1,556
瀬戸内海区	(49)	–	–	666	2,299	4,700	4,094	119	487	130
青森（太北）	(50)	0	–	15	0	63	62	1	0	–
（日北）	(51)	183	x	x	x	185	182	1	2	–
兵庫（日西）	(52)	416	38	16	0	40	32	8	0	5
（瀬戸）	(53)	–	–	151	236	1,284	1,216	5	63	2
和歌山（太南）	(54)	–	–	–	37	20	15	2	3	53
（瀬戸）	(55)	–	–	x	810	319	241	56	22	61
山口（東シ）	(56)	–	0	88	19	502	242	257	4	259
（瀬戸）	(57)	–	–	38	24	353	319	7	27	1
徳島（太南）	(58)	–	x	x	71	40	14	19	6	22
（瀬戸）	(59)	–	–	x	130	162	131	3	29	47
愛媛（太南）	(60)	–	x	7	59	132	104	19	8	104
（瀬戸）	(61)	–	–	222	696	1,204	1,139	12	54	15
福岡（東シ）	(62)	–	–	191	55	1,349	1,123	178	48	306
（瀬戸）	(63)	–	–	9	2	50	4	–	47	–
大分（太南）	(64)	–	–	1	219	204	169	7	28	156
（瀬戸）	(65)	–	–	4	121	286	257	18	12	3

単位：100万円

類（続き）						えび類				
さわら類	すずき類	いかなご	あまだい類	ふぐ類	その他の魚類	計	いせえび	くるまえび	その他のえび類	
(52)	(53)	(54)	(55)	(56)	(57)	(58)	(59)	(60)	(61)	
10, 302	**3, 709**	**5, 488**	**2, 391**	**2, 803**	**75, 575**	**22, 340**	**5, 419**	**1, 752**	**15, 169**	(1)
1	0	703	−	71	4, 204	2, 992	−	−	2, 992	(2)
67	12	40	2	32	3, 067	35	−	1	34	(3)
204	8	68	−	6	1, 140	0	0	−	0	(4)
80	233	490	−	19	6, 760	5	−	0	5	(5)
27	33	−	70	35	477	93	−	4	89	(6)
29	13	−	22	22	140	163	−	2	161	(7)
4	11	509	−	2	219	2	2	−	1	(8)
4	44	24	−	34	199	148	96	4	47	(9)
320	625	−	3	111	4, 225	1, 080	1, 054	9	17	(10)
8	149	−	−	0	2, 519	121	121	−	0	(11)
50	205	−	31	67	1, 681	215	141	4	70	(12)
71	72	−	83	69	1, 087	556	−	8	549	(13)
105	31	−	10	35	828	1, 164	−	1	1, 163	(14)
749	129	−	101	231	1, 854	1, 220	−	1	1, 219	(15)
1, 008	82	0	161	51	513	580	−	2	578	(16)
66	43	−	33	172	3, 366	1, 787	529	22	1, 236	(17)
201	231	−	19	182	1, 271	809	16	345	448	(18)
661	149	−	16	127	830	1, 513	1, 309	28	176	(19)
548	74	−	41	12	212	15	0	0	15	(20)
71	107	320	−	12	357	147	−	3	144	(21)
322	236	3, 045	7	35	1, 960	1, 237	55	61	1, 122	(22)
157	9	0	19	39	748	651	562	1	88	(23)
831	23	−	1	8	612	249	−	1	248	(24)
719	76	−	213	160	2, 077	14	−	0	14	(25)
69	27	81	−	20	430	203	−	10	192	(26)
88	74	−	0	29	668	168	−	28	140	(27)
688	110	−	647	331	2, 595	586	0	43	543	(28)
246	34	3	41	28	1, 325	627	418	35	175	(29)
411	98	129	−	190	1, 539	693	−	147	546	(30)
535	124	76	58	146	3, 371	1, 121	40	438	643	(31)
161	16	−	28	17	3, 031	190	161	1	28	(32)
806	227	−	134	235	1, 776	304	0	167	137	(33)
87	36	−	28	30	468	1, 529	0	12	1, 517	(34)
337	110	−	532	60	11, 780	514	221	65	228	(35)
65	101	−	7	61	1, 238	209	42	89	78	(36)
139	100	0	32	68	1, 564	457	59	212	186	(37)
250	20	−	24	32	1, 338	321	283	3	36	(38)
101	34	−	26	26	2, 600	518	231	6	281	(39)
16	−	−	−	−	1, 504	102	79	−	24	(40)
x	0	9	−	27	2, 545	1, 209	−	−	1, 209	(41)
313	303	1, 130	0	80	10, 468	156	98	4	54	(42)
1, 306	1, 404	−	102	659	13, 894	5, 525	3, 170	408	1, 947	(43)
555	76	−	171	129	6, 265	1, 538	1, 321	85	132	(44)
x	0	694	−	44	1, 659	1, 783	−	−	1, 783	(45)
278	155	−	187	173	3, 450	2, 012	−	16	1, 996	(46)
3, 873	396	0	525	463	5, 472	2, 703	0	5	2, 699	(47)
1, 918	495	−	1, 374	661	21, 039	3, 134	573	290	2, 270	(48)
2, 057	881	3, 654	33	568	10, 783	4, 280	257	944	3, 079	(49)
20	6	40	0	19	2, 150	0	−	−	0	(50)
47	6	−	2	13	918	35	−	1	34	(51)
18	12	−	7	1	204	626	−	−	626	(52)
304	224	3, 045	−	33	1, 756	611	55	61	495	(53)
105	3	−	6	20	234	547	534	0	12	(54)
52	6	0	13	19	514	105	28	1	75	(55)
513	33	−	646	251	2, 031	61	−	13	48	(56)
175	76	−	1	79	564	525	0	30	496	(57)
11	8	−	27	3	240	281	281	0	0	(58)
235	26	3	14	26	1, 085	346	137	35	175	(59)
22	1	−	53	12	774	32	4	3	25	(60)
514	123	76	5	134	2, 597	1, 089	36	435	618	(61)
799	181	−	134	232	1, 418	201	0	106	95	(62)
7	46	−	−	3	359	103	−	61	42	(63)
7	27	−	32	46	648	167	59	78	30	(64)
132	73	0	0	23	916	290	1	134	156	(65)

3 大海区都道府県別産出額（海面漁業・養殖業）（続き）

(2) 海面漁業（続き）

都道府県・大海区		かに類					おきあみ類	
		計	ずわいがに	べにずわいがに	がざみ類	その他のかに類		計
		(62)	(63)	(64)	(65)	(66)	(67)	(68)
全国	(1)	**32,897**	**14,342**	**7,017**	**2,371**	**9,167**	**1,622**	**86,443**
北海道	(2)	9,322	845	529	39	7,909	0	62,321
青森	(3)	179	−	104	41	33	−	877
岩手	(4)	107	x	x	20	x	1,306	2,212
宮城	(5)	681	2	6	572	101	316	854
秋田	(6)	327	64	250	1	11	−	288
山形	(7)	160	85	65	0	9	−	146
福島	(8)	27	11	0	13	3	−	82
茨城	(9)	29	x	x	25	x	0	319
千葉	(10)	46	x	−	x	12	−	3,131
東京	(11)	543	−	−	0	542	−	54
神奈川	(12)	23	x	−	x	21	−	271
新潟	(13)	1,610	309	1,251	4	46	−	631
富山	(14)	579	136	432	3	7	−	218
石川	(15)	1,939	1,548	292	1	98	−	457
福井	(16)	3,572	3,457	110	0	5	−	303
静岡	(17)	50	−	−	20	30	−	783
愛知	(18)	216	−	−	155	61	−	3,506
三重	(19)	22	−	−	13	9	−	1,239
京都	(20)	273	269	−	2	1	−	220
大阪	(21)	73	−	−	72	1	−	18
兵庫	(22)	5,664	4,439	1,099	122	4	−	259
和歌山	(23)	5	−	−	2	3	−	147
鳥取	(24)	4,333	2,656	1,676	0	2	−	457
島根	(25)	1,720	516	1,202	0	1	−	891
岡山	(26)	128	−	−	112	15	−	69
広島	(27)	73	−	−	58	15	−	217
山口	(28)	70	−	−	66	5	−	1,070
徳島	(29)	10	−	−	7	3	−	298
香川	(30)	71	−	−	45	26	−	245
愛媛	(31)	359	−	−	303	56	−	682
高知	(32)	6	−	−	3	2	−	31
福岡	(33)	260	−	−	260	0	−	1,794
佐賀	(34)	11	−	−	11	0	−	213
長崎	(35)	117	−	−	112	6	−	1,008
熊本	(36)	112	−	−	101	11	−	395
大分	(37)	138	−	−	132	6	−	377
宮崎	(38)	5	−	−	2	3	−	42
鹿児島	(39)	11	−	−	5	7	−	98
沖縄	(40)	26	−	−	16	10	−	222
北海道太平洋北区	(41)	3,424	70	9	28	3,317	0	13,850
太平洋北区	(42)	886	13	8	665	200	1,622	4,044
太平洋中区	(43)	900	4	−	219	676	−	8,983
太平洋南区	(44)	22	−	−	8	14	−	686
北海道日本海北区	(45)	5,898	775	520	11	4,592	−	48,471
日本海北区	(46)	2,812	595	2,101	15	100	−	1,586
日本海西区	(47)	17,377	12,885	4,378	4	110	−	2,464
東シナ海区	(48)	428	−	−	395	34	−	4,613
瀬戸内海区	(49)	1,150	−	−	1,026	123	−	1,748
青森（太北）	(50)	43	−	−	35	7	−	576
（日北）	(51)	136	−	104	6	26	−	302
兵庫（日西）	(52)	5,541	4,439	1,099	0	3	−	137
（瀬戸）	(53)	123	−	−	122	1	−	122
和歌山（太南）	(54)	4	−	−	1	3	−	114
（瀬戸）	(55)	2	−	−	1	1	−	34
山口（東シ）	(56)	9	−	−	8	1	−	913
（瀬戸）	(57)	62	−	−	58	4	−	156
徳島（太南）	(58)	1	−	−	0	1	−	197
（瀬戸）	(59)	9	−	−	7	2	−	101
愛媛（太南）	(60)	3	−	−	1	2	−	40
（瀬戸）	(61)	356	−	−	302	55	−	642
福岡（東シ）	(62)	142	−	−	142	0	−	1,764
（瀬戸）	(63)	119	−	−	119	−	−	30
大分（太南）	(64)	3	−	−	1	3	−	262
（瀬戸）	(65)	135	−	−	132	3	−	115

注：1）には、遠洋底びき網（南方水域）及びいか釣のうち、日本近海水域以外で漁獲された「するめいか」を含む。

単位：100万円

貝	類				いか類				
あわび類	さざえ	あさり類	ほたてがい	その他の貝類	計	するめいか	あかいか	1）その他のいか類	
(69)	(70)	(71)	(72)	(73)	(74)	(75)	(76)	(77)	
7,901	**3,804**	**3,919**	**55,601**	**15,218**	**55,269**	**27,715**	**2,367**	**25,186**	(1)
275	1	647	55,278	6,120	9,292	8,634	7	652	(2)
290	15	1	323	249	10,519	6,984	1,926	1,609	(3)
2,173	–	4	–	36	2,241	1,712	96	434	(4)
671	–	30	0	153	2,410	1,106	50	1,255	(5)
121	38	–	–	129	71	29	–	43	(6)
39	36	–	–	71	574	552	–	22	(7)
15	–	8	–	59	132	88	–	43	(8)
117	–	–	–	203	420	164	0	256	(9)
1,008	241	5	–	1,878	303	77	0	226	(10)
3	12	17	–	22	97	0	–	97	(11)
62	178	10	–	20	535	121	x	x	(12)
111	265	–	–	256	421	291	–	129	(13)
10	6	–	–	201	2,758	1,316	–	1,442	(14)
52	161	0	–	243	3,026	2,786	–	240	(15)
132	60	0	–	111	959	315	–	644	(16)
177	198	376	–	30	139	102	–	38	(17)
6	43	1,527	–	1,930	336	23	–	313	(18)
404	299	3	–	533	284	105	–	179	(19)
58	72	0	–	89	326	9	–	317	(20)
1	1	–	–	16	44	–	–	44	(21)
83	70	0	–	106	2,125	160	–	1,965	(22)
60	13	–	–	74	194	38	–	156	(23)
124	73	–	–	259	2,531	958	x	x	(24)
156	245	0	–	490	1,789	285	–	1,505	(25)
0	2	0	–	67	41	–	–	41	(26)
11	20	53	–	133	94	0	0	94	(27)
283	473	3	–	311	1,239	73	1	1,165	(28)
221	26	1	–	49	359	7	–	352	(29)
5	5	–	–	234	173	0	–	173	(30)
315	271	0	–	95	1,346	150	–	1,196	(31)
0	0	–	–	31	105	29	–	76	(32)
513	157	820	–	303	807	74	–	733	(33)
51	48	1	–	112	602	102	–	500	(34)
218	629	89	–	73	5,731	1,334	–	4,396	(35)
20	3	319	–	52	196	5	–	190	(36)
102	133	4	–	139	350	33	–	317	(37)
5	8	–	–	29	180	41	–	139	(38)
7	1	–	–	90	501	11	3	487	(39)
–	–	–	–	222	2,018	–	0	2,018	(40)
72	–	646	7,744	5,387	5,358	5,052	7	299	(41)
3,202	0	42	142	658	13,958	9,269	2,072	2,616	(42)
1,661	972	1,938	–	4,412	1,694	428	x	x	(43)
281	142	0	–	263	912	294	–	618	(44)
203	1	1	47,534	733	3,934	3,582	–	352	(45)
344	360	1	182	698	5,589	2,974	0	2,616	(46)
548	647	1	–	1,268	10,488	4,512	x	x	(47)
1,076	1,263	1,220	–	1,054	10,750	1,600	4	9,146	(48)
514	418	70	–	745	2,586	4	0	2,581	(49)
227	0	–	142	207	8,754	6,199	1,926	629	(50)
63	15	1	182	41	1,765	785	0	980	(51)
25	37	–	–	75	1,856	160	–	1,697	(52)
58	33	0	–	31	269	–	–	269	(53)
35	9	–	–	70	63	38	–	25	(54)
25	4	–	–	4	131	0	–	131	(55)
266	425	–	–	222	1,058	73	1	984	(56)
17	48	3	–	88	182	–	–	182	(57)
154	10	–	–	34	29	4	–	25	(58)
68	16	1	–	15	329	2	–	327	(59)
16	21	0	–	3	299	150	–	149	(60)
299	251	0	–	92	1,047	0	–	1,047	(61)
513	157	811	–	282	645	74	–	571	(62)
0	–	9	–	21	162	–	–	162	(63)
71	94	–	–	96	236	32	–	204	(64)
31	38	4	–	42	114	2	–	113	(65)

3　大海区都道府県別産出額（海面漁業・養殖業）（続き）

(2)　海面漁業（続き）

単位：100万円

都道府県・大海区		たこ類	うに類	海産ほ乳類	その他の水産動物類	海藻類 計	海藻類 こんぶ類	海藻類 その他の海藻類
		(78)	(79)	(80)	(81)	(82)	(83)	(84)
全国	(1)	**26,752**	**12,827**	**281**	**22,090**	**25,126**	**17,250**	**7,876**
北海道	(2)	15,722	9,318	10	10,500	16,169	15,929	240
青森	(3)	642	x	x	3,093	1,510	1,219	291
岩手	(4)	990	1,284	40	57	205	102	103
宮城	(5)	1,038	273	41	174	37	−	37
秋田	(6)	139	−	−	24	42	−	42
山形	(7)	21	0	−	20	34	−	34
福島	(8)	194	1	−	49	−	−	−
茨城	(9)	433	1	−	19	2	−	2
千葉	(10)	225	0	2	138	298	−	298
東京	(11)	1	−	−	9	108	−	108
神奈川	(12)	105	1	−	92	137	−	137
新潟	(13)	118	0	2	104	202	−	202
富山	(14)	37	0	21	8	20	−	20
石川	(15)	203	0	20	174	190	−	190
福井	(16)	185	14	−	104	35	−	35
静岡	(17)	18	0	26	29	170	−	170
愛知	(18)	178	4	−	312	182	−	182
三重	(19)	178	3	−	200	761	−	761
京都	(20)	43	x	x	92	25	−	25
大阪	(21)	77	−	−	35	1	−	1
兵庫	(22)	1,141	x	x	136	239	−	239
和歌山	(23)	46	19	35	323	262	−	262
鳥取	(24)	54	23	−	30	39	−	39
島根	(25)	76	25	4	90	108	−	108
岡山	(26)	242	−	−	250	2	−	2
広島	(27)	470	0	−	106	199	−	199
山口	(28)	323	250	1	446	233	−	233
徳島	(29)	135	30	−	46	133	−	133
香川	(30)	816	−	−	65	2	−	2
愛媛	(31)	393	132	−	143	233	−	233
高知	(32)	2	3	15	2,539	195	−	195
福岡	(33)	523	109	−	965	189	−	189
佐賀	(34)	50	150	−	1,153	18	−	18
長崎	(35)	741	139	11	277	543	−	543
熊本	(36)	667	93	−	40	391	−	391
大分	(37)	267	x	x	222	1,998	−	1,998
宮崎	(38)	14	x	x	1	2	−	2
鹿児島	(39)	115	127	18	19	106	−	106
沖縄	(40)	130	0	5	4	107	−	107
北海道太平洋北区	(41)	6,913	4,564	10	2,724	13,407	13,181	226
太平洋北区	(42)	3,185	2,237	91	379	1,664	1,321	343
太平洋中区	(43)	705	7	28	781	1,655	−	1,655
太平洋南区	(44)	105	x	x	2,902	1,290	−	1,290
北海道日本海北区	(45)	8,809	4,753	−	7,776	2,762	2,748	14
日本海北区	(46)	427	x	x	3,170	388	1	387
日本海西区	(47)	580	64	38	495	415	−	415
東シナ海区	(48)	2,197	854	36	2,398	1,482	−	1,482
瀬戸内海区	(49)	3,831	196	−	1,464	2,063	−	2,063
青森（太北）	(50)	530	678	11	79	1,420	1,218	202
（日北）	(51)	112	x	x	3,014	90	1	89
兵庫（日西）	(52)	18	x	x	5	18	−	18
（瀬戸）	(53)	1,122	39	−	131	221	−	221
和歌山（太南）	(54)	6	16	35	301	187	−	187
（瀬戸）	(55)	39	3	−	22	75	−	75
山口（東シ）	(56)	71	235	1	83	129	−	129
（瀬戸）	(57)	253	14	−	363	103	−	103
徳島（太南）	(58)	13	18	−	2	54	−	54
（瀬戸）	(59)	123	12	−	45	80	−	80
愛媛（太南）	(60)	25	9	−	21	79	−	79
（瀬戸）	(61)	367	123	−	122	154	−	154
福岡（東シ）	(62)	423	109	−	822	188	−	188
（瀬戸）	(63)	100	−	−	142	1	−	1
大分（太南）	(64)	44	x	x	39	772	−	772
（瀬戸）	(65)	223	4	−	183	1,226	−	1,226

(3) 海面養殖業

単位：100万円

海面養殖業計	魚類								
イ	計	ぎんざけ	ぶり類	まあじ	しまあじ	まだい	ひらめ	ふぐ類	
(1)	(2)	(3)	(4)	(5)	(6)	(7)	(8)	(9)	
486,064	**263,766**	**11,277**	**124,014**	**904**	**6,612**	**59,173**	**3,518**	**7,928**	(1)
36,772	–	–	–	–	–	–	–	–	(2)
13,740	89	–	–	–	–	–	–	–	(3)
9,231	–	–	–	–	–	–	–	–	(4)
22,552	9,675	9,644	–	–	–	–	–	–	(5)
84	x	–	–	–	–	–	–	–	(6)
–	–	–	–	–	–	–	–	–	(7)
13	–	–	–	–	–	–	–	–	(8)
x	–	–	–	–	–	–	–	–	(9)
2,550	x	x	–	–	x	x	x	–	(10)
x	x	–	–	–	x	x	–	–	(11)
330	–	–	–	–	–	–	–	–	(12)
462	332	332	–	–	–	–	–	–	(13)
27	x	–	–	–	–	–	x	x	(14)
323	x	–	–	–	–	–	–	–	(15)
422	x	–	–	–	–	53	–	128	(16)
2,293	1,976	–	199	643	155	938	20	–	(17)
3,587	x	–	–	–	–	–	x	–	(18)
18,711	9,588	–	2,197	4	298	3,667	x	–	(19)
1,292	1,141	–	49	–	–	14	x	x	(20)
168	x	–	x	–	–	x	–	–	(21)
24,448	1,004	x	x	–	–	x	–	429	(22)
4,779	4,744	–	49	x	115	1,133	x	x	(23)
1,220	x	x	–	–	–	–	11	x	(24)
338	x	–	–	–	–	–	x	–	(25)
4,709	x	–	–	–	–	–	x	x	(26)
17,717	491	–	112	x	–	250	x	–	(27)
1,968	1,271	–	110	x	–	x	53	234	(28)
4,594	3,312	–	3,199	–	–	x	–	–	(29)
13,928	x	–	7,386	–	x	562	x	481	(30)
68,406	59,840	62	17,081	97	3,053	33,548	561	272	(31)
25,114	24,740	–	11,583	–	x	6,139	–	–	(32)
16,056	x	–	–	x	–	x	–	–	(33)
25,823	x	–	753	22	x	180	–	484	(34)
36,007	29,364	x	7,755	x	182	1,906	171	3,769	(35)
31,658	18,187	x	4,873	44	1,099	8,502	x	1,322	(36)
24,929	23,908	–	18,441	–	823	396	1,220	572	(37)
9,437	x	–	8,004	55	168	825	115	x	(38)
53,543	51,084	–	41,685	x	x	736	591	x	(39)
8,824	1,516	–	–	–	–	x	–	–	(40)
30,501	–	–	–	–	–	–	–	–	(41)
x	x	9,644	–	–	–	–	–	–	(42)
x	11,926	x	2,397	647	489	4,699	x	–	(43)
128,811	x	62	55,152	x	x	40,546	1,841	932	(44)
6,271	–	–	–	–	–	–	–	–	(45)
14,220	x	332	–	–	–	–	x	x	(46)
3,598	2,704	x	49	–	–	68	11	181	(47)
172,685	102,798	x	55,177	104	1,281	11,364	832	x	(48)
70,608	15,413	x	x	x	x	2,497	134	965	(49)
93	x	–	–	–	–	–	–	–	(50)
13,647	x	–	–	–	–	–	–	–	(51)
4	–	–	–	–	–	–	–	–	(52)
24,444	1,004	x	x	–	–	x	–	429	(53)
4,731	4,701	–	x	x	x	x	x	x	(54)
48	43	–	x	–	x	x	–	x	(55)
1,264	1,189	–	110	x	–	x	x	x	(56)
705	82	–	–	–	–	–	x	x	(57)
7	6	–	x	–	–	x	–	–	(58)
4,587	3,306	–	x	–	–	x	–	–	(59)
65,336	58,167	62	17,081	x	x	32,061	x	272	(60)
3,070	1,673	–	–	x	x	1,487	x	–	(61)
15,566	x	–	–	x	–	x	–	–	(62)
490	–	–	–	–	–	–	–	–	(63)
24,186	23,898	–	18,441	–	823	396	x	x	(64)
743	9	–	–	–	–	–	x	x	(65)

3 大海区都道府県別産出額（海面漁業・養殖業）（続き）

(3) 海面養殖業（続き）

都道府県・大海区	魚類（続き）		貝類				くるまえび	ほや類
	くろまぐろ	その他の魚類	計	ほたてがい	かき類	その他の貝類		
	(10)	(11)	(12)	(13)	(14)	(15)	(16)	(17)
全国 (1)	**46,550**	**3,790**	**76,746**	**42,526**	**33,448**	**772**	**7,242**	**998**
北海道 (2)	−	−	27,681	26,349	1,315	17	−	238
青森 (3)	−	89	13,556	13,555	−	1	−	81
岩手 (4)	−	−	3,668	x	1,866	x	−	141
宮城 (5)	−	31	4,314	1,129	3,185	−	−	538
秋田 (6)	−	x	x	−	−	x	−	−
山形 (7)	−	−	−	−	−	−	−	−
福島 (8)	−	−	−	−	−	−	−	−
茨城 (9)	−	−	x	−	−	x	−	−
千葉 (10)	−	−	x	−	−	x	−	−
東京 (11)	−	−	−	−	−	−	−	−
神奈川 (12)	−	−	x	x	x	−	−	−
新潟 (13)	−	−	111	−	111	−	−	−
富山 (14)	−	x	−	−	−	−	−	−
石川 (15)	−	x	310	−	293	18	x	−
福井 (16)	−	x	22	−	22	−	−	−
静岡 (17)	−	20	x	−	169	x	−	−
愛知 (18)	−	x	x	−	x	−	−	−
三重 (19)	2,593	316	1,745	−	1,724	21	−	−
京都 (20)	x	x	138	−	83	54	x	−
大阪 (21)	−	x	x	−	x	−	−	−
兵庫 (22)	−	x	x	−	3,005	x	x	−
和歌山 (23)	3,286	147	x	−	x	4	x	−
鳥取 (24)	−	20	x	−	x	x	−	−
島根 (25)	−	−	168	−	162	7	−	−
岡山 (26)	−	x	2,669	−	2,669	−	−	−
広島 (27)	−	110	16,434	−	16,434	0	x	−
山口 (28)	x	x	13	−	13	−	430	−
徳島 (29)	−	x	34	−	x	x	x	−
香川 (30)	−	265	262	−	251	12	x	−
愛媛 (31)	3,718	1,449	320	−	288	32	x	−
高知 (32)	6,348	x	x	−	−	x	−	−
福岡 (33)	−	x	672	−	672	−	−	−
佐賀 (34)	−	10	178	−	170	8	x	−
長崎 (35)	15,020	525	806	−	719	87	489	−
熊本 (36)	x	33	125	−	69	56	1,193	−
大分 (37)	2,047	408	196	−	156	41	x	−
宮崎 (38)	−	34	31	−	30	1	x	−
鹿児島 (39)	7,978	10	x	−	x	x	1,494	−
沖縄 (40)	x	73	x	−	−	x	2,481	−
北海道太平洋北区 (41)	−	−	x	x	1,113	0	−	238
太平洋北区 (42)	−	x	x	x	5,051	315	−	679
太平洋中区 (43)	2,593	x	x	x	1,894	x	−	−
太平洋南区 (44)	15,399	x	261	−	x	x	125	−
北海道日本海北区 (45)	−	−	x	x	203	17	−	−
日本海北区 (46)	−	22	x	13,555	111	x	−	81
日本海西区 (47)	x	186	x	−	x	x	x	−
東シナ海区 (48)	x	656	1,358	−	1,165	194	5,879	−
瀬戸内海区 (49)	−	508	23,192	−	23,161	31	x	−
青森（太北）(50)	−	x	−	−	−	−	−	−
（日北）(51)	−	x	13,556	13,555	−	1	−	81
兵庫（日西）(52)	−	−	x	−	−	x	−	−
（瀬戸）(53)	−	x	x	−	3,005	x	x	−
和歌山（太南）(54)	3,286	x	x	−	x	4	x	−
（瀬戸）(55)	−	x	x	−	x	−	−	−
山口（東シ）(56)	x	x	x	−	x	−	x	−
（瀬戸）(57)	−	−	x	−	x	−	x	−
徳島（太南）(58)	−	x	x	−	x	x	−	−
（瀬戸）(59)	−	−	x	−	x	−	x	−
愛媛（太南）(60)	3,718	1,354	162	−	140	22	−	−
（瀬戸）(61)	−	95	158	−	148	10	x	−
福岡（東シ）(62)	−	x	199	−	199	−	−	−
（瀬戸）(63)	−	−	473	−	473	−	−	−
大分（太南）(64)	2,047	408	x	−	x	x	−	−
（瀬戸）(65)	−	−	x	−	x	x	x	−

単位：100万円

その他の水産動物類	海藻類 計	こんぶ類	わかめ類	のり類	もずく類	その他の海藻類	真珠	
(18)	(19)	(20)	(21)	(22)	(23)	(24)	(25)	
746	119,556	10,230	10,154	94,470	3,671	1,031	17,010	(1)
x	x	8,487	89	x	-	-	-	(2)
5	8	2	7	-	-	-	-	(3)
-	5,422	1,545	3,874	-	-	2	-	(4)
-	8,025	138	3,928	3,958	-	-	-	(5)
-	44	2	42	-	-	-	-	(6)
-	-	-	-	-	-	-	-	(7)
-	13	-	-	13	-	-	-	(8)
-	-	-	-	-	-	-	-	(9)
-	2,339	-	4	2,335	-	-	-	(10)
-	-	-	-	-	-	-	-	(11)
-	x	44	161	x	-	-	-	(12)
-	18	1	17	-	-	0	-	(13)
-	x	x	2	-	-	-	-	(14)
-	2	-	2	-	-	-	-	(15)
-	8	-	8	-	-	-	x	(16)
-	x	x	x	134	-	-	-	(17)
-	3,438	-	140	3,298	-	-	-	(18)
-	3,781	-	x	3,521	-	x	3,596	(19)
-	x	-	6	-	-	x	-	(20)
-	99	1	61	37	-	-	-	(21)
-	x	-	x	20,041	-	-	-	(22)
-	15	-	x	-	-	x	-	(23)
-	2	-	x	x	-	-	-	(24)
-	x	x	169	-	-	-	-	(25)
x	2,036	-	16	2,019	-	-	-	(26)
-	749	x	x	704	-	-	x	(27)
-	254	-	36	212	-	6	-	(28)
-	x	x	628	567	-	x	x	(29)
-	4,783	0	27	4,755	-	-	-	(30)
x	1,188	-	1	1,166	-	21	6,977	(31)
346	17	-	-	17	-	-	x	(32)
-	15,307	-	x	15,265	x	-	x	(33)
8	23,888	0	15	23,873	-	-	111	(34)
-	267	2	108	141	-	17	5,080	(35)
0	11,676	x	48	11,628	-	x	476	(36)
-	x	-	4	x	-	-	239	(37)
-	-	-	-	-	-	-	-	(38)
x	638	-	x	507	x	88	x	(39)
x	4,620	-	-	105	3,630	885	x	(40)
x	x	x	89	-	-	-	-	(41)
-	x	x	7,807	3,972	-	2	-	(42)
-	10,035	x	x	x	-	x	3,596	(43)
x	52	-	x	21	-	x	x	(44)
x	x	x	-	x	-	-	-	(45)
5	68	4	64	-	-	0	-	(46)
-	189	x	x	x	-	x	x	(47)
116	56,413	x	238	51,505	3,671	x	6,120	(48)
x	30,752	x	1,191	x	-	x	x	(49)
-	x	x	4	-	-	-	-	(50)
5	x	x	2	-	-	-	-	(51)
-	x	-	x	-	-	-	-	(52)
-	20,433	-	392	20,041	-	-	-	(53)
-	x	-	x	-	-	x	-	(54)
-	x	-	x	-	-	-	-	(55)
-	34	-	25	3	-	6	-	(56)
-	220	-	11	209	-	-	-	(57)
-	x	-	x	-	-	x	-	(58)
-	1,200	x	x	567	-	-	x	(59)
x	x	-	-	x	-	21	6,977	(60)
x	x	-	1	x	-	-	-	(61)
-	15,290	-	x	15,248	x	-	x	(62)
-	16	-	-	16	-	-	-	(63)
-	x	-	-	x	-	-	239	(64)
-	x	-	4	x	-	-	-	(65)

3 大海区都道府県別産出額（海面漁業・養殖業）（続き）

(3) 海面養殖業（続き）

単位：100万円

都道府県・大海区	(参考) 種苗生産額									
	計	ぶり類	まだい	ひらめ	真珠母貝	ほたてがい	かき類	くるまえび	わかめ類	のり類
	(26)	(27)	(28)	(29)	(30)	(31)	(32)	(33)	(34)	(35)
全国	**19,887**	**2,904**	**4,152**	**638**	**1,345**	**9,519**	**612**	**221**	**33**	**464**
北海道	9,465	−	−	−	−	9,459	7	−	−	−
青森	x	−	−	−	−	26	−	−	x	−
岩手	x	−	−	−	−	34	−	−	x	−
宮城	x	−	−	−	−	−	392	−	x	−
秋田	7	−	−	x	−	−	−	x	x	−
山形	x	−	−	x	−	−	−	−	−	−
福島	−	−	−	−	−	−	−	−	−	−
茨城	−	−	−	−	−	−	−	−	−	−
千葉	x	−	−	x	−	−	−	−	−	7
東京	−	−	−	−	−	−	−	−	−	−
神奈川	x	−	x	−	−	−	−	−	3	−
新潟	14	−	−	x	−	−	−	−	x	−
富山	−	−	−	−	−	−	−	−	−	−
石川	x	−	−	x	−	−	−	−	−	−
福井	10	−	x	x	−	−	−	−	x	−
静岡	35	−	x	x	−	−	−	x	−	−
愛知	102	−	−	x	−	−	−	−	x	−
三重	60	−	x	x	5	−	x	x	x	x
京都	x	−	−	−	−	−	−	x	−	−
大阪	−	−	−	−	−	−	−	−	−	−
兵庫	x	−	−	−	−	−	−	−	−	x
和歌山	1,530	x	x	x	−	−	−	−	−	−
鳥取	10	−	−	x	−	−	x	−	x	−
島根	31	−	x	x	−	−	x	−	x	−
岡山	x	−	−	−	−	−	−	−	−	x
広島	84	−	−	x	−	−	63	−	x	−
山口	51	−	x	17	−	−	−	x	−	−
徳島	978	931	−	−	−	−	x	x	1	−
香川	206	−	x	46	−	−	−	x	−	x
愛媛	1,987	353	308	135	1,184	−	x	x	−	−
高知	1,242	x	x	−	5	−	−	−	−	−
福岡	−	−	−	−	−	−	−	−	−	−
佐賀	x	−	−	−	−	−	−	x	−	120
長崎	x	56	x	156	151	−	23	−	9	−
熊本	x	−	198	x	−	−	−	4	−	222
大分	267	x	x	x	−	−	−	x	−	−
宮崎	89	−	x	x	−	−	−	x	−	−
鹿児島	2,059	1,478	430	x	−	−	x	44	−	−
沖縄	50	−	x	−	−	−	−	x	−	−
北海道太平洋北区	1,596	−	−	−	−	1,589	7	−	−	−
太平洋北区	x	−	−	−	−	34	392	−	x	−
太平洋中区	225	−	56	122	5	−	x	x	8	x
太平洋南区	4,729	440	2,988	39	1,189	−	30	44	−	−
北海道日本海北区	7,870	−	−	−	−	7,870	−	−	−	−
日本海北区	x	−	−	22	−	26	−	x	4	−
日本海西区	x	−	9	32	−	−	16	x	4	−
東シナ海区	x	1,534	680	230	151	−	x	102	9	342
瀬戸内海区	1,784	931	418	193	−	−	x	67	x	x
青森（太北）	−	−	−	−	−	−	−	−	−	−
（日北）	x	−	−	−	−	26	−	−	x	−
兵庫（日西）	−	−	−	−	−	−	−	−	−	−
（瀬戸）	x	−	−	−	−	−	−	−	−	x
和歌山（太南）	1,530	x	x	x	−	−	−	−	−	−
（瀬戸）	−	−	−	−	−	−	−	−	−	−
山口（東シ）	18	−	x	x	−	−	−	x	−	−
（瀬戸）	33	−	x	x	−	−	−	21	−	−
徳島（太南）	46	−	−	−	−	−	x	x	−	−
（瀬戸）	932	931	−	−	−	−	−	−	1	−
愛媛（太南）	1,574	353	x	x	1,184	−	x	x	−	−
（瀬戸）	413	−	x	x	−	−	x	−	−	−
福岡（東シ）	−	−	−	−	−	−	−	−	−	−
（瀬戸）	−	−	−	−	−	−	−	−	−	−
大分（太南）	249	x	x	−	−	−	−	−	−	−
（瀬戸）	18	−	−	x	−	−	−	x	−	−

参　考　表

1　漁業・養殖業累年生産量（昭和元年～平成30年）

(1)　部門別生産量

(2)　主要魚種別生産量

単位：千 t

年次		総生産量	海面			内水面			まぐろ類	かつお類		い
			計	漁業	養殖業	計	漁業	養殖業			かつお	
昭和 元年	(1)	3,073	3,064	3,023	41	…	…	9	44	69	…	528
2	(2)	3,249	3,238	3,193	45	…	…	11	41	86	…	608
3	(3)	3,097	3,085	3,039	46	…	…	12	44	77	…	676
4	(4)	3,130	3,118	3,069	49	…	…	12	60	72	…	767
5	(5)	3,187	3,173	3,136	38	…	…	13	63	69	…	789
6	(6)	3,377	3,362	3,310	52	…	…	14	65	80	…	1,026
7	(7)	3,557	3,541	3,492	49	…	…	16	60	67	…	1,153
8	(8)	4,064	4,046	3,997	49	…	…	18	63	77	…	1,525
9	(9)	4,272	4,253	4,179	74	…	…	19	58	85	…	1,467
10	(10)	3,977	3,957	3,864	93	…	…	20	68	73	…	1,378
11	(11)	4,328	4,307	4,217	91	…	…	21	76	101	…	1,628
12	(12)	4,041	4,020	3,929	91	…	…	21	62	106	…	1,208
13	(13)	3,677	3,658	3,581	76	…	…	20	57	121	…	1,084
14	(14)	3,681	3,661	3,585	76	…	…	20	86	101	…	1,091
15	(15)	3,526	3,507	3,428	78	…	…	19	86	116	…	866
16	(16)	3,835	3,814	3,703	111	…	…	21	46	92	…	974
17	(17)	3,606	3,579	3,481	98	…	…	26	46	80	…	861
18	(18)	3,356	3,325	3,237	88	…	…	32	39	52	…	587
19	(19)	2,459	2,438	2,377	61	…	…	21	23	40	…	371
20	(20)	1,825	1,812	1,751	61	…	…	13	12	20	…	260
						…	…					
21	(21)	2,107	2,100	2,075	25	…	…	7	15	41	…	359
22	(22)	2,286	2,281	2,257	24	…	…	4	25	49	…	349
23	(23)	2,518	2,514	2,477	37	…	…	5	16	41	…	375
24	(24)	2,761	2,720	2,666	54	42	38	4	33	46	…	472
25	(25)	3,377	3,308	3,256	52	69	63	6	59	85	…	563
26	(26)	4,291	4,223	4,133	90	67	61	6	93	118	100	706
27	(27)	4,626	4,564	4,450	114	63	53	9	128	109	86	588
28	(28)	4,524	4,458	4,313	145	66	57	9	135	88	73	660
29	(29)	4,542	4,450	4,304	146	92	82	9	154	120	100	620
30	(30)	4,908	4,813	4,659	154	95	83	12	181	123	100	697
31	(31)	4,773	4,692	4,488	180	104	91	13	233	124	98	642
32	(32)	5,408	5,313	5,067	245	95	81	14	280	118	97	716
33	(33)	5,506	5,413	5,198	214	94	78	15	280	171	147	634
34	(34)	5,885	5,794	5,568	225	91	75	15	332	187	167	551
35	(35)	6,193	6,103	5,818	285	90	74	16	390	94	79	498
36	(36)	6,711	6,610	6,287	322	101	82	19	431	163	144	545
37	(37)	6,865	6,760	6,397	363	105	84	20	450	191	170	511
38	(38)	6,698	6,590	6,200	390	108	85	23	453	161	113	424
39	(39)	6,351	6,232	5,869	363	119	89	30	427	194	167	383
40	(40)	6,908	6,761	6,382	380	146	113	33	430	167	136	477
41	(41)	7,103	6,963	6,558	405	140	103	36	398	259	229	481
42	(42)	7,851	7,712	7,241	470	139	97	42	367	211	182	441
43	(43)	8,670	8,515	7,993	522	155	103	52	353	191	169	459
44	(44)	8,613	8,449	7,976	473	164	112	52	333	209	182	459
45	(45)	9,315	9,147	8,598	549	168	119	48	291	232	203	442
46	(46)	9,909	9,757	9,149	609	151	101	50	308	192	172	496
47	(47)	10,213	10,048	9,400	648	165	109	56	318	254	223	527
48	(48)	10,763	10,584	9,793	791	179	114	64	342	356	322	731
49	(49)	10,808	10,629	9,749	880	179	112	67	349	374	347	725
50	(50)	10,545	10,346	9,573	773	199	127	72	311	274	259	862
51	(51)	10,656	10,455	9,605	850	201	124	77	368	351	331	1,395
52	(52)	10,757	10,549	9,688	861	208	126	82	337	323	309	1,752
53	(53)	10,828	10,600	9,683	917	228	138	90	385	385	370	1,882
54	(54)	10,590	10,359	9,477	883	231	136	95	363	347	330	2,056
55	(55)	11,122	10,900	9,909	992	221	128	94	378	377	354	2,442
56	(56)	11,319	11,103	10,143	960	216	124	92	360	305	289	3,339
57	(57)	11,388	11,170	10,231	938	219	122	96	372	320	303	3,595
58	(58)	11,967	11,756	10,697	1,060	211	117	94	357	369	353	4,082
59	(59)	12,816	12,612	11,501	1,111	204	107	97	366	468	446	4,514
60	(60)	12,171	11,965	10,877	1,088	206	110	96	391	339	315	4,198

注：　昭和元年から昭和23年までの内水面漁業は、海面漁業に含まれる。
　内水面漁業の調査対象河川及び湖沼については、平成12年以前は全ての河川及び湖沼、平成13年～15年は148河川及び28湖沼、平成16年～20年は106河川及び24湖沼、平成21年～25年は108河川及び24湖沼、平成26年からは112河川及び24湖沼の値である。

注：1)は、海面養殖の「まあじ」を含む。

単位：千 t

わし類		1) あじ類		さば類	さんま	たら類		いかなご	いか類		
まいわし	かたくちいわし		1) まあじ				すけとうだら			するめいか	
…	…	23	…	71	38	162	…	…	116	…	(1)
…	…	20	…	90	41	109	…	…	111	…	(2)
…	…	20	…	82	27	114	…	…	65	…	(3)
…	…	21	…	77	22	114	…	…	77	…	(4)
…	…	20	…	72	21	111	…	…	60	…	(5)
…	…	24	…	82	15	117	…	…	73	…	(6)
…	…	23	…	83	12	119	…	…	103	…	(7)
…	…	30	…	110	17	145	…	…	115	…	(8)
…	…	27	…	106	17	169	…	…	98	…	(9)
…	…	28	…	114	17	180	…	…	41	…	(10)
…	…	32	…	126	27	219	…	…	71	…	(11)
…	…	29	…	137	23	205	…	…	54	…	(12)
…	…	30	…	133	25	194	…	…	106	…	(13)
…	…	32	…	154	20	177	…	…	127	…	(14)
…	…	49	…	122	27	170	…	…	134	…	(15)
…	…	62	…	143	14	186	…	…	173	…	(16)
…	…	53	…	105	16	206	…	…	126	…	(17)
…	…	50	…	133	17	153	…	…	155	…	(18)
…	…	35	…	72	3	87	…	…	103	…	(19)
…	…	78	…	84	3	61	…	…	108	…	(20)
…	…	22	…	64	10	107	…	…	129	…	(21)
…	…	28	…	63	23	127	…	…	254	…	(22)
…	…	30	…	99	66	184	…	…	301	…	(23)
…	…	49	…	138	64	159	…	…	257	…	(24)
…	…	72	…	188	126	153	…	…	469	…	(25)
368	276	87	…	160	129	229	184	…	646	596	(26)
258	286	187	…	219	223	247	206	…	647	596	(27)
344	243	239	…	235	254	253	225	66	468	420	(28)
246	304	251	…	297	293	268	242	43	443	399	(29)
211	392	238	…	244	497	256	231	59	434	383	(30)
206	347	246	…	266	328	270	235	78	354	299	(31)
212	430	313	…	276	422	347	281	87	418	364	(32)
137	417	324	…	268	575	345	285	98	412	354	(33)
120	356	432	…	295	523	443	376	69	538	481	(34)
78	349	596	…	351	287	447	380	79	542	481	(35)
127	367	542	…	338	474	421	353	108	457	384	(36)
108	349	520	…	409	483	529	453	70	612	536	(37)
56	321	469	…	465	385	614	532	84	667	590	(38)
16	296	520	…	496	211	779	684	55	329	238	(39)
9	406	560	…	669	231	781	691	112	499	397	(40)
13	408	514	477	624	242	861	775	71	485	383	(41)
17	365	423	328	687	220	1, 343	1, 247	102	597	477	(42)
24	358	358	311	1, 015	140	1, 715	1, 606	150	774	668	(43)
21	377	341	283	1, 011	63	2, 048	1, 944	107	590	478	(44)
17	365	269	216	1, 302	93	2, 463	2, 347	227	519	412	(45)
57	351	315	271	1, 254	190	2, 803	2, 707	272	483	364	(46)
58	370	194	152	1, 190	197	3, 123	3, 035	195	599	464	(47)
297	335	183	129	1, 135	406	3, 129	3, 021	194	486	348	(48)
352	288	216	166	1, 331	135	2, 964	2, 856	300	470	335	(49)
526	245	236	187	1, 318	222	2, 770	2, 677	275	538	385	(50)
1, 066	217	207	128	979	105	2, 536	2, 445	224	502	312	(51)
1, 420	245	187	88	1, 355	253	2, 016	1, 931	137	513	264	(52)
1, 637	152	154	59	1, 626	360	1, 635	1, 546	99	520	199	(53)
1, 817	135	185	84	1, 414	278	1, 643	1, 551	110	529	213	(54)
2, 198	151	147	56	1, 301	187	1, 649	1, 552	201	687	331	(55)
3, 089	160	125	65	908	160	1, 698	1, 595	162	517	197	(56)
3, 290	197	178	109	718	207	1, 663	1, 567	127	550	182	(57)
3, 745	208	179	135	805	240	1, 539	1, 434	120	539	192	(58)
4, 179	224	238	139	814	210	1, 735	1, 621	164	526	174	(59)
3, 866	206	230	158	773	246	1, 650	1, 532	123	531	133	(60)

1　漁業・養殖業累年生産量（昭和元年～平成30年）（続き）

(1)　部門別生産量（続き）　　(2)　主要魚種別生産量（続き）

単位：千t

年次	総生産量	海面			内水面			まぐろ類	かつお類		い
		計	漁業	養殖業	計	漁業	養殖業			かつお	
昭和 61年 (61)	12,739	12,539	11,341	1,198	200	106	94	367	435	414	4,578
62 (62)	12,465	12,267	11,129	1,137	198	101	97	340	351	331	4,610
63 (63)	12,785	12,587	11,259	1,327	198	99	99	317	460	434	4,814
平成 元年 (64)	11,913	11,712	10,440	1,272	202	103	99	300	365	338	4,416
2 (65)	11,052	10,843	9,570	1,273	209	112	97	293	325	301	4,108
3 (66)	9,978	9,773	8,511	1,262	205	107	97	305	427	397	3,466
4 (67)	9,266	9,078	7,771	1,306	188	97	91	346	350	323	2,649
5 (68)	8,707	8,530	7,256	1,274	177	91	86	355	373	345	2,028
6 (69)	8,103	7,934	6,590	1,344	169	93	77	340	324	300	1,505
7 (70)	7,489	7,322	6,007	1,315	167	92	75	332	336	309	1,016
8 (71)	7,417	7,250	5,974	1,276	167	94	73	281	295	275	773
9 (72)	7,411	7,258	5,985	1,273	153	86	67	339	346	314	632
10 (73)	6,684	6,542	5,315	1,227	143	79	64	298	407	385	739
11 (74)	6,626	6,492	5,239	1,253	134	71	63	329	317	287	944
12 (75)	6,384	6,252	5,022	1,231	132	71	61	286	369	341	629
13 (76)	6,126	6,009	4,753	1,256	117	62	56	288	314	277	569
14 (77)	5,880	5,767	4,434	1,333	113	61	51	278	333	302	583
15 (78)	6,083	5,973	4,722	1,251	110	60	50	251	345	322	685
16 (79)	5,775	5,670	4,455	1,215	105	60	45	249	318	297	625
17 (80)	5,765	5,669	4,457	1,212	96	54	42	239	399	370	474
18 (81)	5,735	5,652	4,470	1,183	83	42	41	220	358	328	554
19 (82)	5,720	5,639	4,397	1,242	81	39	42	258	358	330	567
20 (83)	5,592	5,520	4,373	1,146	73	33	40	217	336	308	498
21 (84)	5,432	5,349	4,147	1,202	83	42	41	207	294	269	510
22 (85)	5,313	5,233	4,122	1,111	79	40	39	208	331	303	542
23 (86)	4,766	4,693	3,824	869	73	34	39	201	282	262	570
24 (87)	4,853	4,786	3,747	1,040	67	33	34	208	315	288	527
25 (88)	4,774	4,713	3,715	997	61	31	30	188	300	282	611
26 (89)	4,765	4,701	3,713	988	64	31	34	190	266	253	579
27 (90)	4,631	4,561	3,492	1,069	69	33	36	190	264	248	642
28 (91)	4,359	4,296	3,264	1,033	63	28	35	168	240	228	710
29 (92)	4,306	4,244	3,258	986	62	25	37	169	227	219	769
30 (93)	**4,421**	**4,364**	**3,359**	**1,005**	**57**	**27**	**30**	**165**	**260**	**248**	**739**

注：1)は、海面養殖の「まあじ」を含む。

単位：千 t

わし類		1) あじ類		さば類	さんま	たら類		いかなご	いか類		
まいわし	かたくちいわし		1) まあじ				すけとうだら			するめいか	
4,210	221	186	115	945	217	1,522	1,422	141	464	91	(61)
4,362	141	258	187	701	197	1,424	1,313	122	755	183	(62)
4,488	177	297	234	649	292	1,318	1,259	83	664	156	(63)
4,099	182	286	188	527	247	1,211	1,154	77	734	212	(64)
3,678	311	337	228	273	308	930	871	76	565	209	(65)
3,010	329	321	229	255	304	590	541	90	545	242	(66)
2,224	301	293	231	269	266	574	499	124	677	394	(67)
1,714	195	368	318	665	277	445	382	107	583	316	(68)
1,189	188	380	332	633	262	445	379	109	589	302	(69)
661	252	390	318	470	274	395	339	108	547	290	(70)
319	346	392	334	760	229	389	331	116	663	444	(71)
284	233	377	327	849	291	397	339	109	635	366	(72)
167	471	374	315	511	145	373	316	91	385	181	(73)
351	484	261	214	382	141	438	382	83	498	237	(74)
150	381	285	249	346	216	351	300	50	624	337	(75)
178	301	259	218	375	270	285	242	88	521	298	(76)
50	443	241	200	280	205	243	213	68	434	274	(77)
52	535	283	245	329	265	253	220	60	386	254	(78)
50	496	283	257	338	204	277	239	67	349	235	(79)
28	349	217	194	620	234	243	194	68	330	222	(80)
53	415	193	169	652	245	254	207	101	286	190	(81)
79	362	198	172	457	297	262	217	47	326	253	(82)
35	345	209	174	520	355	251	211	62	290	217	(83)
57	342	194	167	471	311	275	227	33	296	219	(84)
70	351	186	161	492	207	306	251	71	267	200	(85)
176	262	195	170	393	215	286	239	45	298	242	(86)
135	245	159	135	438	221	281	230	37	216	168	(87)
215	247	176	152	375	150	293	230	38	228	180	(88)
196	248	163	147	482	229	252	195	34	210	173	(89)
311	169	167	153	530	116	230	180	29	167	129	(90)
378	171	153	126	503	114	178	134	21	110	70	(91)
500	146	166	146	518	84	174	129	12	103	64	(92)
522	111	136	119	542	129	178	127	15	84	48	(93)

2　世界の漁業生産統計

(1)　主要魚種・年次別生産量

単位：千

FAO魚種分類		2013年 (平成25年)	2014 (26)	2015 (27)	2016 (28)	2017 (29)
世界合計	**GRAND TOTAL**	**186,033**	**191,211**	**196,625**	**198,970**	**206,48**
漁業計	Fishery total	**91,053**	**91,603**	**92,749**	**90,762**	**94,25**
内水面漁業	Catches in inland waters	**10,918**	**11,048**	**11,153**	**11,366**	**11,91**
海面漁業	Catches in marine fishing areas	**80,135**	**80,555**	**81,596**	**79,396**	**82,34**
淡水性魚類	Freshwater fishes	**9,614**	**9,755**	**9,823**	**10,113**	**10,57**
こい・ふな類	Carps, barbels and other cyprinids	1,456	1,558	1,519	1,591	1,67
ティラピア類	Tilapias and other cichlids	704	732	716	790	80
その他の淡水性魚類	Miscellaneous freshwater fishes	7,455	7,465	7,588	7,732	8,09
さく河・降海性魚類	Diadromous fishes	**1,965**	**1,721**	**1,900**	**1,768**	**1,92**
うなぎ類	River eels	11	9	8	7	
さけ・ます類	Salmons, trouts, smelts	1,205	955	1,107	931	99
1) 上記以外のさく河・降海性魚類	Other diadromous fishes	749	757	785	830	92
海水性魚類	Marine fishes	**64,290**	**63,899**	**65,189**	**64,662**	**67,16**
ひらめ・かれい類	Flounders, halibuts, soles	1,056	1,049	959	991	97
たら・すけとうだら類	Cods, hakes, haddocks	8,179	8,705	8,931	9,000	9,43
にしん・いわし類	Herrings, sardines, anchovies	17,574	15,596	16,668	15,372	16,74
かつお・まぐろ類	Tunas, bonitos, billfishes	7,544	7,846	7,711	7,791	7,76
さめ・えい類	Sharks, rays, chimaeras	778	753	731	737	68
その他の底魚類	Miscellaneous demersal fishes	2,941	2,971	2,952	3,014	2,97
その他の沿岸性魚類	Miscellaneous coastal fishes	7,404	7,386	7,475	7,388	8,18
その他の浮魚類	Miscellaneous pelagic fishes	10,354	11,058	10,756	10,440	10,88
その他の海水性魚類	Marine fishes not identified	8,460	8,534	9,006	9,930	9,50
甲殻類	Crustaceans	**6,365**	**6,625**	**6,613**	**6,466**	**6,53**
淡水性甲殻類	Freshwater crustaceans	434	431	425	405	41
かに類	Crabs, sea-spiders	1,545	1,682	1,710	1,650	1,67
えび類	Lobsters, shrimps, prawns, etc.	3,659	3,766	3,790	3,760	3,83
2) 上記以外の甲殻類	Other crustaceans	727	747	688	651	60
軟体動物類	Molluscs	**6,901**	**7,697**	**7,465**	**6,043**	**6,34**
淡水性軟体動物類	Freshwater molluscs	359	348	336	316	32
貝類	Abalones, oysters, mussels, scallops, clams, etc.	1,723	1,701	1,593	1,535	1,59
いか・たこ類	Squids, cuttlefishes, octopuses	4,059	4,857	4,777	3,518	3,77
その他の海水性軟体動物類	Miscellaneous marine molluscs	760	793	759	674	64
その他の水産動物類（鯨類を除く。）	Miscellaneous aquatic animals	**598**	**682**	**667**	**585**	**58**
藻類等	Seaweeds and other aquatic plants	**1,305**	**1,208**	**1,079**	**1,110**	**1,1**
養殖業計	Aquaculture total	**94,980**	**99,608**	**103,876**	**108,208**	**112,22**
魚介類	Fish and shellfish	**66,952**	**70,506**	**72,771**	**76,504**	**79,54**
こい・ふな類	Carps, barbels and other cyprinids	24,666	25,841	26,769	27,768	28,13
ティラピア類	Tilapias and other cichlids	4,738	5,160	5,460	5,586	5,93
うなぎ類	River eels	214	230	252	251	2
さけ・ます類	Salmons, trouts, smelts	3,182	3,417	3,396	3,323	3,48
かに類	Crabs, sea-spiders	291	341	349	393	39
えび類	Lobsters, shrimps, prawns, etc.	4,143	4,567	4,825	5,115	5,7
貝類	Abalones, oysters, mussels, scallops, clams, etc.	13,602	14,151	14,556	15,464	16,05
上記以外の魚介類	Other fish and shellfish	16,116	16,798	17,164	18,604	19,55
藻類等	Seaweeds etc.	**27,995**	**29,054**	**31,064**	**31,650**	**32,61**

資料：『Production Statistics 1950-2018』、『Capture Production 1950-2018』及び『Aquaculture Production 1950-2018』
注：1) は、ちょうざめ類、シャッド類、その他のさく河・降海性魚類を計上した。
　　2) は、おきあみ類、その他の甲殻類を計上した。

(2) 主要国（上位10国）・年次別生産量

単位：千t

国名		2013年（平成25年）	2014（26）	2015（27）	2016（28）	2017（29）
世界合計	**GRAND TOTAL**	**186,033**	**191,211**	**196,625**	**198,970**	**206,482**
漁業	Fishery	91,053	91,603	92,749	90,762	94,259
（藻類	aquatic plants ）	1,305	1,208	1,079	1,110	1,129
養殖業	aquaculture	94,980	99,608	103,876	108,208	112,223
中華人民共和国	**China**	**70,663**	**73,684**	**76,017**	**78,338**	**79,935**
漁業	Fishery	15,634	16,363	16,648	16,019	15,577
（藻類	aquatic plants ）	283	246	262	232	203
養殖業	aquaculture	55,029	57,321	59,369	62,318	64,358
インドネシア	**Indonesia**	**19,445**	**20,906**	**22,389**	**22,587**	**22,902**
漁業	Fishery	6,144	6,530	6,740	6,584	6,784
（藻類	aquatic plants ）	17	71	49	41	47
養殖業	aquaculture	13,301	14,375	15,649	16,002	16,118
インド	**India**	**9,221**	**9,892**	**10,125**	**10,899**	**11,739**
漁業	Fishery	4,665	4,999	4,862	5,197	5,554
（藻類	aquatic plants ）	22	19	19	21	23
養殖業	aquaculture	4,555	4,893	5,263	5,702	6,185
ベトナム	**Viet Nam**	**5,845**	**6,099**	**6,336**	**6,659**	**7,147**
漁業	Fishery	2,624	2,743	2,861	3,078	3,315
（藻類	aquatic plants ）	－	－	－	－	－
養殖業	aquaculture	3,221	3,355	3,475	3,582	3,832
アメリカ合衆国	**United States of America**	**5,529**	**5,411**	**5,469**	**5,354**	**5,478**
漁業	Fishery	5,100	4,990	5,043	4,909	5,038
（藻類	aquatic plants ）	4	5	3	6	4
養殖業	aquaculture	429	421	426	445	440
ロシア	**Russian Federation**	**4,522**	**4,430**	**4,618**	**4,947**	**5,060**
漁業	Fishery	4,366	4,266	4,464	4,773	4,874
（藻類	aquatic plants ）	5	7	7	14	9
養殖業	aquaculture	156	164	154	174	187
日本	**Japan**	**4,764**	**4,752**	**4,604**	**4,349**	**4,299**
漁業	Fishery	3,736	3,731	3,498	3,281	3,276
（藻類	aquatic plants ）	84	92	94	81	70
養殖業	aquaculture	1,028	1,022	1,106	1,068	1,023
ペルー	**Peru**	**6,002**	**3,714**	**4,935**	**3,929**	**4,286**
漁業	Fishery	5,876	3,599	4,844	3,829	4,185
（藻類	aquatic plants ）	22	26	20	32	28
養殖業	aquaculture	126	115	91	100	100
バングラディッシュ	**Bangladish**	**3,410**	**3,548**	**3,684**	**3,878**	**4,134**
漁業	Fishery	1,550	1,591	1,624	1,675	1,801
（藻類	aquatic plants ）	－	－	－	－	－
養殖業	aquaculture	1,860	1,957	2,060	2,204	2,333
フィリピン	**Philippines**	**4,576**	**4,587**	**4,503**	**4,229**	**4,128**
漁業	Fishery	2,203	2,250	2,155	2,028	1,890
（藻類	aquatic plants ）	0	0	0	0	0
養殖業	aquaculture	2,373	2,338	2,348	2,201	2,238

資料：『Production Statistics 1950-2018』、『Capture Production 1950-2018』及び『Aquaculture Production 1950-2018』

2　世界の漁業生産統計（続き）

(3)　主要魚種・国別生産量

単位：千t

ＦＡＯ魚種分類（属名）・国（地域）名		2013年（平成25年）	2014（26）	2015（27）	2016（28）	2017（29）
世界合計	**GRAND TOTAL**	**186,033**	**191,211**	**196,625**	**198,970**	**206,482**
淡水性魚類	**Freshwater fishes**	**47,810**	**49,811**	**51,424**	**53,693**	**55,267**
中華人民共和国	China	23,642	24,679	25,673	26,485	26,642
インド	India	5,315	5,593	5,927	6,455	6,933
インドネシア	Indonesia	3,101	3,447	3,470	3,789	4,161
バングラデシュ	Bangladesh	2,470	2,555	2,668	2,798	2,952
ベトナム	Viet Nam	2,622	2,550	2,658	2,701	2,866
さけ・ます類	**Salmons, trouts, smelts**	**4,386**	**4,372**	**4,503**	**4,253**	**4,482**
ノルウェー	Norway	1,241	1,328	1,377	1,322	1,304
チリ	Chile	781	955	830	728	855
アメリカ合衆国	United States of America	530	372	528	297	496
ロシア	Russian Federation	509	428	449	534	452
イギリス	United Kingdom	178	193	188	178	204
たら・すけとうだら類	**Cods, hakes, haddocks**	**8,183**	**8,707**	**8,931**	**9,000**	**9,435**
ロシア	Russian Federation	2,367	2,349	2,461	2,605	2,633
アメリカ合衆国	United States of America	1,919	2,034	1,967	2,114	2,204
ノルウェー	Norway	1,002	1,179	1,246	1,069	1,171
アイスランド	Iceland	466	523	567	553	575
フェロー諸島	Faroe Islands	162	308	372	371	442
にしん	**Atlantic herring, etc. (Clupea ニシン属)**	**2,331**	**2,109**	**1,996**	**2,142**	**2,351**
ロシア	Russian Federation	476	441	453	478	540
ノルウェー	Norway	507	407	313	352	527
デンマーク	Denmark	141	136	135	161	149
フィンランド	Finland	122	131	132	137	135
アイスランド	Iceland	157	158	114	117	127
まいわし	**Japanese pilchard, etc. (Sardinops マイワシ属)**	**745**	**686**	**642**	**727**	**754**
日本	Japan	215	196	311	378	500
中華人民共和国	China	142	151	146	139	119
メキシコ	Mexico	193	174	55	108	61
南アフリカ	South Africa	92	97	96	79	39
ロシア	Russian Federation	0	0	0	7	17
かたくちいわし	**European anchovy, etc. (Engraulis カタクチイワシ属)**	**7,650**	**5,127**	**6,394**	**4,968**	**5,782**
ペルー	Peru	4,871	2,322	3,770	2,855	3,297
中華人民共和国	China	867	926	956	816	704
チリ	Chile	803	818	540	337	626
南アフリカ	South Africa	79	240	238	260	216
大韓民国	Korea, Republic of	209	221	212	141	211
かつお	**Skipjack tuna (Katsuwonus カツオ属)**	**2,791**	**2,992**	**2,822**	**2,862**	**2,785**
インドネシア	Indonesia	454	409	348	417	381
大韓民国	Korea, Republic of	202	229	238	231	204
エクアドル	Ecuador	193	196	225	200	200
日本	Japan	270	233	224	202	197
パプアニューギニア	Papua New Guinea	136	174	160	198	189
まぐろ類	**Southen bluefin tuna, etc. (Thunnus マグロ属)**	**2,197**	**2,291**	**2,342**	**2,415**	**2,471**
インドネシア	Indonesia	318	281	308	310	294
日本	Japan	183	194	188	174	177
台湾	Taiwan Province of China	160	140	160	175	170
メキシコ	Mexico	126	139	123	111	133
スペイン	Spain	137	122	120	123	120

資料：FAO Online Query panels『Production Statistics 1950-2018』

単位：千 t

ＦＡＯ魚種分類（属名）・国（地域）名		2013年（平成25年）	2014 (26)	2015 (27)	2016 (28)	2017 (29)
まあじ類	**Atlantic horse mackerel, etc. (Trachurus マアジ属)**	**1, 570**	**1, 698**	**1, 736**	**1, 718**	**1, 885**
チリ	Chile	231	272	289	323	355
ナミビア	Namibia	295	269	322	331	322
オランダ	Netherlands	63	38	58	30	151
日本	Japan	152	147	153	126	146
ロシア	Russian Federation	111	74	105	98	112
さば類	**Atlantic mackerel, etc. (Scomber サバ属)**	**1, 010**	**1, 436**	**1, 269**	**1, 175**	**1, 231**
イギリス	United Kingdom	164	288	248	217	229
ノルウェー	Norway	165	278	242	210	222
ロシア	Russian Federation	107	138	155	151	169
アイスランド	Iceland	154	170	168	170	166
フェロー諸島	Faroe Islands	145	150	107	94	104
かに類	**Crabs, sea-spiders**	**1, 836**	**2, 023**	**2, 059**	**2, 043**	**2, 074**
中華人民共和国	China	982	1, 124	1, 106	1, 030	1, 010
インドネシア	Indonesia	98	100	139	152	212
アメリカ合衆国	United States of America	145	130	141	139	118
ベトナム	Viet Nam	44	84	94	111	112
カナダ	Canada	107	105	103	92	102
えび類	**Lobsters, squat-lobsters, shrimps, etc.**	**7, 802**	**8, 333**	**8, 616**	**8, 875**	**9, 559**
中華人民共和国	China	2, 854	2, 985	3, 066	3, 081	3, 070
インドネシア	Indonesia	881	877	862	984	1, 230
インド	India	681	811	898	945	1, 114
ベトナム	Viet Nam	595	769	771	791	874
エクアドル	Ecuador	311	349	413	426	442
貝類	**Abalones, oysters, mussels, scallops, clams, etc.**	**15, 325**	**15, 852**	**16, 149**	**16, 999**	**17, 645**
中華人民共和国	China	11, 318	11, 736	12, 223	13, 039	13, 627
アメリカ合衆国	United States of America	667	623	612	614	614
日本	Japan	747	789	705	640	593
大韓民国	Korea, Republic of	341	413	395	410	481
チリ	Chile	288	282	258	352	399
いか・たこ類	**Squids, cuttlefishes, octopuses**	**4, 059**	**4, 857**	**4, 777**	**3, 518**	**3, 770**
中華人民共和国	China	1, 095	1, 382	1, 528	941	1, 103
ベトナム	Viet Nam	300	314	336	339	369
ペルー	Peru	469	627	539	336	304
インド	India	80	173	213	231	252
インドネシア	Indonesia	169	175	254	199	189
藻類	**Brown seaweeds, red seaweeds, green seaweeds, etc.**	**29, 300**	**30, 262**	**32, 142**	**32, 761**	**33, 742**
中華人民共和国	China	14, 973	15, 267	15, 881	16, 733	17, 737
インドネシア	Indonesia	9, 316	10, 148	11, 318	11, 091	10, 594
大韓民国	Korea, Republic of	1, 140	1, 097	1, 205	1, 361	1, 770
フィリピン	Philippines	1, 559	1, 550	1, 567	1, 405	1, 416
朝鮮民主主義人民共和国	Korea, Dem. People's Rep	446	491	491	553	553

3 水産物品目別輸入実績

品 目 名	2015年		2016		2017		2018	
	数 量	金 額	数 量	金 額	数 量	金 額	数 量	金 額
	t	100万円	t	100万円	t	100万円	t	100万円
総計	**2,488,065**	**1,716,656**	**2,380,732**	**1,597,866**	**2,478,679**	**1,775,129**	**2,383,690**	**1,790,974**
生きている魚計	14,867	39,884	15,583	50,394	14,136	32,209	15,919	64,173
こい・金魚（観賞用）	7	149	7	124	6	106	7	127
その他の観賞魚	108	1,752	111	1,614	101	1,580	104	1,610
うなぎの稚魚（生きているもの）	4	7,412	9	14,050	1	1,481	7	20,981
その他の養魚用の稚魚	1,737	4,103	1,837	4,054	1,483	3,157	1,493	3,293
うなぎ（生きているもの）	7,067	18,348	7,276	21,477	6,816	18,173	8,813	30,914
活魚（ＩＱ魚、ぶり等）	1,080	923	1,020	686	1,326	751	1,375	969
その他の活魚（生きているもの）	4,864	7,192	4,907	7,313	4,816	7,978	4,120	6,279
魚類計	1,293,298	751,137	1,228,079	693,920	1,405,573	828,133	1,224,577	796,768
にしん（生、蔵、凍）	29,241	4,863	25,140	4,262	32,957	5,471	26,648	4,474
たら（生、蔵、凍）	44,191	20,427	47,340	19,600	47,990	21,305	46,072	21,627
たら・すけとうだらのすり身（凍）	121,801	40,737	107,617	32,813	135,134	38,036	121,178	40,550
ぶり（生、蔵、凍）	293	84	287	72	332	78	49	28
あじ（生、蔵、凍）	31,370	7,015	21,224	4,127	22,891	4,756	16,505	3,563
さんま（凍）	5,027	786	6,823	1,082	5,037	975	4,774	891
さば（生、蔵、凍）	72,600	14,906	74,253	15,529	63,386	13,581	68,966	16,015
いわし（生、蔵、凍）	743	124	277	56	490	93	306	77
たらの卵（生、蔵、凍）	41,906	29,181	36,049	27,702	42,051	31,803	40,602	29,957
ＩＱ魚のフィレ（生、蔵、凍）	59,674	28,781	60,780	26,758	83,301	37,754	63,945	30,173
その他魚（生、蔵、凍、ＩＱ）	4,632	4,778	4,246	4,473	3,288	2,182	2,272	1,274
かつお（生、蔵、凍）	38,977	5,780	27,209	4,491	47,350	8,565	32,285	5,224
まぐろ・かじき類（生、蔵、凍）	218,209	201,282	223,086	191,513	210,224	203,287	200,085	202,307
さけ・ます類（生、蔵、凍）	248,969	191,840	230,149	179,534	226,593	223,529	235,131	225,671
あゆ（凍）	440	356	433	322	422	318	346	256
ひらめ・かれい類（生、蔵、凍）	48,424	29,874	46,044	25,772	41,170	25,155	36,176	25,154
さわら（生、蔵、凍）	2,829	1,797	2,532	1,371	1,644	935	1,901	1,073
たちうお（生、蔵、凍）	615	297	518	255	528	291	703	350
たい（生、蔵、凍）	175	64	243	60	136	34	1,827	1,379
キングクリップ、バラクータ（生、蔵、凍）	561	198	402	154	432	159	324	118
さめ（生、蔵、凍）	517	1,420	535	1,531	107	220	208	355
ししゃも（凍）	18,694	6,104	18,951	6,058	21,702	7,735	22,133	8,169
ふぐ（生、蔵、凍）	5,656	2,011	4,750	1,706	4,931	1,974	3,477	1,193
ぎんだら（凍）	6,597	10,497	6,234	9,834	5,789	10,768	6,066	7,699
めぬけ（凍）	26,281	10,986	26,501	8,915	26,530	9,296	23,247	8,556
うなぎ（生、蔵、凍）	0	0	2	2	0	0	0	0
シーバス（生、蔵、凍）	0	0	0	0	0	1	0	0
いとより（すり身のものに限る）（凍）	26,633	9,369	20,478	6,511	20,827	6,825	20,365	6,832
その他の魚（生、蔵、凍）	58,627	24,619	52,397	18,017	59,005	22,861	62,881	27,070
その他の魚肉（生、蔵、凍）	113,800	51,532	113,782	47,789	106,925	46,220	112,752	51,860
めろ（生、蔵、凍）	1,034	1,644	550	644	361	449	272	332
その他の魚のフィレ（生、蔵、凍）	41,106	31,297	42,009	29,156	41,857	30,503	52,373	36,967

資料：財務省『貿易統計』

品目名	2015年 数量	2015年 金額	2016 数量	2016 金額	2017 数量	2017 金額	2018 数量	2018 金額
	t	100万円	t	100万円	t	100万円	t	100万円
にしんの卵（生、蔵、凍）	2,115	1,649	2,769	2,251	1,344	1,207	948	1,028
にしん・たら以外の魚卵、肝臓、白子	13,582	15,585	11,383	16,176	15,705	33,729	19,761	36,547
甲殻類、軟体動物、水棲無脊椎動物計	421,338	423,919	435,187	409,451	461,433	460,593	398,168	426,499
えび（活、生、蔵、凍）	157,378	207,068	167,380	198,730	174,939	220,481	158,488	194,108
かに（活、生、蔵、凍）	35,497	62,233	36,495	65,529	29,745	59,566	26,892	61,372
その他の甲殻類（活、生、蔵、凍）	1,116	377	741	273	820	219	682	263
いか（もんごうを除く）（活、生、蔵、凍）	78,278	36,070	87,373	38,702	113,577	63,895	93,094	57,976
もんごういか（活、生、蔵、凍）	12,343	11,567	11,861	11,404	11,506	13,702	9,434	12,075
たこ（活、生、蔵、凍）	50,924	40,285	47,342	36,322	45,423	41,643	34,514	42,395
あわび（活、生、蔵、凍）	2,061	7,961	2,187	7,260	2,332	8,039	2,322	7,540
あさり（活、生、蔵、凍）	41,050	8,710	44,033	9,148	43,663	9,057	35,452	7,345
はまぐり（活、生、蔵、凍）	5,259	1,681	4,731	1,587	4,695	1,645	3,623	1,476
しじみ（活、生、蔵、凍）	3,041	582	3,456	582	3,735	669	3,744	713
帆立て貝（活、生、蔵、凍）	329	334	346	341	207	184	233	201
貝柱（活、生、蔵、凍）	800	1,045	584	782	531	763	695	705
赤貝（活）	3,431	1,472	3,457	1,277	3,595	1,261	3,316	1,300
い貝（活、生、蔵、凍）	100	75	114	76	121	85	111	78
かき（活、生、蔵、凍）	7,422	6,504	3,264	2,326	3,601	2,326	4,284	2,931
その他二枚貝（活、生、蔵、凍）	2,479	4,271	2,667	4,493	3,589	5,667	3,617	5,869
かたつむり（活、生、蔵、凍）海棲を除く	2	8	2	4	0	0	0	0
うに（活、生、蔵、凍）	10,964	20,640	10,822	19,242	11,017	21,147	10,786	20,184
くらげ（生、蔵、凍）	1,391	863	1,802	933	2,268	1,127	2,079	968
なまこ（活、生、蔵、凍）	2	3	1	5	-	-	-	-
その他軟体動物、水棲無脊椎動物（生、蔵、凍）	5,627	9,665	5,020	8,629	4,760	8,402	4,642	8,843
かえるの脚（生、蔵、凍）	33	43	23	26	22	24	18	22
鯨の肉及び海牛目の肉（生、蔵、凍）	1,195	871	1,042	736	1,289	691	141	134
塩、干、くん製品計	29,871	32,906	29,349	31,771	29,770	33,687	19,960	26,458
フィッシュミール（食用）	0	0	0	0	-	-	-	-
にしんの卵（塩、干、くん製品）	5,029	6,175	4,726	5,477	5,638	7,021	4,414	5,640
たらの卵（塩、干、くん製品）	1,323	1,500	1,128	1,253	1,294	1,429	1,301	1,561
さけ・ますの卵（塩蔵）	2,705	4,482	2,579	4,414	2,095	3,869	1,721	3,993
こんぶかずのこ（塩、干）	263	545	351	671	361	789	365	845
その他の魚卵等（塩、干）	1,191	1,836	1,164	1,638	1,173	1,650	1,286	1,934
さけ・ます（塩、干、くん製）	2,664	4,995	2,621	4,394	2,427	4,766	2,037	4,121
たら（塩、干、くん製）	17	29	22	33	45	70	175	185
かたくちいわし（塩）	11	12	8	6	8	7	8	6
その他の魚（塩、干）	1,123	833	1,065	715	543	481	1,419	1,058
その他魚（くん製）	384	211	488	304	503	320	431	279
ふかひれ	31	367	36	469	32	406	26	365
えび（塩、干、くん製）	846	774	1,004	1,004	1,399	1,483	2,385	3,156
かに（塩、干、くん製）	24	20	1	1	25	18	21	17

3　水産物品目別輸入実績（続き）

品　目　名	2015年		2016		2017		2018	
	数　量	金　額	数　量	金　額	数　量	金　額	数　量	金　額
	t	100万円	t	100万円	t	100万円	t	100万円
その他甲殻類（塩、干、くん製）	49	13	107	30	62	23	193	55
1) 帆立て貝、貝柱（くん製）	1, 128	846	1, 238	831	0	1	0	0
その他軟体動物、無脊椎動物（くん製）	–	–	–	–	–	–	–	–
あわび（塩、干、くん製）	0	1	–	–	–	–	–	–
かき（塩、干、くん製）	152	201	104	130	80	96	97	107
い貝（塩、干、くん製）	12	14	12	15	1	5	1	4
その他二枚貝（塩、干、くん製）	33	10	24	7	23	6	4	3
2) いか（塩、干、くん製）	213	209	302	320	1, 289	1, 173	1, 002	1, 209
たこ（塩、干、くん製）	3	2	0	0	9	9	0	0
かたつむり等（塩、干、くん製）	–	–	–	–	–	–	–	–
貝柱（塩、干）	–	–	–	–	–	–	–	–
うに（塩、干）	106	545	129	713	123	842	93	516
くらげ（塩、干）	5, 102	2, 647	4, 929	2, 372	4, 659	2, 188	2, 976	1, 391
なまこ（塩、干）	2	3	1	5	0	1	0	1
その他軟体動物、無脊椎動物（塩、干、くん製）	14	16	15	17	14	16	6	13
寒天	1, 955	6, 033	1, 813	4, 948	1, 875	5, 276	1, 914	5, 374
油脂	23, 343	8, 351	22, 421	6, 869	20, 040	5, 697	16, 367	4, 430
3) 真珠、真珠製品	70	44, 757	63	40, 577	62	41, 660	53	41, 745
調製品計	386, 510	337, 808	394, 782	306, 281	399, 783	336, 865	411, 516	351, 626
魚・甲殻類のエキス、ジュース	5, 058	2, 046	5, 482	2, 144	5, 678	2, 138	6, 149	2, 437
いくら調製品（気密以外）	1, 704	4, 980	1, 442	4, 306	1, 540	6, 486	1, 014	4, 733
キャビア及びその代用物	1, 940	3, 106	1, 785	2, 502	1, 977	2, 613	1, 993	2, 680
にしんの卵（気密容器）	–	–	–	–	–	–	–	–
にしんの卵調製品（気密以外）	242	431	291	499	191	337	191	346
たらの卵調製品	6, 013	7, 387	5, 140	5, 858	5, 286	6, 449	4, 791	6, 165
その他の魚卵調製品（気密以外）	339	584	192	205	210	311	218	332
さけ調製品（気密容器）	332	267	665	452	348	285	132	148
さけ調製品（気密以外）	10, 865	10, 457	11, 614	10, 642	11, 673	12, 073	10, 473	11, 943
にしん調製品	1, 854	1, 018	1, 651	821	1, 723	906	1, 843	1, 011
いわし調製品（気密容器）	2, 075	1, 321	2, 478	1, 343	2, 743	1, 504	3, 737	2, 097
いわし調製品（気密以外）	2, 237	977	1, 985	874	2, 079	886	2, 221	988
かつお調製品（気密容器）	16, 869	9, 515	15, 784	8, 208	15, 033	8, 900	15, 754	9, 572
かつお節	3, 818	3, 119	5, 580	4, 350	5, 621	4, 891	4, 427	3, 671
まぐろ（気密容器）	26, 194	15, 869	28, 781	15, 078	30, 841	18, 107	31, 866	20, 038
まぐろ・かつお・はがつお調製品	7, 657	4, 203	10, 253	4, 911	11, 467	6, 932	13, 156	8, 429
さば調製品	15, 127	11, 219	17, 359	10, 582	15, 842	10, 536	25, 208	14, 455
かたくちいわし調製品	1, 054	1, 589	1, 309	1, 695	1, 884	2, 508	2, 643	3, 884
うなぎ調製品	14, 454	38, 103	14, 516	31, 054	15, 287	33, 480	14, 654	36, 690
節類	2, 520	1, 365	3, 226	1, 660	1, 908	1, 031	2, 476	1, 511
その他魚の調製品	98, 160	58, 708	94, 712	51, 994	96, 457	54, 435	100, 698	59, 033

注：1) 2016年までは「いか、帆立て貝、貝柱（くん製）」の値、2017年以降は「帆立て貝、貝柱（くん製）」の値である。

2) 2017年以降は、1)の「いか」が分離し、「いか（塩、干、くん製）」に統合となった値である。

3) 真珠、真珠製品の数量はkgである。

品目名	2015年		2016		2017		2018	
	数量	金額	数量	金額	数量	金額	数量	金額
	t	100万円	t	100万円	t	100万円	t	100万円
かに調製品（気密容器）	4,041	8,548	4,978	11,059	5,867	15,616	5,626	17,006
かに調製品（気密以外）	9,335	16,483	7,490	13,068	5,127	10,314	4,564	9,035
えび（くん製、水煮後冷凍等）	59,940	78,567	59,916	69,506	62,660	75,120	64,459	76,172
えび調製品（その他）	11	11	24	14	17	10	45	33
その他甲殻類調製品（非気密容器）	69	177	97	183	92	172	87	172
くらげ調製品（気密以外）	13	9	1	1	–	–	–	–
いか調製品（気密容器）	128	111	82	48	176	63	244	96
いか調製品（気密以外）	47,856	25,017	49,640	24,995	49,849	30,700	43,809	28,810
たこ調製品（気密容器）	19	39	15	26	1	5	1	4
たこ調製品（気密以外）	9,058	8,428	9,177	7,970	8,866	8,993	8,410	9,335
なまこ・うに調製品	308	1,306	150	435	99	322	88	310
かき調製品（気密容器）	16	25	15	14	28	23	23	20
かき調製品（気密以外）	2,268	1,566	1,695	1,004	1,610	998	1,550	1,087
あわび調製品	347	1,566	234	971	206	958	235	980
帆立貝調製品（気密以外）	4,316	4,303	2,895	2,738	3,529	3,255	3,825	3,028
その他軟体類（気密容器）	84	184	247	282	384	347	572	426
その他軟体類調製品（気密以外）	4,180	2,825	4,896	2,905	4,871	2,736	5,078	3,007
その他の水産物計	299,421	62,697	233,099	44,828	247,784	65,734	295,214	73,901
魚粉、ミール、ペレット（非食用）	226,809	43,684	153,736	23,560	174,087	26,547	189,207	30,275
甲殻類、軟体動物の粉（非食用）	3,713	873	3,744	874	5,656	8,658	6,129	1,502
海綿	3	59	3	58	2	53	2	56
食用海草（430平方cm以下）	1,533	3,635	2,447	5,934	2,788	9,256	3,070	8,813
あまのり属	158	167	201	202	183	218	146	149
ひじき	5,401	5,416	5,827	5,616	4,517	4,668	4,905	4,474
わかめ	22,606	9,972	25,016	11,106	23,215	10,598	23,730	10,187
その他の食用海草	2,939	2,340	2,911	2,099	2,972	2,145	2,939	2,023
ふのり属（非食用）	21	91	15	65	22	101	11	43
あまのり、あおのり、ひとえぐさ属等（非食用）	127	21	149	16	152	19	125	16
寒天原藻（てんぐさ科）	1,680	891	2,207	1,104	1,630	1,181	1,627	1,173
寒天原藻（その他）	938	188	649	129	1,657	285	1,341	233
その他の非食用海草	10,138	2,208	8,477	1,678	9,684	2,272	8,773	1,950
かめの甲（べっこう除く）	1	10	1	3	2	9	2	13
さんご	513	21	437	11	405	11	412	12
貝殻、軟体動物・甲殻類・棘皮動物の殻	7,728	937	6,928	990	7,361	948	8,115	976
魚の屑	14,267	1,967	17,387	1,948	13,581	1,422	11,104	1,707
孵化用の魚卵	1	72	1	52	2	127	1	71
アルテミアサリナの卵	30	301	48	446	35	333	44	414
その他の動物性生産品	23,982	2,579	29,847	2,562	36,522	4,713	30,021	3,949
魚膠・アイシングラス	94	111	85	100	32	50	33	57
魚・海棲哺乳動物のソリュブル	312	137	343	134	396	158	297	132
アンバーグリス・海狸香（牛黄除く）	400	274	236	219	311	275	178	195

［付］調査票

入力方向

2171

秘
農林水産省

統計法に基づく基幹統計
海面漁業生産統計

政府統計

統計法に基づく国の統計調査です。調査票情報の秘密の保護に万全を期します。

海面漁業生産統計調査

稼働量調査

稼働量調査票

様式第1号

記入見本	0	1	2	3	4	5	6	7	8	9

この調査は、農林水産省が今後の水産行政を遂行していくための基礎的な資料を作成するために行うものです。なお、この調査票に記入した調査事項は、統計以外の目的には使用しません。

調査年	大海区	都府県（振興局）	市区町村

（ 枚目のうち 枚）

漁業経営体名	コード	漁業経営体住所	漁船名	コード	漁船トン数	漁業種類	コード	操業水域	コード	出漁日数 1月	2月	3月	4月	5月	6月	7月	8月	9月	10月	11月	12月
							0000														
							0000														
							0000														
							0000														
							0000														
							0000														
							0000														
							0000														
							0000														
							0000														
							0000														
							0000														
							0000														
							0000														
							0000														

特記事項

この欄は、農林水産省の職員が記入します。	調査員名	
	調査員の担当区域	
	都道府県名	
	担当者名	
	連絡先	

入力方向

様式第２号

秘
農林水産省

2181

統計法に基づく基幹統計
海面漁業生産統計

政府統計

統計法に基づく国の統計調査です。調査票情報の秘密の保護に万全を期します。

海面漁業生産統計調査

海面漁業漁獲統計調査

海面漁業漁獲統計調査票（水揚機関用・漁業経営体用）

記入見本	0	1	2	3	4	5	6	7	8	9

この調査は、農林水産省が今後の水産行政を遂行していくための基礎的な資料を作成するために行うものです。なお、この調査票に記入した調査事項は、統計以外の目的には使用しません。

調査年	調査期間	大海区	都府県（振興局）	市区町村	水揚機関名又は漁業経営体名

（　枚目のうち　枚）

漁業種類						
	コード					
操業水域						
	コード					
魚種別漁獲量（kg）						
計						

特記事項

この欄は、農林水産省の職員が記入します。	調査員名	
	調査員の担当区域	
	都道府県名	
	担当者名	
	連絡先	

入力方向

様式第３号

記入見本	0	1	2	3	4	5	6	7	8	9

秘
農林水産省

2	1	9	1

統計法に基づく基幹統計
海面漁業生産統計

この調査は、農林水産省が今後の水産行政を遂行していくための基礎的な資料を作成するために行うものです。なお、この調査票に記入した調査事項は、統計以外の目的には使用しません。

政府統計

統計法に基づく国の統計調査です。調査票情報の秘密の保護に万全を期します。

海面漁業生産統計調査

海面漁業漁獲統計調査

海面漁業漁獲統計調査票（一括調査用）

調査年	調査期間	大海区	都府県（振興局）	市区町村

漁業種類

（　枚目のうち　枚）

項目		規模		
漁労体数(統)	前年同期値			
	本年値			
１漁労体当たり平均出漁日数(日)	前年同期値			
	本年値			
１漁労体１日当たり平均漁獲量(kg)	前年同期値			
	本年値			

特記事項

この欄は、農林水産省の職員が記入します。	調査員名	
	調査員の担当区域	
	都道府県名	
	担当者名	
	連絡先	

入力方向

様式第４号

記入見本	0	1	2	3	4	5	6	7	8	9

秘
農林水産省

2201

統計法に基づく基幹統計
海面漁業生産統計

この調査は、農林水産省が今後の水産行政を遂行していくための基礎的な資料を作成するために行うものです。なお、この調査票に記入した調査事項は、統計以外の目的には使用しません。

政府統計

統計法に基づく国の統計調査です。調査票情報の秘密の保護に万全を期します。

海面漁業生産統計調査

海面養殖業収獲統計調査

海面養殖業収獲統計調査票（水揚機関用・漁業経営体用）

調査年	調査期間	大海区	都府県（振興局）	市区町村

水揚機関名又は漁業経営体名

1　養殖魚種別収獲量

（　枚目のうち　枚）

養殖魚種名	コード	収獲量（kg）
計		

特記事項

2　年間種苗販売量

種苗名	コード	単位	年間販売量

3　年間投餌量

	年間投餌量（kg）	
	配合飼料	生餌
養殖合計		
うち、ぶり類		
うち、まだい		

この欄は、農林水産省の職員が記入します。		
	調査員名	
	調査員の担当区域	
	都道府県名	
	担当者名	
	連絡先	

入力方向

様式第5号

記入見本	0	1	2	3	4	5	6	7	8	9

秘
農林水産省

2211

統計法に基づく基幹統計
海面漁業生産統計

この調査は、農林水産省が今後の水産行政を遂行していくための基礎的な資料を作成するために行うものです。なお、この調査票に記入した調査事項は、統計以外の目的には使用しません。

政府統計

統計法に基づく国の統計調査です。調査票情報の秘密の保護に万全を期します。

海面漁業生産統計調査

海面養殖業収獲統計調査

海面養殖業収獲統計調査票（一括調査用）

調査年	調査期間	大海区	都府県（振興局）	市区町村

養殖魚種名	養殖方法名

項目		前年同期値	本年値
総施設面積（㎡）			
1施設当たり平均面積（㎡）			
1施設当たり平均収獲量	単位		

特記事項

この欄は、農林水産省の職員が記入します。	調査員名	
	調査員の担当区域	
	都道府県名	
	担当者名	
	連絡先	

内水面漁業漁獲統計調査内水面漁業魚種分類表

魚	種		該当する魚種名等
魚類	さけ・ます類	さけ類	しろざけ（「ときしらず」、「あきざけ」と称する地方もある。）、ぎんざけ、ますのすけ等
		からふとます	からふとます（「せっぱります」と称する地方もある。）
		さくらます	さくらます（「ます」、「ほんます」、「まます」と称する地方もある。）
		その他のさけ・ます類	ひめます（べにざけの陸封性）、にじます、ブラウントラウト、やまめ（さくらますの陸封性、「やまべ」と称する地方もある。）、いわな、おしょろこま、びわます、ごぎ、えぞいわな、びわます（あまご）、いわめ、いとう等
	わかさぎ		わかさぎ
	あゆ		あゆ
	しらうお		しらうお
	こい		こい
	ふな		ふな（きんぶな、ぎんぶな、げんごろうぶな、かわちぶな等）
	うぐい・おいかわ		うぐい、まるた、おいかわ（「やまべ」、「はや」、「はえ」と称する地方もある。）
	うなぎ		うなぎ
	はぜ類		まはぜ、ひめはぜ、うろはぜ、ちちぶはぜ、じゃこはぜ、あしじろはぜ、ごくらくはぜ、どんこ、かわあなご、いさざ、しろうお、よしのぼり、びりんご、ちちぶ、うきごり等
	その他の魚類		上記以外の魚類（どじょう、ふくどじょう、あじめどじょう、しまどじょう、ぼら、めなだ、かじか、なまず、もろこ、にごい、ししゃも、らいぎょ、そうぎょ等）
貝類	しじみ		やまとしじみ、ましじみ、せたしじみ等
	その他の貝類		しじみ以外の貝類
その他の水産動植物類	えび類		すじえび、てながえび、ぬかえび等（ざりがにを除く。）
	その他の水産動植物類		上記以外の水産動植物類（さざあみ、やつめうなぎ、かに、藻類等）

様式第１号

秘
農林水産省

内水面漁業生産統計調査
内水面漁業漁獲統計調査

内水面漁業漁獲統計調査票

政府統計

統計法に基づく国の統計調査です。調査票情報の秘密の保護に万全を期します。

この調査は、農林水産省が今後の水産行政を遂行していくための基礎的な資料を作成するために行うものです。
なお、この調査票は、統計以外の目的には使用しませんので、ありのままをご記入ください。
記入には黒の鉛筆又はシャープペンシルを使用し、間違えた場合は消しゴムできれいに消してください。

記入見本									
0	1	2	3	4	5	6	7	8	9

調査年	都道府県	振興局	管理番号	市町村	河川・湖沼	整理番号

2021

入力方向

1 魚種別漁獲量

昨年１年間（１月１日から12月31日まで）に河川・湖沼において、漁業経営体が漁獲した魚種別の漁獲量をkg単位で記入してください。

なお、レクリエーションを主な目的とした遊漁者の採捕量は漁獲量に含めないでください。

区分		漁獲量（kg）
魚類	さけ類	
	からふとます	
	さくらます	
	その他のさけ・ます類	
	わかさぎ	
	あゆ	
	しらうお	
	こい	
	ふな	
	うぐい・おいかわ	
	うなぎ	
	はぜ類	
	その他の魚類	
貝類	しじみ	
	その他の貝類	
その他の水産動植物類	えび類	
	その他	

注：右づめで記入してください。

※裏面の魚種分類表を参考にして記入してください。

備考欄
増減の多かった魚種の増減理由について該当する番号に丸印をし（複数選択可）、その具体的な内容について記入してください。 （増減理由） 1 気象の影響，2 病気の発生， 3 河川湖沼環境の変化，4 食害， 5 需要の動向，6 その他 （具体的な内容）

2 天然産種苗採捕量

上記のあゆ及びうなぎの漁獲量のうち、**種苗として採捕した数量**をkg単位で記入してください。

項目		採捕量（kg）
天然産種苗採捕量	あゆ	
	うなぎ	

注：右づめで記入してください。

農林水産省内水面漁業生産統計調査事務局	
担当者名	
電話番号	

内水面養殖業収獲統計調査内水面養殖魚種分類表

魚種		該当する魚種名等
魚類	ます類 にじます	にじます、ドナルドソン
	ます類 その他のます類	やまめ、あまご、いわな等
	あゆ	あゆ
	こい	こい
	うなぎ	うなぎ

農林水産省

内水面漁業生産統計調査
内水面養殖業収獲統計調査

内水面養殖業収獲統計調査票

政府統計

統計法に基づく国の統計調査です。調査票情報の秘密の保護に万全を期します。

この調査は、農林水産省が今後の水産行政を遂行していくための基礎的な資料を作成するために行うものです。
なお、この調査票は、統計以外の目的には使用しませんので、ありのままをご記入ください。
記入には黒の鉛筆又はシャープペンシルを使用し、間違えた場合は消しゴムできれいに消してください。

記入見本									
0	1	2	3	4	5	6	7	8	9

2031

入力方向

調査年	都道府県	振興局	管理番号	市町村	整理番号

1 魚種別収獲量（食用）

昨年1年間（1月1日から12月31日まで）に食用を目的として養殖（卵又は稚魚から食用サイズまで育て出荷すること）を行い収獲したます類、あゆ、こい及びうなぎについて、魚種別の収獲量をkg単位で記入してください。

項目			収獲量（kg）
魚類	ます類	にじます	
		その他のます類	
	あゆ		
	こい		
	うなぎ		

注：右づめで記入してください。

※裏面の魚種分類表を参考にして記入してください。

2 魚種別種苗販売量

昨年1年間（1月1日から12月31日まで）に採取した卵及び増殖用又は養殖用に育成した稚魚のうち、販売した数量を単位に注意して記入してください。

項目		単位	販売量
卵	ます類	1,000粒	
稚魚	ます類	1,000尾	
	あゆ		
	こい		

注：右づめで記入してください。なお、種苗販売量は、上記1の魚種別収獲量（食用）には含みません。

備考欄

増減の多かった魚種の増減理由について該当する番号に丸印をし（複数選択可）、その具体的な内容について記入してください。
（増減理由）
1 気象の影響， 2 病気の発生， 3 養殖場環境の変化， 4 食害， 5 需要の動向， 6 その他
（具体的な内容）

農林水産省内水面漁業生産統計調査事務局	
担当者名	
電話番号	

様 式 第 ３ 号

政府統計

統計法に基づく国の統計調査です。調査票情報の秘密の保護に万全を期します。

秘
農林水産省

内水面漁業生産統計調査

３湖沼漁業生産統計調査

３湖沼漁業生産統計調査票

この調査は、農林水産省が今後の水産行政を遂行していくための基礎的な資料を作成するために行うものです。

なお、この調査票は、統計以外の目的には使用しませんので、ありのままをご記入ください。

記入には黒の鉛筆又はシャープペンシルを使用し、間違えた場合は消しゴムできれいに消してください。

記入見本									
0	1	2	3	4	5	6	7	8	9

調査年	[illegible]	[illegible]	市[illegible]村	整理番号

農林水産省内水面漁業生産統計調査事務局	
担当者名	
電話番号	

1　３湖沼漁業生産統計調査３湖沼漁業魚種分類表

ア　琵琶湖の魚種分類

魚種			該当する魚種名等
魚類	わかさぎ		わかさぎ
	ます		びわます
	こあゆ		こあゆ（ひうお（こあゆの稚魚）を含む。）
	こい		こい
	ふな	にごろぶな	にごろぶな
		その他	にごろぶな以外のふな
	うぐい・おいかわ		うぐい・おいかわ
	うなぎ		うなぎ
	はぜ類	いさざ	いさざ（はぜ類）
		その他	いさざ以外のはぜ類
	もろこ類	ほんもろこ	もろこ（ほんもろこ）
		その他	もろこ（ほんもろこ）以外のもろこ類（すごもろこ、でめもろこ等を含む。）
	はす		はす
	その他の魚類		前記以外のいずれにも分類されない魚類
貝類	しじみ		せたしじみ
	その他の貝類		前記以外のいずれにも分類されない貝類
	えび類		すじえび、てながえび
	その他の水産動物類		前記のいずれにも分類されない水産動物類

イ　霞ヶ浦及び北浦の魚種分類

魚種		該当する魚種名等
魚類	わかさぎ	わかさぎ
	しらうお	しらうお
	こい	こい
	ふな	ふな
	うなぎ	うなぎ
	はぜ類	まはぜ、ひめはぜ
	ぼら類	ぼら、めなだ
	その他の魚類	前記のいずれにも分類されない魚類（たなご類、さより、どじょう類、すずき、ひがい、れんぎょ、そうぎょ、らいぎょ、ブラックバス等）
貝類	しじみ	やまとしじみ
	その他の貝類	前記のいずれにも分類されない貝類（からすがい（たんがい）、いけちょうがい）
	えび類	すじえび、てながえび
	その他の水産動物類	前記のいずれにも分類されない水産動物類

2　３湖沼漁業生産統計調査３湖沼漁業種類分類表

ア　琵琶湖

漁業種類名	定義
底びき網	小型動力船で底びき網又は貝けた網を使用して行う漁業（沖びき網、貝びき網等）
敷網	四方形の敷網又はさで網を使用して行う漁業（四つ手網、追いさで網（あゆをとることを目的として、さで網を使用し鵜竿（＝うざお）等で威嚇して魚を追い込む漁業））
刺網	刺網を使用して行う漁業（荒目小糸網、細目小糸網）
定置網	第２種共同漁業権により定められた一定の場所に漁網を定置して、あるいは竹す又は網でえりを設置して行う漁業（落とし網、えり）及び河川を横断して杭を打ち竹すでやなを敷設して川をせき止めて魚をとる漁業（やな）
採貝	手がき漁具を使用して貝をとる漁業
かご類	竹で編んだ円筒形の筒かごや網で編んだもんどり及びたつべ（竹で編んだかご）を使用する漁業
あゆ沖すくい	小型動力漁船で船首にすくい網を固定し、あゆをすくいとることを目的とする漁業
投網	人力によって網を投げて魚をとる漁業
その他の漁業	上記以外の漁業

イ　霞ヶ浦及び北浦

漁業種類名	定義
底びき網	底びき網を使用して行う漁業（わかさぎ・しらうおびき網、帆びき網、いさざごろびき網）
刺網	刺網を使用して行う漁業
定置網	漁具を定置して行う漁業
採貝	貝類をとることを目的とする漁業
その他の漁業	上記以外の漁業

3　３湖沼漁業生産統計調査３湖沼養殖魚種分類表

魚種			該当する魚種名等
食用	さけ・ます類	にじます	にじます
		その他のさけ・ます類	にじます以外のさけ・ます類
	あゆ		あゆ
	こい		こい
	うなぎ		うなぎ
	その他		前記のいずれにも分類されない魚類
真珠			真珠（淡水産の真珠母貝により生産されるもの）
種苗	卵	ます類	ます類の卵
	稚魚	ます類	ます類の稚魚
		あゆ	あゆの稚魚
		こい	こいの稚魚
	その他の種苗		前記のいずれにも分類されない種苗

※最終面の3湖沼魚種分類表・漁業種類分類表及び養殖魚種分類表を参考に記入してください。

2041

入力方向

1　漁業種類別魚種別漁獲量、天然産種苗採捕量

昨年1年間（1月1日から12月31日まで）に漁獲した漁獲量を漁業種類別・魚種別にkg単位で記入してください。なお、こあゆ及びうなぎの漁獲量については、天然産種苗のあゆ、うなぎの採捕量とは別に記入してください。

また、レクリエーションを主な目的とした遊漁者の採捕量は漁獲量に含めないでください。

（行番号）	区分	コード	漁業種類			
1	合計					
2	魚種別漁獲量					
3						
4						
5						
6						
7						
8						
9						
10						
11						
12						
13						
14						
15						
16						
17						
18						
19						
20						
21						
22						

注：右づめで記入してください。

2　養殖魚種別収獲量

昨年1年間（1月1日から12月31日まで）に養殖（卵又は稚魚から食用サイズまで育てて出荷すること）を行い収獲した魚種別の収獲量をkg単位で記入してください。

項目		収獲量（kg）
さけ・ます類	にじます	
	その他のさけ・ます類	
あゆ		
こい		
うなぎ		
真珠		
その他		

注：右づめで記入してください。

3　魚種別種苗販売量

昨年1年間（1月1日から12月31日まで）に採取した卵及び増殖用又は養殖用に育成した稚魚等のうち、販売した数量を単位に注意して記入してください。

項目		単位	販売量
卵	ます類	1,000粒	
稚魚	ます類	1,000尾	
	あゆ		
	こい		
その他の種苗		kg	

注：右づめで記入してください。

1　漁業種類別魚種別漁獲量、天然産種苗採捕量（つづき）

単位：kg

（行番号）	漁業種類（つづき）				
1					
2					
3					
4					
5					
6					
7					
8					
9					
10					
11					
12					
13					
14					
15					
16					
17					
18					
19					
20					
21					
22					

注：右づめで記入してください。

備考欄（漁獲量や収獲量の増減理由等を記入してください。）

増減の多かった魚種の増減理由について該当する番号に丸印をし（複数選択可）、その具体的な内容について記入してください。

（増減理由）

1　気象の影響，2　病気の発生，3　湖沼環境の変化，4　食害，5　需要の動向，

6　その他

（具体的な内容）

平成30年　漁業・養殖業生産統計年報（併載：漁業産出額）

令和３年３月　発行　　　　　定価は表紙に表示してあります。

編集　〒100-8950　東京都千代田区霞が関１－２－１
農林水産省大臣官房統計部

発行　〒141-0031　東京都品川区西五反田7-22-17　TOCビル
一般財団法人　農林統計協会
振替　00190-5-70255　TEL 03(3492)2987

ISBN978-4-541-04358-0　C3062

水 産 物 の 国 内 生 産

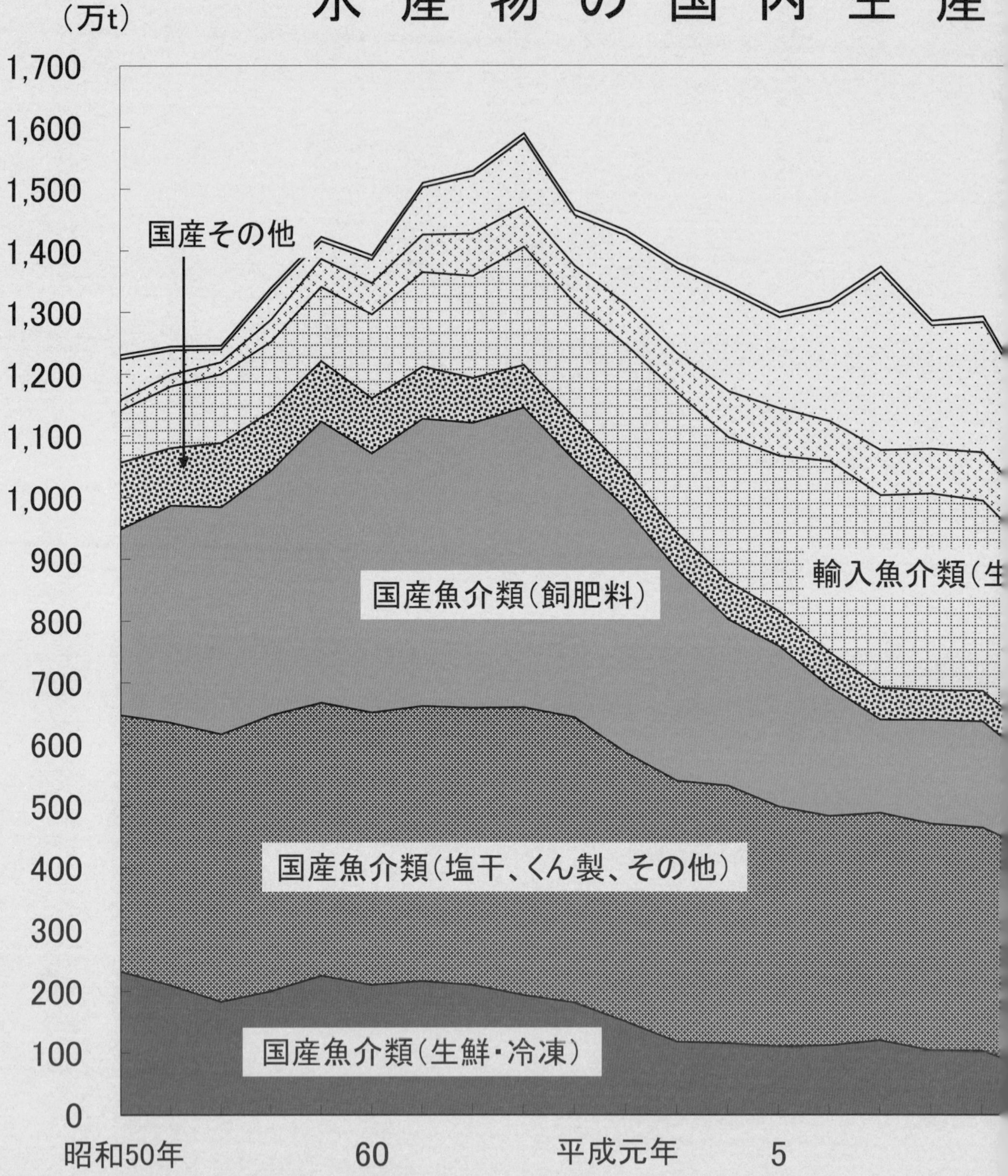

注：1　農林水産省大臣官房食料安全保障課「食料需給表」による。
　　2　平成12年度から「生鮮・冷凍」、「塩干・くん製・その他」の輸入量は、最終形態の数量を推計している。例えば、「生鮮・冷凍」で輸入されたものが「塩干・くん製・その他」の原料として使用された場合は「塩干・くん製・その他」の輸入量に含まれている。
　　3　「国産その他」、「輸入その他」とは、「魚介類（かん詰）」と「海藻類」の国内生産量、輸入量それぞれの合計値である。

及び輸入量の推移

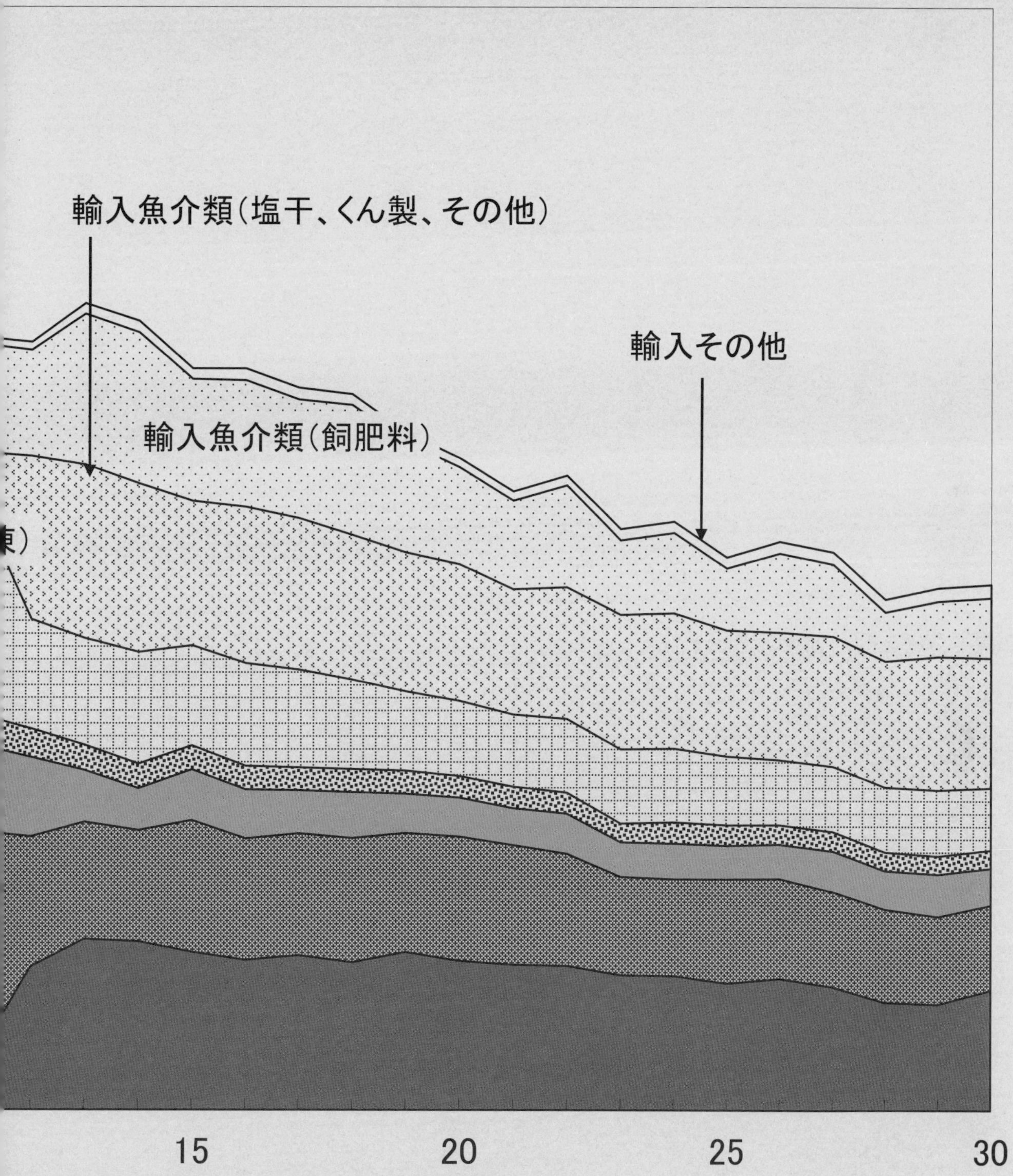